KUHMINSA

한 발 앞서나가는 출판사, 구민사
독자분들도 구민사와 함께 한 발 앞서나가길 바랍니다.

구민사 출간도서 中 수험서 분야

- 용접
- 자동차
- 조경/산림
- 품질경영
- 산업안전
- 전기
- 건축토목
- 실내건축

- 기술사
- 기계
- 금속
- 환경
- 보일러
- 가스
- 공조냉동
- 위험물

전문가를 위한 첫걸음, 구민사는 그 이상을 봅니다!

전국 도서판매처

• 일산남부서점 • 안산대동서적 • 대전계룡서점 • 대구북앤북스 • 대구하나도서
• 포항학원사   • 울산차용서림 • 창원그랜드문고 • 순천중앙서점 • 광주조은서림

자격증 시험 접수부터 자격증 수령까지!

전문가를 위한 첫걸음, 주민사는 그 이상을 봅니다!

상시시험 12종목
굴삭기운전기능사, 지게차운전기능사, 미용사(일반), 미용사(피부), 미용사(네일)
미용사(메이크업), 조리기능사(양식, 일식, 중식, 한식), 제과·제빵기능사

필기 합격 확인
큐넷(www.q-net.or.kr)
사이트에서 확인

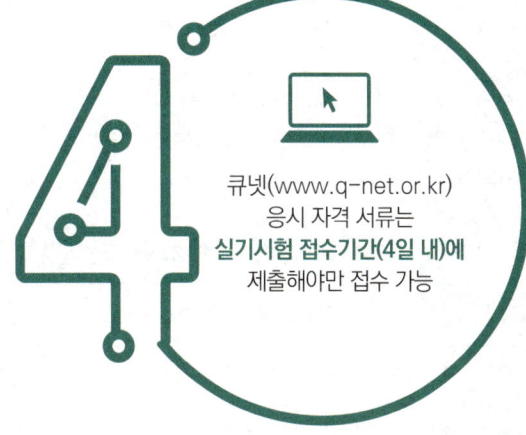

실기 원서 접수
큐넷(www.q-net.or.kr)
응시 자격 서류는
실기시험 접수기간(4일 내)에
제출해야만 접수 가능

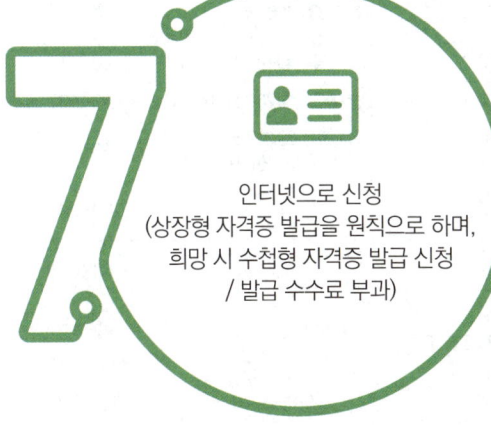

자격증 신청
인터넷으로 신청
(상장형 자격증 발급을 원칙으로 하며,
희망 시 수첩형 자격증 발급 신청
/ 발급 수수료 부과)

자격증 수령
인터넷으로 발급(출력)
(수첩형 자격증 등기 수령 시
등기 비용 발생)

전국 산업인력공단 안내

안내전화 1644-8000

기관명 / 지역번호		주소	기술자격 검정안내	전문/상시자격 검정안내	자격증 발급
서울지역본부 / 02	02512	서울특별시 동대문구 장안벚꽃로 279 (휘경동 49-35)	서류제출심사 2137-0503~6, 12 실기 2137-0521~4, 02	전문자격 2137-0551~9, 0561 상시(필기/실기) 2137-0566~7 2137-0562, 4~5, 8	우편 배송 2137-0516 방문 2137-0509
서울서부지사 (舊서울동부지사) / 02	03302	서울 은평구 진관3로 36(진관동 산100-23)	필기, 서류제출심사 2024-1705, 7~8, 10, 29 실기 2024-1702, 4, 6, 9, 11, 12	상시 CBT 2024-1725 실기(네일, 메이크업) 2024-1723 실기(제과 제빵) 2024-1718	2024-1729
서울남부지사 / 02	07225	서울특별시 영등포구 버드나루로 110	대표번호 876-8322~4 필기, 실기 6907-7133~9, 7151~156	상시 6907-7191~7193 전문(공인중개사) 6907-7191, 7 전문(행정사) 6907-7193	6907-7137
경기지사 / 031	16626	경기도 수원시 권선구 호매실로 46-68	대표번호 249-1201 기술자격 249-1212~7, 19, 21, 26~7	상시 249-1222, 57, 60, 62~3 전문 249-1223, 33, 65, 83	249-1228
경기북부지사 / 031	11780	경기도 의정부시 추동로 140	필기 850-9122~3, 7~8 실기 850-9123, 73	상시 850-9174, 28~9	850-9127~8
경기동부지사 (舊성남지사) / 031	13313	경기도 성남시 수정구 성남대로 1217 (SK코원에너지(주) 건물 4-5층)	기술자격/응시자격서류 750-6222~9, 16	–	750-6226, 15
경기남부지사 / 031	17561	경기도 안성시 공도읍 공도로 51-23	–	–	–
인천지역본부 (舊중부지역본부) / 032	21634	인천시 남동구 남동서로 209	대표번호 820-8600 기술자격 820-8619, 22~35	상시 820-8692~6 전문 820-8670~6, 8	820-8679
강원지사 / 033	24408	강원도 춘천시 동내면 원창고개길 135	대표번호 248-8500 기술자격 248-8512~3, 8515~9	전문 248-8511 상시 248-8552, 4, 6, 13	248-8516
강원동부지사 (舊강릉지사) / 033	25440	강원도 강릉시 사천면 방동길 60	대표번호 650-5700 응시자료서류제출심사 650-5714	상시 650-5750~1	650-5711
충남지사 / 041	31081	충남 천안시 서북구 천일고1길 27	대표번호 041-620-7600 기술자격 041-620-7632~9	상시 620-7641 전문 620-7690~1	620-7636, 9
대전지역본부 / 042	35000	대전시 중구 서문로 25번길 1	기술자격 580-9131~7, 9	상시 580-9141~3 전문 580-9151~7	
(신설)세종지사 / 042	35000	세종특별자치시 한누리대로 296 밀레니엄 빌딩 5층	대표번호 042-580-9173		
충북지사 / 043	28456	충북 청주시 흥덕구 1순환로 394번길 81	대표번호 279-9000 기술자격 279-9041~6	상시/전문 279-9091~4	
부산지역본부 / 051	46519	부산광역시 북구 금곡대로 441번길 26	대표번호 330-1910 기술자격 330-1918, 22, 25-6, 28, 30-2, 53	상시 330-1942~3, 5~6 전문 330-1962~4	330-1910
부산남부지사 / 051	48518	부산광역시 남구 신선로 454-18	기술자격 620-1910-9	상시(필기/실기) 620-1953 / 4	620-1910
울산지사 / 052	44538	울산광역시 중구 종가로 347	기술자격 220-3223~4 / 3210-8	상시(필기/실기) 220-3282, 11	220-3223
대구지역본부 / 053	42704	대구광역시 달서구 성서공단로 213	대표번호 580-2300 기술자격 580-2351~61	상시 580-2371, 3, 5, 7 전문/과정평가형 580-2381~4	580-2300
경북지사 / 054	36616	경북 안동시 서후면 학가산온천길 42	대표번호 840-3000 기술자격 840-3030-9	–	840-3000
경북동부지사 (舊포항지사) / 054	37580	경북 포항시 북구 법원로 140번길 9	기술자격 230-3251~8	–	230-3202
경남지사 / 055	51519	경남 창원시 성산구 두대로 239	대표번호 212-7200 기술자격 212-7240-5, 8, 50	상시 212-7260-4	212-7200
전남지사 / 061	57948	전남 순천시 순광로 35-2	대표번호 720-8500 기술자격(정기/전문) 720-8531~2, 4-6, 9, 61	상시 720-8533, 5, 6	720-8500
전남서부지사 (舊목포지사) / 061	58604	전남 목포시 영산로 820	기술자격 288-3321	상시 288-3322~4 전문 288-3327	288-3321
광주지역본부 / 062	61008	광주광역시 북구 첨단벤처로 82	대표번호 970-1700-5 기술자격 970-1761~9	상시 970-1776-9 전문 970-1771~5	970-1768
전북지사 / 063	54852	전북 전주시 덕진구 유상로 69	대표번호 210-9200 기술자격 210-9221~7	상시 210-9282~3 전문 210-928	210-9225, 8-9
제주지사 / 064	63220	제주 제주시 복지로 19	기술자격 729-0701~2	상시/전문 729-0713~4, 6	729-0701~2

CBT 2000제 문제은행을 출간하며

2016년 5회 기능사 필기시험을 시작으로 전면시행 된 CBT시험은 기존의 종이 시험지와 OMR 카드에 정답을 마킹하는 시험방식에서 컴퓨터 화면의 문제를 보며 정답을 체크하고 시험 종료 후 바로 결과를 확인할 수 있도록 변경된 시험방식입니다.

이에 시험 주관사인 한국산업인력공단에서는 보다 간편하게 기능사 시험을 시행할 수 있게 되었으며, 수검자 또한 연 4회 시험에서 연 70여 회로 많은 응시 기회를 갖게 되었습니다.

기능사 한 종목의 문제은행은 2,000~3,600여 문제로 매 시험마다 60문제씩 무작위로 출제됩니다.

CBT 시행에 따라 기능사 시험에 기출되는 문제들을 뜻함

본서는 지금까지 공개된 8개년 이상의 과년도 기출문제를 재구성 했으며, 앞으로 CBT 기능사 시험에 출제될 2,000~3,600여 문제 또한 여기서 크게 벗어나지 않을 것으로 사료됩니다. **(주의! 똑같은 문제가 나올 것이라 생각하여 답만 외우지 말 것!!)**

본서의 기획의도대로 2000제 문제를 충분히 공부한다면 기능사 합격점인 60점을 넘길 수 있으리라 생각됩니다.

앞으로도 CBT시행에 따른 출제문제를 분석하여 적중률을 높이기 위한 노력을 멈추지 않겠습니다.

감사합니다.

2000제 문제은행 나의 합격 다이어리

공략한 문제를 체크하여 나의 스케줄을 만들어 보세요!

📢 내가 푼 문제수

◉ 2008년 2월 3일 시행	3	☐
◉ 2008년 3월 30일 시행	14	☐
◉ 2008년 7월 13일 시행	25	☐
◉ 2008년 10월 5일 시행	36	☐

→ 240

◉ 2009년 1월 18일 시행	47	☐
◉ 2009년 3월 29일 시행	58	☐
◉ 2009년 7월 12일 시행	69	☐
◉ 2009년 9월 27일 시행	79	☐

→ 480

◉ 2010년 1월 31일 시행	90	☐
◉ 2010년 3월 28일 시행	104	☐
◉ 2010년 7월 11일 시행	115	☐
◉ 2010년 10월 3일 시행	126	☐

→ 720

예상문제를 다 통과하셨나요? 지금부터는 점수 관리를 해보세요!

		점수	pass	fail
◉ 2011년 2월 13일 시행	137	☐	☐	☐
◉ 2011년 4월 17일 시행	148	☐	☐	☐
◉ 2011년 7월 31일 시행	159	☐	☐	☐
◉ 2011년 10월 9일 시행	171	☐	☐	☐

→ 960

📢 걱정마세요! 벌써 이만큼 왔어요~

해설을 최대한 활용하여 점수를 높여 보세요!

📢 내가 푼 문제수

		점수	pass	fail
◉ 2012년 2월 12일 시행	183			
◉ 2012년 4월 8일 시행	195			
◉ 2012년 7월 22일 시행	206			
◉ 2012년 10월 20일 시행	219			

🏷 1200

		점수	pass	fail
◉ 2013년 1월 27일 시행	231			
◉ 2013년 4월 14일 시행	242			
◉ 2013년 7월 21일 시행	253			
◉ 2013년 10월 12일 시행	264			

🏷 1440

		점수	pass	fail
◉ 2014년 1월 26일 시행	276			
◉ 2014년 4월 6일 시행	287			
◉ 2014년 7월 20일 시행	298			
◉ 2014년 10월 11일 시행	311			

🏷 1680

		점수	pass	fail
◉ 2015년 1월 25일 시행	323			
◉ 2015년 4월 4일 시행	335			
◉ 2015년 7월 19일 시행	349			
◉ 2015년 10월 10일 시행	362			

🏷 1920

		점수	pass	fail
◉ 2016년 1월 24일 시행	374			
◉ 2016년 4월 2일 시행	387			
◉ 2016년 7월 10일 시행	400			
◉ 2016년 CBT 5회 기출복원 문제	413			

🏷 2160

• 기출복원 문제란?
2016년 5회부터 반영되는 CBT시행에 따라 저자께서 수검자들의 도움으로 최대한 유형에 가깝게 복원한 문제입니다. 앞으로도 높은 적중률을 위해 노력하겠습니다.

여기까지 오시느라 고생많으셨습니다! 해설과 정답이 따로 있는 문제로 마무리 해보세요!

⭐ 나의 시험일은   월   일

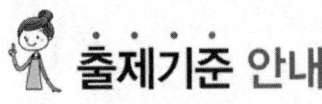

출제기준 안내

직무분야	안전관리	중직무분야	안전관리
자격종목	가스기능사	적용기간	2021.1.1 ~ 2024.12.31
직무내용	가스 제조·저장·충전·공급 및 사용시설과 용기, 기구 등의 제조 및 수리시설을 시공, 조작, 검사하기 위한 기술적 사항의 관리, 생산 공정에서 가스 생산기계 및 장비를 운전하고 충전하기 위해 예방조치 등의 업무를 수행하는 직무이다.			
필기검정방법	객관식	문제수	60	시험시간	1시간

필기과목명	문제수	주요항목	세부항목	세세항목
가스안전관리, 가스장치 및 기기, 가스일반	60	1. 가스안전관리	1. 가스의 성질	1. 가연성 가스 2. 독성 가스 3. 기타 가스
			2. 가스제조 공급 및 충전	1. 고압가스 일반제조시설 2. 고압가스 특정제조시설 3. 고압가스 충전시설 4. 액화석유가스 충전시설 5. 도시가스 제조 및 공급시설 6. 도시가스 충전시설 7. 수소 제조 및 충전시설
			3. 가스저장 및 사용 시설	1. 고압가스 저장시설 2. 고압가스 사용시설 3. 액화석유가스 저장시설 4. 액화석유가스 사용시설 5. 도시가스 사용시설 6. 수소 사용시설
			4. 고압가스 특정설비, 가스용품, 냉동기, 히트펌프, 용기 등의 제조 및 검사	1. 특정 설비 제조 및 검사 2. 가스용품 제조 및 검사 3. 냉동기 제조 및 검사 4. 히트펌프 제조 및 검사 5. 용기 제조 및 검사
			5. 가스판매, 운반, 취급	1. 고압가스, 액화석유가스 판매시설 2. 고압가스, 액화석유가스 운반 3. 고압가스, 액화석유가스 취급
			6. 가스화재 및 폭발예방	1. 폭발범위 2. 폭발의 종류 3. 폭발의 피해 영향 4. 폭발 방지대책

guidelines for making questions

		1. 가스안전관리	6. 가스화재 및 폭발예방	5. 위험성 평가 6. 방폭구조 7. 위험장소 8. 부식의 종류 및 방지대책
		2. 가스장치 및 가스설비	1. 가스장치	1. 기화장치 및 정압기 2. 가스장치 요소 및 배관 3. 가스용기 및 탱크 4. 압축기 및 펌프 5. 가스 장치 재료
			2. 저온장치	1. 공기액화분리장치 2. 저온장치 및 재료
			3. 가스설비	1. 고압가스설비 2. 액화석유가스설비 3. 도시가스설비
			4. 가스계측기	1. 온도계 및 압력계측기 2. 액면 및 유량계측기 3. 가스분석기 4. 가스누출검지기 5. 제어기기
		3. 가스일반	1. 가스의 기초	1. 압력 2. 온도 3. 열량 4. 밀도, 비중 5. 가스의 기초 이론 6. 이상기체의 성질
			2. 가스의 연소	1. 연소현상 2. 연소 특성 3. 가스의 종류 및 특성 4. 가스의 시험 및 분석 5. 연소계산
			3. 가스의 성질, 제조방법 및 용도	1. 고압가스 2. 액화석유가스 3. 도시가스

문제 2000

CBT 시험대비

가스기능사 2000제 문제은행

가스기능사 2000제 문제은행

2008년 2월 3일 시행

---

01 용기의 재검사 주기에 대한 기준 중 옳지 않은 것은?

① 용접용기로서 신규검사 후 15년 이상 20년 미만인 용기는 2년마다 재검사
② 500L 이상 이음매 없는 용기는 5년마다 재검사
③ 저장탱크가 없는 곳에 설치한 기화기는 2년마다 재검사
④ 압력용기는 4년마다 재검사

해설 저장탱크가 없는 곳에 설치한 기화기의 재검사 주기는 3년마다(특정설비)

02 가연성 물질을 공기로 연소시키는 경우에 공기 중의 산소농도를 높게 하면 연소속도와 발화온도는 어떻게 변하는가?

① 연소속도는 빠르게 되고, 발화온도는 높아진다.
② 연소속도는 빠르게 되고, 발화온도는 낮아진다.
③ 연소속도는 느리게 되고, 발화온도는 높아진다.
④ 연소속도는 느리게 되고, 발화온도는 낮아진다.

해설 산소농도가 높게 되면 연소속도가 빨라지며, 발화온도는 낮아진다.

03 다음 가연성 가스 중 위험성이 가장 큰 것은?

① 수소
② 프로판
③ 산화에틸렌
④ 아세틸렌

해설 가스의 폭발범위
① 수소 : 4~75%
② 프로판 : 2.1~9.5%
③ 산화에틸렌 : 3~80%
④ 아세틸렌 : 2.5~81%

04 다음 가스 중 독성이 가장 큰 것은?

① 염소
② 불소
③ 시안화수소
④ 암모니아

해설 독성의 허용농도
① 염소 : 1 ppm
② 불소 : 0.1 ppm
③ 시안화수소 : 10 ppm
④ 암모니아 : 25 ppm

Answer 1. ③ 2. ② 3. ④ 4. ②

05 후부 취출식 탱크에서 탱크 주 밸브 및 긴급 차단장치에 속하는 밸브와 차량의 뒷범퍼와의 수평거리는 얼마 이상 떨어져 있어야 하는가?

① 20[cm]   ② 30[cm]
③ 40[cm]   ④ 60[cm]

해설 후부 취출식 : 40[cm] 이상

06 습식 아세틸렌 발생기의 표면 온도는 몇 ℃ 이하로 유지하여야 하는가?

① 30   ② 40
③ 60   ④ 70

해설 습식 아세틸렌 발생기의 표면 온도는 70[℃] 이하로 유지

07 고압가스일반제조의 시설기준에 대한 내용 중 틀린 것은?

① 가연성가스 제조시설의 고압가스 설비는 다른 가연성가스 고압설비와 2[m] 이상 거리를 유지한다.
② 가연성가스설비 및 저장설비는 화기와 8[m] 이상의 우회거리를 유지한다.
③ 사업소에는 경계표지와 경계책을 설치한다.
④ 독성가스가 누출될 수 있는 장소에는 위험표지를 설치한다.

해설 가연성가스제조시설 —5[m] 이상→ 다른 가연성가스의 고압설비

08 공업용 질소 용기의 문자 색상은?

① 백색   ② 적색
③ 흑색   ④ 녹색

해설 질소의 용기 문자 색상 : 백색(의료용은 백색)

09 다음 중 허용 농도 1[ppb]에 해당하는 것은?

① $\dfrac{1}{10^3}$

② $\dfrac{1}{10^6}$

③ $\dfrac{1}{10^9}$

④ $\dfrac{1}{10^{10}}$

해설
$$1[ppb] = \dfrac{1}{10^9}$$

10 산화에틸렌 충전용기에는 질소 또는 탄산가스를 충전하는데 그 내부가스 압력의 기준으로 옳은 것은?

① 상온에서 0.2[MPa] 이상
② 35[℃]에서 0.2[MPa] 이상
③ 40[℃]에서 0.4[MPa] 이상
④ 45[℃]에서 0.4[MPa] 이상

해설 산화에틸렌(C_2H_4O)의 저장 탱크나 충전용기에는 45[℃]에서 그 내부가스의 압력이 0.4[MPa] 이상이 되도록 N_2 또는 CO_2 가스를 충전할 것

Answer 5. ③ 6. ④ 7. ① 8. ① 9. ③ 10. ④

11 가스를 사용하려 하는데 밸브에 얼음이 얼어 붙었다. 이때 조치방법으로 가장 적절한 것은?

① 40[℃] 이하의 더운물을 사용하여 녹인다.
② 800[℃]의 램프로 가열하여 녹인다.
③ 1,000[℃]의 뜨거운 물을 사용하여 녹인다.
④ 가스토치로 가열하여 녹인다.

해설 가스밸브 얼음 제거는 40[℃] 이하 더운물

12 액화 염소가스의 1일 처리능력이 38,000[kg]일 때 수용정원이 350명인 공연장과의 안전거리는 얼마를 유지하여야 하는가?

① 17[m]   ② 21[m]
③ 24[m]   ④ 27[m]

해설 독성, 가연성가스 1일 처리능력 3만 초과 ~ 4만 이하의 경우
① 제1종 보호시설 : 27[m] 이상
② 제2종 보호시설 : 18[m] 이상

13 다음 각 독성가스 누출시의 제독제로서 적합하지 않은 것은?

① 염소 : 탄산소다수용액
② 포스겐 : 소석회
③ 산화에틸렌 : 소석회
④ 황화수소 : 가성소다수용액

해설 • 산화에틸렌 제독제 : 다량의 물

14 다음 가스의 용기보관실 중 그 가스가 누출된 때에 체류하지 않도록 통풍구를 갖추고, 통풍이 잘 되지 않는 곳에는 강제통풍시설을 설치하여야 하는 곳은?

① 질소 저장소
② 탄산가스 저장소
③ 헬륨 저장소
④ 부탄 저장소

해설 부탄은 가연성가스로 공기보다 무거워서 바닥면에 접하여 2방향 이상의 개구부 또는 바닥면 가까이에 흡입구를 갖춘 강제통풍장치가 필요하다.

15 고압가스 일반제조시설에서 저장 탱크 및 가스홀더는 몇 m^3 이상의 가스를 저장하는 것에 가스방출장치를 설치하여야 하는가?

① 5   ② 10
③ 15   ④ 20

해설 가스저장 탱크 및 가스홀더는 가스가 누출하지 아니하는 구조로 하고 $5[m^3]$ 이상의 가스를 저장하는 것에는 가스방출장치를 설치할 것

16 도시가스 사용시설에서 가스계량기는 절연조치를 하지 아니한 전선과는 몇 cm 이상의 거리를 유지하여야 하는가?

① 5   ② 15
③ 30   ④ 150

해설 ① 전기계량기, 전기개폐기 : 60[cm] 이상
② 전기점멸기, 전기접속기 : 30[cm] 이상
③ 절연조치를 하지 않은 전선 : 15[cm] 이상

Answer 11. ① 12. ④ 13. ③ 14. ④ 15. ① 16. ②

17 고압가스의 충전용기는 항상 몇 [℃] 이하의 온도를 유지하여야 하는가?

① 15　　　② 20
③ 30　　　④ 40

해설 • 고압가스 충전용기 온도제한 : 40[℃] 이하

18 다음 중 1종 보호시설이 아닌 것은?

① 가설건축물이 아닌 사람을 수용하는 건축물로서 사실상 독립된 부분의 연면적이 1500[m²]인 건축물
② 문화재보호법에 의하여 지정문화재로 지정된 건축물
③ 교회의 시설로서 수용능력이 200인(人)인 건축물
④ 어린이집 및 어린이놀이터

해설 교회는 수용능력 300인 이상 건축물의 경우 제1종 보호시설에 해당

19 내화구조의 가연성가스의 저장 탱크 상호 간의 거리가 1[m] 또는 두 저장 탱크의 최대 지름을 합산한 길이의 $\frac{1}{4}$ 길이 중 큰 쪽의 거리를 유지하지 못한 경우 물분무장치의 수량기준으로 옳은 것은?

① 4[$l/m^2 \cdot min$]　② 5[$l/m^2 \cdot min$]
③ 6.5[$l/m^2 \cdot min$]　④ 8[$l/m^2 \cdot min$]

해설 ① 저장탱크 전 표면 : 8[$l/m^2 \cdot min$]
② 내화구조 : 4[$l/m^2 \cdot min$]
③ 준 내화구조 : 6.5[$l/m^2 \cdot min$]

20 액화석유가스 용기충전시설에서 방류둑의 내측과 그 외면으로부터 몇 [m] 이내에는 저장탱크 부속설비 외의 것을 설치하지 않아야 하는가?

① 5　　　② 7
③ 10　　　④ 15

해설 방류둑의 내측과 그 외면으로부터 10[m] 이내에는 저장 탱크 부속설비 외의 것을 설치하지 아니한다.

21 C_2H_2 제조설비에서 제조된 C_2H_2를 충전용기에 충전시 위험한 경우는?

① 아세틸렌이 접촉되는 설비부분에 동 함량 72[%]의 동합금을 사용하였다.
② 충전 중의 압력을 2.5[MPa] 이하로 하였다.
③ 충전 후에 압력이 15[℃]에서 1.5[MPa] 이하로 될 때까지 정치하였다.
④ 충전용 지관은 탄소함유량 0.1[%] 이하의 강을 사용하였다.

해설 C_2H_2 가스에 접촉되는 곳에는 62[%] 이상의 구리 함유량 사용은 금지할 것

22 방류둑에는 계단, 사다리 또는 토사를 높이 쌓아올림 등에 의한 출입구를 둘레 몇 m마다 1개 이상을 두어야 하는가?

① 30　　　② 40
③ 50　　　④ 60

해설 방류둑의 사다리는 둘레 50[m]마다 1개 이상의 출입구가 필요하다.

Answer　17. ④　18. ③　19. ①　20. ③　21. ①　22. ③

23 고압가스 특정제조시설에서 배관을 해저에 설치하는 경우의 기준 중 옳지 않은 것은?

① 배관은 해저면 밑에 매설할 것
② 배관은 원칙적으로 다른 배관과 교차하지 아니할 것
③ 배관은 원칙적으로 다른 배관과 수평거리로 20[m] 이상을 유지할 것
④ 배관의 입상부에는 방호시설물을 설치할 것

해설 해저배관 설치시 원칙적으로 다른 배관과는 30[m] 이상의 수평거리를 유지할 것

24 액화석유가스의 안전관리시 필요한 안전관리책임자가 해임 또는 퇴직하였을 때에는 그 날로부터 며칠 이내에 다른 안전관리책임자를 선임하여야 하는가?

① 10일   ② 15일
③ 20일   ④ 30일

해설 안전관리자 선임 및 해임은 30일 이내에 한다.

25 일반도시가스 사업자 정압기의 분해점검 실시 주기는?

① 3개월에 1회 이상
② 6개월에 1회 이상
③ 1년에 1회 이상
④ 2년에 1회 이상

해설 일반도시가스 사업장의 정압기는 2년에 1회 이상 분해점검이 필요하다.

26 다음 중 가연성이면서 독성인 가스는?

① 프로판   ② 불소
③ 염소   ④ 암모니아

해설 • NH_3 가스
① 폭발 범위 : 15~28[%]
② 독성 허용농도 : 25[ppm]

27 가스누출검지 경보장치의 설치기준 중 틀린 것은?

① 통풍이 잘 되는 곳에 설치할 것
② 가스의 누설을 신속하게 검지하고 경보하기에 충분한 수일 것
③ 그 기능은 가스종류에 적절한 것일 것
④ 체류할 우려가 있는 장소에 적절하게 설치할 것

해설 가스누출검지 경보장치는 통풍이 잘 되지 않는 곳에 설치한다.

28 다음 중 2중 배관으로 하지 않아도 되는 가스는?

① 일산화탄소
② 시안화수소
③ 염소
④ 포스겐

해설 • 2중 배관가스 : 염소, 포스겐, 암모니아, 염화메탄, 산화에틸렌, 아황산가스, 시안화수소 또는 황화수소

Answer 23. ③ 24. ④ 25. ④ 26. ④ 27. ① 28. ①

29 지하에 매설된 도시가스 배관의 전기방식 기준으로 틀린 것은?

① 전기방식전류가 흐르는 상태에서 토양 중에 있는 배관 등의 방식전위 상한값은 포화황산동 기준전극으로 −0.85[V] 이하일 것
② 전기방식전류가 흐르는 상태에서 자연전위와의 전위변화가 최소한 −300[mV] 이하일 것
③ 배관에 대한 전위측정은 가능한 배관 가까운 위치에서 실시할 것
④ 전기방식시설의 관대지전위 등을 2년에 1회 이상 점검할 것

해설 전기방식시설의 관대지전위 등은 1년에 1회 이상 점검한다.

30 LPG 사용시설의 기준에 대한 설명 중 틀린 것은?

① 연소기 사용압력이 3.3[kPa]를 초과하는 배관에는 배관용 밸브를 설치할 수 있다.
② 배관이 분기되는 경우에는 주배관에 배관용 밸브를 설치한다.
③ 배관의 관지름이 33[mm] 이상의 것은 3[m]마다 고정장치를 한다.
④ 배관의 이음부(용접이음 제외)와 전기 접속기와는 15[cm] 이상의 거리를 유지한다.

해설 배관의 이음부와 전기접속기와는 30[cm] 이상의 거리를 유지한다.

31 수소나 헬륨을 냉매로 사용한 냉동방식으로 실린더 중에 피스톤과 보조 피스톤으로 구성되어 있는 액화사이클은?

① 클라우드 공기액화사이클
② 린데 공기액화사이클
③ 필립스 공기액화사이클
④ 캐피자 공기액화사이클

해설 필립스 공기액화사이클 : 냉매는 수소 또는 헬륨

32 LPG 용기에 사용되는 조정기의 기능으로 가장 옳은 것은?

① 가스의 유량 조정
② 가스의 유출 압력 조정
③ 가스의 밀도 조정
④ 가스의 유속 조정

해설 압력조정기의 기능 : 가스의 유출 압력 조정

33 고온 배관용 탄소강관의 규격 기호는?

① SPPH
② SPHT
③ SPLT
④ SPPW

해설 ① SPPH : 고압배관용
② SPHT : 고온배관용
③ SPLT : 저온배관용
④ SPPW : 수도용 아연도금 배관용

Answer 29. ④ 30. ④ 31. ③ 32. ② 33. ②

34 원통형의 관을 흐르는 물의 중심부의 유속을 피토관으로 측정하였더니 전압과 정압의 차가 수주 10[m]이었다. 이때 중심부의 유속은 약 몇 m/s 인가?

① 10 ② 14
③ 20 ④ 26

해설
- $V = k\sqrt{2gh} = \sqrt{2 \times 9.8 \times 10} = 14[m/s]$
- 전압 = 정압 + 동압

35 다음 보온재 중 안전사용 온도가 가장 높은 것은?

① 글라스 화이버 ② 플라스틱 폼
③ 규산칼슘 ④ 세라믹 화이버

해설
- 안전사용온도
  ① 글라스 화이버 : 300[℃] 이하
  ② 플라스틱 폼 : 80[℃] 이하
  ③ 규산칼슘 : 650[℃]
  ④ 세라믹 화이버 : 1300[℃]

36 부르동관 압력계 사용 시의 주의사항으로 옳지 않은 것은?

① 사전에 지시의 정확성을 확인하여 둘 것
② 안전장치가 부착된 안전한 것을 사용할 것
③ 온도나 진동, 충격 등의 변화가 적은 장소에서 사용할 것
④ 압력계에 가스를 유입하거나 빼낼 때는 신속히 조작할 것

해설 부르동관(탄성식) 압력계에 가스를 유입하거나 빼낼 때는 천천히 조작할 것

37 다음 중 공기액화 분리장치의 주요 구성요소가 아닌 것은?

① 공기압축기
② 팽창밸브
③ 열교환기
④ 수취기

해설 수취기는 저압가스(도시가스) 공급배관에 설치한다.(물이 체류할 우려가 있는 곳)

38 가스관(강관)의 특징으로 틀린 것은?

① 구리관보다 강도가 높고 충격에 강하다.
② 관의 치수가 큰 경우 구리관보다 비경제적이다.
③ 관의 접합작업이 용이하다.
④ 연관이나 주철관에 비해 가볍다.

해설 강관은 관의 치수가 큰 경우 구리관보다 더 경제적이다.

39 아세틸렌 용기의 안전밸브 형식으로 가장 많이 사용되는 것은?

① 가용전식
② 파열판식
③ 스프링식
④ 중추식

해설
- C_2H_2 가스 안전밸브
  ① 가용전식
  ② 용융온도 : 105 ± 5[℃]

Answer 34. ② 35. ④ 36. ④ 37. ④ 38. ② 39. ①

40 압축된 가스를 단열 팽창시키면 온도가 강하하는 것은 어떤 효과에 해당되는가?

① 단열효과
② 줄-톰슨 효과
③ 서징효과
④ 블로워 효과

해설 • 줄-톰슨 효과 : 압축된 가스를 단열 팽창시키면 온도가 강하한다.

41 땅속의 애노드에 강제 전압을 가하여 피방식 금속제를 캐소드로 하는 전기방식법은?

① 희생양극법
② 외부전원법
③ 선택배류법
④ 강제배류법

해설 • 외부전원법 : 땅속에 매설한 애노드에 강제 전압을 가하여 피방식 금속제를 캐소드로 하여 방식한다.

42 펌프의 회전 수를 1,000[rpm]에서 1,200[rpm]으로 변화시키면 동력은 약 몇 배가 되는가?

① 1.3   ② 1.5
③ 1.7   ④ 2.0

해설
$$PS = P \times \left(\frac{N_2}{N_1}\right)^3 = 1 \times \left(\frac{1200}{1000}\right)^3 = 1.728 \text{ 배}$$

43 기화기, 혼합기(믹서)에 의해서 기화한 부탄에 공기를 혼합하여 만들어지며, 부탄을 다량 소비하는 경우에 적합한 공급방식은?

① 생가스 공급방식
② 공기혼합 공급방식
③ 자연기화 공급방식
④ 변성가스 공급방식

해설 • 공기혼합 공급방식 : 기화된 부탄에 공기를 혼합하여 만들어서 부탄을 다량 소비하는 경우 적합한 공급방식이다.

44 시간당 200톤의 물을 20[cm]의 안지름을 갖는 PVC 파이프로 수송하였다. 관 내의 평균유속은 약 몇 [m/s]인가?

① 0.9   ② 1.2
③ 1.8   ④ 3.6

해설
$$200\text{톤} = 200000[\text{kg}] = 200[\text{m}^3]$$
$$200 = \frac{3.14}{4} \times (0.2)^2 \times V \times 3600$$
$$\therefore V = \frac{200}{0.0314 \times 3600} = 1.77[\text{m/s}]$$

45 수소(H₂)가스 분석방법으로 가장 적당한 것은?

① 팔라듐관 연소법
② 헴펠법
③ 황산바륨 침전법
④ 흡광광도법

해설 ① 분별연소법 : H₂, CO 가스 분석
② 파라듐관 연소법 : 수소량 검출

Answer 40. ② 41. ② 42. ③ 43. ② 44. ③ 45. ①

46 다음 중 주로 부가(첨가)반응을 하는 가스는?

① CH_4 ② C_2H_2
③ C_3H_8 ④ C_4H_{10}

해설> $C_2H_2 + H_2O$(촉매물을 부가) $\xrightarrow{HgSO_4}$
CH_3CHO(아세트알데히드)

47 다음 [보기]와 같은 성질을 갖는 것은?

[보기]
① 공기보다 무거워서 누출시 낮은 곳에 체류한다.
② 기화 및 액화가 용이하며, 발열량이 크다.
③ 증발잠열이 크기 때문에 냉매로도 이용된다.

① O_2 ② CO
③ LPG ④ C_2H_4

해설> • LPG
① 공기보다 무겁다.
② 발열량이 크고 기화, 액화가 용이하다.
③ 증발열이 크며 냉매로도 사용 가능

48 다음 중 공기보다 가벼운 가스는?

① O_2 ② SO_2
③ H_2 ④ CO_2

해설> • 분자량
① 공기(29)
② 산소(32)
③ 아황산가스(64)
④ 수소(2)
⑤ 탄산가스(44)

49 다음 중 무색투명한 액체로 특유의 복숭아향과 같은 취기를 가진 독성가스는?

① 포스겐 ② 일산화탄소
③ 시안화수소 ④ 산화에틸렌

해설> • 시안화수소(HCN) : 무색투명하다. 액화가스이며 특유의 복숭아향의 취기를 가진 독성 (10[ppm]) 가스

50 일반적으로 기체에 있어서 정압비열과 정적비열과의 관계는?

① 정적 비열 = 정압 비열
② 정적 비열 = 2 × 정압 비열
③ 정적 비열 > 정압 비열
④ 정적 비열 < 정압 비열

해설> ① 비열비 = $\dfrac{정압비열}{정적비열}$ = K > 1
② 정압비열 > 정적비열

51 다음 중 표준상태에서 비점이 가장 높은 것은?

① 나프타
② 프로판
③ 에탄
④ 부탄

해설> • 비점
① 나프타(200~300[℃])
② 에탄(-88.63[℃])
③ 프로판(-42.1[℃])
④ 부탄(-0.5[℃])

Answer 46. ② 47. ③ 48. ③ 49. ③ 50. ④ 51. ①

52 다음 중 표준대기압에 해당되지 않는 것은?

① 760[mmHg]
② 14.7[PSI]
③ 0.101[MPa]
④ 1013[bar]

해설 • 표준대기압(atm)
1.01325[bar] → 1013mbar

53 열역학적 계(system)가 주위와의 열교환을 하지 않고 진행되는 과정을 무슨 과정이라고 하는가?

① 단열과정   ② 등온과정
③ 등압과정   ④ 등적과정

해설 • 단열과정 : 계가 주위와의 열교환을 하지 않는 과정

54 프로판가스 60[mol%], 부탄가스 40[mol%]의 혼합가스 1[mol]을 완전연소시키기 위하여 필요한 이론 공기량은 약 몇 mol 인가? (단, 공기 중 산소는 21[mol%]이다.)

① 17.7
② 20.7
③ 23.7
④ 26.7

해설
$C_3H_8 + 5O_2 \rightarrow 3CO_2 + 4H_2O$
$C_4H_{10} + 6.5O_2 \rightarrow 4CO_2 + 5H_2O$
$\dfrac{(5 \times 0.6) + (6.5 \times 0.4)}{0.21} = 26.7[mol]$

55 메탄 95[%] 및 에탄 5[%]로 구성된 천연가스 1[m³]의 진발열량은 약 몇 kcal 인가? (단, 표준상태에서 메탄의 진발열량은 8,124[cal/l], 에탄은 14,602[cal/l]이다.)

① 8151
② 8242
③ 8353
④ 8448

해설
① $CH_4 + 2O_2 \rightarrow CO_2 + 2H_2O$
② $C_2H_6 + 3.5O_2 \rightarrow 2CO_2 + 3H_2O$
$Hl = (8124 \times 0.95) + (14602 \times 0.05)$
$= 8447.9[cal/l]$

56 염소에 대한 설명 중 틀린 것은?

① 상온, 상압에서 황록색의 기체로 조연성이 있다.
② 강한 자극성의 취기가 있는 독성기체이다.
③ 수소와 염소의 등량 혼합기체를 염소폭명기라 한다.
④ 건조 상태의 상온에서 강재에 대하여 부식성을 갖는다.

해설 염소는 습한 상태에서만 강재에 부식성을 나타낸다.

$H_2O + Cl_2 \rightarrow HCl + HClO$,
$Fe + 2HCl \rightarrow \underline{FeCl_2} + H_2$

Answer 52. ④ 53. ① 54. ④ 55. ④ 56. ④

57 다음 LNG와 SNG에 대한 설명으로 옳은 것은?

① 액체 상태의 나프타를 LNG라 한다.
② SNG는 대체 천연가스 또는 합성 천연가스를 말한다.
③ LNG는 액화석유가스를 말한다.
④ SNG는 각종 도시가스의 총칭이다.

해설
- LNG : 액화천연가스
- LPG : 액화석유가스
- SNG : 대체천연가스(합성천연가스)

58 다음 비열에 대한 설명 중 틀린 것은?

① 단위는 kcal/kg·℃이다.
② 비열이 크면 열용량도 크다.
③ 비열이 크면 온도가 빨리 상승한다.
④ 구리(銅)는 물보다 비열이 작다.

해설 비열(kcal/kg·K)이 크면 온도상승이 느리다.

59 황화수소에 대한 설명 중 옳지 않은 것은?

① 건조된 상태에서 수은, 동과 같은 금속과 반응한다.
② 무색의 특유한 계란썩는 냄새가 나는 기체이다.
③ 고농도를 다량으로 흡입할 경우에는 인체에 치명적이다.
④ 농질산, 발연질산 등의 산화제와 심하게 반응한다.

해설 황화수소(H_2S)는 습기(H_2O)를 함유한 공기중에서 금, 백금 이외의 거의 모든 금속과는 반응하여 황화물을 만든다.

$$4Cu + 2H_2S + O_2 \rightarrow 2Cu_2S + 2H_2O$$

60 기체의 체적이 커지면 밀도는?

① 작아진다.
② 커진다.
③ 일정하다.
④ 체적과 밀도는 무관하다.

해설 기체의 체적이 커지면 밀도(kg/m^3)는 작아진다.

Answer 57. ② 58. ③ 59. ① 60. ①

2008년 3월 30일 시행

01 가연성 물질을 취급하는 설비의 주위라 함은 방류둑을 설치한 가연성가스 저장탱크에서 당해 방류둑 외면으로부터 몇 m 이내를 말하는가?
① 5　　② 10
③ 15　　④ 20

해설 방류둑 외면 10[m] 이내는 설비의 주위이다.

02 도시가스의 가스발생설비, 가스정제설비, 가스 홀더 등이 설치된 장소 주위에는 철책 또는 철망 등의 경계책을 설치하여야 하는데 그 높이는 몇 m 이상으로 하여야 하는가?
① 1　　② 1.5
③ 2.0　　④ 3.0

해설 • 경계책 높이 : 1.5[m] 이상

03 액화가스를 충전하는 탱크는 그 내부에 액면요동을 방지하기 위하여 무엇을 설치하는가?
① 방파판　　② 보호판
③ 박강판　　④ 후강판

해설 • 방파판 : 액면요동 방지

04 다음 중 용기보관장소에 충전용기를 보관할 때의 기준으로 틀린 것은?
① 충전용기와 잔가스용기는 각각 구분하여 보관할 것
② 가연성가스, 독성가스 및 산소의 용기는 각각 구분하여 보관할 것
③ 충전용기는 항상 50[℃] 이하의 온도를 유지하고 직사광선을 받지 아니하도록 할 것
④ 용기보관 장소의 주위 2[m] 이내에는 화기 또는 인화성 물질이나 발화성 물질을 두지 아니할 것

해설 • 충전용기 : 항상 40[℃] 이하 유지

05 산소없이 분해폭발을 일으키는 물질이 아닌 것은?
① 아세틸렌　　② 히드라진
③ 산화에틸렌　　④ 시안화수소

해설 • 시안화수소
① 산화폭발
② 중합폭발

Answer　1. ②　2. ②　3. ①　4. ③　5. ④

06 차량에 고정된 탱크로부터 가스를 저장탱크에 이송할 때의 작업 내용으로 가장 거리가 먼 것은?

① 부근에 화기의 유무를 확인한다.
② 차바퀴 전후를 고정목으로 고정한다.
③ 소화기를 비치한다.
④ 정전기 제거용 접지 코드를 제거한다.

해설 ▶ 차량에 고정된 탱크와 지상의 저장탱크에 액화가스 이송시 정전기 제거 접지 코드를 연결

07 다음 중 공기 중에서의 폭발범위가 가장 넓은 가스는?

① 황화수소   ② 암모니아
③ 산화에틸렌   ④ 프로판

해설 ▶ ① 황화수소(H_2S) : 4.3 ~ 45[%]
② 암모니아(NH_3) : 15 ~ 28[%]
③ 산화에틸렌(C_2H_4O) : 3 ~ 80[%]
④ 프로판(C_3H_8) : 2.1 ~ 9.5[%]

08 고압가스 용기 중 동일 차량에 혼합 적재하여 운반하여도 무방한 것은?

① 산소와 질소, 탄산가스
② 염소와 아세틸렌, 암모니아 또는 수소
③ 동일 차량에 용기의 밸브가 서로 마주보게 적재한 가연성 가스와 산소
④ 충전용기와 위험물안전관리법이 정하는 위험물

해설 ▶ ① 산소 : 조연성가스
② 질소 : 불연성가스(폭발 범위 없음)
③ 탄산가스 : 불연성가스(폭발 범위 없음)

09 압축 가연성가스를 몇 m^3 이상을 차량에 적재하여 운반하는 때에 운반책임자를 동승시켜 운반에 대한 감독 또는 지원을 하도록 되어 있는가?

① 100   ② 300
③ 600   ④ 1000

해설 ▶ 가연성 압축가스 운반책임자 동승기준은 300[m^3] 이상(가연성 액화가스는 3000[kg] 이상)

10 일산화탄소와 공기의 혼합가스는 압력이 높아지면 폭발 범위는 어떻게 되는가?

① 변함없다.
② 좁아진다.
③ 넓어진다.
④ 일정치 않다.

해설 ▶ 일산화탄소(CO) 가스는 압력이 높아지면 폭발범위는 좁아진다.(단, 다른 가스는 커진다.)

11 품질검사 기준 중 산소의 순도 측정에 사용되는 시약은?

① 동·암모니아 시약
② 발연황산 시약
③ 피로카롤 시약
④ 하이드로 썰파이드 시약

해설 ▶ ① 산소 : 동·암모니아 시약(99.5[%] 이상)
② 아세틸렌 : 발연황산 시약(98[%] 이상)
③ 수소 : 하이드로 썰파이드 시약(98.5[%] 이상)

Answer 6. ④ 7. ③ 8. ① 9. ② 10. ② 11. ①

12 LP 가스용기 충전시설 중 지상에 설치하는 경우 저장탱크의 주위에는 액상의 LP 가스가 유출하지 아니하도록 방류둑을 설치하여야 한다. 다음 중 얼마의 저장량 이상일 때 방류둑을 설치하여야 하는가?

① 500톤
② 1,000톤
③ 1,500톤
④ 2,000톤

해설 • LPG 저장탱크 용량 1,000톤 이상 : 방류둑 설치

13 다음 중 독성가스의 가스 설비 배관을 2중관으로 하지 않아도 되는 가스는?

① 암모니아
② 염소
③ 황화수소
④ 불소

해설 • 2중관 고압가스 대상 : 포스겐, 황화수소, 시안화수소, 아황산가스, 산화에틸렌, 암모니아, 염소, 염화메탄

14 도시가스사용시설 중 20A 가스관에 대한 고정장치의 간격으로 옳은 것은?

① 1[m] ② 2[m]
③ 3[m] ④ 5[m]

해설 ① 13[mm] 이상 ~ 33[mm] 미만 : 2[m]
② 33[mm] 이상 : 3[m]
③ 13[mm] 미만 : 1[m]

15 도시가스사업법에서 정한 중압의 기준은?

① 0.1[MPa] 미만의 압력
② 1[MPa] 미만의 압력
③ 0.1[MPa] 이상 1[MPa] 미만의 압력
④ 1[MPa] 이상의 압력

해설 ① ①은 저압가스
② ②는 중압가스
③ ④는 고압가스

16 다음 중 독성가스 제해설비를 갖추어야 하는 시설이 아닌 것은?

① 아황산가스 및 암모니아 충전설비
② 염소 및 황화수소 충전설비
③ 프레온 가스를 사용한 냉동제조시설 및 충전시설
④ 염화 메탄 충전설비

해설 • 프레온 가스 : 냉매가스

17 0[℃], 1[atm]에서 4[L]이던 기체는 273[℃], 1[atm]일 때 몇 [L]가 되는가?

① 2 ② 4
③ 8 ④ 12

해설 $V_2 = V_1 \times \dfrac{T_2}{T_1} = 4 \times \dfrac{273+273}{273} = 8[L]$

18 LP 가스설비 중 조정기(regulator) 사용의 주된 목적은?

① 유량 조절 ② 발열량 조절
③ 유속 조절 ④ 공급압력 조절

해설 • 압력조정기 : 가스공급 압력조절

19 용기 밸브의 그랜드 너트의 6각 모서리에 V형의 홈을 낸 것은 무엇을 표시하는가?

① 왼나사임을 표시
② 오른나사임을 표시
③ 암나사임을 표시
④ 수나사임을 표시

해설 • 그랜드 너트 6각 모서리 V형 표시 : 왼나사 표시

20 고압가스 충전용기 파열사고의 직접 원인으로 가장 거리가 먼 것은?

① 질소 용기 내에 5%의 산소가 존재할 때
② 재료의 불량이나 용기가 부식되었을 때
③ 가스가 과충전되어 있을 때
④ 충전용기가 외부로부터 열을 받았을 때

해설 질소는 불연성가스이므로 조연성가스 산소와는 폭발성이 없는 관계이다. 과충전에 의한 압력초과 폭발은 가능하다.

21 도시가스 공급시설 중 저장탱크 주위의 온도상승 방지를 위하여 설치하는 고정식 물분무장치의 단위면적당 방사능력의 기준은? (단, 단열재를 피복한 준내화구조 저장 탱크가 아니다.)

① 2.5[L/분·m^2] 이상
② 5[L/분·m^2] 이상
③ 7.5[L/분·m^2] 이상
④ 10[L/분·m^2] 이상

해설 ① 저장탱크 전표면 : 8[l/분·m^2] 이상
② 내화구조 : 4[l/분·m^2] 이상
③ 준내화구조 : 6.5[l/분·m^2] 이상
④ 도시가스 : 5[l/분·m^2] 이상(준내화구조는 2.5[l])

22 일산화탄소의 경우 가스누출검지 경보장치의 검지에서 발신까지 걸리는 시간은 경보농도의 1.6배 농도에서 몇 초 이내로 규정되어 있는가?

① 10
② 20
③ 30
④ 60

해설 ① 일반가연성, 독성 : 30초 이내
② 암모니아, 일산화탄소 : 60초 이내(1분)

Answer 18. ④ 19. ① 20. ① 21. ② 22. ④

23 다음 중 운전 중의 제조설비에 대한 일일점검 항목이 아닌 것은?

① 회전기계의 진동, 이상음, 이상온도 상승
② 인터록의 작동
③ 제조설비 등으로부터의 누출
④ 제조설비의 조업조건의 변동상황

해설) 인터록 작동은 긴급시에만 작동된다.

24 가스 중독의 원인이 되는 가스가 아닌 것은?

① 시안화수소
② 염소
③ 아황산가스
④ 수소

해설) ① 수소는 가연성가스이다.
② 시안화수소, 아황산가스, 염소는 독성가스이다.

25 겨울철 LP 가스용기에 서릿발이 생겨 가스가 잘 나오지 않을 경우 가스를 사용하기 위한 가장 적절한 조치는?

① 연탄불로 쪼인다.
② 용기를 힘차게 흔든다.
③ 열 습포를 사용한다.
④ 90[℃] 정도의 물을 용기에 붓는다.

해설) LP가스 동결시 열습포(40℃ 이하) 사용

26 고압가스를 차량으로 운반할 때 몇 km 이상의 거리를 운행하는 경우에 중간에 휴식을 취한 후 운행하도록 되어 있는가?

① 100
② 200
③ 300
④ 400

해설) • 중간휴식 : 200[km] 운행시마다

27 다음 중 천연가스 지하 매설 배관의 퍼지용으로 주로 사용되는 가스는?

① H_2
② Cl_2
③ N_2
④ O_2

해설) • 지하매설 배관용 퍼지가스 : 질소

28 고압가스 특정제조의 플레어스택 설치기준에 대한 설명이 아닌 것은?

① 가연성가스가 플레어스택에 항상 10[%] 정도 머물 수 있도록 그 높이를 결정하여 시설한다.
② 플레어스택에서 발생하는 복사열이 다른 시설에 영향을 미치지 않도록 안전한 높이와 위치에 설치한다.
③ 플레어스택에서 발생하는 최대 열량에 장시간 견딜 수 있는 재료와 구조이어야 한다.
④ 파일럿 버너를 항상 점화하여 두는 등 플레어스택에 관련된 폭발을 방지하기 위한 조치를 한다.

해설) 플레어스택 위치 및 높이는 플레어스택 바로 지표면에 미치는 복사열이 4000[kcal/m²h] 이하가 되는 곳이다.

Answer 23. ② 24. ④ 25. ③ 26. ② 27. ③ 28. ①

29 액화석유가스를 자동차에 충전하는 충전 호스의 길이는 몇 m 이내이어야 하는가? (단, 자동차 제조공정 중에 설치된 것을 제외한다.)

① 3 ② 5
③ 8 ④ 10

해설 • 자동차 충전 호스 길이 : 5[m] 이내

30 선박용 액화석유가스 용기의 표시방법으로 옳은 것은?

① 용기의 상단부에 폭 2[cm]의 황색 띠를 두 줄로 표시한다.
② 용기의 상단부에 폭 2[cm]의 백색 띠를 두 줄로 표시한다.
③ 용기의 상단부에 폭 2[cm]의 황색 띠를 한 줄로 표시한다.
④ 용기의 상단부에 폭 2[cm]의 백색 띠를 한 줄로 표시한다.

해설 • 선박용 액화석유가스 용기 표시방법 : 용기 상단부에 폭 2[cm]의 백색띠를 두 줄로 표시한다.

31 다음 중 고압가스용 금속재료에서 내질화성(耐窒化性)을 증대시키는 원소는?

① Ni ② Al
③ Cr ④ Mo

해설 • 내질화성 원소 : 니켈(Ni)

32 나사압축기에서 숫 로터 지름 150[mm], 로터 길이 100mm, 숫 로터 회전수 350[rpm]이라고 할 때 이론적 토출량은 약 몇 m³/min인가? (단, 로터 형상에 의한 계수(C_v)는 0.467이다.)

① 0.11 ② 0.21
③ 0.37 ④ 0.47

해설
$$Q = K \cdot D^3 \cdot \frac{L}{D} \cdot N \cdot 60$$
$$= 0.467 \times (0.15)^3 \times \frac{0.1}{0.15} \times 350$$
$$= 0.3677 \, m^3/min$$

※ mm = m로 고친다.

33 가스버너의 일반적인 구비조건으로 옳지 않는 것은?

① 화염이 안정될 것
② 부하조절비가 적을 것
③ 저공기비로 완전 연소할 것
④ 제어하기 쉬울 것

해설 가스버너는 부하조절비가 클 것

34 다음 중 비접촉식 온도계에 해당하는 것은?

① 열전대 온도계
② 압력식 온도계
③ 광고 온도계
④ 저항 온도계

해설 • 비접촉식 온도계
① 광고 온도계 ② 방사 온도계
③ 색 온도계 ④ 광전관식 온도계

Answer 29. ② 30. ② 31. ① 32. ③ 33. ② 34. ③

35 다음 흡수분석법 중 오르잣트법에 의해서 분석되는 가스가 아닌 것은?

① CO_2 ② C_2H_6
③ O_2 ④ CO

해설 • 오르잣트법에 의한 분석가스
① CO_2
② O_2
③ CO
④ $N_2 = 100 - (CO_2 + O_2 + CO)$

36 다음 중 정유가스(off 가스)의 주성분은?

① $H_2 + CH_4$ ② $CH_4 + CO$
③ $H_2 + CO$ ④ $CO + C_3H_8$

해설 • 정유 off가스 주성분
① H_2(수소)
② CH_4(메탄)

37 다음 중 주철관에 대한 접합법이 아닌 것은?

① 기계적 접합   ② 소켓 접합
③ 플레어 접합   ④ 빅토릭 접합

해설 • 플레어 접합(압축이음) : 20[A] 이하의 동관용 접합(분해가 가능)

38 다음 중 저압식 공기액화분리장치에서 사용되지 않는 장치는?

① 여과기   ② 축냉기
③ 액화기   ④ 중간냉각기

해설 중간냉각기는 2단압축 압축기에서 채택된다.

39 흡수식 냉동기에서 냉매로 물을 사용할 경우 흡수제로 사용하는 것은?

① 암모니아
② 사염화 에탄
③ 리튬브로마이드
④ 파라핀유

해설 • 흡수식 냉동기
① 냉매 : H_2O
② 흡수제 : LiBr(리튬브로마이드)

40 다음 유량계 중 간접 유량계가 아닌 것은?

① 피토관   ② 오리피스 미터
③ 벤튜리미터 ④ 습식 가스미터

해설 • 직접식 유량계
① 가스미터기
② 오벌 기어식
③ 루트식
④ 로터리 피스톤식
⑤ 회전원판식

41 LPG, 액화가스와 같은 저비점의 액체에 가장 적합한 펌프의 축봉장치는?

① 싱글 시일형
② 더블 시일형
③ 언밸런스 시일형
④ 밸런스 시일형

해설 • 밸런스 시일 : LPG와 같은 저비점 액화가스용 축봉장치

Answer   35. ②   36. ①   37. ③   38. ④   39. ③   40. ④   41. ④

42 가스액화분리장치 중 축냉기에 대한 설명으로 틀린 것은?

① 열교환기이다.
② 수분을 제거시킨다.
③ 탄산가스를 제거시킨다.
④ 내부에는 열용량이 적은 충전물이 들어 있다.

해설 • 축냉기 : 가스액화장치에 사용되며 열교환과 동시에 원료공기중의 불순물인 H_2O와 CO_2(탄산가스)를 제거시키는 일종의 열교환기이다.

43 공기액화분리기 내의 CO_2를 제거하기 위해 NaOH 수용액을 사용한다. 1.0[kg]의 CO_2를 제거하기 위해서는 약 몇 kg의 NaOH를 가해야 하는가?

① 0.9
② 1.8
③ 3.0
④ 3.8

해설
$2NaOH + CO_2 \longrightarrow Na_2CO_3 + H_2O$
80[kg] : 44[kg]
$\therefore \frac{80}{44} = 1.818[kg/kg]$

44 펌프의 캐비테이션 발생에 따라 일어나는 현상이 아닌 것은?

① 양정곡선이 증가한다.
② 효율곡선이 저하한다.
③ 소음과 진동이 발생한다.
④ 깃에 대한 침식이 발생한다.

해설 캐비테이션(펌프의 공동현상)이 발생하면 양정곡선이 감소한다.

45 LP 가스를 자동차용 연료로 사용할 때의 특징에 대한 설명 중 틀린 것은?

① 완전연소가 쉽다.
② 배기가스에 독성이 적다.
③ 기관의 부식 및 마모가 적다.
④ 시동이나 급가속이 용이하다.

해설 LP가스는 연소상태가 완만하다. 그러므로 급속가속은 곤란하다.

46 진공압이 57[cmHg]일 때 절대압력은? (단, 대기압은 760[mmHg]이다.)

① $0.19[kg/cm^2 \cdot a]$
② $0.26[kg/cm^2 \cdot a]$
③ $0.31[kg/cm^2 \cdot a]$
④ $0.38[kg/cm^2 \cdot a]$

해설 760[mmHg](76[cmHg])
$76 - 57 = 19[cmHg]$(절대압)
$\therefore 1.033 \times \frac{19}{76} = 0.25825[kg/cm^2 \cdot a]$

47 다음 온도의 환산식 중 틀린 것은?

① $°F = 1.8°C + 32$
② $°C = \frac{5}{9}(°F - 32)$
③ $°R = 460 + °F$
④ $°R = \frac{5}{9}K$

해설 $°R = K \times 1.8$
※ °R(랭킨 절대온도), K(캘빈의 절대온도)

Answer 42. ④ 43. ② 44. ① 45. ④ 46. ② 47. ④

48 다음 암모니아에 대한 설명 중 틀린 것은?

① 무색무취의 가스이다.
② 암모니아가 분해하면 질소와 수소가 된다.
③ 물에 잘 용해된다.
④ 유안 및 요소의 제조에 이용된다.

해설 암모니아(NH_3) 가스는 상온 상압에서 자극성 냄새를 가진 무색의 기체이다.

49 다음 [보기]와 같은 반응은 어떤 반응인가?

[보기]
$CH_4 + Cl_2 \rightarrow CH_3Cl + HCl$
$CH_3Cl + Cl_2 \rightarrow CH_2Cl_2 + HCl$

① 첨가   ② 치환
③ 중합   ④ 축합

해설 치환반응($AB + C \rightarrow AC + B$)
홑원소 물질이 화합물과 반응하여 화합물의 구성원소 일부가 바뀌는 반응이다.

50 에틸렌(C_2H_4)이 수소와 반응할 때 일으키는 반응은?

① 환원반응
② 분해반응
③ 제거반응
④ 첨가반응

해설 $C_2H_4 + H_2 \longrightarrow C_2H_6$ (에탄)
부가반응(첨가반응)

51 파라핀계 탄화수소 중 가장 간단한 형의 화합물로서 불순물을 전혀 함유하지 않는 도시가스의 원료는?

① 액화천연가스   ② 액화석유가스
③ off 가스   ④ 나프타

해설
• 액화천연가스 : 불순물을 포함하지 않는 가스이다. 도시가스로 사용하며 주성분이 메탄(CH_4)이다.
• 전처리 : 제진→탈유→탈황→탈수→탈습 등

52 다음 중 1기압(1[atm])과 같지 않은 것은?

① 760[mmHg]   ② 0.987[bar]
③ 10.332[mH_2O] ④ 101.3[kPa]

해설
표준대기압(atm)
760[mmHg] = 1.0332[$kgf/cm^2 a$],
10.332[mAq] = 30[inHg] = 14.7[lb/in^2]
= 1.013[bar] = 101325[N/m^2] = 101.325[kPa]

53 다음 비열(specific heat)에 대한 설명 중 틀린 것은?

① 어떤 물질 1[kg]을 1[℃] 변화시킬 수 있는 열량이다.
② 일반적으로 금속은 비열이 작다.
③ 비열이 큰 물질일수록 온도의 변화가 쉽다.
④ 물의 비열은 약 1[kcal/kg·℃]이다.

해설 비열이 큰 물질은 온도상승이 어렵고 온도변화가 수월하지 않다.(단위 : kcal/kg·K 또는 kJ/kg·K이다.)

Answer 48. ① 49. ② 50. ④ 51. ① 52. ② 53. ③

54 다음 산소에 대한 설명 중 틀린 것은?

① 폭발한계는 공기 중과 비교하면 산소 중에서는 현저하게 넓어진다.
② 화학반응에 사용하는 경우에는 산화물이 생성되어 폭발의 원인이 될 수 있다.
③ 산소는 치료의 목적으로 의료계에 널리 이용되고 있다.
④ 환원성을 이용하여 금속제련에 사용한다.

해설 산소는 산화성이 큰 가스이며, 환원성을 이용하는 금속제련에는 일산화탄소(CO)로서 강한 환원성을 이용해서 각종 금속을 단체로 생성한다.(금속의 야금법에 사용)
$CuO + CO \longrightarrow CO_2 + Cu$ 등

55 다음 수소(H_2)에 대한 설명으로 옳은 것은?

① 3중 수소는 방사능을 갖는다.
② 밀도가 크다.
③ 금속재료를 취화시키지 않는다.
④ 열전달율이 아주 작다.

해설 • 수소(H_2) 가스
① 수소의 밀도
$$\frac{2[kg]}{22.4[m^3]} = 0.089[kg/m^3]$$
② 수소 취성을 일으킨다.
$Fe_3C + 2H_2 \longrightarrow CH_4 + 3Fe$
③ 열전도율이 매우 크고 열에 대해 안정하다.

56 다음 탄화수소에 대한 설명 중 틀린 것은?

① 외부의 압력이 커지게 되면 비등점은 낮아진다.
② 탄소수가 같을 때 포화 탄화수소는 불포화 탄화수소보다 비등점이 높다.
③ 이성체 화합물에서는 normal은 iso보다 비등점이 높다.
④ 분자 중의 탄소 원자수가 많아질수록 비등점은 높아진다.

해설 탄화수소는 외부압력이 커지면 비등점이 높아진다.

57 프로판 가스 1[kg]의 기화열은 약 몇 [kcal]인가?

① 75 ② 92
③ 102 ④ 539

해설 프로판 가스(C_3H_8)는 기화열이 102[kcal/kg], 부탄가스는 92[kcal/kg]이다.

58 산소 용기에 부착된 압력계의 읽음이 10[kg_f/cm^2]이었다. 이때 절대압력은 몇 kg_f/cm^2 인가? (단, 대기압은 1.033[kg_f/cm^2]이다.)

① 1.033 ② 8.967
③ 10 ④ 11.033

해설 $abs = 10 + 1.033 = 11.033[kg_f/cm^2]$

59 다음 중 일반적인 석유정제 과정에서 발생되지 않는 가스는?

① 암모니아
② 프로판
③ 메탄
④ 부탄

해설 석유정제과정에서 발생되는 가스는 LPG, 메탄, 나프타 등이다.

60 다음 아세틸렌에 대한 설명 중 틀린 것은?

① 연소시 고열을 얻을 수 있어 용접용으로 쓰인다.
② 압축하면 폭발을 일으킨다.
③ 2중 결합을 가진 불포화 탄화수소이다.
④ 구리, 은과 반응하여 폭발성의 화합물을 만든다.

해설 C_2H_2(아세틸렌) 3분자가 중합되어 벤젠이 된다.

$$3C_2H_2 \xrightarrow[500[℃]]{Fe} C_6H_6 \text{ (벤젠)}$$

Answer 59. ① 60. ③

가스기능사 2000제 문제은행

CBT 시험대비
▶ 2008년 7월 13일 시행

01 가스용기의 취급 및 주의사항에 대한 설명 중 틀린 것은?
① 충전시 용기는 용기 재검사기간이 지나지 않았는지를 확인한다.
② LPG 용기나 밸브를 가열할 때는 뜨거운 물(40[℃] 이상)을 사용해야 한다.
③ 충전한 후에는 용기 밸브의 누출 여부를 확인한다.
④ 용기 내에 잔류물이 있을 때에는 잔류물을 제거하고 충전한다.

해설 가스용기의 가열물의 온도는 반드시 40[℃] 이하이어야 한다.

02 LP가스설비를 수리할 때 내부의 LP가스를 질소 또는 물로 치환하고, 치환에 사용된 가스나 액체를 공기로 재치환하여야 하는데, 이때 공기에 의한 재치환 결과가 산소농도 측정기로 측정하여 산소농도가 얼마의 범위 내에 있을 때까지 공기로 재치환하여야 하는가?
① 4~6[%] ② 7~11[%]
③ 12~16[%] ④ 18~22[%]

해설 LP가스설비 수리시 공기에 의한 재치환시에 산소농도는 18~22[%] 농도이어야 한다.

03 가스사용시설의 배관을 움직이지 아니하도록 고정부착하는 조치에 대한 설명 중 틀린 것은?
① 관지름이 13[mm] 미만의 것에는 1000[mm]마다 고정부착하는 조치를 해야 한다.
② 관지름이 33[mm] 이상의 것에는 3000[mm]마다 고정부착하는 조치를 해야 한다.
③ 관지름이 13[mm] 이상 33[mm] 미만의 것에는 2000[mm]마다 고정부착하는 조치를 해야 한다.
④ 관지름이 43[mm] 이상의 것에는 4000[mm]마다 고정부착하는 조치를 해야 한다.

해설 배관 관지름 33[mm] 이상은 무조건 3000[mm](3[m])마다 고정부착시킨다.

04 내용적이 300[L]인 용기에 액화 암모니아를 저장하려고 한다. 이 저장 설비의 저장능력은 얼마인가? (단, 액화 암모니아의 충전정수는 1.86이다.)
① 162[kg] ② 232[kg]
③ 279[kg] ④ 558[kg]

해설 $G = \dfrac{V}{C} = \dfrac{300}{1.86} = 161.29[kg] (162[kg])$임

Answer 1. ② 2. ④ 3. ④ 4. ①

05 도시가스 공급배관에서 입상관의 밸브는 바닥으로부터 몇 m 범위로 설치하여야 하는가?
① 1[m] 이상, 1.5[m] 이내
② 1.6[m] 이상, 2[m] 이내
③ 1[m] 이상, 2[m] 이내
④ 1.5[m] 이상, 3[m] 이내

해설 도시가스 입상관의 밸브는 바닥에서 1.6 이상~2[m] 이내에 설치한다.

06 다음 가스의 저장시설 중 반드시 통풍구조로 하여야 하는 곳은?
① 산소 저장소   ② 질소 저장소
③ 헬륨 저장소   ④ 부탄 저장소

해설 부탄은 가연성 폭발가스이므로 반드시 통풍구조로 한다.

07 독성가스 제조시설 식별표시의 글씨 색상은? (단, 가스의 명칭은 제외한다.)
① 백색   ② 적색
③ 노란색   ④ 흑색

해설 • 식별표지
① 가스 명칭 : 적색
② 글씨 색상 : 흑색
③ 바탕색 : 백색

08 다음 독성가스 중 제독제로 물을 사용할 수 없는 것은?
① 암모니아   ② 아황산가스
③ 염화메탄   ④ 황화수소

해설 • 황화수소 제독제
① 가성소다 수용액
② 탄산소다 수용액

09 다음 중 공기액화분리장치에서 발생할 수 있는 폭발의 원인으로 볼 수 없는 것은?
① 액체공기 중에 산소의 혼입
② 공기 취입구에서 아세틸렌의 침입
③ 윤활유 분해에 의한 탄화수소의 생성
④ 산화질소(NO), 과산화질소(NO_2)의 혼입

해설 공기액화분리장치는 산소를 얻기 위함이다.

10 일반도시가스 공급시설의 시설기준으로 틀린 것은?
① 가스공급시설을 설치하는 실(제조소 및 공급소 내에 설치된 것에 한함)은 양호한 통풍구조로 한다.
② 제조소 또는 공급소에 설치한 가스가 통하는 가스공급시설의 부근에 설치하는 전기설비는 방폭성능을 가져야 한다.
③ 가스방출관의 방출구는 지면으로부터 5[m] 이상의 높이로 설치하여야 한다.
④ 고압 또는 중압의 가스공급시설은 최고사용압력의 1.1배 이상의 압력으로 실시하는 내압시험에 합격해야 한다.

해설 • 일반도시가스 공급시설 내압시험 : 최고사용압력의 1.5배 이상 압력

Answer 5. ② 6. ④ 7. ④ 8. ④ 9. ① 10. ④

11 산화에틸렌의 충전시 산화에틸렌의 저장탱크는 그 내부의 분위기가스를 질소 또는 탄산가스로 치환하고 몇 ℃ 이하로 유지하여야 하는가?

① 5
② 15
③ 40
④ 60

해설 산화에틸렌 가스(C_2H_4O)는 5[℃] 이하로 유지

12 LP가스의 용기 보관실 바닥 면적이 3[m^2]이라면 통풍구의 크기는 몇 [cm^2] 이상으로 하도록 되어 있는가?

① 500
② 700
③ 900
④ 1100

해설 바닥 1[m^2]당 통풍구 300[cm^2] 이상
∴ 300 × 3 = 900[cm^2] 이상 면적

13 고압가스 품질검사에서 산소의 경우 동·암모니아 시약을 사용한 오르잣법에 의한 시험에서 순도가 몇 % 이상이어야 하는가?

① 98
② 98.5
③ 99
④ 99.5

해설 ① 산소 : 99.5[%] 이상
② 아세틸렌 : 98[%] 이상
③ 수소 : 98.5[%] 이상

14 다음 각 가스의 위험성에 대한 설명 중 틀린 것은?

① 가연성가스의 고압배관 밸브를 급격히 열면 배관 내의 철, 녹 등이 급격히 움직여 발화의 원인이 될 수 있다.
② 염소와 암모니아가 접촉할 때, 염소 과잉의 경우는 대단히 강한 폭발성 물질인 NCl_3를 생성하여 사고 발생의 원인이 된다.
③ 아르곤은 수은과 접촉하면 위험한 성질인 아르곤 수은을 생성하여 사고발생의 원인이 된다.
④ 암모니아용의 장치나 계기로서 구리나 구리합금을 사용하면 금속이온과 반응하여 착이온을 만들어 위험하다.

해설 아르곤은 불활성가스이므로 다른 물질과 반응하지 않는다.

15 아세틸렌 용기에 다공질 물질을 고루 채운 후 아세틸렌을 충전하기 전에 침윤시키는 물질은?

① 알콜
② 아세톤
③ 규조토
④ 탄산마그네슘

해설 • 아세틸렌 용제
① 아세톤
② 디메틸포름아미드(D.M.F)

Answer 11. ① 12. ③ 13. ④ 14. ③ 15. ②

16 액화석유가스가 공기 중에 누출시 그 농도가 몇 %일 때 감지할 수 있도록 냄새가 나는 물질(부취제)을 섞는가?

① 0.1
② 0.5
③ 1
④ 2

해설 부취제는 공기 중 0.1[%] $\left(\frac{1}{1000}\right)$ 에서 냄새구별이 가능하도록 주입시킨다.

17 탄화수소에서 탄소의 수가 증가할 때 생기는 현상으로 틀린 것은?

① 증기압이 낮아진다.
② 발화점이 낮아진다.
③ 비등점이 낮아진다.
④ 폭발 하한계가 낮아진다.

해설 탄화수소에서는 탄소의 수가 증가할수록 비등점이 높아진다.

18 압축 또는 액화 그 밖의 방법으로 처리할 수 있는 가스의 용적이 1일 100[m³] 이상인 사업소는 압력계를 몇 개 이상 비치하도록 되어 있는가?

① 1
② 2
③ 3
④ 4

해설 1일 가스의 용적이 100[m³] 이상의 양을 압축, 액화시키는 사업소는 압력계가 2개 이상 비치하도록 한다.

19 다음 중 아세틸렌, 암모니아 또는 수소와 동일 차량에 적재 운반할 수 없는 가스는?

① 염소
② 액화석유가스
③ 질소
④ 일산화탄소

해설 Cl_2(염소)는 C_2H_2, NH_3, H_2 가스와는 동일 차량에 적재하지 않는다.

20 다음 각 가스의 성질에 대한 설명으로 옳은 것은?

① 산화에틸렌은 분해폭발성 가스이다.
② 포스겐의 비점은 −128[℃]로써 매우 낮다.
③ 염소는 가연성가스로서 물에 매우 잘 녹는다.
④ 일산화탄소는 가연성이며 액화하기 쉬운 가스이다.

해설 • 산화에틸렌(C_2H_4O) 가스의 분해
① 폭발성 인자 : 화염, 전기 스파크, 충격, 아세틸드에 의해 분해폭발
② 폭발방지가스 : 질소, 탄산가스, 불활성 가스

Answer 16. ① 17. ③ 18. ② 19. ① 20. ①

21 용기 또는 용기 밸브에 안전밸브를 설치하는 이유는?

① 규정량 이상의 가스를 충전시켰을 때 여분의 가스를 분출하기 위해
② 용기 내 압력이 이상 상승시 용기 파열을 방지하기 위해
③ 가스출구가 막혔을 때 가스출구로 사용하기 위해
④ 분석용 가스출구로 사용하기 위해

해설 • 안전밸브 설치 목적 : 용기 내 압력이 이상 상승시 용기파열을 방지하기 위해

22 다음 중 연소기구에서 발생할 수 있는 역화(back fire)의 원인이 아닌 것은?

① 염공이 적게 되었을 때
② 가스의 압력이 너무 낮을 때
③ 콕이 충분히 열리지 않았을 때
④ 버너 위에 큰 용기를 올려서 장시간 사용할 경우

해설 ① 부식에 의해 염공이 크게 되면 역화 발생
② 이물질 등에 의해 염공이 작아지면 선화 발생

23 방류둑의 내측 및 그 외면으로부터 몇 m 이내에 그 저장탱크의 부속설비 외의 것을 설치하지 못하도록 되어 있는가?

① 10   ② 20
③ 30   ④ 50

해설 방류둑의 내측이나 그 외면으로부터 10[m] 이내에는 저장탱크 부속설비 외는 설치 불가

24 도시가스 지하 매설용 중압 배관의 색상은?

① 황색
② 적색
③ 청색
④ 흑색

해설 • 도시가스 지하 매설용 중압배관 색상 : 적색

25 고압가스 특정제조시설 중 비가연성 가스의 저장탱크는 몇 m^3 이상일 경우에 지진영향에 대한 안전한 구조로 설계하여야 하는가?

① 5
② 250
③ 500
④ 1000

해설 불연성 가스의 저장탱크 내용적이 1000[m^3] 이상일 경우 지진영향에 대한 안전한 구조 설계가 필요하다.

26 독성가스의 저장탱크에는 가스의 용량이 그 저장탱크 내용적의 90[%]를 초과하는 것을 방지하는 장치를 설치하여야 한다. 이 장치를 무엇이라고 하는가?

① 경보장치
② 액면계
③ 긴급차단장치
④ 과충전방지장치

해설 • 과충전방지장치 : 저장탱크 내용적의 90[%] 초과 주입량 방지

Answer 21. ② 22. ① 23. ① 24. ② 25. ④ 26. ④

27 다음 중 고압가스 운반 등의 기준으로 틀린 것은?

① 고압가스를 운반할 때에는 재해방지를 위하여 필요한 주의사항을 기재한 서면을 운전자에게 교부하고 운전 중 휴대하게 한다.
② 차량의 고장, 교통사정 또는 운전자의 휴식 등 부득이한 경우를 제외하고는 장시간 정차하여서는 안 된다.
③ 고속도로 운행 중 점심식사를 하기 위해 운반책임자와 운전자가 동시에 차량을 이탈할 때에는 시건장치를 하여야 한다.
④ 지정한 도로, 시간, 속도에 따라 운반하여야 한다.

해설 • 운반책임자와 운전자가 동시에 자동차에서 이탈하여서는 안된다.

28 다음 가스 중 착화온도가 가장 낮은 것은?

① 메탄
② 에틸렌
③ 아세틸렌
④ 일산화탄소

해설 ① 메탄 : 450[℃] 초과
② 에틸렌 : 480[℃] 이하
③ 일산화탄소 : 450[℃] 초과
④ 아세틸렌 : 300~450[℃] 이하

29 다음 중 보일러 중독사고의 주 원인이 되는 가스는?

① 이산화탄소
② 일산화탄소
③ 질소
④ 염소

해설 • 보일러 불완전 가스발생 가스 : 일산화탄소

30 산소운반 차량에 고정된 탱크의 내용적은 몇 [L]를 초과할 수 없는가?

① 12,000
② 18,000
③ 24,000
④ 30,000

해설 산소차량 고정탱크 내용적은 가연성가스와 동일하게 18,000[L]를 초과하지 않는다.

31 펌프를 운전할 때 송출압력과 송출유량이 주기적으로 변동하여 펌프의 토출구 및 흡입구에서 압력계의 지침이 흔들리는 현상을 무엇이라고 하는가?

① 맥동(surging) 현상
② 진동(vibration) 현상
③ 공동(cavitation) 현상
④ 수격(water hammering) 현상

해설 • 맥동(서징) 현상 : 펌프 운전시 송출압력과 송출유량이 주기적으로 변동시 나타나는 현상

Answer 27. ③ 28. ③ 29. ② 30. ② 31. ①

32 다음 중 왕복식 펌프에 해당하는 것은?
① 기어 펌프 ② 베인 펌프
③ 터빈 펌프 ④ 플런저 펌프

해설 • 플런저, 워싱턴, 웨어 펌프 : 왕복동 펌프

33 다음 배관 부속품 중 관 끝을 막을 때 사용하는 것은?
① 소켓 ② 캡
③ 니플 ④ 엘보

해설 • 플러그 : 배관 부속품 끝막음
• 캡 : 배관 끝막음

34 다음 중 흡수 분석법의 종류가 아닌 것은?
① 헴펠법
② 활성 알루미나겔법
③ 오르잣법
④ 게겔법

해설 • 활성 알루미나겔 : 수분 흡수제

35 다이어프램식 압력계의 특징에 대한 설명 중 틀린 것은?
① 정확성이 높다.
② 반응속도가 빠르다.
③ 온도에 따른 영향이 적다.
④ 미소압력을 측정할 때 유리하다.

해설 다이어프램식 압력계는 온도의 영향을 받기 쉽다.

36 부하변화가 큰 곳에 사용되는 정압기의 특성을 의미하는 것은?
① 정특성
② 동특성
③ 유량특성
④ 속도특성

해설 • 동특성 : 부하변화가 큰 곳에 사용되는 정압기 특성

37 다음 중 저온장치에서 사용되는 저온단열법의 종류가 아닌 것은?
① 고진공 단열법
② 분말진공 단열법
③ 다층진공 단열법
④ 단층진공 단열법

해설 • 저온 단열법
① 고진공 단열법
② 분말진공 단열법
③ 다층진공 단열법

38 루트 미터에 대한 설명으로 옳은 것은?
① 설치공간이 크다.
② 일반 수용가에 적합하다.
③ 스트레이너가 필요없다.
④ 대용량의 가스 측정에 적합하다.

해설 ① ①는 막식 가스미터
② ②는 막식
③ ④는 루트미터 설명

Answer 32. ④ 33. ② 34. ② 35. ③ 36. ② 37. ④ 38. ④

39 다음 중 상온취성의 원인이 되는 원소는?
① S   ② P
③ Cr ④ Mn

해설 • 상온취성의 원인 원소 : 인(P)

40 2,000[rpm]으로 회전하는 펌프를 3,500[rpm]으로 변환하였을 경우 펌프의 유량과 양정은 각각 몇 배가 되는가?
① 유량 : 2.65, 양정 : 4.12
② 유량 : 3.06, 양정 : 1.75
③ 유량 : 3.06, 양정 : 5.36
④ 유량 : 1.75, 양정 : 3.06

해설
① 유량 $= \left(\frac{3500}{2000}\right)^1 = 1.75$배
② 양정 $= \left(\frac{3500}{2000}\right)^2 = 3.0625$배
③ 동력 $= \left(\frac{3500}{2000}\right)^3 = 5.359$배

41 40[L]의 질소 충전용기에 20[℃], 150[atm]의 질소가스가 들어 있다. 이 용기의 질소분자의 수는 얼마인가? (단, 아보가드로수는 6.02×10^{23}이다.)
① 4.8×10^{21}
② 1.5×10^{24}
③ 2.4×10^{24}
④ 1.7×10^{26}

해설
$$\left\{40 \times 150 \times \left(\frac{273+20℃}{273+0℃}\right) \div 22.4l\right\} \times (6.02 \times 10^{23}) = 1.73 \times 10^{26}$$

42 LP가스의 이송설비 중 압축기에 의한 공급방식의 설명으로 틀린 것은?
① 이송시간이 짧다.
② 재액화의 우려가 없다.
③ 잔가스 회수가 용이하다.
④ 베이퍼록 현상의 우려가 없다.

해설 • 압축기 이송방식은 온도 강하시 재액화 우려가 발생된다.

43 원심식 압축기의 특징에 대한 설명으로 옳은 것은?
① 용량 조정 범위는 비교적 좁고, 어려운 편이다.
② 압축비가 크며, 효율이 대단히 높다.
③ 연속토출로 맥동현상이 크다.
④ 서징 현상이 발생하지 않는다.

해설 원심식 압축기(터보형)는 용량조정 범위가 비교적 좁고 어려운 편이다.(서징 현상 발생)

44 소용돌이를 유체 중에 일으켜 소용돌이의 발생 수가 유속과 비례하는 것을 응용한 형식의 유량계는?
① 오리피스식
② 부자식
③ 와류식
④ 전자식

해설 • 와류식 유량계 : 소용돌이를 유체 중에 일으켜 유속과 함께 유량 측정

Answer 39. ② 40. ④ 41. ④ 42. ② 43. ① 44. ③

45 열전대 온도계 보호관의 구비조건에 대한 설명 중 틀린 것은?

① 압력에 견디는 힘이 강할 것
② 외부 온도 변화를 열전대에 전하는 속도가 느릴 것
③ 보호관 재료가 열전대에 유해한 가스를 발생시키지 않을 것
④ 고온에서도 변형되지 않고 온도의 급변에도 영향을 받지 않을 것

해설▶ 열전대 보호관은 외부 온도변화를 열전대에 신속히 전달되어야 한다.

46 다음 가스의 일반적인 성질에 대한 설명으로 옳은 것은?

① 질소는 안정된 가스로 불활성가스라고도 하며, 고온, 고압에서도 금속과 화합하지 않는다.
② 산소는 액체공기를 분류하여 제조하는 반응성이 강한 가스로 그 자신이 잘 연소한다.
③ 염소는 반응성이 강한 가스로 강재에 대하여 상온, 건조한 상태에서도 현저한 부식성을 갖는다.
④ 아세틸렌은 은(Ag), 수은(Hg) 등의 금속과 반응하여 폭발성 물질을 생성한다.

해설▶ ① $C_2H_2 + 2Hg(수은) \longrightarrow Hg_2C_2 + H_2$
② $C_2H_2 + 2Ag(은) \longrightarrow Ag_2C_2 + H_2$
③ $C_2H_2 + 2Cu(동) \longrightarrow Cu_2C_2 + H_2$

47 다음 가스 중 열전도율이 가장 큰 것은?

① H_2 ② N_2
③ CO_2 ④ SO_2

해설▶ 수소가스는 열전도율(kcal/mh℃)이 매우 크다.

48 다음 중 게이지 압력을 옳게 표시한 것은?

① 게이지 압력 = 절대압력 − 대기압
② 게이지 압력 = 대기압 − 절대압력
③ 게이지 압력 = 대기압 + 절대압력
④ 게이지 압력 = 절대압력 + 진공압력

해설▶ ① 게이지 압력 = 절대압력 − 대기압
② 절대압력 = ㉠ 게이지 압력 + 대기압력
㉡ 대기압력 − 진공압력

49 다음 중 표준상태에서 가스상 탄화수소의 점도가 가장 높은 가스는?

① 에탄 ② 메탄
③ 부탄 ④ 프로판

해설▶ 메탄가스는 탄화수소 중 점도가 가장 높다.

50 다음 중 액화석유가스의 주성분이 아닌 것은?

① 부탄 ② 헵탄
③ 프로판 ④ 프로필렌

해설▶ • 액화석유가스(LPG)
① 프로판 및 프로필렌
② 부탄 및 부틸렌

Answer 45. ② 46. ④ 47. ① 48. ① 49. ② 50. ②

51 다음 중 같은 조건 하에서 기체의 확산속도가 가장 느린 것은?

① O_2 ② CO_2
③ C_3H_8 ④ C_4H_{10}

해설
- 기체의 확산속도비
$$\frac{U_0}{U_H} = \sqrt{\frac{M_H}{M_0}}$$
분자량 제곱근에 반비례하므로 분자량이 커지는 기체는 확산속도가 느려진다.

52 다음 중 LNG(액화천연가스)의 주성분은?

① C_3H_8 ② C_2H_6
③ CH_4 ④ H_2

해설
- LNG 주성분 : 메탄가스(CH_4)

53 다음의 가스가 누출될 때 사용되는 시험지와 변색 상태를 옳게 짝지은 것은?

① 포스겐 : 하리슨 시약 - 청색
② 황화수소 : 초산납 시험지 - 흑색
③ 시안화수소 : 초산 벤지딘지 - 적색
④ 일산화탄소 : 요드 칼륨 전분지 - 황색

해설
- 황화수소(H_2S) : 초산납 시험지(연당지) → 누설시 흑색변화
- 포스겐 : 오렌지색
- 시안화수소 : 청색
- 일산화탄소 : 염화파라듐지 흑색변화

54 나프타의 성상과 가스화에 미치는 영향 중 PONA 값의 각 의미에 대하여 잘못 나타낸 것은?

① P : 파라핀계 탄화수소
② O : 올레핀계 탄화수소
③ N : 나프틴계 탄화수소
④ A : 지방족 탄화수소

해설
- A : 방향족 탄화수소

55 아세틸렌의 분해폭발을 방지하기 위하여 첨가하는 희석제가 아닌 것은?

① 에틸렌 ② 산소
③ 메탄 ④ 질소

해설
- 희석가스 : 에틸렌, 메탄, 질소, 프로판 등

56 다음 중 NH_3의 용도가 아닌 것은?

① 요소 제조 ② 질산 제조
③ 유안 제조 ④ 포스겐 제조

해설
- 포스겐($COCl_2$) = $CO + Cl_2$

57 다음 중 시안화수소에 안정제를 첨가하는 주된 이유는?

① 분해 폭발하므로
② 산화 폭발을 일으킬 염려가 있으므로
③ 시안화수소는 강한 인화성 액체이므로
④ 소량의 수분으로도 중합하여 그 열로 인해 폭발할 위험이 있으므로

해설
- 시안화수소(HCN) 가스 : 2[%] 이상의 수분에 의해 중합되어 중합폭발 발생

Answer 51. ④ 52. ③ 53. ② 54. ④ 55. ② 56. ④ 57. ④

58 다음 중 섭씨온도(℃)의 눈금과 일치하는 화씨온도(℉)는?

① 0　　　② -10
③ -30　　④ -40

해설
$$℃ = \frac{5}{9} \times (℉ - 32) = \frac{5}{9} \times (-40 - 32)$$
$$= -40[℃]$$

59 표준상태(0[℃], 101.3[kPa])에서 메탄(CH₄) 가스의 비체적(l/g)은 얼마인가?

① 0.71　　② 1.40
③ 1.71　　④ 2.40

해설
① CH_4 = 분자량 16, 부피 22.4[l]
② 비체적 = $\frac{22.4}{16}$ = 1.40[l/g]
밀도 : g/l　비체적 : l/g(밀도의 역수)

60 도시가스 배관이 10[m] 수직 상승했을 경우 배관 내의 압력은 약 몇 Pa이 되겠는가? (단, 가스의 비중은 0.65이다.)

① 44　　② 64
③ 86　　④ 105

해설
$H = 1.293 \times (S-1)h = 1.293 \times (1-0.65) \times 10$
$= 4.5255[mmH_2O]$
$1[atm] = 101325[Pa] = 10332.5[mmH_2O]$
∴ $4.5255[mmH_2O] ≒ 44[Pa]$

Answer　58. ④　59. ②　60. ①

가스기능사 2000제 문제은행
- 2008년 10월 5일 시행

01 일반도시가스사업의 가스공급시설 중 사용압력이 저압인 유수식 가스홀더에서 갖추어야 할 기준이 아닌 것은?

① 가스 방출장치를 설치한 것일 것
② 봉수의 동결방지 조치를 한 것일 것
③ 모든 관의 입·출구에는 반드시 신축을 흡수하는 조치를 할 것
④ 수조에 물공급관과 물 넘쳐 빠지는 구멍을 설치한 것일 것

해설 신축흡수장치는 온도와 관계된다.

02 저장탱크의 방류둑 용량은 저장능력 상당용적 이상의 용적이어야 한다. 다만, 액화산소 저장탱크의 경우에는 저장능력 상당용적의 몇 % 용량 이상으로 할 수 있는가?

① 40
② 60
③ 80
④ 90

해설 액화산소 저장탱크 방류둑 저장능력은 상당용적의 60% 이상

03 다음 중 동이나 동합금이 함유된 장치를 사용하였을 때 폭발의 위험성이 가장 큰 가스는?

① 황화수소
② 수소
③ 산소
④ 아르곤

해설 황화수소($2H_2S$) + $4Cu$(구리) + O_2 → $2Cu_2S + 2H_2O$

04 카바이트(CaC_2) 저장 및 취급시의 주의사항으로 옳지 않은 것은?

① 습기가 있는 곳을 피할 것
② 보관 드럼통은 조심스럽게 취급할 것
③ 저장실은 밀폐구조로 바람의 경로가 없도록 할 것
④ 인화성, 가연성 물질과 혼합하여 적재하지 말 것

해설 카바이트 저장시 아세틸렌가스의 발생우려 때문에 저장실은 개방식 구조로 한다.

Answer 1. ③ 2. ② 3. ① 4. ③

05 LP가스가 충전된 납붙임 용기 또는 접합용기는 얼마의 온도범위에서 가스누출 시험을 할 수 있는 온수시험탱크를 갖추어야 하는가?

① 20℃ 이상 32℃ 미만
② 35℃ 이상 45℃ 미만
③ 46℃ 이상 50℃ 미만
④ 52℃ 이상 60℃ 미만

해설 • 온수가스시험온도 : 46℃ 이상 50℃ 미만

06 특정고압가스 사용시설의 시설기준 및 기술기준으로 틀린 것은?

① 저장시설의 주위에는 보기 쉽게 경계표지를 할 것
② 사용시설은 습기 등으로 인한 부식을 방지하는 조치를 할 것
③ 독성가스의 감압설비와 그 가스의 반응설비 간의 배관에는 역류방지장치를 할 것
④ 고압가스의 저장량이 300kg 이상인 용기 보관실의 벽은 방호벽으로 할 것

해설 독성가스에는 일반적으로 역류방지장치가 필요하다.

07 방류둑 내측 그 외면으로부터 몇 m 이내에는 그 저장탱크의 부속설비 외의 것을 설치하지 않아야 하는가? (단, 저장능력이 2천톤인 가연성가스 저장탱크시설이다.)

① 10
② 15
③ 20
④ 25

해설 방류둑 내측 그 외면으로부터 10m 이내에는 부속설비 외의 것을 설치하지 않는다.

08 다음은 이동식 압축천연가스 자동차충전시설을 점검한 내용이다. 이 중 기준에 부적합한 경우는?

① 이동충전차량과 가스 배관구를 연결하는 호스의 길이가 6m이었다.
② 가스 배관구 주위에는 가스 배관구를 보호하기 위하여 높이 40cm, 두께 13cm인 철근콘크리트 구조물이 설치되어 있었다.
③ 이동충전차량과 충전설비 사이 거리는 8m이었고, 이동충전차량과 충전설비 사이에 강판제 방호벽이 설치되어 있었다.
④ 충전설비 근처 및 충전설비에서 6m 떨어진 장소에 수동 및 긴급차단장치가 각각 설치되어 있었으며 눈에 잘 띄었다.

해설 • 호스의 길이 : 5m

Answer 5. ③ 6. ③ 7. ① 8. ①

09 고압가스 운반기준에 대한 설명 중 틀린 것은?

① 밸브가 돌출한 충전용기는 고정식 프로텍터나 캡을 부착하여 밸브의 손상을 방지한다.
② 충전용기를 운반할 때 넘어짐 등으로 인한 충격을 방지하기 위하여 충전용기를 단단하게 묶는다.
③ 위험물안전관리법이 정하는 위험물과 충전용기를 동일 차량에 적재 시 1m 정도 이격시킨 후 운반한다.
④ 염소와 아세틸렌·암모니아 또는 수소는 동일차량에 적재하여 운반하지 않는다.

해설 ▶ 고압가스와 소방법이 정하는 위험물과는 동일차량에 운반하지 아니할 것

10 가연성 액화가스를 충전하여 200km를 초과하여 운반할 경우 몇 kg 이상일 때 운반책임자를 동승시켜야 하는가?

① 1,000kg
② 2,000kg
③ 3,000kg
④ 6,000kg

해설 ▶ 액화가스 용량이 가연성의 경우 3000kg 이상이면 운반책임자를 동승시켜야 한다.

11 액화석유가스 충전사업시설 중 두 저장탱크의 최대직경을 합산한 길이의 1/4이 0.5m일 경우에 저장탱크간의 거리는 몇 m를 유지하여야 하는가?

① 0.5m ② 1m
③ 2m   ④ 3m

해설 ▶ 1/4이 1m 미만인 경우 이격거리는 1m 이상이다.

12 LPG 충전·집단공급 저장시설의 공기에 의한 내압시험시 상용압력의 일정 압력 이상으로 승압한 후 단계적으로 승압시킬 때 상용압력의 몇 %씩 증가시켜 내압시험압력에 도달하도록 하여야 하는가?

① 0.5% ② 10%
③ 15%   ④ 20%

해설 ▶ LPG 승압시 상용압력의 10%씩 증가시킨다.

13 지상에 액화석유가스(LPG) 저장탱크를 설치할 때 냉각살수장치는 일반적인 경우 그 외면으로부터 몇 m 이상 떨어진 곳에서 조작할 수 있어야 하는가?

① 2m ② 3m
③ 5m ④ 7m

해설 ▶ • 살수장치 조작 이격거리 : 저장탱크 외면에서 5m 이상 떨어진 곳

Answer 9. ③ 10. ③ 11. ② 12. ② 13. ③

14 고압가스 용기의 어깨부분에 "FP : 15MPa"라고 표기되어 있다. 이 의미를 옳게 설명한 것은?

① 사용압력이 15MPa이다.
② 설계압력이 15MPa이다.
③ 내압시험압력이 15MPa이다.
④ 최고충전압력이 15MPa이다.

해설 • FP : 최고충전압력표시

15 고압가스 운반시 사고가 발생하여 가스누출 부분의 수리가 불가능한 경우의 조치사항으로 틀린 것은?

① 상황에 따라 안전한 장소로 운반할 것
② 착화된 경우 용기 파열 등의 위험이 없다고 인정될 때는 그대로 둘 것
③ 독성가스가 누출할 경우에는 가스를 제독할 것
④ 비상연락망에 따라 관계업소에 원조를 의뢰할 것

해설 가스운반시 가스누출부분에 착화가 된 경우 신속히 소화시킬 것

16 다음은 도시가스사용시설의 월 사용 예정량을 산출하는 식이다. 이 중 기호 "A"가 의미하는 것은?

$$Q = \frac{(A \times 240) + (B \times 90)]}{11,000}$$

① 월 사용 예정량
② 산업용으로 사용하는 연소기의 명판에 기재된 가스소비량의 합계
③ 산업용이 아닌 연소기의 명판에 기재된 가스소비량의 합계
④ 가정용 연소기의 가스소비량 합계

해설 Q : 월사용 예정량
A : 산업용으로 사용하는 연소기의 명판에 기재된 가스소비량의 합계
B : 산업용이 아닌 연소기의 명판에 기재된 가스소비량의 합계

17 다음 독성가스의 제독제로 가성소다 수용액이 사용되지 않는 것은?

① 포스겐
② 염화메탄
③ 시안화수소
④ 아황산가스

해설 • 염화메탄 제독제 : 다량의 물

Answer 14. ④ 15. ② 16. ② 17. ②

18 우리나라도 지진으로부터 안전한 지역이 아니라는 판단 하에 고압가스 설비를 설치할 때에는 내진설계를 하도록 의무화하고 있다. 다음 중 내진설계 대상이 아닌 것은?

① 동체부의 높이가 3m인 증류탑
② 저장능력이 1000m³인 수소 저장탱크
③ 저장능력이 5톤인 염소 저장탱크
④ 저장능력이 10톤인 액화질소 저장탱크

해설 ▶ 높이 3m인 증류탑은 내진설계에서 제외한다.

19 LPG 사용시설에 사용하는 압력조정기에 대하여 실시하는 각종 시험압력 중 가스의 압력이 가장 높은 것은?

① 1단감압식 저압조정기의 조정압력
② 1단감압식 저압조정기의 출구 측 기밀시험압력
③ 1단감압식 저압조정기의 출구 측 내압시험압력
④ 1단감압식 저압조정기의 안전밸브 작동개시압력

해설 ▶ 내압시험압력은 조정압력이나, 기밀시험압력 또는 안전밸브의 작동개시압력보다 높다. (0.3MPa)

20 전기시설물과의 접촉 등에 의한 사고의 우려가 없는 장소에서 일반도시가스사업자 정압기의 가스방출관 방출구는 지면으로부터 몇 m 이상의 높이에 설치하여야 하는가?

① 1 ② 2 ③ 3 ④ 5

해설 ▶ • 가스 방출관 방출구 : 지면에서 5m 이상의 높이

21 다음 용기종류별 부속품의 기호가 옳지 않은 것은?

① 저온용기의 부속품 : LT
② 압축가스 충전용기 부속품 : PG
③ 액화가스 충전용기 부속품 : LPG
④ 아세틸렌가스 충전용기 부속품 : AG

해설 ▶ LT : 초저온용기 및 저온용기
LG : 액화석유가스(LPG) 외의 액화가스

22 프로판가스의 위험도(H)는 약 얼마인가? (단, 공기 중의 폭발범위는 2.1~9.5v%이다.)

① 2.1 ② 3.5
③ 9.5 ④ 11.6

해설 ▶
$$H = \frac{\mu - L}{L} = \frac{9.5 - 2.1}{2.1} = 3.52$$

23 다음 중 고압가스 관련 설비가 아닌 것은?

① 일반압축가스 배관용 밸브
② 자동차용 압축천연가스 완속충전설비
③ 액화석유가스용 용기잔류가스 회수장치
④ 안전밸브, 긴급차단장치, 역화방지장치

해설 ▶ • 고압가스 관련설비
  ㉠ 안전밸브, 긴급차단장치, 역화방지장치
  ㉡ 기화장치
  ㉢ 압력용기
  ㉣ 자동차용 가스자동 주입기
  ㉤ 독성가스 배관용 밸브

Answer 18. ① 19. ③ 20. ④ 21. ③ 22. ② 23. ①

24 다음 중 가연성이며 독성가스인 것은?

① NH_3 ② H_2
③ CH_4 ④ N_2

해설 암모니아(NH_3)
　㉠ 가연성폭발범위 : 15～28%
　㉡ 독성허용농도 : 25ppm

25 아세틸렌가스를 제조하기 위한 설비를 설치하고자 할 때 아세틸렌가스가 통하는 부분에 동합금을 사용할 경우 동 함유량은 몇 % 이하의 것을 사용하여야 하는가?

① 62 ② 72
③ 75 ④ 85

해설 동합금은 62% 이하의 것 사용

26 아세틸렌가스 또는 압력이 9.8MPa 이상인 압축가스를 용기에 충전하는 경우에 압축기와 그 충전장소 사이에 다음 중 반드시 설치하여야 하는 것은?

① 가스방출장치
② 안전밸브
③ 방호벽
④ 압력계와 액면계

해설 아세틸렌가스 또는 압력이 9.8MPa(10MPa) 이상인 압축가스를 용기에 충전하는 경우 반드시 방호벽을 설치할 것

27 가연성가스를 취급하는 장소에는 누출된 가스의 폭발사고를 방지하기 위하여 전기설비를 방폭구조로 한다. 다음 중 방폭구조가 아닌 것은?

① 안전증 방폭구조
② 내열 방폭구조
③ 압력 방폭구조
④ 내압 방폭구조

해설 내열 방폭구조는 사용되지 않는다.

28 액화암모니아 50kg을 충전하기 위하여 용기의 내용적은 몇 L 로 하는가? (단, 암모니아의 정수 C는 1.86이다.)

① 27 ② 40
③ 70 ④ 93

해설 $V = W \times C = 50 \times 1.86 = 93L$

29 다음 중 초저온용기에 대한 신규 검사항목에 해당되지 않는 것은?

① 압궤시험
② 다공도시험
③ 단열성능시험
④ 용접부에 관한 방사선 검사

해설 다공도시험은 아세틸렌 다공물질에서 실시한다.

Answer 24. ① 25. ① 26. ③ 27. ② 28. ④ 29. ②

30 내용적 1천L 이하인 암모니아를 충전하는 용기를 제조할 때 부식 여유의 두께는 몇 mm 이상으로 하여야 하는가?

① 1   ② 2
③ 3   ④ 5

해설
- 암모니아 : 1mm 이상(내용적 1000ℓ 초과시 2mm)
- 염소 : 3mm(내용적 1000ℓ 초과시 5mm)

31 회전펌프의 일반적인 특징으로 틀린 것은?

① 토출압력이 높다.
② 흡입 양정이 작다.
③ 연속회전하므로 토출액의 맥동이 적다.
④ 점성이 있는 액체에 대해서도 성능이 좋다.

해설 회전식펌프는 흡입 양정이 크다.

32 왕복식 압축기에서 피스톤과 크랭크샤프트를 연결하여 왕복운동을 시키는 역할을 하는 것은?

① 크랭크   ② 피스톤링
③ 커넥팅로드   ④ 톱클리어런스

해설
- 커넥팅로드 : 압축기의 피스톤과 크랭크샤프트를 연결시킨다.

33 산소용기의 최고충전압력이 15MPa일 때 이 용기의 내압시험압력은 얼마인가?

① 15MPa   ② 20MPa
③ 22.5MPa   ④ 25MPa

해설
- 내압시험 : 최고충전압력 $\times \frac{5}{3}$ 배
∴ $15 \times \frac{5}{3} = 25MPa$

34 다음 배관 부속품 중 유니온 대용으로 사용할 수 있는 것은?

① 엘보우   ② 플랜지
③ 리듀서   ④ 부싱

해설
- 플랜지 : 유니온이음 대용

35 다음 중 액면계의 측정방식에 해당하지 않는 것은?

① 압력식
② 정전용량식
③ 초음파식
④ 환상천평식

해설
- 환상천평식 : 압력계

36 LP가스 용기로서 갖추어야 할 조건으로 틀린 것은?

① 사용 중에 견딜 수 있는 연성, 인장강도가 있을 것
② 충분한 내식성, 내마모성이 있을 것
③ 완성된 용기는 균열, 뒤틀림, 찌그러짐 기타 해로운 결함이 없을 것
④ 중량이면서 충분한 강도를 가질 것

해설 가스용기의 무게가 중량이면 운반에 어려움이 있다.

Answer 30. ① 31. ② 32. ③ 33. ④ 34. ② 35. ④ 36. ④

37 다음 중 구리판, 알루미늄판 등 판재의 연성을 시험하는 방법은?

① 인장시험
② 크리프시험
③ 에릭션시험
④ 토션시험

해설 • 에릭션시험 : 구리판, 알루미늄판의 연성시험

38 세라믹버너를 사용하는 연소기에 반드시 부착하여야 하는 것은?

① 가버너
② 과열방지장치
③ 산소결핍안전장치
④ 전도안전장치

해설 버너입구에는 정압기(가버너)가 반드시 부착되어야 한다.

39 액화가스의 비중이 0.8 배관직경이 50mm 이고 시간당 유량이 15톤일 때 배관 내의 평균 유속은 약 몇 m/s인가?

① 1.80   ② 2.66
③ 7.56   ④ 8.52

해설
단면적 $= \dfrac{3.14}{4} \times (0.05)^2 = 0.0019625 \text{m}^2$

∴ $V = \dfrac{Q}{A} = \dfrac{15\text{ton} \times 1000\text{kg}}{0.0019625 \times 3600 \times 800}$

$= 2.654 \text{m/s}$

※ 시간 = 3600초

40 다음 중 전기방식법에 속하지 않는 것은?

① 희생양극법   ② 외부전원법
③ 배류법   ④ 피복방지법

해설 • 전기방식법 : 희생양극법, 외부전원법, 선택배류법, 강제배류법

41 다음 [보기]와 관련있는 분석법은?

보기
• 쌍극자모멘트의 알짜변화
• 진동 짝지움
• Nernst 백열등
• Fourier 변환분광계

① 질량분석법
② 흡광광도법
③ 적외선 분광분석법
④ 팽윤효과

해설 • 적외선 분광분석법 : 쌍극자모멘트의 알짜변화를 일으킬 진동에 의해서 적외선을 이용한 분석법(2원자분자가스는 분석불가)

42 "압축된 가스를 단열 팽창시키면 온도가 강하한다"는 것은 무슨 효과라고 하는가?

① 단열효과
② 주울-톰슨효과
③ 정류효과
④ 팽출효과

해설 • 주울-톰슨효과 : 압축가스를 단열팽창시키면 온도가 강하한다.

Answer 37. ③ 38. ① 39. ② 40. ④ 41. ③ 42. ②

43 다음 중 벨로우즈식 압력측정장치와 가장 관계가 있는 것은?

① 피스톤식　② 전기식
③ 액체 봉입식　④ 탄성식

해설 벨로우즈식, 다이어프램식, 브르돈관식은 탄성식 압력계

44 도로에 매설된 도시가스 배관의 누출여부를 검사하는 장비로서 적외선 흡광 특성을 이용한 가스누출 검지기는?

① FID
② OMD
③ CO 검지기
④ 반도체식 · 검지기

해설 • OMD : 도로에 매설된 배관의 적외선 흡광 특성을 이용한 가스누출 검지기

45 도시가스에는 가스 누출시 신속한 인지를 위해 냄새가 나는 물질(부취제)를 첨가하고, 정기적으로 농도를 측정하도록 하고 있다. 다음 중 농도측정방법이 아닌 것은?

① 오더(Odor)미터법
② 주사기법
③ 냄새주머니법
④ 햄펠(Hempel)법

해설 • 도시가스 농도 측정법
㉠ 오더(Odor)미터법
㉡ 주사기법
㉢ 냄새주머니법

46 다음 가스 중 표준상태에서 공기보다 가벼운 것은?

① 메탄　② 에탄
③ 프로판　④ 프로틸렌

해설 공기분자량 29보다 작은 분자량은 가벼운 가스이다.
메탄분자량 : 16　　에탄분자량 : 30
프로판분자량 : 44　프로틸렌분자량 : 42

47 메탄(CH_4)의 성질에 대한 설명 중 틀린 것은?

① 무색, 무취의 기체로 잘 연소한다.
② 무극성이며 물에 대한 용해도가 크다.
③ 염소와 반응시키면 염소화합물을 만든다.
④ 니켈촉매 하에 고온에서 산소 또는 수증기를 반응시키면 CO와 H_2를 발생한다.

해설 메탄은 무극성이며 물분자와는 결합성질이 없으므로 용해도가 적다.

48 샤를의 법칙에서 기체의 압력이 일정할 때 모든 기체의 부피는 온도가 1℃ 상승함에 따라 0℃ 때의 부피보다 어떻게 되는가?

① 22.4배씩 증가한다.
② 22.4배씩 감소한다.
③ $\frac{1}{273}$씩 증가한다.
④ $\frac{1}{273}$씩 감소한다.

해설 샤를의 법칙에 의해 가스는 1℃ 상승함에 따라 0℃ 때의 부피보다 $\frac{1}{273}$만큼 부피가 증가

Answer 43. ④　44. ②　45. ④　46. ①　47. ②　48. ③

49 공기 중에서 폭발하한이 가장 낮은 탄화수소는?

① CH_4 ② C_4H_{10}
③ C_3H_8 ④ C_2H_6

해설 메탄 CH_4 : 5~15%
부탄 C_4H_{10} : 1.8~8.4%
프로판 C_3H_8 : 2.1~9.5%
에탄 C_2H_6 : 3~12.5%

50 하버-보시법으로 암모니아 44g을 제조하려면 표준상태에서 수소는 약 몇 L가 필요한가?

① 22 ② 44
③ 87 ④ 100

해설 NH_3(분자량 17)

• 하버-보시법
$$\frac{3H_2}{6g} + \frac{N_2}{28g} \rightarrow \frac{2NH_3}{34g} + 24kcal$$
$\therefore 34:6 = 44:x, \therefore x = 6 \times \frac{44}{34} = 7.764g$

$7.764 \times \frac{22.4}{2} = 87L$ (수소가스)

51 표준상태에서 염소가스의 증기 비중은 약 얼마인가?

① 0.5 ② 1.5
③ 2.0 ④ 2.4

해설 Cl_2 분자량 ≒ 71, 공기분자량 29

$\therefore$ 비중 $= \frac{71}{29} = 2.44$

52 다음 중 LP가스의 제조법이 아닌 것은?

① 석유정제공정으로부터 제조
② 일산화탄소의 전화법에 의해 제조
③ 나프타 분해 생성물로부터의 제조
④ 습성천연가스 및 원유로부터의 제조

해설 LPG $\left[\dfrac{Liquefied,}{액화} \dfrac{Petroleum,}{석유} \dfrac{GAS}{가스}\right]$

일산화탄소(CO)와는 관련성이 없다.

53 다음 각 가스의 특성에 대한 설명으로 틀린 것은?

① 수소는 고온, 고압에서 탄소강과 반응하여 수소취성을 일으킨다.
② 산소는 공기 액분리장치를 통해 제조하며, 질소와 분리시 비등점 차이를 이용한다.
③ 일산화탄소의 국내 독성 허용농도는 LC_{50} 기준으로 50ppm이다.
④ 암모니아는 붉은 리트머스를 푸르게 변화시키는 성질을 이용하여 검출할 수 있다.

해설 일산화탄소 독성 허용농도
㉠ TLV-TWA 기준 : 50ppm
㉡ LC_{50} 기준 : 3760ppm

Answer 49. ② 50. ③ 51. ④ 52. ② 53. ③

54 물을 전기분해하여 수소를 얻고자 할 때 주로 사용되는 전해약은 무엇인가?

① 25% 정도의 황산수용액
② 1% 정도의 묽은염산수용액
③ 10% 정도의 탄산칼슘수용액
④ 20% 정도의 수산화나트륨 수용액

 $2H_2O \rightarrow \dfrac{2H_2}{-극} + \dfrac{O_2}{+극}$ (NaOH수용액)

55 섭씨온도로 측정할 때 상승된 온도가 5℃이었다. 이때 화씨온도로 측정하면 상승온도는 몇 도인가?

① 7.5   ② 8.3
③ 9.0   ④ 41

 $\dfrac{180(°F)}{100(℃)} \times 5 = 9.0(°F)$

56 다음은 탄화수소(C_mH_n)의 완전연소식이다. ( ) 안에 알맞은 것은?

$$C_mH_n + \left(m + \dfrac{n}{4}\right)O_2 \rightarrow mCO_2 + (\ \ )H_2O$$

① n   ② $\dfrac{n}{2}$
③ m   ④ $\dfrac{m}{2}$

 $\underset{중탄화수소}{C_mH_n} + \left(m + \dfrac{n}{4}\right)O_2 \rightarrow mCO_2 + \dfrac{n}{2}H_2O$

57 부탄 $1m^3$을 완전연소시키는데 필요한 이론 공기량은 약 몇 m^3인가? (단, 공기 중의 산소농도는 21v%이다.)

① 5   ② 23.8
③ 6.5 ④ 31

$C_4H_{10} + 6.5O_2 \rightarrow 4CO_2 + 5H_2O$
이론공기량(A_o) = $6.5 \times \dfrac{100}{21} = 30.95m^3$

58 다음 중 표준대기압으로 틀린 것은?

① $1.0332kg/cm^2$ ② 1013.2bar
③ $10.332mH_2O$ ④ 76cmHg

표준대기압(1atm) = 1.01325bar

59 다음 중 이상기체상수 R 값이 1.987일 때 이에 해당되는 단위는?

① $J/mol \cdot K$ ② $atm \cdot L/mol \cdot K$
③ $cal/mol \cdot K$ ④ $N \cdot m/mol \cdot K$

R : 1.987 $cal/mol \cdot K$
R : 8.314 $J/mol \cdot K$

60 국제 단위계는 7가지의 SI 기본단위로 구성된다. 다음 중 기본량과 SI 기본단위가 틀리게 짝지어진 것은?

① 질량 – 킬로그램(kg)
② 길이 – 미터(m)
③ 시간 – 초(s)
④ 몰질량 – 몰(mol)

• 물질량 : 기본단위는 몰(mol)
• 몰질량 : 분자량값의 질량

Answer 54. ④ 55. ③ 56. ② 57. ④ 58. ② 59. ③ 60. ④

가스기능사 2000제 문제은행

CBT 시험대비
▶ 2009년 1월 18일 시행

01 아르곤(Ar)가스 충전용기의 도색은 어떤 색상으로 하여야 하는가?
① 백색
② 녹색
③ 갈색
④ 회색

해설 • 아르곤가스
① 방전관의 발광색은 적색
② 용기도색은 기타 가스이므로 회색

02 가스 도매사업의 가스공급 시설·기준에서 배관을 지상에 설치할 경우 원칙적으로 배관에 도색하여야 하는 색상은?
① 흑색
② 황색
③ 적색
④ 회색

해설 가스 도매사업에서 지상배관의 도색은 황색

03 충전용기를 차량에 적재하여 운반하는 도중에 주차하고자 할 때 주의사항으로 옳지 않은 것은?
① 충전용기를 싣거나 내릴 때를 제외하고는 제1종 보호시설의 부근 및 제2종 보호시설이 밀집된 지역을 피한다.
② 주차시에는 엔진을 정지시킨 후 주차제동장치를 걸어 놓는다.
③ 주차를 하고자 하는 주위의 교통상황·지형조건·화기 등을 고려하여 안전한 장소를 택하여 주차한다.
④ 주차시에는 긴급한 사태를 대비하여 바퀴 고정목을 사용하지 않는다.

해설 충전용기 차량 주차시에는 반드시 바퀴 고정목을 사용한다.

04 가스의 폭발에 대한 설명 중 틀린 것은?
① 폭발범위가 넓은 것은 위험하다.
② 가스의 비중이 큰 것은 낮은 곳에 체류할 위험이 있다.
③ 안전간격이 큰 것 일수록 위험하다.
④ 폭굉은 화염전파속도가 음속보다 크다.

해설 안전간격이 적을수록 위험한 가스이다.

Answer 1. ④ 2. ② 3. ④ 4. ③

05 방 안에서 가스난로를 사용하다가 사망한 사고가 발생하였다. 다음 중 이 사고의 주된 원인은?
① 온도상승에 의한 질식
② 산소부족에 의한 질식
③ 탄산가스에 의한 질식
④ 질소와 탄산가스에 의한 질식

해설) 방 안에서 가스난로 사용시에는 반드시 환기시켜 산소부족을 방지한다.

06 배관의 표지판은 배관이 설치되어 있는 경로에 따라 배관의 위치를 정확히 알 수 있도록 설치하여야 한다. 지상에 설치된 배관은 표지판을 몇 m 이하의 간격으로 설치하여야 하는가?
① 100   ② 300
③ 500   ④ 1,000

해설) 지상배관 위치표지판의 간격은 1,000m 이하

07 국내 일반 가정에 공급되는 도시가스(LNG)의 발열량은 약 몇 kcal/m^3 인가?
(단, 도시가스 월 사용예정량의 산정기준에 따른다.)
① 9,000   ② 10,000
③ 11,000   ④ 12,000

해설) LNG의 기준 발열량은 11,000kcal/m^3이다.

08 일산화탄소와 공기의 혼합가스 폭발범위는 고압일수록 어떻게 변하는가?
① 넓어진다.
② 변하지 않는다.
③ 좁아진다.
④ 일정치 않다.

해설) CO가스는 고압일수록 폭발범위가 좁아진다. 다른 가연성 가스와는 반대현상이다.

09 도시가스가 안전하게 공급되어 사용되기 위한 조건으로 옳지 않은 것은?
① 공급하는 가스에 공기 중의 혼합비율의 용량이 1/1000 상태에서 감지할 수 있는 냄새가 나는 물질을 첨가해야 한다.
② 정압기 출구에서 측정한 가스압력은 1.5 kPa 이상 2.5 kPa 이내를 유지해야 한다.
③ 웨베지수는 표준 웨베지수의 ±4.5% 이내를 유지해야 한다.
④ 도시가스 중 유해성분은 건조한 도시가스 1m^3당 황전량은 0.5g 이하를 유지해야 한다.

해설) 정압기 출구압력은 2.3~3.3kPa 이내이어야 한다.

Answer 5. ② 6. ④ 7. ③ 8. ③ 9. ②

10 가연성가스의 제조설비 중 전기설비를 방폭성능을 가지는 구조로 갖추지 아니하여도 되는 가스는?

① 암모니아
② 염화메탄
③ 아크릴알데히드
④ 산화에틸렌

해설 ▶ 암모니아 가스 및 브롬화메탄가스는 방폭성능이 필요 없다.

11 고압가스의 분출에 대하여 정전기가 가장 발생되기 쉬운 경우는?

① 가스가 충분히 건조되어 있을 경우
② 가스 속에 고체의 미립자가 있을 경우
③ 가스분자량이 작은 경우
④ 가스비중이 큰 경우

해설 ▶ 고압가스 분출시 정전기가 발생하기 쉬운 경우는 가스 속에 고체의 미립자가 있을 경우이다.

12 고압가스의 제조장치에서 누출되고 있는 것을 그 냄새로 알 수 있는 가스는?

① 일산화탄소
② 이산화탄소
③ 염소
④ 아르곤

해설 ▶ 염소(Cl_2)가스는 상온에서 황록색의 기체이며 자극성이 강한 맹독성 가스이다.

13 긴급용 벤트스택 방출구의 위치는 작업원이 정상작업을 하는데 필요한 장소 및 작업원이 항시 통행하는 장소로부터 몇 m 이상 떨어진 곳에 설치하여야 하는가?

① 5
② 7
③ 10
④ 15

해설 ▶ 벤트스택 방출구의 위치는 작업원이 통행하는 장소로부터 10m 이상 떨어진 곳에 설치한다.

14 용기 내부에서 가연성가스의 폭발이 발생할 경우 그 용기가 폭발압력에 견디고, 접합면 개구부 등을 통하여 외부의 가연성가스에 인화되지 아니하도록 한 방폭구조는?

① 내압방폭구조
② 압력방폭구조
③ 유입방폭구조
④ 안전증 방폭구조

해설 ▶ • 내압방폭구조 : 용기 내부에서 그 용기가 폭발압력에 견디는 방폭구조

15 도시가스 매설 배관의 보호판은 누출가스가 지면으로 확산되도록 구멍을 뚫는데 그 간격의 기준으로 옳은 것은?

① 1 m 이하 간격
② 2 m 이하 간격
③ 3 m 이하 간격
④ 5 m 이하 간격

해설 ▶ 도시가스 매설 배관의 경우 보호판은 누설가스가 지면으로 확산되도록 구멍을 뚫는데 그 간격 기준은 3m 이하

Answer 10. ① 11. ② 12. ③ 13. ③ 14. ① 15. ③

16 LP가스 충전설비의 작동 상황 점검주기로 옳은 것은?
① 1일 1회 이상
② 1주일 1회 이상
③ 1월 1회 이상
④ 1년 1회 이상

해설 LP가스 충전설비의 작동 상황 점검은 1일 1회 이상 실시한다.

17 긴급차단장치의 조작 동력원이 아닌 것은?
① 액압
② 기압
③ 전기
④ 차압

해설 • 긴급차단장치의 조작 동력원 : 액압, 기압, 전기식, 스프링식이다.

18 액화염소가스 1375kg을 용량 50L인 용기에 충전하려면 몇 개의 용기가 필요한가?(단, 액화염소가스의 정수[C]는 0.8이다.)
① 20
② 22
③ 25
④ 27

해설
$$W = \frac{50}{0.8} = 62.5\,kg$$
$$\therefore \frac{1375}{62.5} = 22\,EA$$

19 도시가스사용시설의 노출배관에 의무적으로 표시하여야 하는 사항이 아닌 것은?
① 최고사용압력 ② 가스흐름방향
③ 사용 가스명   ④ 공급자명

해설 • 도시가스 노출배관 표시사항 : 최고사용압력, 가스흐름방향, 사용 가스명

20 다음 중 고압가스 운반기준 위반사항은?
① LPG와 산소를 동일차량에 그 충전용기의 밸브가 서로 마주보지 않도록 적재하였다.
② 운반 중 충전용기를 40℃ 이하로 유지하였다.
③ 비독성 압축가연성가스 500m³를 운반시 운반책임자를 동승시키지 않고 운반하였다.
④ 200km 이상의 거리를 운행하는 경우에 중간에 충분한 휴식을 취하였다.

해설 비독성 압축 가연성가스는 300m³ 이상 운반시 운반 책임자가 동승하여야 한다.

21 독성가스의 충전용기를 차량에 적재하여 운반시 그 차량의 앞뒤 보기 쉬운 곳에 반드시 표시해야 할 사항이 아닌 것은?
① 위험 고압가스
② 독성가스
③ 위험을 알리는 도형
④ 제조회사

해설 충전용기에는 제조회사명이 표시된다.

Answer 16. ① 17. ④ 18. ② 19. ④ 20. ③ 21. ④

22 다음 중 고압가스 처리설비로 볼 수 없는 것은?

① 저장탱크에 부속된 펌프
② 저장탱크에 부속된 안전밸브
③ 저장탱크에 부속된 압축기
④ 저장탱크에 부속된 기화장치

해설 • 안전밸브 : 부속설비 중 안전장치이다.

23 도시가스 배관의 관경이 25mm인 것은 몇 m 마다 고정하여야 하는가?

① 1 ② 2
③ 3 ④ 4

해설 ① 13mm 이하 : 1m 마다 고정
② 13mm~33mm 이하 : 2m 마다 고정
③ 33mm 초과 : 3m 마다 고정

24 가스보일러 설치기준에 따라 반드시 내열실리콘으로 마감조치를 하여 기밀이 유지되도록 하여야 하는 부분은?

① 배기통과 가스보일러의 접속부
② 배기통과 배기통의 접속부
③ 급기통과 배기통의 접속부
④ 가스보일러와 급기통의 접속부

해설 배기통과 가스보일러의 접속부는 기밀이 유지되도록 내열 실리콘 마감재가 필요하다.

25 고압가스 저장능력 산정기준에서 액화가스의 저장탱크 저장능력을 구하는 식은? (단, Q, W는 저장능력, P는 최고충전압력, V는 내용적, C는 가스종류에 따른 정수, d는 가스의 비중이다.)

① $Q = (10P+1)V$
② $Q = 10PV$
③ $W = \dfrac{V}{C}$
④ $W = 0.9dV$

해설 저장탱크의 저장능력(kg) $W = 0.9dV$

26 다음 중 2중 배관으로 하지 않아도 되는 가스는?

① 일산화탄소 ② 시안화수소
③ 염소   ④ 포스겐

해설 • 2중 배관 가스 : 염소, 포스겐, 염화메탄, 산화에틸렌, 암모니아, 아황산가스, 시안화수소, 황화수소 등

27 도시가스 본관 중 중압 배관의 내용적이 9m³일 경우, 자기압력기록계를 이용한 기밀시험 유지시간은?

① 24분 이상 ② 40분 이상
③ 216분 이상 ④ 240분 이상

해설 저압, 또는 중압의 경우(9m³ = 9000l)
① 1m³ 이상~10m³ 미만 : 240분
② 1m³ 미만 : 24분

Answer 22. ② 23. ② 24. ① 25. ④ 26. ① 27. ④

28 가스의 경우 폭굉(Detonation)의 연소속도는 약 몇 m/s 정도인가?
① 0.03~10 ② 10~50
③ 100~600 ④ 1000~3000

해설 폭굉 화염 전파속도는 1000~3500m/s

29 수소의 폭발한계는 4~75v%이다. 수소의 위험도는 약 얼마인가?
① 0.9 ② 17.75
③ 18.7 ④ 19.75

해설 $H = \dfrac{U-L}{L} = \dfrac{75-4}{4} = 17.75$

30 다음 가스폭발의 위험성 평가기법 중 정량적 평가방법은?
① HAZOP(위험성운전 분석기법)
② FTA(결함수 분석기법)
③ Check List법
④ WHAT-IF(사고예상질문 분석기법)

해설 • FTA : 사고를 일으키는 장치의 이상이나 운전자 실수의 조합을 연역적으로 분석하는 정량적 안전성 평가기법

31 왕복펌프에 사용하는 밸브 중 점성액이나 고형물이 들어 있는 액에 적합한 밸브는?
① 원판밸브 ② 윤형밸브
③ 플래트밸브 ④ 구밸브

해설 • 구밸브 : 왕복펌프에 사용하며 점성액이나 고형물이 들어 있는 액에 적합한 밸브이다.

32 가스액화분리장치의 축냉기에 사용되는 축냉체는?
① 규조토 ② 자갈
③ 암모니아 ④ 희가스

해설 • 가스액화분리장치 축냉기의 축냉체 : 자갈

33 주로 탄광 내에서 CH_4의 발생을 검출하는데 사용되며 청염(푸른 불꽃)의 길이로써 그 농도를 알 수 있는 가스검지기는?
① 안전등형 ② 간섭계형
③ 열선형 ④ 흡광 광도형

해설 탄광 내에서 메탄가스(CH_4)의 가스검지기는 안전등형 가연성 검출기를 사용한다.(불꽃길이 측정용)

34 압력계의 측정 방법에는 탄성을 이용하는 것과 전기적 변화를 이용하는 방법 등이 있다. 다음 중 전기적 변화를 이용하는 압력계는?
① 부르동관 압력계
② 벨로우즈 압력계
③ 스트레인 게이지
④ 다이어프램 압력계

해설 스트레인 게이지는 전기적 변화를 이용하는 압력계이다(전기저항변화 이용).

35 다음 중 비접촉식 온도계에 해당하지 않는 것은?
① 광전관 온도계 ② 색 온도계
③ 방사 온도계 ④ 압력식 온도계

해설 • 압력식 온도계(접촉식) : 증기압식, 액체팽창식, 기체압력식

Answer 28. ④ 29. ② 30. ② 31. ④ 32. ② 33. ① 34. ③ 35. ④

36 다음 중 저온 단열법이 아닌 것은?

① 분말섬유 단열법
② 고진공 단열법
③ 다층진공 단열법
④ 분말진공 단열법

해설 • 저온 단열법 : 고진공 단열법, 다층진공 단열법, 분말진공 단열법

37 20RT의 냉동능력을 갖는 냉동기에서 응축온도가 30℃, 증발온도가 -25℃일 때 냉동기를 운전하는데 필요한 냉동기의 성적계수(COP)는 약 얼마인가?

① 4.5
② 7.5
③ 14.5
④ 17.5

해설
273 + 30 = 303K, 273 - 25 = 248K

$\therefore COP = \dfrac{248}{303-248} = 4.5$

38 언로딩형과 로딩형이 있으며 대용량이 요구되고 유량제어 범위가 넓은 경우에 적합한 정압기는?

① 피셔식 정압기
② 레이놀드식 정압기
③ 파일럿식 정압기
④ 엑셜플로식 정압기

해설 • 파일럿식 정압기 : 언로딩형과 로딩형이 있다.

39 나사압축기(Screw compressor)의 특징에 대한 설명으로 틀린 것은?

① 흡입, 압축, 토출의 3행정으로 이루어져 있다.
② 기체에는 맥동이 없고 연속적으로 압축한다.
③ 토출압력의 변화에 의한 용량변화가 크다.
④ 소음방지 장치가 필요하다.

해설 나사압축기(스크류 압축기)는 토출압력에 따른 용량변화가 적다.

40 유속이 일정한 장소에서 전압과 정압의 차이를 측정하여 속도수두에 따른 유속을 구하여 유량을 측정하는 형식의 유량계는?

① 피토관식 유량계
② 열선식 유량계
③ 전자식 유량계
④ 초음파식 유량계

해설 피토관식 유량계는 전압과 정압의 차이를 측정하여 속도수두에 따른 유속을 구하여 유량을 측정한다.

41 요오드화칼륨지(KI전분지)를 이용하여 어떤 가스의 누출여부를 검지한 결과 시험지가 청색으로 변하였다. 이때 누출된 가스의 명칭은?

① 시안화수소
② 아황산가스
③ 황화수소
④ 염소

해설 염소가스의 가스 검지시 시험지는 KI전분지 (누설시는 청색변화)

Answer 36. ① 37. ① 38. ③ 39. ③ 40. ① 41. ④

42 2종 금속의 양끝의 온도차에 따른 열기전력을 이용하여 온도를 측정하는 온도계는?

① 베크만 온도계
② 바이메탈식 온도계
③ 열전대 온도계
④ 전기저항 온도계

해설 • 열전대 온도계 : 2종 금속의 열기전력 이용

43 액화산소등과 같은 극저온 저장탱크의 액면 측정에 주로 사용되는 액면계는?

① 햄프슨식 액면계
② 슬립 튜브식 액면계
③ 크랭크식 액면계
④ 마그네틱식 액면계

해설 • 햄프슨식 액면계 : 액화산소등과 같은 극저온 저장탱크의 액면 측정

44 적외선 흡광방식으로 차량에 탑재하여 메탄의 누출여부를 탐지하는 것은?

① FID(Flame Ionization Detector)
② OMD(Optical Methane Detector)
③ ECD(Electron Capture Detector)
④ TCD(Thermal Conductivity Detector)

해설 • OMD : 적외선 흡광방식으로 차량에 탑재하여 CH_4(메탄)의 누출여부 확인

45 가스용 금속플렉시블 호스에 대한 설명으로 틀린 것은?

① 이음쇠는 플레어(flare) 또는 유니온(inion)의 접속기능이 있어야 한다.
② 호스의 최대길이는 10,000mm 이내로 한다.
③ 호스길이 허용오차는 +3%, -2% 이내로 한다.
④ 튜브는 금속제로서 주름가공으로 제작하여 쉽게 굽혀질 수 있는 구조로 한다.

해설 가스용 금속 플렉시블 호스의 길이(표준길이)는 제일 짧은 것은 200mm, 가장 긴 것은 3,000mm로 한다. (단 길이 허용오차는 +3%, -2%이다.) 다만, 주문자와 제조자의 합의에 따라 최대 5,000mm 이내로 한다.

46 다음 [보기]의 성질을 갖는 기체는?

[보기]
① 2중 결합을 가지므로 각종 부가반응을 일으킨다.
② 무색, 독특한 감미로운 냄새를 지닌 기체이다.
③ 물에는 거의 용해되지 않으나 알코올, 에테르에는 잘 용해된다.
④ 아세트알데히드, 산화에틸렌, 에탄올, 이산화에틸렌 등을 얻는다.

① 아세틸렌 ② 프로판
③ 에틸렌   ④ 프로필렌

해설 C_2H_4(에틸렌)은 2중 결합을 가지므로 각종 부가반응을 일으킨다.
(폭발범위는 2.7~36%이다.)

Answer 42. ③ 43. ① 44. ② 45. ② 46. ③

47 다음 중 수분이 존재하였을 때 일반강재를 부식시키는 가스는?

① 일산화탄소
② 수소
③ 황화수소
④ 질소

해설 황화수소(H2S)가스는 수분이 존재하면 일반강재를 부식시킨다.

48 산소(O2)에 대한 설명 중 틀린 것은?

① 무색, 무취의 기체이며 물에는 약간 녹는다.
② 가연성 가스이나 그 자신은 연소하지 않는다.
③ 용기의 도색은 일반 공업용이 녹색, 의료용이 백색이다.
④ 저장용기는 무계목 용기를 사용한다.

해설 산소는 가연성물질의 연소를 돕는 조연성 가스이다.

49 수소의 성질에 대한 설명 중 틀린 것은?

① 무색, 무미, 무취의 가연성 기체이다.
② 가스 중 최소의 밀도를 가진다.
③ 열전도율이 작다.
④ 높은 온도일 때에는 강재, 기타 금속재료라도 쉽게 투과한다.

해설 수소(H2)가스는 열전도율이 대단히 크고 열에 대해 안정하다.

50 가스의 비열비의 값은?

① 언제나 1보다 작다.
② 언제나 1보다 크다.
③ 1보다 크기도 하고 작기도 하다.
④ 0.5와 1 사이의 값이다.

해설 비열비(k) = $\dfrac{정압비열}{정적비열}$ (항상 1보다 크다.)

51 다음 중 독성가스에 해당되는 것은?

① 에틸렌   ② 탄산가스
③ 시클로프로판 ④ 산화에틸렌

해설 • 산화에틸렌가스(C2H4O) : 폭발범위 : 3~80% (가연성), 독성 : 50ppm(독성)

52 다음 중 가스크로마토그래피의 캐리어가스로 사용되는 것은?

① 헬륨   ② 산소
③ 불소   ④ 염소

해설 • 캐리어가스(전개제) : Ar(아르곤), He(헬륨), H2(수소), N2(질소) 등

53 다음 압력이 가장 큰 것은?

① 1.01MPa   ② 5atm
③ 100inHg   ④ 88psi

해설
1.01MPa = 10.1kg/cm²
5atm = 5.165kg/cm²
100inHg = 3.44kg/cm²
88psi = 6.18kg/cm²

Answer 47. ③ 48. ② 49. ③ 50. ② 51. ④ 52. ① 53. ①

54 LPG(액화석유가스)의 일반적인 특징에 대한 설명으로 틀린 것은?

① 저장탱크 또는 용기를 통해 공급된다.
② 발열량이 크고 열효율이 높다.
③ 가스는 공기보다 무거우나 액체는 물보다 가볍다.
④ 물에 녹지 않으며, 연소시 메탄에 비해 공기량이 적게 소요된다.

해설 ① LPG
  ㉠ 프로판(C_3H_8)의 액비중 0.509
  ㉡ 부탄(C_4H_{10})의 액비중 0.582
② 공기량
  $C_3H_8 + 5O_2 \rightarrow 3CO_2 + 4H_2O$
  $C_4H_{10} + 6.5O_2 \rightarrow 4CO_2 + 5H_2O$
  $CH_4 + 2O_2 \rightarrow CO_2 + 2H_2O$

55 기준물질의 밀도에 대한 측정물질의 밀도의 비를 무엇이라고 하는가?

① 비중량   ② 비용
③ 비중   ④ 비체적

해설 ① $\frac{측정물질의 밀도}{기준물질의 밀도}$ = 비중
② 비중측정에서 가스는 공기를 기준으로 하고, 고체, 액체는 물을 기준으로 한다.

56 탄소 2kg을 완전 연소시켰을 때 발생되는 연소가스는 약 몇 kg인가?

① 3.67   ② 7.33
③ 5.87   ④ 8.89

해설 $C + O_2 \rightarrow CO_2$
  12kg   32kg   44kg
  $12 : 44 = 2 : x,\ x = 44 \times \frac{2}{12} = 7.33(kg)$

57 섭씨 −40℃는 화씨온도로 약 몇 °F인가?

① 32
② 45
③ 273
④ −40

해설 $°F = \frac{9}{5} \times ℃ + 32 = 1.8 \times ℃ + 32$
∴ $1.8 \times (-40) + 32 = -40°F$

58 프로판(C_3H_8) $1\,m^3$을 완전연소시킬 때 필요한 이론산소량은 몇 m^3인가?

① 5
② 10
③ 15
④ 20

해설 $C_3H_8 + 5O_2 \rightarrow 3CO_2 + 4H_2O$
  $1\,m^3 : 5\,m^3 : 3\,m^3 : 4\,m^3$

59 다음 중 SI 기본단위가 아닌 것은?

① 질량 : 킬로그램(kg)
② 주파수 : 헤르츠(Hz)
③ 온도 : 켈빈(K)
④ 물질량 : 몰(mol)

해설 SI 기본단위 : 물질량, 온도, 질량, 시간, 길이, 광도, 전류

Answer 54. ④ 55. ③ 56. ② 57. ④ 58. ① 59. ②

60 다음 중 "제2종 영구기관은 존재할 수 없다. 제2종 영구기관의 존재 가능성을 부인한다." 라고 표현되는 법칙은?

① 열역학 제0법칙
② 열역학 제1법칙
③ 열역학 제2법칙
④ 열역학 제3법칙

해설 ① 열역학 제2법칙 : 제2종 영구기관은 존재할 수 없다.
② 제2종 영구기관 : 입력과 출력이 같은 기관
③ 제1종 영구기관 : 입력보다 출력이 더 큰 기관 즉, 열효율이 100% 이상인 기관, 열역학 제 1법칙에 위배된다.

Answer 60. ③

가스기능사 2000제 문제은행

CBT 시험대비
▶ 2009년 3월 29일 시행

---

01 도시가스 사용시설 중 호스의 길이는 연소기까지 몇 m 이내로 하여야 하는가?
① 1 ② 2
③ 3 ④ 4

해설 가스 사용시설 호스길이 → 연소기까지는 3m 이내

02 고압가스 용기 보관의 기준에 대한 설명으로 틀린 것은?
① 용기 보관장소 주위 2m 이내에는 화기를 두지 말 것
② 가연성가스·독성가스 및 산소의 용기는 각각 구분하여 용기 보관장소에 놓을 것
③ 가연성가스를 저장하는 곳에는 방폭형 휴대용 손전등외의 등화를 휴대하지 말 것
④ 충전용기와 잔가스 용기는 서로 단단히 결속하여 넘어지지 않도록 할 것

해설 충전용기와 잔가스 용기는 분리하여 저장하여야 한다.

03 하천의 바닥이 경암으로 이루어져 도시가스 배관의 매설 깊이를 유지하기 곤란하여 배관을 보호조치한 경우에는 배관의 외면과 하천 바닥면의 경암 상부와의 최소거리는 얼마이어야 하는가?
① 1.0m ② 1.2m
③ 2.5m ④ 4m

해설 하천의 도시가스 배관 매설시 배관의 보호조치를 한 경우는 1.2m 이상의 깊이가 필요하다.

04 고압가스 저장능력 산정시 액화가스의 용기 및 차량에 고정된 탱크의 산정식은? (단, W는 저장능력(kg), d는 액화가스의 비중(kg/L), V_2는 내용적(V), C는 가스의 종류에 따르는 정수이다.)
① $W = 0.9\, dV_2$
② $W = \dfrac{V_2}{C}$
③ $W = 0.9\, dC^2$
④ $W = \dfrac{V_2}{C^2}$

해설 $$W = \dfrac{V_2}{C}\,(\text{kg})$$

Answer 1. ③ 2. ④ 3. ② 4. ②

05 공기 중에서 가연성 물질을 연소시킬 때 공기 중의 산소 농도를 증가시키면 연소속도와 발화온도는 각각 어떻게 되는가?

① 연소속도는 빨라지고, 발화온도는 높아진다.
② 연소속도는 빨라지고, 발화온도는 낮아진다.
③ 연소속도는 느려지고, 발화온도는 높아진다.
④ 연소속도는 느려지고, 발화온도는 낮아진다.

[해설] 가연성 물질이 연소시 산소농도가 증가하면 연소속도와 발화온도는 빨라지고 온도는 낮아진다.

06 탄화수소에서 탄소수가 증가할수록 높아지는 것은?

① 증기압 ② 발화점
③ 비등점 ④ 폭발 하한계

[해설] 탄화수소 가스에서 탄소(C)수가 증가하면 비등점이 높아진다.

07 LPG 사용시설에서 가스누출경보장치 검지부 설치높이의 기준으로 옳은 것은?

① 지면에서 30cm 이내
② 지면에서 60cm 이내
③ 천청에서 30cm 이내
④ 천청에서 60cm 이내

[해설] LP가스는 비중이 공기보다 무거워서 가스누출경보장치 검지부 설치높이는 지면 바닥에서 30cm 이내로 한다.

08 비중이 공기보다 무거워 바닥에 체류하는 가스로만 된 것은?

① 프로판, 염소, 포스겐
② 프로판, 수소, 아세틸렌
③ 염소, 암모니아, 아세틸렌
④ 염소, 포스겐, 암모니아

[해설] 분자량이 공기의 29보다 크면 바닥에 체류한다.(프로판 44, 염소 71, 포스겐 99)

09 가스누출자동차단기를 설치하여도 설치 목적을 달성할 수 없는 시설이 아닌 것은?

① 개방된 공장의 국부난방시설
② 경기장의 성화대
③ 상하방향, 전후방향, 좌우방향 중에 2방향 이상이 외기에 개방된 가스 사용시설
④ 개방된 작업장에 설치된 용접 또는 절단시설

[해설] 동서남북으로 외기에 개방된 가스사용시설을 가스누출자동 차단기의 설치를 하여도 효과가 미미하다.

10 공정에 존재하는 위험요소들과 긍정의 효율을 떨어뜨릴 수 있는 운전상의 문제점을 찾아내어 그 원인을 제거하는 정성적 안전성 평가기법을 의미하는 것은?

① FTA ② ETA
③ CCA ④ HAZOP

[해설]
㉠ 위험과 운전분석 : HAZOP
㉡ 결함수 분석 : FTA
㉢ 사건수 분석 : ETA
㉣ 원인결과 분석 : CCA

Answer 5. ② 6. ③ 7. ① 8. ① 9. ③ 10. ④

11 다음 중 가연성이며 독성인 가스는?

① 아세틸렌, 프로판
② 수소, 이산화탄소
③ 암모니아, 산화에틸렌
④ 아황산가스, 포스겐

[해설] ① 암모니아 ┌ 연소범위 : 15% ~ 28%
                    └ 독성농도 : 25 ppm
       ② 산화에틸렌 ┌ 연소범위 : 3% ~ 80%
                    └ 독성농도 : 50 ppm

12 아세틸렌가스를 2.5MPa의 압력으로 압축할 때 사용되는 희석제가 아닌 것은?

① 질소
② 메탄
③ 일산화탄소
④ 아세톤

[해설] • 아세틸렌 희석제 : 질소, 메탄, 일산화탄소

13 가스가 누출된 경우에 제2의 누출을 방지하기 위해서 방류둑을 설치한다. 방류둑을 설치하지 않아도 되는 저장탱크는?

① 저장능력 1000톤의 액화질소탱크
② 저장능력 10톤의 액화암모니아탱크
③ 저장능력 1000톤의 액화산소탱크
④ 저장능력 5톤의 액화염소탱크

[해설] 질소는 불연성 무독성 가스이므로 방류둑 설치에서 제외된다.

14 수소폭명기는 수소와 산소의 혼합비가 얼마일 때를 말하는가? (단, 수소 : 산소의 비이다.)

① 1 : 2
② 2 : 1
③ 1 : 3
④ 3 : 1

[해설] ㉠ 수소폭명기 : $2H_2 + O_2 \rightarrow 2H_2O + 136.6kcal$
       ㉡ 염소폭명기 : $Cl_2 + H_2 \rightarrow 2HCl + 44kcal$

15 배관을 지하에 매설하는 경우 배관은 그 외면으로부터 도로 밑의 다른 시설물과 몇 m 이상의 거리를 유지하여야 하는가?

① 0.2
② 0.3
③ 0.5
④ 1

[해설] A배관 ←0.3m 이상→ B 배관

16 고압가스 일반제조시설의 저장탱크를 지하에 매설하는 경우의 기준에 대한 설명으로 틀린 것은?

① 저장탱크 외면에는 부식방지코팅을 한다.
② 저장탱크는 천정, 벽, 바닥의 두께가 각각 10cm 이상의 콘크리트로 설치한다.
③ 저장탱크 주위에는 마른 모래를 채운다.
④ 저장탱크에 설치한 안전밸브에는 지면에서 5m 이상의 높이에 방출구가 있는 가스방출관을 설치한다.

[해설] 콘크리트 두께 : 30cm 이상

Answer 11. ③ 12. ④ 13. ① 14. ② 15. ② 16. ②

17 발화온도와 폭발등급에 의한 위험성을 비교하였을 때 위험도가 가장 큰 것은?

① 부탄
② 암모니아
③ 아세트알데히드
④ 메탄

해설 ㉠ 부탄 : G_2
㉡ 암모니아 : G_1
㉢ 아세트알데히드 : G_4
㉣ 메탄 : G_1

18 액화석유가스는 공기 중의 혼합비율의 용량이 얼마인 상태에서 감지할 수 있도록 냄새가 나는 물질을 섞어 용기에 충전하여야 하는가?

① $\frac{1}{10}$ ② $\frac{1}{100}$
③ $\frac{1}{1000}$ ④ $\frac{1}{10000}$

해설 • 부취제 혼합비율 : $\frac{1}{1000}$

19 사람이 사망하기 시작하는 폭발압력은 약 몇 KPa 인가?

① 70
② 700
③ 1700
④ 2700

해설 인체에 치명적인 압력은 대략 7기압이다.
700KPa = 7.1Kg/cm²

20 독성가스를 사용하는 내용적이 몇 L 이상인 수액기 주위에 액상의 가스가 누출될 경우에 대비하여 방류둑을 설치하여야 하는가?

① 1000
② 2000
③ 5000
④ 10,000

해설 독성가스 수액기 용량이 10,000ℓ 이상이면 방류둑을 설치하여야 한다.

21 가스설비의 설치가 완료된 후에 실시하는 내압시험시 공기를 사용하는 경우 우선 상용압력의 몇 % 까지 승압하는가?

① 30
② 40
③ 50
④ 60

해설 가스설비 내압시험율이 공기이면 우선 상용압력의 50%까지 승압시킨다.

22 고압가스용기 파열사고의 원인으로 가장 거리가 먼 것은?

① 용기의 내(耐)압력 부족
② 용기의 재질불량
③ 용접상의 결함
④ 이상압력 저하

해설 이상압력이 저하되면 파열사고는 방지된다.

Answer 17. ③ 18. ③ 19. ② 20. ④ 21. ③ 22. ④

23 제조소에 설치하는 긴급차단장치에 대한 설명으로 옳지 않은 것은?

① 긴급차단장치는 저장탱크 주 밸브의 외측에 가능한 한 저장탱크의 가까운 위치에 설치해야 한다.
② 긴급차단장치는 저장탱크 주 밸브와 겸용으로 하여 신속하게 차단할 수 있어야 한다.
③ 긴급차단장치의 동력원은 그 구조에 따라 액압, 기압, 전기 또는 스프링 등으로 할 수 있다.
④ 긴급차단장치는 당해 저장탱크 외면으로부터 5m 이상 떨어진 곳에서 조작할 수 있어야 한다.

해설 긴급차단장치와 주밸브는 겸용이 불가하다.

24 도시가스 배관에 설치하는 전위측정용 터미널의 간격을 옳게 나타낸 것은?

① 희생양극법 : 300m 이내, 외부전원법 : 400m 이내
② 희생양극법 : 300m 이내, 외부전원법 : 500m 이내
③ 희생양극법 : 400m 이내, 외부전원법 : 500m 이내
④ 희생양극법 : 400m 이내, 외부전원법 : 600m 이내

해설 전위측정용 터미널 간격
  ┌ 희생양극법 : 300m 이내
  └ 외부전원법 : 500m 이내

25 LPG 충전·저장·집단공급·판매시설·영업소의 안전성 확인 적용대상 공정이 아닌 것은?

① 지하탱크를 지하에 매설한 후의 공정
② 배관의 지하매설 및 비파괴시험 공정
③ 방호벽 또는 지상형 저장탱크의 기초설치 공정
④ 공정상 부득이하여 안정성 확인시 실시하는 기밀시험 공정

해설 ㉠ LP가스 안전성 확인 적용 대상 공정은 "②, ③, ④"항의 공정이 필요하다.
㉡ 지하탱크는 지하에 매설하기 전 안전성 확인 공정이 필요하다.

26 액화석유가스 사용시설에서 소형저장탱크의 저장능력이 몇 kg 이상인 경우에 과압 안전장치를 설치하여야 하는가?

① 100
② 150
③ 200
④ 250

해설 저장능력이 250kg 이상의 LPG는 과압 안전장치가 필요하다.

Answer 23. ② 24. ② 25. ① 26. ④

27 다음 ( )안에 들어갈 수 있는 경우로 옳지 않은 것은?

> "액화 천연가스의 저장설비 및 처리설비는 그 외면으로부터 사업소 경계까지 일정규모 이상의 안전거리를 유지하여야 한다. 이때 사업소 경계가 ( )의 경우에는 이들의 반대편 끝을 경계로 보고 있다."

① 산 ② 호수
③ 하천 ④ 바다

해설 사업소 경계가 산 → 사업소 경계가 반대편 끝이 된다.

28 가연성가스와 산소의 혼합비가 완전 산화에 가까울수록 발화지연은 어떻게 되는가?

① 길어진다. ② 짧아진다.
③ 변함이 없다. ④ 일정치 않다.

해설 가연성가스와 산소의 혼합비가 완전 산화에 가까울수록 발화지연은 짧아진다.

29 유독성 가스를 검지하고자 할 때 하리슨 시험지를 사용하는 가스는?

① 염소 ② 아세틸렌
③ 황화수소 ④ 포스겐

해설 ㉠ 염소 : KI 전분지
㉡ 아세틸렌 : 염화 제1동 착염지
㉢ 황화수소 : 초산납 시험지 (연당지)

30 0℃, 101325Pa의 압력에서 건조한 도시가스 $1m^3$당 유해성분인 암모니아는 몇 g을 초과하면 안되는가?

① 0.02
② 0.2
③ 0.3
④ 0.5

해설 • 황전량 : 0.5g
• 황화수소 : 0.02g
• 암모니아 : 0.2g

31 암모니아 합성법 중에서 고압합성에 사용되는 방식은?

① 카자레법
② 뉴 파우더법
③ 케미크법
④ 구우데법

해설 ㉠ 고압합성법(60~100MPa) : 클로우드법, 카자레법
㉡ 중압합성법(30MPa) : 케미크법, 뉴파우더법
㉢ 저압합성법(15MPa) : 구우데법, 케로그법

32 액화석유가스 이송용 펌프에서 발생하는 이상현상으로 가장 거리가 먼 것은?

① 케비테이션
② 수격작용
③ 오일포밍
④ 페이퍼록

해설 오일포밍 현상은 압축기 이송설비에서 발생

Answer 27. ① 28. ② 29. ④ 30. ② 31. ① 32. ③

33 대기개방식 가스보일러가 반드시 갖추어야 하는 것은?

① 과압방지용 안전장치
② 저수위 안전장치
③ 공기자동빼기장치
④ 압력팽창탱크

해설 대기개방식 가스보일러는 운전 중 저수위 안전장치가 반드시 필요하다.

34 2단 감압 조정기의 장점이 아닌 것은?

① 공급압력이 안정하다.
② 배관이 가늘어도 된다.
③ 장치가 간단하다.
④ 각 연소기구에 알맞은 압력으로 공급이 가능하다.

해설 2단 감압 조정기는 장치가 복잡하다.

35 재료에 인장과 압축하중을 오랜시간 반복적으로 작용시키면 그 응력이 인장강도보다 작은 경우에도 파괴되는 현상은?

① 인성파괴
② 피로파괴
③ 취성파괴
④ 크리프파괴

해설 • 피로파괴 : 재료에 인장, 압축하중을 오랜시간 반복하면 파괴되는 현상

36 LPG가스 용기의 재질로서 가장 적당한 것은?

① 주철
② 탄소강
③ 알루미늄
④ 두랄루민

해설 • LPG가스 용기 재료 : 탄소강

37 냉동설비 중 흡수식 냉동설비의 냉동능력 정의로 옳은 것은?

① 발생기를 가열하는 24시간의 입열량 6천640kcal를 1일의 냉동능력 1톤으로 봄
② 발생기를 가열하는 1시간의 입열량 3천320kcal를 1일의 냉동능력 1톤으로 봄
③ 발생기를 가열하는 1시간의 입열량 6천640kcal를 1일의 냉동능력 1톤으로 봄
④ 발생기를 가열하는 24시간의 입열량 3천320kcal를 1일의 냉동능력 1톤으로 봄

해설 • 흡수식 냉동기 1RT : 6640kcal/hr

Answer 33. ② 34. ③ 35. ② 36. ② 37. ③

38 다음 각종 온도계에 대한 설명으로 옳은 것은?

① 저항온도계는 이중금속 2종류의 양단을 용접 또는 납붙임으로 양단의 온도가 다를 때 발생하는 열기전력의 변화를 측정하여 온도를 구한다.
② 유리제 온도계의 봉입액으로 수은을 쓴 것은 −30∼350℃ 정도의 범위에서 사용된다.
③ 온도계의 온도검출부는 열용량이 크면 좋다.
④ 바이메탈식 온도계는 온도에 따른 전기적 변화를 이용한 온도계이다.

[해설] ㉠ 열전대 온도계 : 열기전력 이용
㉡ 전기저항식 온도계 : 저항 변화 이용
㉢ 유리제 온도계 : −30∼350℃ 범위

39 가스 액화분리장치의 구성 3요소가 아닌 것은?

① 한냉발생 장치
② 정류장치
③ 불순물 제거 장치
④ 유회수 장치

[해설] • 가스액화 분리장치 구성
㉠ 한랭발생 장치
㉡ 정류 장치
㉢ 불순물 제거 장치

40 액주식 압력계에 사용되는 액체의 구비조건으로 틀린 것은?

① 화학적으로 안정되어야 한다.
② 모세관 현상이 없어야 한다.
③ 점도와 팽창계수가 작아야 한다.
④ 온도변화에 의한 밀도변화가 커야 한다.

[해설] 액주식 압력계의 봉입액은 온도변화시 밀도변화가 적어야 한다.

41 다음 중 왕복식 펌프에 해당하지 않는 것은?

① 플런저 펌프
② 피스톤 펌프
③ 다이어프램 펌프
④ 기어 펌프

[해설] • 기어펌프 : 회전식 펌프

42 내용적 50L의 용기에 수압 30kgf/cm²를 가해 내압시험을 하였다. 이 경우 30kgf/cm²의 수압을 걸었을 때 용기의 용적이 50.5L로 늘어났고 압력을 제거하여 대기압으로 하니 용기용적은 50.025L로 되었다. 항구증가율은 얼마인가?

① 0.3%
② 0.5%
③ 3%
④ 5%

[해설]
$50.5 - 50 = 0.5 \ell$
$50.025 - 50 = 0.025 \ell$

∴ $\frac{0.025}{0.5} \times 100 = 5\%$

Answer 38. ② 39. ④ 40. ④ 41. ④ 42. ④

43 공기액화분리장치의 내부 세정액으로 가장 적당한 것은?

① 가성소다 ② 사염화탄소
③ 물 ④ 묽은 염산

해설 • 내부세정액 : 사염화탄소

44 다음 중 방폭구조의 표시방법으로 잘못된 것은?

① 안전증방폭구조 : e
② 본질안전방폭구조 : b
③ 유입방폭구조 : o
④ 내압방폭구조 : d

해설 • 본질안전방폭구조 : ia 또는 ib

45 유체가 5m/s의 속도로 흐를 때 이 유체의 속도수두는 약 몇 m인가? (단, 중력가속도는 $9.8m/s^2$이다.)

① 0.98 ② 1.28
③ 12.2 ④ 14.1

해설
$v = k\sqrt{2gh}$
$5 = \sqrt{2 \times 9.8 \times h}$
$\therefore h = \dfrac{5^2}{2 \times 9.8} = 1.2755m$

46 다음 중 염소의 용도로 적합하지 않는 것은?

① 소독용으로 쓰인다.
② 염화비닐 제조의 원료이다.
③ 표백제로 쓰인다.
④ 냉매로 사용된다.

해설 염소는 맹독성 가스이며 잠열이 적어서 냉매로 사용은 곤란하다.

47 아세틸렌 충전시 첨가하는 다공질물의 구비조건이 아닌 것은?

① 화학적으로 안정할 것
② 기계적인 강도가 클 것
③ 가스의 충전이 쉬울 것
④ 다공도가 적을 것

해설 다공물질은 다공도가 클 것

48 냄새가 나는 물질(부취제)의 구비조건이 아닌 것은?

① 독성이 없을 것
② 저농도에서 냄새를 알 수 있을 것
③ 완전연소하고 연소 후에는 유해물질을 남기지 말 것
④ 일상생활의 냄새와 구분되지 않을 것

해설 부취제는 일상생활의 냄새와 확실하게 구분이 되어야 된다.

49 염화메탄의 특징에 대한 설명으로 틀린 것은?

① 무취이다.
② 공기보다 무겁다.
③ 수분존재시 금속과 반응한다.
④ 유독한 가스이다.

해설 • 염화메틸(CH_3Cl)
㉠ 에테르 냄새가 나는 독성가스
㉡ 연소범위는 8.32% ~ 18.7%

Answer 43. ② 44. ② 45. ② 46. ④ 47. ④ 48. ④ 49. ①

50 압력에 대한 설명으로 옳은 것은?
① 표준대기압이란 0℃에서 수은주 760mHg에 해당하는 압력을 말한다.
② 진공압력이란 대기압보다 낮은 압력으로 대기압력과 절대압력을 합한 것이다.
③ 용기 내벽에 가해지는 기체의 압력을 게이지압력이라 하며, 대기압과 압력계에 나타난 압력을 합한 것이다.
④ 절대압력이란 표준대기압 상태를 0으로 기준하여 측정한 압력을 말한다.

해설 ㉠ 절대압력 = 게이지압력 + 대기압
㉡ 대기압을 0으로 본 상태의 압력은 게이지 압력이다.

51 화씨 86℉는 절대온도로 몇 K인가?
① 233 ② 303
③ 490 ④ 522

해설
$℃ = \frac{5}{9} \times (℉ - 32) = \frac{5}{9} \times (86-32) = 30℃$
$K = ℃ + 273 = 30 + 273 = 303K$

52 산소의 성질에 대한 설명으로 틀린 것은?
① 자신은 연소하지 않고 연소를 돕는 가스이다.
② 물에 잘 녹으며 백금과 화합하여 산화물을 만든다.
③ 화학적으로 활성이 강하여 원소와 반응하여 산화물을 만든다.
④ 무색, 무취의 기체이다.

해설 산소는 물에 약간 녹으며 액체산소는 담청색을 띤다.(액비중은 1.14kg/ℓ)

53 이상기체에 대한 설명으로 옳은 것은?
① 일정온도에서 기체의 부피는 압력에 비례한다.
② 일정압력에서 부피는 온도에 반비례한다.
③ 일정부피에서 압력은 온도에 반비례한다.
④ 보일-샤를의 법칙을 따르는 기체를 말한다.

해설 • 이상기체 : 보일-샤를의 법칙을 따르는 기체이다.

54 다음 중 불연성 가스는?
① 수소
② 헬륨
③ 아세틸렌
④ 히드라진

해설 • 헬륨(희가스)
㉠ 분자량 4
㉡ 비점 -268.9℃
㉢ 발광색(황백색)
㉣ 불연성 가스

Answer 50. ① 51. ② 52. ② 53. ④ 54. ②

55 산소가스가 27℃에서 130kgf·m²의 압력으로 50kg이 충전되어 있다. 이때 부피는 몇 m³인가? (단, 산소의 정수는 26.5kgf·m/kg·k이다.)

① 0.25　② 0.28
③ 0.30　④ 0.43

해설
$$PV = GRT, \quad V = \frac{GRT}{P}$$
$$V = \frac{50 \times 26.5 \times (27+273)}{130 \times 10^4} = 0.305 \text{m}^3$$

56 프로판의 착화온도는 약 몇 ℃ 정도인가?

① 460~520
② 550~590
③ 600~660
④ 680~740

해설
• 프로판의 착화온도 : 460~520℃

57 다음 중 가장 낮은 압력은?

① 1bar
② 0.9atm
③ 28.56inHg
④ 10.3mH₂O

해설
㉠ 1bar : 1.01kgf/cm²
㉡ 28.56inHg : 1kgf/cm²

58 "가연성 가스"라 함은 폭발한계의 상한과 하한의 차가 몇 % 이상인 것을 말하는가?

① 5
② 10
③ 15
④ 20

해설
• 가연성 가스
㉠ 폭발범위 하한계 10% 이하
㉡ 상한계 − 하한계 = 20% 이상

59 "어떠한 방법으로라도 어떤 계를 절대온도 0도에 이르게 할 수 없다"는 열역학 제 몇 법칙인가?

① 열역학 제 0법칙
② 열역학 제 1법칙
③ 열역학 제 2법칙
④ 열역학 제 3법칙

해설
• 열역학 제 3법칙 : 절대온도 0도(273K)에 이르게 할 수 없다는 법칙이다.

60 염소가스의 건조제로 사용되는 것은?

① 진한 황산
② 염화칼슘
③ 활성 알루미나
④ 진한 염산

해설
• 염소가스 건조제 : 진한 황산

Answer　55. ③　56. ①　57. ③　58. ④　59. ④　60. ①

가스기능사 2000제 문제은행
CBT 시험대비
▶ 2009년 7월 12일 시행

01 의료용 가스용기의 도색 구분 표시로 틀린 것은?
① 산소 – 백색   ② 질소 – 청색
③ 헬륨 – 갈색   ④ 에틸렌 – 자색

해설 • 의료용 질소가스 용기도색 : 흑색

02 고압가스 제조장치의 취급에 대한 설명으로 틀린 것은?
① 안전밸브는 천천히 작동하게 한다.
② 압력계의 밸브는 천천히 연다.
③ 액화가스는 탱크에 처음 충전할 때 천천히 충전한다.
④ 제조장치의 압력을 상승시킬 때 천천히 상승시킨다.

해설 안전밸브는 설정압력 초과시 신속하게 작동하여 파열을 방지한다.

03 특정고압가스 사용시설 중 고압가스의 저장량이 몇 kg 이상인 용기 보관실의 벽을 방호벽으로 설치하여야 하는가?
① 100   ② 200
③ 300   ④ 500

해설 고압가스 저장량 300kg 이상 용기보관실 벽은 방호벽이 필요하다.(압축가스의 경우에는 $1m^3$를 5kg으로 본다.)

04 지상에 설치하는 액화석유가스 저장탱크의 외면에는 그 주위에서 보기 쉽도록 가스의 명칭을 표시해야 하는데 무슨 색으로 표시하여야 하는가?
① 은백색
② 황색
③ 흑색
④ 적색

해설 • 액화석유가스 저장탱크 외면 가스 명칭 색 : 적색

05 도시가스 공급배관을 차량이 통행하는 폭 8m 이상인 도로에 매설할 때의 깊이는 몇 m 이상으로 하여야 하는가?
① 1.0
② 1.2
③ 1.5
④ 2.0

해설 • 도시가스 공급배관 매설깊이
㉠ 차량통행 폭 8m 이상 도로 : 지하매설배관 깊이 1.2m 이상(저압은 1m 이상)
㉡ 공동주택 부지 내 : 0.6m 이상
㉢ ㉠, ㉡ 외에는 1m 이상(저압은 0.8m 이상)

Answer 1. ② 2. ① 3. ③ 4. ④ 5. ②

06 다음 중 독성가스가 아닌 것은?
① 아크릴로니트릴
② 벤젠
③ 암모니아
④ 펜탄

해설 • 펜탄(C_5H_{12}) : 석유류 제품

07 프로판의 표준상태에서의 이론적인 밀도는 몇 kg/m³인가?
① 1.52
② 1.96
③ 2.96
④ 3.52

해설
C_3H_8 $22.4m^3 = 44kg$

$$\therefore \frac{44}{22.4} = 1.96 kg/m^3$$

08 차량에 고정된 탱크 중 독성가스는 내용적을 얼마 이하로 하여야 하는가?
① 12,000L
② 15,000L
③ 16,000L
④ 18,000L

해설 • 자동차 고정탱크 독성가스 내용적 : 12,000L 이하

09 도시가스의 배관의 해저설치시의 기준으로 틀린 것은?
① 배관은 원칙적으로 다른 배관과 교차하지 아니하도록 한다.
② 배관의 입상부에는 방호 시설물을 설치한다.
③ 배관은 해저면 위에 설치한다.
④ 배관은 원칙적으로 다른 배관과 30m 이상의 수평거리를 유지한다.

해설 해저설치시 도시가스 배관은 해저면 밑에 설치한다.

10 20kg LPG 용기의 내용적은 몇 L인가?
(단, 충전상수 C는 2.35이다.)
① 8.51   ② 20
③ 42.3   ④ 47

해설
$$20 = \frac{x}{2.35}, \; x = 20 \times 2.35 = 47L$$

11 사업소 내에서 긴급사태 발생시 필요한 연락을 하기 위해 안전관리자가 상주하는 사업소와 현장 사업소 간에 설치하는 통신설비가 아닌 것은?
① 구내전화   ② 인터폰
③ 페이징설비   ④ 메가폰

해설 • 메가폰 : 사업소 내 전체의 통신범위로 면적이 1500m² 이하에 사용된다.

Answer 6. ④ 7. ② 8. ① 9. ③ 10. ④ 11. ④

12 독성가스를 운반하는 차량에 반드시 갖추어야 할 용구나 물품에 해당되지 않는 것은?

① 방독면
② 제독제
③ 고무장갑
④ 소화장비

해설 • 소화장비 : 가연성가스의 운반시 갖춰야 할 물품

13 아세틸렌가스 충전시 첨가하는 희석제가 아닌 것은?

① 메탄
② 일산화탄소
③ 에틸렌
④ 이산화황

해설 • 희석제 : 메탄, 일산화탄소, 에틸렌, 질소, 이산화탄소 등

14 가연성가스 제조시설의 고압가스 설비는 그 외면으로부터 산소 제조시설의 고압가스 설비와 몇 m 이상의 거리를 유지하여야 하는가?

① 5
② 8
③ 10
④ 15

해설 가연성가스 고압가스 설비는 그 외면으로부터 산소 제조시설의 고압가스 설비와 10m 이상 이격거리 유지

15 고압가스특정제조사업소의 고압가스설비 중 특수반응설비와 긴급차단장치를 설치한 고압가스설비에서 이상사태가 발생하였을 때 그 설비 내의 내용물을 설비 밖으로 긴급하고 안전하게 이송하여 연소시키기 위한 것은?

① 내부반응감시장치
② 벤트스택
③ 인터록
④ 플레어스택

해설 • 플레어스택 : 이상사태 발생시 그 설비 내의 내용물을 설비 밖으로 긴급히 안전하게 이송하여 연소시킨다.

16 암모니아를 사용하는 냉동장치의 시운전에 사용할 수 없는 가스는?

① 질소
② 산소
③ 아르곤
④ 이산화탄소

해설 암모니아는 가연성 가스이므로 조연성 가스인 산소로 시운전을 하는 것은 절대 금지한다.

17 방류둑의 성토는 수평에 대하여 몇 도 이하의 기울기로 하여야 하는가?

① 15
② 30
③ 45
④ 60

해설 방류둑의 성토는 수평에 대하여 45도 이하의 기울기로 한다.

Answer 12. ④ 13. ④ 14. ③ 15. ④ 16. ② 17. ③

18 저장탱크에 설치한 안전밸브에는 지면에서 몇 m 이상의 높이에 방출구가 있는 가스 방출관을 설치하여야 하는가?

① 2　② 3
③ 5　④ 10

해설 안전밸브 방출구는 지면에서 5m 이상 높이에 설치한다.

19 도시가스배관의 전기방식 전류가 흐르는 상태에서 자연 전위와의 전위 변화는 최소한 몇 mV 이하이어야 하는가?

① −100　② −200
③ −300　④ −500

해설 자연전위와의 전위변화는 최소한 −300mV 이하이어야 한다.

20 독성가스 배관은 2중관 구조로 하여야 한다. 이때 외층관 내경은 내층관 외경의 몇 배 이상을 표준으로 하는가?

① 1.2　② 1.5
③ 2　④ 2.5

해설 • 독성가스 이중관

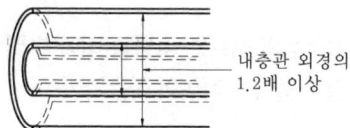

내층관 외경의 1.2배 이상

21 액화석유가스 저장시설의 액면계 설치기준으로 틀린 것은?

① 액면계는 평형반사식 유리액면계 및 평형투시식 유리 액면계를 사용할 수 있다.
② 유리액면계에 사용되는 유리는 KS B 6208(보일러용 수면계유리) 중 기호 B또는 P의 것 또는 이와 동등 이상이어야 한다.
③ 유리를 사용한 액면계에는 액면의 확인을 명확하게 하기 위하여 덮개 등을 하지 않는다.
④ 액면계 상하에는 수동식 및 자동식 스톱밸브를 각각 설치한다.

해설 유리액면계는 액면확인을 필요한 최소 면적 이외의 부분은 금속제 등의 덮개로 보호하여 그 파손을 방지한다.

22 가스누출경보기의 검지부를 설치할 수 있는 장소는?

① 증기, 물방울, 기름기 섞인 연기 등이 직접 접촉될 우려가 있는 곳
② 주위온도 또는 복사열에 의한 온도가 섭씨 40℃ 미만이 되는 곳
③ 설비 등에 가려져 누출가스의 유동이 원활하지 못한 곳
④ 차량, 그 밖의 작업 등으로 인하여 경보기가 파손될 우려가 있는 곳

해설 가스누출경보기 검지부 설치장소는 주위온도 또는 복사열에 의한 온도가 40℃ 미만이 되는 곳에 설치한다.

Answer 18. ③　19. ③　20. ①　21. ③　22. ②

23 고압가스판매 허가를 득하여 사업을 하려는 경우 각각의 용기 보관실 면적은 몇 m^2 이상이어야 하는가?

① 7
② 10
③ 12
④ 15

해설 고압가스판매 용기 보관실 면적은 $10m^2$ 이상

24 용기 보관장소의 충전용기 보관기준으로 틀린 것은?

① 충전용기와 잔가스 용기는 서로 넘어지지 않게 단단히 결속하여 놓는다.
② 가연성·독성 및 산소용기는 각각 구분하여 용기보관 장소에 놓는다.
③ 용기는 항상 40℃ 이하의 온도를 유지하고, 직사광선을 받지 않게 한다.
④ 작업에 필요한 물건(계량기 등) 이외에는 두지 않는다.

해설 충전용기와 잔가스 용기는 별도로 설치한다.

25 고압가스 인허가 및 검사의 기준이 되는 "처리능력"을 산정함에 있어 기준이 되는 온도 및 압력은?

① 온도 : 섭씨 15도, 게이지압력 : 0 파스칼
② 온도 : 섭씨 15도, 게이지압력 : 1 파스칼
③ 온도 : 섭씨 0도, 게이지압력 : 0 파스칼
④ 온도 : 섭씨 0도, 게이지압력 : 1 파스칼

해설 • 고압가스 기준온도 기준압력 : 0℃, 게이지 압력 0Pa

26 방폭지역이 0종인 장소에는 원칙적으로 어떤 방폭구조의 것을 사용하여야 하는가?

① 내압 방폭구조
② 압력 방폭구조
③ 본질안전 방폭구조
④ 안전증 방폭구조

해설 • 0종 장소 : 상용의 상태에서 가연성 가스의 농도가 연속해서 폭발한계 이상으로 되는 장소에서 방폭구조는 본질안전 방폭구조로 한다.

27 가스의 종류를 가연성에 따라 구분한 것이 아닌 것은?

① 가연성가스
② 조연성가스
③ 불연성가스
④ 압축가스

해설 • 가연성구분
  ㉠ 가연성 ㉡ 조연성 ㉢ 불연성

Answer 23. ② 24. ① 25. ③ 26. ③ 27. ④

28 2005년 2월에 제조되어 신규검사를 득한 LPG 20kg용 용접용기(내용적 47L)의 최초 재검사 년 월은?

① 2007년 2월   ② 2008년 2월
③ 2009년 2월   ④ 2010년 2월

해설 용접용기 500ℓ 미만 재검사 주기는 3년 마다
• 법규 개정 2013년 10월 23일 용접용기 500ℓ 미만 재검사 주기 5년

29 고압가스 특정제조시설에서 안전구역을 설정하기 위한 연소열량의 계산공식을 옳게 나타낸 것은? (단, Q는 연소열량, W는 저장설비 또는 처리설비에 따라 정한 수치, K는 가스의 종류 및 상용온도에 따라 정한 수치이다.)

① $Q = K + W$ ② $Q = \dfrac{W}{K}$
③ $Q = \dfrac{K}{W}$ ④ $Q = K \times W$

해설 • 안전구역 연소열량 계산공식
연소열량 $(Q) = K \times W$

30 액화질소 35톤을 저장하려고 할 때 사업소 밖의 제1종 보호시설과 유지하여야 하는 안전거리는 최소 몇 m인가?

① 8   ② 9
③ 11   ④ 13

해설 35톤 액화질소=35000kg이므로 처리능력 3만 초과~4만 이하에서
㉠ 제1종 보호시설 안전거리 : 13m
㉡ 제2종 보호시설안전거리 : 9m

31 실린더 중에 피스톤과 보조 피스톤이 있고 상부에 팽창기, 하부에 압축기로 구성되어 있으며, 수소, 헬륨을 냉매로 하는 것이 특징인 공기액화 장치는?

① 카르노식 액화장치
② 필립스식 액화장치
③ 린데식 액화장치
④ 클라우드식 액화장치

해설 • 필립스식 액화장치 냉매 : 수소, 헬륨

32 로터리 압축기에 대한 설명으로 틀린 것은?

① 왕복식 압축기에 비해 부품수가 적고 구조가 간단하다.
② 압축이 단속적이므로 저진공에 적합하다.
③ 기름 윤활방식으로 소용량이다.
④ 구조상 흡입기체에 기름이 혼입되기 쉽다.

해설 회전식 압축기는 로터를 사용하므로 압축이 연속적으로 이뤄져서 고진공에 적합하다.

33 대기 개방식 가스보일러가 반드시 갖추어야 하는 것은?

① 헴펠법   ② 산화동법
③ 오르자트법 ④ 게겔법

해설 수소가스 분석법에 산화동법에 의한 연소법이 사용된다.

Answer 28. ② 29. ④ 30. ④ 31. ② 32. ② 33. ②

34 LP가스용 용기 밸브의 몸통에 사용되는 재료로 가장 적당한 것은?
① 단조용 황동
② 단조용 강재
③ 절삭용 주물
④ 인발용 구리

해설 LP 가스용 용기밸브 몸통 : 단조용 황동

35 초저온 저장탱크의 측정에 많이 사용되며 차압에 의해 액면을 측정하는 액면계는?
① 햄프슨식 액면계
② 전기저항식 액면계
③ 초음파식 액면계
④ 크링카식 액면계

해설 햄프슨식 액면계 : 초저온 저장탱크 측정용으로서 차압에 의한 측정 액면계이다.

36 도시가스에서 사용하는 부취제의 종류가 아닌 것은?
① THT
② TBM
③ MMA
④ DMS

해설 부취제 종류
㉠ THT
㉡ TBM
㉢ DMS

37 가스 충전구에 따른 분류 중 가스 충전구에 나사가 없는 것은 무슨 형으로 표시하는가?
① A
② B
③ C
④ D

해설 A : 충전구 나사가 숫나사
B : 충전구 나사가 암나사
C : 충전구 나사가 없는 것

38 스크류 펌프는 어느 형식의 펌프에 해당하는가?
① 축류식
② 원심식
③ 회전식
④ 왕복식

해설 • 스크류 펌프(나사펌프) : 회전식 펌프

39 유체 중에 인위적인 소용돌이를 일으켜 와류의 발생수, 즉 주파수가 유속에 비례한다는 사실을 응용하여 유량을 측정하는 유량계는?
① 볼텍스 유량계
② 전자 유량계
③ 초음파 유량계
④ 임펠러 유량계

해설 와류식 유량계
㉠ 델타 유량계   ㉡ 스와르메타 유량계
㉢ 카르만 유량계 ㉣ 볼텍스 유량계

40 배관 속을 흐르는 액체의 속도를 급격히 변화시키면 물이 관벽을 치는 현상이 일어나는데 이런 현상을 무엇이라 하는가?
① 캐비테이션 현상
② 워터햄머링 현상
③ 서징 현상
④ 맥동 현상

해설 • 워터햄머링(수격작용)은 배관 내 액체의 속도를 급격히 변화시킬 때 일어나는 현상

Answer 34. ① 35. ① 36. ③ 37. ③ 38. ③ 39. ① 40. ②

41 포화황산동 기준전극으로 매설 배관의 방식 전위를 측정하는 경우 몇 V 이하이어야 하는가?

① -0.75V ② -0.85V
③ -0.95V ④ -2.5V

해설 포화황산동 기준전극으로 매설 배관의 방식 전위 측정시 -0.85V 이하이어야 한다.

42 LP가스 자동차충전소에서 사용하는 디스펜서(Dispenser)에 대하여 옳게 설명한 것은?

① LP가스 충전소에서 용기에 일정량의 LP가스를 충전하는 충전기기이다.
② LP가스 충전소에서 용기에 충전하는 가스용적을 계량하는 기기이다.
③ 압축기를 이용하여 탱크로리에서 저장탱크로 LP가스를 이송하는 장치이다.
④ 펌프를 이용하여 LP가스를 저장탱크로 이송할 때 사용하는 안전장치이다.

해설 LP가스 디스펜서 : LP가스 충전기

43 도시가스의 총발열량이 10,400kcal/m³, 공기에 대한 비중이 0.55일 때 웨베지수는 얼마인가?

① 11023 ② 12023
③ 13023 ④ 14023

해설
$$WI = \frac{Hg}{\sqrt{d}} = \frac{10400}{\sqrt{0.55}} = 14023$$

44 상용압력이 10MPa인 고압가스 설비에 압력계를 설치하려고 한다. 압력계의 최고눈금 범위는?

① 11~15MPa ② 15~20MPa
③ 18~20MPa ④ 20~25MPa

해설 압력계는 1.5배 이상~2배 이하
10MPa = 15~20MPa 용이 필요하다.

45 가스히트펌프(GHP)는 다음 중 어떤 분야로 분류되는가?

① 냉동기 ② 특정설비
③ 가스용품 ④ 용기

해설 • 가스용 히트 펌프 : 냉동기 분야에 포함된다.

46 다음 중 1atm을 환산한 값으로 틀린 것은?

① 14.7psi ② 760mmHg
③ 10.332mH₂O ④ 1.013kg$_f$/m²

해설 1atm(표준대기압) = 1.0332kg$_f$/cm²

47 다음 중 탄소와 수소의 중량비(C/H)가 가장 큰 것은?

① 에탄 ② 프로필렌
③ 프로판 ④ 메탄

해설 C/H(탄화수소비)가 큰 경우는 탄소 수가 많다.
화학식 : 에탄(C_2H_6), 프로필렌(C_3H_6), 프로판(C_3H_8), 메탄(CH_4)

Answer 41. ② 42. ① 43. ④ 44. ② 45. ① 46. ④ 47. ②

48 액체는 무색 투명하고, 특유의 복숭아 향을 가진 맹독성 가스는?

① 일산화탄소　② 포스겐
③ 시안화수소　④ 메탄

해설 • HCN(시안화수소) : 복숭아향을 가진 맹독성 가스

49 공기 중에 10vol% 존재 시 폭발의 위험성이 없는 가스는?

① CH_3Br　② C_2H_6
③ C_2H_4O　④ H_2S

해설 • 브롬화메탄[CH_3Br]가스의 폭발범위
　㉠ 폭발범위 : 13.5~14.5%
　㉡ 독성허용농도 : 20PPm

50 단위 넓이에 수직으로 작용하는 힘을 무엇이라고 하는가?

① 압력　② 비중
③ 일률　④ 에너지

해설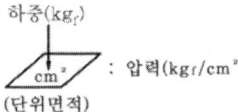

51 완전진공을 0으로 하여 특정한 압력을 의미하는 것은?

① 절대압력　② 게이지압력
③ 표준대기압　④ 진공압력

해설 • 절대압력 : 완전진공을 0으로 측정한 압력
• 게이지압력 : 대기압을 0으로 측정한 압력

52 액비중에 대한 설명으로 옳은 것은?

① 4℃ 물의 밀도와의 비를 말한다.
② 0℃ 물의 밀도와의 비를 말한다.
③ 절대영도에서 물의 밀도와의 비를 말한다.
④ 어떤 물질이 끓기 시작한 온도에서의 질량을 말한다.

해설 액비중 측정은 4℃의 물의 밀도와의 비(비중은 단위가 없다.)

53 다음 중 공기 중에서 가장 무거운 가스는?

① C_4H_{10}　② SO_2
③ C_2H_4O　④ $COCl_2$

해설
• 부탄(C_4H_{10}) 분자량 : 58(비중 2)
• 아황산(SO_2) 분자량 : 64(비중 2.21)
• 산화에틸렌(C_2H_4O) 분자량 : 44(비중 1.52)
• 포스겐($COCl_2$) 분자량 : 99(비중 3.4)

54 질소가스의 특징에 대한 설명으로 틀린 것은?

① 암모니아 합성원료이다.
② 공기의 주성분이다.
③ 방전용으로 사용된다.
④ 산화방지제로 사용된다.

해설 방전관에 넣는 가스는 불활성가스
He, Ne, Ar, Kr, Xe, Rn

Answer 48. ③　49. ①　50. ①　51. ①　52. ①　53. ④　54. ③

55 고압가스의 일반적 성질에 대한 설명으로 옳은 것은?

① 암모니아는 동을 부식하고 고온고압에서는 강재를 침식한다.
② 질소는 안정한 가스로서 불활성가스라고도 하고 고온에서도 금속과 화합하지 않는다.
③ 산소는 액체공기를 분류하여 제조하는 반응성이 강한 가스로 자신은 잘 연소한다.
④ 염소는 반응성이 강한 가스로 강재에 대하여 상온에서도 건조한 상태로 현저히 부식성을 갖는다.

 암모니아가스는 구리, 아연, 은, 알루미늄, 코발트 등의 금속이온과 반응하여 착이온을 만든다.

56 도시가스의 주원료인 메탄(CH_4)의 비점은 약 얼마인가?

① $-50℃$　　② $-82℃$
③ $-120℃$　　④ $-162℃$

해설 CH_4 비점 : $-162℃$

57 500kcal/h의 열량을 일($kg_f \cdot m/s$)로 환산하면 얼마가 되겠는가?

① 59.3　　② 500
③ 4215.5　　④ 213,500

해설
1kcal = 427kg·m
500kcal = 213,500kg·m/h

$\therefore \dfrac{213,500}{60분 \times 60초} = 59.3 kg \cdot m/s$

58 0℃, 1atm에서 5L인 기체가 273℃, 1atm에서 차지하는 부피는 약 몇 L인가? (단, 이상기체로 가정한다.)

① 2　　② 5
③ 8　　④ 10

 $V_2 = V_1 \times \dfrac{T_2}{T_1} = 5 \times \dfrac{273+273}{273} = 10L$

59 수소 20v%, 메탄 50v%, 에탄 30v% 조성의 혼합가스가 공기와 혼합된 경우 폭발하한계의 값은? (단, 폭발하한계 값은 각각 수소는 4v%, 메탄은 5v%, 에탄은 3v%이다.)

① 3　　② 4
③ 5　　④ 6

해설 $\dfrac{100}{L} = \dfrac{100}{\frac{20}{4}+\frac{50}{5}+\frac{30}{3}} = \dfrac{100}{5+10+10} = 4\%$

60 산소의 농도를 높임에 따라 일반적으로 감소하는 것은?

① 연소속도　　② 폭발범위
③ 화염속도　　④ 점화에너지

해설 산소농도가 높아지면 가연성가스는 점화에너지가 감소한다.

Answer　55. ①　56. ④　57. ④　58. ④　59. ②　60. ④

가스기능사 2000제 문제은행
CBT 시험대비
● 2009년 9월 27일 시행

01 가스의 폭발범위에 영향을 주는 인자로서 가장 거리가 먼 것은?
① 비열 ② 압력
③ 온도 ④ 조성

해설 • 비열 : 어떤 물질 1kg을 1℃ 높이는데 필요한 열량(kcal/kg·℃)

02 액화석유가스 지상 저장탱크 주위에는 저장능력이 얼마 이상일 때 방류둑을 설치하여야 하는가?
① 300kg ② 1,000kg
③ 300톤 ④ 1,000톤

해설 LPG저장탱크가 1000톤 이상이면 방류둑 설치가 필요하다.

03 산소가 충전되어 있는 용기의 온도가 15℃일 때 압력은 15MPa이었다. 이 용기가 직사일광을 받아 온도가 40℃로 상승하였다면, 이때의 압력은 약 몇 MPa이 되겠는가?
① 5.6   ② 10.3
③ 16.3 ④ 40.0

해설 $P_2 = P_1 \times \dfrac{T_2}{T_1} = 15 \times \dfrac{273+40}{273+15} = 16.3\text{MPa}$

04 고압가스 충전용기의 운반기준으로 틀린 것은?
① 염소와 아세틸렌, 암모니아 또는 수소는 동일차량에 적재하여 운반하지 아니한다.
② 가연성가스와 산소를 동일차량에 적재하여 운반할 때에는 그 충전용기의 밸브가 서로 마주보도록 적재한다.
③ 충전용기와 소방기본법에서 정하는 위험물과는 동일차량에 적재하여 운반하지 아니한다.
④ 독성가스를 차량에 적재하여 운반할 때는 그 독성가스의 종류에 따른 방독면, 고무장갑, 고무장화 그 밖의 보호구를 갖춘다.

해설 가연성가스 용기와 산소용기를 동일차량에 적재하여 운반하려면 그 충전용기의 밸브는 서로 마주보지 않도록 하여 운반한다.

Answer 1. ① 2. ④ 3. ③ 4. ②

05 고압가스안전관리법상 "충전용기"라 함은 고압가스의 충전질량 또는 충전압력의 몇 분의 몇 이상이 충전되어 있는 상태의 용기를 말하는가?

① $\frac{1}{5}$
② $\frac{1}{4}$
③ $\frac{1}{2}$
④ $\frac{3}{4}$

해설 • 충전용기 : 충전질량 또는 충전압력의 1/2 이상의 용기이다.

06 액화석유가스의 안전관리에 필요한 안전관리자가 해임 또는 퇴직하였을 때에는 원칙적으로 그 날로부터 며칠 이내에 다른 안전관리자를 선임하여야 하는가?

① 10일
② 15일
③ 20일
④ 30일

해설 안전관리자 선·해임, 퇴직하였을 때 그 날로 30일 이내에 다른 안전관리자를 선임하여야 한다.

07 도시가스 배관의 설치장소나 구경에 따라 적절한 배관재료와 접합방법을 선정하여야 한다. 다음 중 배관재료 선정기준으로 틀린 것은?

① 배관 내의 가스흐름이 원활한 것으로 한다.
② 내부의 가스압력과 외부로부터의 하중 및 충격하중 등에 견디는 강도를 갖는 것으로 한다.
③ 토양·지하수 등에 대하여 강한 부식성을 갖는 것으로 한다.
④ 절단가공이 용이한 것으로 한다.

해설 도시가스 배관은 토양이나 지하수 등에 대하여 부식성이 없는 곳에 설치한다.

08 내용적이 1,000L 이상인 초저온가스용 용기의 단열성능 시험결과 합격 기준은 몇 kcal/h·℃·L 이하인가?

① 0.0005
② 0.001
③ 0.002
④ 0.005

해설 ① 1000(ℓ) 이상 : 0.002kcal/h·℃·L 이하
② 1000(ℓ) 미만 : 0.0005kcal/h·℃·L 이하

09 고압가스 안전관리법 시행규칙에서 정의한 "처리능력"이라 함은 처리설비 또는 감압·설비에 의하여 며칠에 처리할 수 있는 가스의 양을 말하는가?

① 1일
② 7일
③ 10일
④ 30일

해설 • 처리설비능력 : 1일 처리할 수 있는 가스의 양

Answer 5. ③ 6. ④ 7. ③ 8. ③ 9. ①

10 다음 중 분해에 의한 폭발을 하지 않는 가스는?

① 시안화수소 ② 아세틸렌
③ 히드라진   ④ 산화에틸렌

해설▶ 시안화수소(HCN) 가스는 H_2O에 의해 중합 폭발 발생

11 액화석유가스 공급시설 중 저장설비의 주위에는 경계책 높이를 몇 m 이상으로 설치하도록 하고 있는가?

① 0.5   ② 1.0
③ 1.5   ④ 2.0

해설▶ • LPG 공급시설 경계책 높이 : 1.5m 이상

12 다음 중 안전관리상 압축을 금지하는 경우가 아닌 것은?

① 수소 중 산소의 용량이 3% 함유되어 있는 경우
② 산소 중 에틸렌의 용량이 3% 함유되어 있는 경우
③ 아세틸렌 중 산소의 용량이 3% 함유되어 있는 경우
④ 산소 중 프로판의 용량이 3% 함유되어 있는 경우

해설▶ 산소와 프로판가스의 경우 산소용량이 전용량의 4% 이상이면 압축이 금지된다.

13 고압가스안전관리법에서 정하고 있는 특정설비가 아닌 것은?

① 안전밸브
② 기화장치
③ 독성가스 배관용밸브
④ 도시가스용 압력조정기

해설▶ 압력용기는 고압가스관련설비
도시가스용 압력조정기는 특정설비에서 제외

14 도시가스 중 유해성분 측정대상인 가스는?

① 일산화탄소 ② 시안화수소
③ 황화수소   ④ 염소

해설▶ 도시가스 유해성분 측정(0℃, 1.013250bar)은 건조한 도시가스 $1m^3$ 당 함유량
① 황전량은 0.5g을 초과하지 않는다.
② 황화수소는 0.02g을 초과하지 않는다.
③ 암모니아는 0.2g을 초과하지 않는다.

15 가스 중 음속보다 화염전파 속도가 큰 경우 충격파가 발생하는데 이때 가스의 연소 속도로써 옳은 것은?

① 0.3~100m/s
② 100~300m/s
③ 700~800m/s
④ 1,000~3,500m/s

해설▶ • 폭굉속도 : 1,000~3,500m/s

Answer 10. ① 11. ③ 12. ④ 13. ④ 14. ③ 15. ④

16 후부취출식 탱크에서 탱크 주밸브 및 긴급차단장치에 속하는 밸브와 차량의 뒷범퍼와의 수평거리는 얼마 이상 떨어져 있어야 하는가?

① 20cm
② 30cm
③ 40cm
④ 60cm

해설 • 후부취출식 : 40cm 이상 이격

17 산소 또는 천연메탄을 수송하기 위한 배관과 이에 접속하는 압축기와의 사이에 반드시 설치하여야 하는 것은?

① 표지판
② 압력계
③ 수취기
④ 안전밸브

해설 산소나 천연메탄 수송시 배관과 압축기 사이에 수취기를 설치한다.

18 다음 중 같은 저장실에 혼합 저장이 가능한 것은?

① 수소와 염소가스
② 수소와 산소
③ 아세틸렌가스와 산소
④ 수소와 질소

해설 수소(가연성), 질소(불연성)는 저장실에 같이 혼합저장이 가능하다.

19 LPG 용기보관소 경계표지의 "연"자 표시의 색상은?

① 흑색
② 적색
③ 황색
④ 흰색

해설 LPG가연성가스의 경계표시 "연"자의 색상은 적색이다.

20 내부반응 감시장치를 설치하여야 할 특수반응 설비에 해당하지 않는 것은?

① 암모니아 2차 개질로
② 수소화 분해반응기
③ 싸이크로헥산 제조시설의 벤젠 수첨 반응기
④ 산화에틸렌 제조시설의 아세틸렌 중합기

해설 산화에틸렌(C_2H_4O)가스 저장탱크는 질소가스 또는 탄산가스로 치환하고 5℃ 이하로 유지할 것

21 다음 중 허용농도 1PPb에 해당하는 것은?

① $\frac{1}{10^3}$
② $\frac{1}{10^6}$
③ $\frac{1}{10^9}$
④ $\frac{1}{10^{10}}$

해설 1PPb(십억분율의 1) = $\frac{1}{10^9}$

Answer   16. ③   17. ③   18. ④   19. ②   20. ④   21. ③

22 노출된 도시가스배관의 보호를 위한 안전조치 시 노출되어 있는 배관부분의 길이가 몇 m를 넘을 때 점검자가 통행이 가능한 점검통로를 설치하여야 하는가?

① 10
② 15
③ 20
④ 30

해설 노출된 도시가스가 15m 이상 넘을 때 점검자가 통행이 가능하도록 점검통로를 설치한다.

23 다음 중 가스에 대한 정의가 잘못된 것은?

① 압축가스란 일정한 압력에 의하여 압력되어 있는 가스를 말한다.
② 액화가스란 가압·냉각 등의 방법에 의하여 액체상태로 되어 있는 것으로서 대기압에서의 비점이 40℃ 이하 또는 상용 온도 이하인 것을 말한다.
③ 독성가스란 인체에 유해한 독성을 가진 가스로서 허용농도가 100만 분의 3000 이하인 것을 말한다.
④ 가연성가스란 공기 중에서 연소하는 가스로서 폭발한계의 하한이 10% 이하인 것과 폭발한계의 상한과 하한의 차가 20% 이상인 것을 말한다.

해설 독성가스란 허용농도가 100만 분의 200 이하인 가스다.

24 다음 [보기]의 가스 중 독성이 강한 순서부터 바르게 나열된 것은?

[보기]
① H_2S ② CO
③ Cl_2 ④ $COCl_2$

① ④ > ③ > ① > ②
② ③ > ④ > ② > ①
③ ④ > ② > ① > ③
④ ④ > ③ > ② > ①

해설 독성허용농도가 적을수록 독성이 강하다.
① 황화수소(H_2S) : 10ppm
② 일산화탄소(CO) : 50ppm
③ 염소(Cl_2) : 1ppm
④ 포스겐($COCl_2$) : 0.1ppm

25 정압기실 주위에는 경계책을 설치하여야 한다. 이때 경계책을 설치한 것으로 보지 않는 경우는?

① 철근콘크리트로 지상에 설치된 정압기실
② 도로의 지하에 설치되어 사람과 차량의 통행에 영향을 주는 장소로서 경계책 설치가 부득이한 정압기실
③ 정압기가 건축물 안에 설치되어 있어 경계책을 설치할 수 있는 공간이 없는 정압기실
④ 매몰형 정압기

해설 도시가스 정압기는 매몰을 금지한다.

Answer 22. ② 23. ③ 24. ① 25. ④

26 다음 중 지연성(조연성)가스가 아닌 것은?

① 네온 ② 염소
③ 이산화질소 ④ 오존

해설 • 네온 : 불활성가스

27 내압시험압력 및 기밀시험압력의 기준이 되는 압력으로서 사용 상태에서 해당설비 등의 각부에 작용하는 최고사용압력을 의미하는 것은?

① 작용압력 ② 상용압력
③ 사용압력 ④ 설정압력

해설 • 상용압력 : 내압시험, 기밀시험 압력의 기준이 되는 압력

28 공기 중에서의 폭발범위가 가장 넓은 가스는?

① 황화수소 ② 암모니아
③ 산화에틸렌 ④ 프로판

해설 • 폭발범위
① 산화에틸렌(3~80%)
② 암모니아(15~28%)
③ 황화수소(4.3~45%)
④ 프로판(2.1~9.5%)

29 방폭 전기기기의 구조별 표시방법 중 내압방폭구조의 표시방법은?

① d ② o
③ p ④ e

해설 ① d : 내압방폭구조
② o : 유입방폭구조
③ p : 압력방폭구조
④ e : 안전증방폭구조

30 고정식 압축 천연가스 자동차 충전의 시설기준에서 저장설비, 처리설비, 압축가스설비 및 충전설비는 인화성물질 또는 가연성 물질 저장소로부터 얼마 이상의 거리를 유지하여야 하는가?

① 5m
② 8m
③ 12m
④ 20m

해설 고정식 압축천연가스의 설비에서 인화성 또는 가연성 물질 저장소와는 8m 이상의 거리를 유지하여야 한다.

31 관 도중에 조리개(교축기구)를 넣어 조리개 전후의 차압을 이용하여 유량을 측정하는 계측기기는?

① 오벌식 유량계
② 오리피스 유량계
③ 막식 유량계
④ 터빈 유량계

해설 • 오리피스 차압식 유량계 : 교축기구 사용 유량계

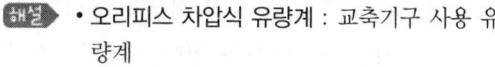
Answer 26. ① 27. ② 28. ③ 29. ① 30. ② 31. ②

32 원통형 관을 흐르는 물의 중심부의 유속을 피토관으로 측정하였더니 수주의 높이가 10m이었다. 이때 유속은 약 몇 m/s인가?
① 10
② 14
③ 20
④ 26

해설 $V = \sqrt{2gh} = \sqrt{2 \times 9.8 \times 10} = 14\text{m/s}$

33 오르자트 가스분석기에는 수산화칼륨(KOH)용액이 들어 있는 흡수피펫이 내장되어 있는데 이것은 어떤 가스를 측정하기 위한 것인가?
① CO_2
② C_2H_6
③ O_2
④ CO

해설 CO_2 : KOH용액으로 흡수분석

34 개방형 온수기에 반드시 부착하지 않아도 되는 안전장치는?
① 소화안전장치
② 전도안전장치
③ 과열방지장치
④ 불완전연소방지장치 또는 산소결핍 안전장치

해설 개방형 온수기에는 전도안전장치는 부착하지 않아도 된다.

35 고압가스설비에 설치하는 벤트스택과 플레어스택에 대한 설명으로 틀린 것은?
① 플레어스택에는 긴급이송설비로부터 이송되는 가스를 연소시켜 대기로 안전하게 방출시킬 수 있는 파이롯트버너 또는 항상 작동할 수 있는 자동점화장치를 설치한다.
② 플레어스택의 설치위치 및 높이는 플레어스택 바로 밑의 지표면에 미치는 복사열이 4,000kcal/m² · h 이하가 되도록 한다.
③ 가연성가스의 긴급용 벤트스택의 높이는 착지농도가 폭발하한계값 미만이 되도록 충분한 높이로 한다.
④ 벤트스택은 가능한 공기보다 무거운 가스를 방출해야 한다.

해설 벤트스택은 가능한 공기보다 가벼운 가스를 방출하는 기구이다.

36 정압기를 평가 · 선정할 경우 고려해야 할 특성이 아닌 것은?
① 정특성
② 동특성
③ 유량특성
④ 압력특성

해설 • 정압기의 특성
① 정특성
② 동특성
③ 유량특성

Answer 32. ② 33. ① 34. ② 35. ④ 36. ④

37 LPG의 연소방식이 아닌 것은?
① 적화식
② 세미분젠식
③ 분젠식
④ 원지식

해설 • LPG 연소방식
① 적화식
② 세미분젠식
③ 분젠식

38 회전펌프의 특징에 대한 설명으로 틀린 것은?
① 토출압력이 높다.
② 연속토출되어 맥동이 많다.
③ 점성이 있는 액체에 성능이 좋다.
④ 왕복펌프와 같은 흡입·토출밸브가 없다.

해설 회전식펌프는 연속송출로 액의 맥동이 적다.

39 오리피스 미터로 유량을 측정하는 것은 어떤 원리를 이용한 것인가?
① 베르누이의 정리
② 페러데이의 법칙
③ 아르키메데스의 원리
④ 돌턴의 법칙

해설 오리피스차압식 유량계 : 베르누이의 정리를 이용한 유량계

40 저온장치에 사용되고 있는 단열법 중 단열을 하는 공간에 분말, 섬유 등의 단열재를 충전하는 방법으로 일반적으로 사용되는 단열법은?
① 상압의 단열법
② 고진공 단열법
③ 다층 진공단열법
④ 린데식 단열법

해설 • 상압단열법 : 단열공간에 분말, 섬유 등의 단열재를 충진하는 단열법

41 펌프의 회전 수를 1,000rpm에서 1,200rpm으로 변화시키면 동력은 약 몇 배가 되는가?
① 1.3
② 1.5
③ 1.7
④ 2.0

해설
$$P' = P \times \left(\frac{N_2}{N_1}\right)^3 = 1 \times \left(\frac{1200}{1000}\right)^3 = 1.728$$

42 극저온저장탱크의 액면측정에 사용되며 고압부와 저압부의 차압을 이용하는 액면계는?
① 초음파식액면계
② 크린카식액면계
③ 슬립튜브식액면계
④ 햄프슨식액면계

해설 • 햄프슨식액면계 : 극저온저장탱크의 액면계

Answer 37. ④ 38. ② 39. ① 40. ① 41. ③ 42. ④

43 스테판-볼쯔만의 법칙을 이용하여 측정 물체에서 방사되는 전방사 에너지를 렌즈 또는 반사경을 이용하여 온도를 측정하는 온도계는?

① 색 온도계
② 방사 온도계
③ 열전대 온도계
④ 광전관 온도계

해설 • 방사온도계 : 스테판·볼쯔만의 법칙을 이용한 비접촉식 고온계

44 압력변화에 의한 탄성변위를 이용한 탄성압력계에 해당되지 않는 것은?

① 플로트식 압력계
② 부르돈관식 압력계
③ 다이어프램식 압력계
④ 벨로우즈식 압력계

해설 • 플로트식 압력계 : 부자식 압력계

45 자동제어계의 제어동작에 의한 분류시 연속동작에 해당되지 않는 것은?

① ON-OFF 제어
② 비례동작
③ 적분동작
④ 미분동작

해설 • ON-OFF 제어 : 불연속 2위치동작

46 대기압이 $1.0332 kgf/cm^2$이고, 계기압력이 $10 kgf/cm^2$일 때 절대압력은 약 몇 kgf/cm^2인가?

① 8.9668 ② 10.332
③ 11.0332 ④ 103.32

해설 $abs = 1.0332 + 10 = 11.0332 kgf/cm^2$

47 다음 중 가연성가스 취급장소에서 사용 가능한 방폭공구가 아닌 것은?

① 알루미늄 합금공구
② 베릴륨 합금공구
③ 고무공구
④ 나무공구

해설 알루미늄 합금공구는 가연성가스 취급장소에서는 사용이 불가능한 공구이다.

48 일기예보에서 주로 사용하는 1헥토파스칼은 약 몇 N/m^2에 해당하는가?

① 1 ② 10
③ 100 ④ 1000

해설 1헥토파스칼 : $100Pa(100N/m^2)$

49 다음 중 헨리법칙이 잘 적용되지 않는 가스는?

① 수소 ② 산소
③ 이산화탄소 ④ 암모니아

해설 헨리의 법칙은 물에 잘 녹지 않는 기체만 적용 시안화수소, 아황산가스, 암모니아는 물에 잘 녹아서 헨리의 법칙에 적용하지 않는다.

Answer 43. ② 44. ① 45. ① 46. ③ 47. ① 48. ③ 49. ④

50 다음 중 임계압력(atm)이 가장 높은 가스는?

① CO
② C₂H₄
③ HCN
④ Cl₂

해설 임계압력(atm)
① 염소(Cl_2) : 76.1
② 일산화탄소(CO) : 35
③ 시안화수소(HCN) : 53.2
④ 에틸렌(C_2H_4) : 50.5

51 천연가스의 성질에 대한 설명으로 틀린 것은?

① 주성분은 메탄이다.
② 독성이 없고 청결한 가스이다.
③ 공기보다 무거워 누출시 바닥에 고인다.
④ 발열량은 약 9,500~10,500kcal/m³ 정도이다.

해설 천연가스는 주성분(메탄)의 비중이 0.55로 공기보다 가벼워서 누설시 천장으로 뜬다.

52 액화석유가스에 대한 설명으로 틀린 것은?

① 프로판, 부탄을 주성분으로 한 가스를 액화한 것이다.
② 물에 잘 녹으며 유지류 또는 천연고무를 잘 용해시킨다.
③ 기체의 경우 공기보다 무거우나 액체의 경우 물보다 가볍다.
④ 상온, 상압에서 기체이나 가압이나, 냉각을 통해 액화가 가능하다.

해설 액화석유가스는 물보다 가볍고 천연고무를 용해한다.(실리콘 고무 사용)

53 도시가스의 주성분인 메탄가스가 표준상태에서 1m³ 연소하는데 필요한 산소량은 약 몇 m³인가?

① 2
② 2.8
③ 8.89
④ 9.6

해설 $CH_4 + 2O_2 \rightarrow CO_2 + 2H_2O$

54 "열은 스스로 다른 물체에 아무런 변화도 주지 않고 저온 물체에서 고온 물체로 이동하지 않는다."라고 표현되는 법칙은?

① 열역학 제0법칙
② 열역학 제1법칙
③ 열역학 제2법칙
④ 열역학 제3법칙

해설 • 열역학 제2법칙 : 열은 스스로 다른 물체에 아무런 변화도 주지 않고 저온 물체에서 고온 물체로 이동하지 않는 법칙

55 공기액화분리장치의 폭발원인으로 볼 수 없는 것은?

① 공기취입구로부터 O_2 혼입
② 공기취입구로부터 C_2H_2 혼입
③ 액체 공기 중에 O_3 혼입
④ 공기 중에 있는 NO_2의 혼입

해설 공기액화분리장치의 물질제조
① 산소
② 질소
③ 알곤

Answer 50. ④ 51. ③ 52. ② 53. ① 54. ③ 55. ①

56 질소의 용도가 아닌 것은?
① 비료에 이용
② 질산제조에 이용
③ 연료용에 이용
④ 냉매로 이용

해설 질소는 불연성가스이다.(연료용 사용에 불가하다.)

57 섭씨온도와 화씨온도가 같은 경우는?
① $-40℃$
② $32℉$
③ $273℃$
④ $45℉$

해설 섭씨온도와 화씨온도가 같은 온도
$-40℃ = -40℉$
$\therefore ℉ = \left(-40℃ \times \dfrac{9}{5}\right) + 32 = -40℉$

58 10Joule의 일의 양을 cal단위로 나타내면?
① 0.39
② 1.39
③ 2.39
④ 3.39

해설 1(J) = 0.239cal, 10(J) = 2.39cal

59 표준상태(0℃, 1기압)에서 프로판의 가스 밀도는 약 몇 g/L인가?
① 1.52
② 1.97
③ 2.52
④ 2.97

해설 C_3H_8(프로판) 부피 : 22.4L
분자량 : 44g
밀도 = 44g / 22.4L = 1.97g/L

60 공기비(m)가 클 경우 연소에 미치는 영향에 대한 설명으로 가장 거리가 먼 것은?
① 미연소에 의한 열손실이 증가한다.
② 연소가스 중에 SO_3의 양이 증대한다.
③ 연소가스 중에 NO_2의 발생이 심해진다.
④ 통풍력이 강하여 배기가스에 의한 열손실이 커진다.

해설 공기비가 크면 연소용 공기량이 풍부하여 미연소 가스 발생이 억제된다. 완전연소가 가능하나 노내 온도가 저하하고 배기가스량이 많아서 열손실이 발생된다.

Answer 56. ③ 57. ① 58. ③ 59. ② 60. ①

2010년 1월 31일 시행

01 아세틸렌이 은, 수은과 반응하여 폭발성의 금속 아세틸라이드를 형성하여 폭발하는 형태는?
① 분해폭발 ② 화합폭발
③ 산화폭발 ④ 압력폭발

해설 아세틸렌의 폭발형식
① 분해 폭발 : $C_2H_2 \rightarrow 2C + H_2 + 54.2(kcal)$
② 화합 폭발 : Cu, Hg, Ag 등 금속과 화합시 폭발성 물질인 아세틸라이드를 생성
  ㉠ $C_2H_2 + 2Cu \rightarrow Cu_2C_2$(동아세틸라이드) $+ H_2$
  ㉡ $C_2H_2 + 2Hg \rightarrow Hg_2C_2$(수은아세틸라이드) $+ H_2$
  ㉢ $C_2H_2 + 2Ag \rightarrow Ag_2C_2$(은아세틸라이드) $+ H_2$
③ 산화폭발 : $2C_2H_2 + 5O_2 \rightarrow 4CO_2 + 2H_2O + 301.5(kcal)$

02 일반도시가스사업자 정압기 입구 측의 압력이 0.6MPa일 경우 안전밸브 분출부의 크기는 얼마 이상으로 해야 하는가?
① 20A 이상 ② 30A 이상
③ 50A 이상 ④ 100A 이상

해설 정압기 입구측 압력이 0.5MPa 이상일 경우 안전밸브 분출부 크기 : 50A 이상

03 독성가스 배관은 안전한 구조를 갖도록 하기 위해 2중관 구조로 하여야 한다. 다음 가스 중 2중관으로 하지 않아도 되는 가스는?
① 암모니아
② 염화메탄
③ 시안화수소
④ 에틸렌

해설 2중관 대상가스 : $COCl_2$, H_2S, HCN, SO_2, C_2H_4O, NH_3, Cl_2, CH_3Cl

04 다음 가스의 일반적인 성질에 대한 설명 중 틀린 것은?
① 염산(HCl)은 암모니아와 접촉하면 흰 연기를 낸다.
② 시안화수소(HCN)는 복숭아 냄새가 나는 맹독성 기체이다.
③ 염소(Cl_2)는 황녹색의 자극성 냄새가 나는 맹독성 기체이다.
④ 수소(H)는 저온·저압 하에서 탄소강과 반응하여 수소취성을 일으킨다.

해설 수소(H)는 고온·고압하에서 탄소강과 반응하여 수소취성 일어남

Answer 1. ② 2. ③ 3. ④ 4. ④

05 C_2H_2 제조설비에서 제조된 C_2H_2를 충전용기에 충전시 위험한 경우는?

① 아세틸렌이 접촉되는 설비부분에 동 함량 72%의 동합금을 사용하였다.
② 충전 중의 압력을 2.5MPa 이하로 하였다.
③ 충전 후에 압력이 15℃에서 1.5MPa 이하로 될 때까지 정치하였다.
④ 충전용 지관은 탄소함유량 0.1% 이하의 강을 사용하였다.

해설 62% 이하의 동합금을 사용(동, 수은, 은과 폭발성 물질생성)

06 고압가스 용기의 어깨부분에 "FP : 15MPa"라고 표기되어 있다. 이 의미를 옳게 설명한 것은?

① 사용압력이 15MPa이다.
② 설계압력이 15MPa이다.
③ 내압시험압력이 15MPa이다.
④ 최고충전압력이 15MPa이다.

해설 ① 내용적 : V [l]
② 초저온용기 외의 용기 밸브 및 부속품을 분리한 용기 질량 : W[kg]
③ 아세틸렌은 용기·밸브·다공질물 및 용제 질량 : TW[kg]
④ 내압시험 압력 : TP[MPa]
⑤ 압축가스의 용기 최고충전압력 : FP [MPa]

07 부탄(C_4H_{10})의 위험도는 약 얼마인가?
(단, 폭발범위는 1.9~8.5%이다.)

① 1.23 ② 2.27
③ 3.47 ④ 4.58

해설 위험도식

$$H = \frac{U - L}{L}$$

• H : 위험도
• U : 폭발상한치
• L : 폭발하한치
• 위험도가 클수록 위험한 가스

$\therefore \dfrac{8.5 - 1.9}{1.9} = 3.47$

08 다음 방류둑의 구조에 대한 설명으로 틀린 것은?

① 방류둑의 재료는 철근콘크리트, 철골·철근콘크리트, 흙 또는 이들을 조합하여 만든다.
② 철근 콘크리트는 수밀성 콘크리트를 사용한다.
③ 성토는 수평에 대하여 45° 이하의 기울기로 하여 다져 쌓는다.
④ 방류둑은 액밀하지 않은 것으로 한다.

해설 방류둑의 구조
① 재료는 철근 콘크리트, 철골·철근 콘크리트, 금속, 흙 또는 이들을 혼합한 액밀한 구조일 것.
② 액이 체류하는 표면적은 가능한 한 적게 할 것
③ 높이에 상당하는 액두압에 견딜 것
④ 배관관통부의 누설방지 및 방식조치 할 것
⑤ 금속재료는 부식되지 않게 방식 및 방청 조치
⑥ 성토구배는 45° 이하, 정상부 폭은 30cm 이상일 것
⑦ 방류둑계단 및 사다리는 출입구 둘레 50m 마다 1개 이상 설치 그 둘레가 50m 미만일 경우는 2개소 이상 분산 설치할 것

Answer 5. ① 6. ④ 7. ③ 8. ④

09 초저온 용기에 대한 정의로 옳은 것은?

① 임계온도가 50℃ 이하인 액화가스를 충전하기 위한 용기
② 강판과 동판으로 제조된 용기
③ −50℃ 이하인 액화가스를 충전하기 위한 용기로써 용기 내의 가스 온도가 상용의 온도를 초과하지 않도록 한 용기
④ 단열재로 피복하여 용기 내의 가스 온도가 상용의 온도를 초과하도록 조치된 용기

10 가스계량기와 전기개폐기와의 이격거리는 최소 얼마 이상이어야 하는가?

① 10cm
② 15cm
③ 30cm
④ 60cm

해설 가스계량기와 이격거리
① 60cm 이상 : 전기 개폐기, 전기 계량기
② 30cm 이상 : 굴뚝, 전기 점멸기, 전기 접속기
③ 15cm 이상 : 절연조치 하지 않은 전선

11 고압가스안전관리법에 정하고 있는 저장능력 산정기준에 대한 설명으로 옳은 것은?

① 압축가스와 액화가스의 저장탱크 능력 산정식은 동일하다.
② 저장능력 합산시에는 액화가스 10kg을 압축가스 $10m^3$로 본다.
③ 저장탱크 및 용기가 배관으로 연결된 경우에는 각각의 저장능력을 합산한다.
④ 액화가스 탱크 저장능력 산정식은 $W=0.9dV_2$이다.

해설 저장능력 산정기준

① 압축가스 저장탱크/용기 :
  $Q=(10P+1)V_1$
② 액화가스용기/탱크로리 : $W=\dfrac{V_2}{C}$
③ 액화가스저장탱크 : $W=0.9dV_2$

- Q : 저장능력(m^3)
- P : 최고충전 압력(MPa)
- V_1 : 내용적(m^3)
- W : 저장능력(kg)
- V_2 : 내용적(L)
- C : 충전상수
- d : 액화가스의 비중(kg/L)

※ 충전상수 C값
  C_3H_8 : 2.35
  C_4H_{10} : 2.05
  NH_3 : 1.86
  CO_2 : 1.34

※ 압축가스 $1m^3$는 액화가스 10kg으로 본다.

Answer 9. ③ 10. ④ 11. ④

12 가연성 물질을 취급하는 설비는 그 외면으로부터 몇 m 이내에 온도상승방지 설비를 하여야 하는가?

① 10m ② 15m
③ 20m ④ 30m

13 포스겐의 취급 사항에 대한 설명 중 틀린 것은?

① 포스겐을 함유한 폐기액은 산성물질로 충분히 처리한 후 처분할 것
② 취급시에는 반드시 방독마스크를 착용할 것
③ 환기시설을 갖출 것
④ 누설시 용기부식의 원인이 되므로 약간의 누설에도 주의할 것

해설▶ 포스겐 흡수제로 알카리사용 : 가성소다수용액, 소석회

14 압축, 액화 그 밖의 방법으로 처리할 수 있는 가스의 용적이 1일 100m³ 이상인 사업소에는 표준이 되는 압력계를 몇 개 이상 비치하여야 하는가?

① 1개 ② 2개
③ 3개 ④ 4개

해설▶ • 1일 처리능력 100m³ 사업소는 2개 이상 표준 압력계 비치
• 압력계 눈금범위 : 1.5~2배

15 액화석유가스를 저장하는 저장능력 10,000L의 저장탱크가 있다. 긴급차단장치를 조작할 수 있는 위치는 해당 저장탱크로부터 몇 m 이상에서 조작할 수 있어야 하는가?

① 3m ② 4m
③ 5m ④ 6m

해설▶ 긴급차단 장치 (5,000L 이상 시)설치
① 특정 제조 시설은 10m, 일반 제조 시설은 5m 이상에서 조작
② 작동레버는 3곳 이상 설치.
③ 작동온도 : 110℃
④ 차단 동력원 : 유압, 공기압, 전기식, 스프링식

16 LPG의 충전용기와 잔가스 용기의 보관장소는 얼마 이상의 간격을 두어 구분이 되도록 해야 하는가?

① 1.5m 이상 ② 2m 이상
③ 2.5m 이상 ④ 3m 이상

해설▶ 충전용기와 잔가스용기의 보관장소는 1.5(m) 이상의 간격을 두어 구분할 것

17 가연성가스 제조시설의 고압가스설비(저장탱크 및 배관은 제외한다.)에는 그 외면으로부터 다른 가연성가스 제조시설의 고압가스설비와 몇 m 이상의 거리를 유지하여야 하는가?

① 2 ② 3
③ 5 ④ 10

Answer 12. ③ 13. ① 14. ② 15. ③ 16. ① 17. ③

18 공기 중의 산소 농도나 분압이 높아지는 경우의 연소에 대한 설명으로 틀린 것은?

① 연소속도 증가
② 발화온도 상승
③ 점화 에너지의 감소
④ 화염온도의 상승

해설 산소 농도와 분압의 영향
① 연소속도 증가
② 발화온도 낮아짐
③ 점화 에너지의 감소
④ 화염온도의 상승
⑤ 폭발범위 넓어짐

19 독성가스의 저장탱크에는 과충전 방지장치를 설치하도록 규정되어 있다. 저장탱크의 내용적이 몇 %를 초과하여 충전되는 것을 방지하기 위한 것인가?

① 80%
② 85%
③ 90%
④ 95%

해설 과충전 방지 장치 : 독성가스 저장탱크에 내용적 90%를 초과하는 것을 방지하는 장치

20 고압가스안전관리법에서 규정한 특정고압가스에 해당하지 않는 것은?

① 삼불화질소
② 사불화규소
③ 수소
④ 오불화비소

해설 특정고압가스 사용신고대상
① 게르만 · 디실란 · 사불화규소 · 사불화유황
② 삼불화붕소 · 삼불화인 · 삼불화질소 · 셀렌화수소
③ 압축디보레인 · 압축모노실란 · 액화알진 · 액화염소
④ 액화암모니아 · 오불화비소 · 오불화인 · 포스핀

21 사업자 등은 그의 시설이나 제품과 관련하여 가스사고가 발생한 때에는 한국가스안전공사에 통보하여야 한다. 사고의 통보시에 통보내용에 포함되어야 하는 사항으로 규정하고 있지 않은 사항은?

① 피해현황(인명 및 재산)
② 시설현황
③ 사고내용
④ 사고원인

해설 ④ 사고원인 조사는 가스안전공사, 소방서, 경찰서 등 해당기관에서 조사함

22 압축천연가스자동차 충전의 저장설비 및 완충탱크 안전장치의 방출관 시설기준으로 옳은 것은?

① 방출관은 지상으로부터 20m 이상의 높이 또는 저장탱크및 완충탱크의 정상부로부터 10m의 높이 중 높은 위치로 한다.
② 방출관은 지상으로부터 15m 이상의 높이 또는 저장탱크및 완충탱크의 정상부로부터 5m의 높이 중 높은 위치로 한다.
③ 방출관은 지상으로부터 10m 이상의 높이 또는 저장탱크및 완충탱크의 정상부로부터 3m의 높이 중 높은 위치로 한다.
④ 방출관은 지상으로부터 5m 이상의 높이 또는 저장탱크및 완충탱크의 정상부로부터 2m의 높이 중 높은 위치로 한다.

해설 방출구는 지상 5m나 저장탱크 정상부 2m 높이 중 높은 위치에 설치할 것

23 염소의 재해 방지용으로 사용되는 제독제가 될수 없는 것은?

① 소석회
② 탄산소다 수용액
③ 가성소다 수용액
④ 물

해설
- 염소 제독제 : 소석회, 탄산소다수용액, 가성소다수용액
- 물이 제독제인 가스 : 암모니아, 산화에틸렌, 염화메탄, 아황산가스

24 가연성가스의 검지경보장치 중 반드시 방폭성능을 갖지 않아도 되는 가스는?

① 수소   ② 일산화탄소
③ 암모니아   ④ 아세틸렌

해설 방폭구조에서 제외되는 가스 : NH_3, CH_3Br

25 액화석유가스 자동차용기 충전소에 설치하는 충전기의 충전호스 기준에 대한 설명으로 틀린 것은?

① 충전호스에 과도한 인장력이 가해졌을때 충전기와 가스주입기가 분리될 수 있는 안전장치를 설치한다.
② 충전호스에 부착하는 가스주입기는 원터치형으로 한다.
③ 자동차 제조공정 중에 설치된 충전호스에 부착하는 가스주입기는 원터치형으로 하지 않을 수 있다.
④ 자동차 제조공정 중에 설치된 충전호스의 길이는 5m 이상으로 할 수 있다.

해설 ③ 자동차 제조공정 중에 설치된 충전호스에 부착하는 가스 주입기는 원터치형으로 할 것

Answer 22. ④ 23. ④ 24. ③ 25. ③

26 가스보일러 설치기준에 따라 반밀폐식 가스보일러의 공동배기방식에 대한 기준으로 틀린 것은?

① 공동배기구의 정상부에서 최상층 보일러의 역풍방지장치 개구부 하단까지의 거리가 5m일 경우 공동배기구에 연결시킬 수 있다.
② 공동배기구 유효단면적 계산식(A = Q × 0.6 × K × F + P)에서 P는 배기통의 수평투영면적(mm^2)을 의미한다.
③ 공동배기구는 굴곡 없이 수직으로 설치하여야 한다.
④ 공동배기구는 화재에 의한 피해확산 방지를 위하여 방화 댐퍼(Damper)를 설치하여야 한다.

해설 ④ 공동배기구는 댐퍼(Damper)를 설치하지 말 것

27 염소(Cl_2)가스의 위험성에 대한 설명으로 틀린 것은?

① 독성가스이다.
② 무색이고 자극적인 냄새가 난다.
③ 수분 존재시 금속에 강한 부식성을 갖는다.
④ 유기화합물과 반응하여 폭발적인 화합물을 형성한다.

해설 염소(Cl_2)가스 특성
① 상온에서 강한 자극성 냄새가 나는 황록색 기체
② 맹독성 기체(1[ppm])
③ 조연성가스
④ 수분을 함유하면 철 등의 금속과 반응, 부식을 발생(온도 120°C 이상)
$H_2O + Cl_2 \rightarrow HClO + HCl$
$Fe + 2HCl \rightarrow FeCl_2 + H_2$
⑤ 수소와 혼합하여 염소폭명기가 되어 격렬한 폭발을 일으킨다.
$H_2 + Cl_2 \rightarrow 2HCl$

28 플레어스택의 높이는 지표면에 미치는 복사열이 얼마 이하가 되도록 설치하여야 하는가?

① $1,000 kcal/m^2 \cdot hr$
② $2,000 kcal/m^2 \cdot hr$
③ $3,000 kcal/m^2 \cdot hr$
④ $4,000 kcal/m^2 \cdot hr$

해설 플레어스택의 설치 위치 및 높이는 플레어스택 바로 밑의 지표면에 미치는 복사열이 $4,000 kcal/m^2 \cdot hr$ 이하가 되도록 할 것

Answer 26. ④ 27. ② 28. ④

29 저장탱크의 지하설치기준에 대한 설명으로 틀린 것은?

① 천정, 벽 및 바닥의 두께가 각각 30cm 이상인 방수조치를 한 철근콘크리트로 만든 곳에 설치한다.
② 지면으로부터 저장탱크의 정상부까지의 깊이는 1m 이상으로 한다.
③ 저장탱크에 설치한 안전밸브에는 지면에서 5m 이상의 높이에 방출구가 있는 가스방출관을 설치한다.
④ 저장탱크를 매설한 곳의 주위에는 지상에 경계표지를 설치한다.

해설 ▶ 지하저장탱크 설치기준
① 천정, 벽, 바닥두께 30cm 이상
② 주위는 마른모래, 정상부와 지면은 60cm 이상 거리
③ 탱크 사이 1m 이상 유지, 지상에 경계표지
④ 지상에서 5m 이상 방출구 설치

30 다음 중 1종 보호시설이 아닌 것은?

① 대지면적이 $2,000m^2$에 신축한 주택
② 국보 제1호인 숭례문
③ 시장에 있는 공중목욕탕
④ 건축연면적이 $300m^2$인 유아원

해설 ▶ ※ 1종 보호시설
① 건물연면적 $1,000m^2$ 이상인 사람을 수용하는 건축물(학교, 유치원, 학원, 병원, 시장, 호텔 등)
② 사람 수용능력이 300인 이상인 건축물(극장, 교회, 공연장)
③ 사람 수용능력이 20인 이상인 건축물(아동복지시설, 장애인복지시설)
④ 유형문화재 건축물

※ 2종 보호시설
① 주택
② 건물연면적 $100\sim1,000m^2$인 사람을 수용하는 건축물

31 오리피스, 벤투리관 및 플로노즐에 의하여 유량을 구할 때 가장 관계가 있는 것은?

① 유로의 교축기구 전후의 압력차
② 유로의 교축기구 전후의 성상차
③ 유로의 교축기구 전후의 온도차
④ 유로의 교축기구 전후의 비중차

해설 ▶ • 차압식유량계 : 교축기구 전·후의 압력차를 이용
• 차압식유량계 종류 : 오리피스, 벤투리, 플로노즐

32 촉매를 사용하여 사용온도 400~800℃에서 탄화수소와 수증기를 반응시켜 메탄, 수소, 일산화탄소, 이산화탄소로 변환하는 방법은?

① 열분해공정   ② 접촉분해공정
③ 부분연소공정 ④ 수소화분해공정

해설 ▶ 가스화 방식에 의한 분류
① 열분해공정 : 원유, 중유, 나프타 등 분자량이 큰 탄화수소 원료를 고온 800~900℃으로 분해하여 $10,000kcal/Nm^3$ 정도의 고열량 가스를 제조하는 방법.(H_2, CH_4, 타르, 카본)
③ 부분연소공정 : 산소 또는 공기를 흡입시킴에 의해 원료의 일부를 연소시켜 연속적으로 보충 $2,000\sim3,000kcal/Nm^3$ 정도의 가스를 만드는 공정
④ 수소화분해공정 : H_2O, O_2, H_2를 탄화수소와 반응시켜 수소화분해에 의하여 가스화

33 압축천연가스(CNG) 자동차 충전소에 설치하는 압축가스설비의 설계압력이 25MPa인 경우 압축 가스설비에 설치하는 압력계의 법적 최대지시 눈금은 최소 얼마 이상으로 하여야 하는가?

① 25.0MPa
② 27.5MPa
③ 37.5MPa
④ 50.0MPa

해설
25MPa × 1.5배 = 37.5MPa

34 고압식 공기액화 분리장치에서 구조상 없는 부분은?

① 아세틸렌 흡착기
② 열교환기
③ 수소액화기
④ 팽창기

해설 고압식 공기액화 분리장치 구조
① 아세틸렌 흡착기
② 열교환기
③ 팽창기
④ 탄산가스흡수기
⑤ 중간냉각기
⑥ 유·수분리기
⑦ 예냉기
⑧ 공기압축기

35 다음 ( ) 안에 알맞은 말은?

도시가스용 압력조정기의 유량시험은 조절 스프링을 고정하고 표시된 입구압력 범위 안에서 (①)을 통과시킬 경우 출구압력은 제조사가 제시한 설정압력의 ±(②)% 이내로 한다.

① ① 최대표시유량, ② 10
② ① 최대표시유량, ② 20
③ ① 최대출구유량, ② 10
④ ① 최대출구유량, ② 20

36 압축기에서 다단압축을 하는 주된 목적은?

① 압축일과 체적효율 증가
② 압축일 증가와 체적효율 감소
③ 압축일 감소와 체적효율 증가
④ 압축일과 체적효율 감소

해설 압축기 다단압축 목적
① 압축 일량 감소
② 최적 효율 증가
③ 힘의 평형이 양호
④ 가스의 온도상승 방지

37 배관용밸브 제조자가 안전관리규정에 따라 자체검사를 적정하게 수행하기 위해 갖추어야 하는 계측기기에 해당하는 것은?

① 내전압시험기
② 토크메타
③ 대기압계
④ 표면온도계

Answer 33. ③ 34. ③ 35. ② 36. ③ 37. ②

38 강의 표면에 타금속을 침투시켜 표면을 경화시키고 내식성, 내산화성을 향상시키는 것을 금속침투법이라 한다. 그 종류에 해당되지 않는 것은?

① 세라다이징(Sheradizing)
② 칼로라이징(Calorizing)
③ 크로마이징(Chromizing)
④ 도우라이징(Doqrizing)

39 침종식 압력계에서 사용하는 측정원리(법칙)는 무엇인가?

① 아르키메데스의 원리
② 파스칼의 원리
③ 뉴턴의 법칙
④ 돌턴의 법칙

40 액체질소 순도가 99.999%이면 불순물은 몇 ppm인가?

① 1
② 10
③ 100
④ 1,000

해설 $(100-99.999) = 0.001\%$
$= 1/100,000 = 10$ PPM
1PPM $= 1/1,000,000$

41 다음 중 일체형 냉동기로 볼 수 없는 것은?

① 냉매설비 및 압축용 원동기가 하나의 프레임 위에 일체로 조립된 것
② 냉동설비를 사용할 때 스톱밸브 조작이 필요한 것
③ 응축기 유니트와 증발기 유니트가 냉매배관으로 연결된 것으로서 1일 냉동능력이 20톤 미만인 공조용 패키지 에어콘
④ 사용 장소에 분할·반입하는 경우에 냉매설비에 용접또는 절단을 수반하는 공사를 하지 아니하고 재조립 하여 냉동제조용으로 사용할 수 있는 것

42 고온·고압의 가스 배관에 주로 쓰이며 분해, 보수 등이 용이하나 매설배관에는 부적당한 접합방법은?

① 플랜지 접합
② 나사 접합
③ 차입 접합
④ 용접 접합

Answer 38. ④ 39. ① 40. ② 41. ② 42. ①

43 공기액화 분리장치에 들어가는 공기 중에 아세틸렌가스가 혼입되면 안 되는 주된 이유는?

① 질소와 산소의 분리에 방해가 되므로
② 산소의 순도가 나빠지기 때문에
③ 분리기 내의 액체산소의 탱크 내에 들어가 폭발하기 때문에
④ 배관 내에서 동결되어 막히므로

해설 공기 액화 분리장치 폭발원인
① 공기 취입구로부터 C_2H_2의 혼입
② 압축기용 윤활유 분해에 따른 탄화수소의 생성
③ 공기 중의 질소화합물 혼입(NO, NO_2 등)
④ 액체 공기 중 오존(O_3)의 혼입

44 기어펌프로 10kg 용기에 LP가스를 충전하던 중 베이퍼록이 발생되었다면 그 원인으로 틀린 것은?

① 저장탱크의 긴급차단 밸브가 충분히 열려 있지 않았다.
② 스트레이너에 녹, 먼지가 끼었다.
③ 펌프의 회전수가 적었다.
④ 흡입측 배관의 지름이 가늘었다.

해설 베이퍼록 발생원인
① 흡입 양정이 지나치게 길 때
② 과속으로 유량이 증대될 때
③ 흡입관 입구 등에서 마찰저항 증가시
④ 관로 내의 온도 상승시

45 수소취성을 방지하기 위하여 첨가되는 원소가 아닌 것은?

① Mo   ② W
③ Ti   ④ Mn

해설 수소취성(탈탄방지) 원소 : W, Cr, Ti, Mo, V

46 다음 온도의 환산식 중 틀린 것은?

① $°F = 1.8°C + 32$ ② $°C = \frac{5}{9}(°F - 32)$
③ $°R = 460 + °F$ ④ $°R = \frac{5}{9}K$

해설 $°R = 1.8K$

47 다음 중 NH_3의 용도가 아닌 것은?

① 요소 제조   ② 질산 제조
③ 유안 제조   ④ 포스겐 제조

해설 ④ 포스겐 제조 : $CO + Cl_2 \xrightarrow{활성탄} COCl_2$

48 기체상태의 가스를 액화시킬 수 있는 최고의 온도를 무엇이라고 하는가?

① 화씨온도   ② 절대온도
③ 임계온도   ④ 액화온도

해설 액화조건 : 임계온도 이하, 임계압력 이상
- 임계온도 : 가스를 액화시킬 수 있는 최고 온도
- 임계압력 : 가스를 액화시킬 수 있는 최저 압력

Answer 43. ③ 44. ③ 45. ④ 46. ④ 47. ④ 48. ③

49 NG(천연가스), LPG(액화석유가스), LNG(액화천연가스)등 기체연료의 특징에 대한 설명으로 틀린 것은?

① 공해가 거의 없다.
② 적은 공기비로 완전 연소한다.
③ 연소효율이 높다.
④ 저장이나 수송이 용이하다.

해설 기체연료 특징
① 적은 공기비로 연소 가능
② 연소효율이 높고 공해문제가 없다.
③ 회분이 없고, 전열면 오손이 적다.
④ 누설시 화재, 폭발 위험이 크다.
⑤ 저장, 수송에 주의 요망
⑥ 설비비가 많이 든다.

50 다음 중 부취제의 토양투과성의 크기가 순서대로 된 것은?

① DMS > TBM > THT
② DMS > THT > TBM
③ TBM > DMS > THT
④ THT > TBM > DMS

51 도시가스의 유해성분·열량·압력 및 연소성 측정에 관한 설명으로 틀린 것은?

① 매일 2회 도시가스 제조소의 출구에서 자동열량 측정기로 열량을 측정한다.
② 정압기 출구 및 가스공급시설 끝부분의 배관(일반가정의 취사용)에서 측정한 가스압력은 0.5kPa 이상 1.5kPa 이내를 유지한다.
③ 도시가스 원료가 LNG 및 LPG+Air가 아닌 경우 황전량, 황화수소 및 암모니아 등 유해성분 측정을 매주 1회 검사한다.
④ 도시가스 성분 중 유해성분의 양은 0℃, 101,325Pa에서 건조한 도시가스 1m³당 황전량은 0.5g, 황화 수소는 0.02g, 암모니아는 0.2g을 초과하지 못한다.

해설 정압기 출구 및 가스공급시설 끝부분의 배관(일반가정의 취사용)에서 측정한 가스압력은 1kPa~2.5kPa 이내 유지

52 표준상태에서 프로판 22g을 완전 연소시켰을 때 얻어지는 이산화탄소의 부피는 몇 L인가?

① 23.6
② 33.6
③ 35.6
④ 67.6

53 다음 압력에 대한 설명으로 옳은 것은?
① 공기가 누르는 대기 압력은 지역이나 기후 조건에 관계 없이 일정하다.
② 고압가스 용기 내벽에 가해지는 기체의 압력은 절대 압력을 나타낸다.
③ 지구 표면에서 거리가 멀어질수록 공기가 누르는 힘은 커진다.
④ 표준기압보다 낮은 압력을 진공 압력이라 하며 진공도로 표시할 수 있다.

54 가연성 가스이면서 독성가스인 것은?
① 일산화탄소
② 프로판
③ 메탄
④ 불소

해설 일산화탄소(CO)는 독성이며 가연성가스이다.

55 가스의 정상연소 속도를 가장 옳게 나타낸 것은?
① 0.03~10m/s
② 30~100m/s
③ 350~500m/s
④ 1000~3500m/s

해설
• 정상연소시 : 0.03~10m/s
• 폭굉시 : 1000~3500m/s

56 암모니아 가스를 저장하는 용기에 대한 설명으로 틀린 것은?
① 용접용기로 재질은 탄소강으로 한다.
② 검지경보장치는 방폭성능을 가지지 않아도 된다.
③ 충전구의 나사형식은 왼나사로 한다.
④ 용기의 바탕색은 백색으로 한다.

해설 가스에 따른 충전구 나사형식
① 왼나사 (밸브의 육각너트에 V자 홈) : 가연성가스(액화 CH_3Br, 액화 NH_3, 제외)
② 오른나사 : 액화 CH_3Br, 액화 NH_3, 및 조연성, 불연성가스

57 고온·고압에서 질화작용과 수소취화 작용이 일어나는 가스는?
① NH_3
② SO_2
③ Cl_2
④ C_2H_2

해설 NH_3 : 고온·고압하에서 강재를 질화, 취화시키므로 18-8 스테인리스강 사용

58 메탄의 성질에 대한 설명으로 틀린 것은?
① 무색, 무취의 기체이다.
② 파란색 불꽃을 내며 탄다.
③ 공기 및 산소와의 혼합물에 불을 붙이면 폭발한다.
④ 불안정하여 격렬히 반응한다.

Answer 53. ④ 54. ① 55. ① 56. ③ 57. ① 58. ④

59 아세틸렌 중의 수분을 제거하는 건조제로 주로 사용되는 것은?

① 염화칼슘　　② 사염화탄소
③ 진한 황산　　④ 활성알루미나

해설 아세틸렌 건조제 : $CaCl_2$(염화칼슘)

60 1Pa는 몇 N/m^2인가?

① 1　　　　② 10^2
③ 10^3　　　④ 10^4

해설 $1Pa = 1N/m^2$

Answer 59. ① 60. ①

가스기능사 2000제 문제은행

2010년 3월 28일 시행

01 아세틸렌의 주된 연소 형식은?
① 확산연소 ② 증발연소
③ 분해연소 ④ 표면연소

해설 아세틸렌 연소는 예혼합연소 또는 확산연소이다.

02 독성가스 제조시설 식별표지의 글씨 색상은? (단, 가스의 명칭은 제외한다.)
① 백색 ② 적색
③ 황색 ④ 흑색

해설 독성가스 식별표지 글씨 색상은 흑색이다.

03 운전 중의 제조설비에 대한 일일점검 항목이 아닌 것은?
① 회전 기계의 진동, 이상음, 이상온도 상승
② 인터록의 작동
③ 가스설비로부터 누출
④ 가스설비의 조업조건의 변동 상황

해설 제조설비 운전점검 항목에 인터록의 작동은 해당되지 않는다.

04 다음 중 상온에서 압축시 액화되지 않는 가스는?
① 염소 ② 부탄
③ 메탄 ④ 프로판

해설 메탄(CH_4)은 비점이 $-162°C$로 매우 낮아 상온 압축시 액화되지 않는다.

05 처리능력이라 함은 처리설비 또는 감압설비에 의하여 몇 일에 처리할 수 있는 가스량을 말하는가?
① 1일 ② 3일
③ 5일 ④ 7일

해설 처리능력은 1일 처리할 수 있는 가스량이다.

06 배관 내의 상용압력이 4MPa인 도시가스 배관의 압력이 상승하여 경보장치의 경보가 울리기 시작하는 압력은?
① 4MPa 초과시
② 4.2MPa 초과시
③ 5MPa 초과시
④ 5.2MPa 초과시

해설 4MPa × 1.05배 = 4.2MPa

Answer 1. ① 2. ④ 3. ② 4. ③ 5. ① 6. ②

07 액화가스 충전시설의 정전기 제거조치의 기준으로 옳은 것은?

① 탑류, 저장탱크, 열교환기 등은 단독으로 되어 있도록 한다.
② 벤트스택은 본딩용 접속으로 접속하여 공동 접지한다.
③ 접지저항의 총합은 200Ω 이하로 한다.
④ 본딩용 접속선의 단면적은 3mm² 이상의 것을 사용한다.

해설 ▶ 정전기 제거장치는 저장탱크나 탑류 등은 단독으로 설치하고 접지저항 총합은 100Ω 이하일 것

08 용기에 충전하는 시안화수소의 순도는 몇 % 이상으로 규정되어 있는가?

① 90　② 95
③ 98　④ 99.5

해설 ▶ 용기 충전시 시안화수소(HCN)의 순도는 98% 이상일 것

09 내용적이 300L인 용기에 액화암모니아를 저장하려고 한다. 이 저장설비의 저장능력은 얼마인가? (단, 액화암모니아의 충전정수는 1.86이다.)

① 161kg　② 232kg
③ 279kg　④ 558kg

해설 ▶ 용기저장량 $G = \dfrac{V}{C} = \dfrac{300}{1.86} = 161\text{kg}$

10 LPG용기 충전시설에 설치되는 긴급차단장치에 대한 기준으로 틀린 것은?

① 저장탱크 외면에서 5m 이상 떨어진 위치에서 조작하는 장치를 설치한다.
② 기상 가스배관 중 송출배관에는 반드시 설치한다.
③ 액상의 가스를 이입하기 위한 배관에는 역류방지밸브로 갈음할 수 있다.
④ 소형 저장탱크에는 의무적으로 설치할 필요가 없다.

해설 ▶ LPG충전시설의 기상송출배관에 긴급차단장치를 반드시 설치할 필요는 없다.

11 에어졸 제조시설에는 온수시험탱크를 갖추어야 한다. 에어졸 충전용기의 가스누출시험 온수온도의 범위는?

① 26℃ 이상 30℃ 미만
② 36℃ 이상 40℃ 미만
③ 46℃ 이상 50℃ 미만
④ 56℃ 이상 60℃ 미만

해설 ▶ 에어졸 온수 가스누출 시험시 온수의 온도범위는 46℃ 이상 50℃ 미만일 것

12 다음 가스 중 위험도가 가장 큰 것은?

① 프로판　② 일산화탄소
③ 아세틸렌　④ 암모니아

해설 ▶
• 프로판 : 2.1~9.5%
• 일산화탄소 : 12.5~74%
• 아세틸렌 : 2.5~81%
• 암모니아 : 15~28%
폭발범위가 넓으면 위험도가 크다.

Answer　7. ①　8. ③　9. ①　10. ②　11. ③　12. ③

13 어떤 고압설비의 상용압력이 1.6MPa일 때 이 설비의 내압시험 압력은 몇 MPa 이상으로 실시하여야 하는가?

① 1.6 ② 2.0
③ 2.4 ④ 2.7

해설 고압설비 내압시험압력
= 1.6 × 1.5배 = 2.4Mpa

14 다음 중 연소의 3요소에 해당되는 것은?

① 공기, 산소공급원, 열
② 가연물, 연료, 빛
③ 가연물, 산소공급원, 공기
④ 가연물, 공기, 점화원

해설 연소의 3요소
• 가연물   • 산소원(공기)   • 점화원

15 도시가스 배관의 굴착공사 작업에 대한 설명 중 틀린 것은?

① 가스 배관과 수평거리 1m 이내에서는 파일박기를 하지 아니한다.
② 항타기는 가스배관과 수평거리가 2m 이상 되는 곳에 설치한다.
③ 가스배관의 주위를 굴착하고자 할 때에는 가스배관의 좌우 1m 이내의 부분은 인력으로 굴착한다.
④ 줄파기 1일 시공량 결정은 시공속도가 가장 느린 천공 작업에 맞추어 결정한다.

해설 가스배관으로부터 1m 이내에 파일을 설치할 경우 유도관을 먼저 설치한 후 되메우기를 실시한다.

16 다음 독성가스 중 제독제로 물을 사용할 수 없는 것은?

① 암모니아   ② 아황산가스
③ 염화메탄   ④ 황화수소

해설 황화수소 제독제 : 가성소다, 탄산소다

17 인체용 에어졸 제품의 용기에 기재할 사항으로 틀린 것은?

① 특정부위에 계속하여 장시간 사용하지 말 것
② 가능한 한 인체에서 10cm 이상 떨어져서 사용할 것
③ 온도가 40℃ 이상 되는 장소에 보관하지 말 것
④ 불 속에 버리지 말 것

해설 인체용 에어졸은 인체에서 20cm 이상 떨어져 사용할 것

18 차량이 통행하기 곤란한 지역의 경우 액화석유가스 충전용기를 오토바이에 적재하여 운반할 수 있다. 다음 중 오토바이에 적재하여 운반할 수 있는 충전용기 기준에 적합한 것은?

① 충전량이 10kg인 충전용기 - 적재충전용기 2개
② 충전량이 13kg인 충전용기 - 적재충전용기 3개
③ 충전량이 20kg인 충전용기 - 적재충전용기 3개
④ 충전량이 20kg인 충전용기 - 적재충전용기 4개

Answer 13. ③ 14. ④ 15. ① 16. ④ 17. ② 18. ①

19 도시가스의 대한 설명 중 틀린 것은?
① 국내에서 공급하는 대부분의 도시가스는 메탄을 주성분으로 하는 천연가스이다.
② 도시가스는 주로 배관을 통하여 수요가에게 공급된다.
③ 도시가스의 원료로 LPG를 사용할 수 있다.
④ 도시가스는 공기와 혼합만 되면 폭발한다.

해설 ▶ 도시가스의 주성분은 메탄으로 폭발범위 5~15%이므로 적정량 공기 혼합시 폭발되지 않는다.

20 일반도시가스 공급시설의 시설기준으로 틀린 것은?
① 가스공급 시설을 설치한 곳에는 누출된 가스가 머물지 아니하도록 환기설비를 설치한다.
② 공동구 안에는 환기장치를 설치하여 전기설비가 있는 공동구에서는 그 전기설비를 방폭구조로 한다.
③ 저장탱크의 안전장치인 안전밸브나 파열판에는 가스방출관을 설치한다.
④ 저장탱크의 안전밸브는 다이어프램식 안전밸브로 한다.

해설 ▶ 저장탱크의 안전밸브 형식은 스프링식을 채택한다.

21 다음 중 냄새로 누출여부를 쉽게 알 수 있는 가스는?
① 질소, 이산화탄소
② 일산화탄소, 아르곤
③ 염소, 암모니아
④ 에탄, 부탄

해설 ▶ 냄새로 식별 가능한 가스는 염소와 암모니아가 있다.

22 고압가스용 재충전금지 용기는 안전성 및 호환성을 확보하기 위하여 일정 치수를 갖는 것으로 하여야 한다. 이에 대한 설명 중 틀린 것은?
① 납붙임 부분은 용기 몸체 두께의 4배 이상의 길이로 한다.
② 최고충전압력(MPa)의 수치와 내용적(L)의 수치와의 곱이 100 이하로 한다.
③ 최고충전압력이 35.5MPa 이하이고 내용적이 20리터 이하로 한다.
④ 최고충전압력이 3.5MPa 이상인 경우에는 내용적이 5리터 이하로 한다.

23 도시가스의 배관에 표시하여야 할 사항이 아닌 것은?
① 사용가스명
② 최고사용압력
③ 가스의 흐름방향
④ 가스공급자명

해설 ▶ 도시가스 배관 표시 사항에 가스공급자명은 표시하지 않는다.

Answer   19. ④ 20. ④ 21. ③ 22. ③ 23. ④

24 흡수식 냉동설비의 냉동능력 정의로 올바른 것은?

① 발생기를 가열하는 1시간의 입열량 3천 320kcal를 1일의 냉동능력 1톤으로 본다.
② 발생기를 가열하는 1시간의 입열량 6천 640kcal를 1일의 냉동능력 1톤으로 본다.
③ 발생기를 가열하는 24시간의 입열량 3천 320kcal를 1일의 냉동능력 1톤으로 본다.
④ 발생기를 가열하는 24시간의 입열량 6천 640kcal를 1일의 냉동능력 1톤으로 본다.

해설 흡수식 냉동설비 냉동능력은 발생기 가열 입열량 6640kcal/h를 냉동능력 1톤으로 산정한다.

25 고압가스 일반제조시설에서 아세틸렌가스를 용기에 충전하는 경우에 방호벽을 설치하지 않아도 되는 곳은?

① 압축기의 유분리기와 고압건조기 사이
② 압축기와 아세틸렌가스 충전장소 사이
③ 압축기와 아세틸렌가스 충전용기 보관장소 사이
④ 충전장소와 아세틸렌가스 충전용주관밸브 조작밸브 사이

해설 아세틸렌을 압축하는 압축기의 유분리기와 고압건조기 사이에는 역류방지 밸브를 설치한다.

26 습식아세틸렌발생기의 표면온도는 몇 ℃ 이하를 유지하여야 하는가?

① 70
② 90
③ 100
④ 110

해설 습식 아세틸렌 발생기 표면온도는 70℃ 이하를 유지한다.

27 운전중인 액화석유가스 충전설비의 작동상황에 대하여 주기적으로 점검하여야 한다. 점검 주기는?

① 1일에 1회 이상
② 1주일에 1회 이상
③ 3월에 1회 이상
④ 6월에 1회 이상

해설 LPG충전설비 작동상황점검 주기는 1일 1회 이상한다.

28 독성가스의 제독작업에 필요한 보호구 장착 훈련의 주기는?

① 1개월 마다 1회 이상
② 2개월 마다 1회 이상
③ 3개월 마다 1회 이상
④ 6개월 마다 1회 이상

해설 독성가스 보호구 장착훈련은 3월에 1회 이상 실시한다.

Answer 24. ② 25. ① 26. ① 27. ① 28. ③

29 특정설비 재검사 면제대상이 아닌 것은?

① 차량에 고정된 탱크
② 초저온 압력 용기
③ 역화방지장치
④ 독성가스배관용 밸브

해설 특정설비 재검사에서 차량고정 탱크는 면제대상에 속하지 않는다.

30 내용적 1L 이하의 일회용 용기로서 라이터 충전용, 연료가스용 등으로 사용하는 용기는?

① 용접용기
② 이음매 없는 용기
③ 접합 또는 납붙임 용기
④ 융착용기

해설 접합 또는 납붙임 용기는 내용적 1리터 이하의 일회용 용기로 라이터충전용, 연료용 등에 사용되는 용기이다.

31 가연성가스의 제조설비 내에 설치하는 전기기기에 대한 설명으로 옳은 것은?

① 1종 장소에는 원칙적으로 전기설비를 설치해서는 안된다.
② 안전 중 방폭구조는 전기기기의 불꽃이나 아크를 발생하여 착화원이 될 염려가 있는 부분을 기름 속에 넣은 것이다.
③ 2종 장소는 정상의 상태에서 폭발성 분위기가 연속하여 또는 장시간 생성되는 장소를 말한다.
④ 가연성가스가 존재할 수 있는 위험장소는 1종 장소, 2종 장소 및 0종 장소로 분류하고 위험장소에서는 방폭형 전기기기를 설치하여야 한다.

해설 가연성가스 제조설비 위험장소는 1종 장소, 2종 장소, 0종 장소로 분류되며 위험장소에는 방폭형 전기구조로 한다.

32 발연황산시약을 사용한 오르자트법 또는 브롬시약을 사용한 뷰렛법에 의한 시험에서 순도가 98% 이상이고, 질산은시약을 사용한 정성시험에서 합격한 것을 품질검사기준으로 하는 가스는?

① 시안화수소
② 산화에틸렌
③ 아세틸렌
④ 산소

해설 아세틸렌 품질검사는 발연황산시약 또는 브롬시약을 사용하고 순도 98% 이상이어야 한다.

Answer 29. ① 30. ③ 31. ④ 32. ③

33 진탕형 오토클레이브의 특징이 아닌 것은?
① 가스 누출의 가능성이 없다.
② 고압력에 사용할 수 있고 반응물의 오손이 없다.
③ 뚜껑판에 뚫어진 구멍에 촉매가 끼어 들어갈 염려가 있다.
④ 교반효과가 뛰어나며 교반형에 비하여 효과가 크다.

[해설] 진탕형은 가장 일반적인 교반 형태이나 교반형보다 효과가 크지 않다.

34 압축기에서 두압이란?
① 흡입 압력이다.
② 증발기 내의 압력이다.
③ 크랭크 케이스 내의 압력이다.
④ 피스톤 상부의 압력이다.

[해설] 압축기 두압은 피스톤 상부의 압력을 말한다.

35 저장탱크 및 가스홀더는 가스가 누출되지 않는 구조로 하고 얼마 이상의 가스를 저장하는 것에는 가스방출장치를 설치하는가?
① $1m^3$ ② $3m^3$
③ $5m^3$ ④ $10m^3$

[해설] 가스홀더나 저장탱크 가스방출장치는 $5m^3$ 이상 저장하는 것에 설치한다.

36 탱크로리 충전작업 중 작업을 중단해야 하는 경우가 아닌 것은?
① 탱크 상부로 충전 시
② 과충전 시
③ 가스 누출 시
④ 안전밸브 작동 시

[해설] 탱크로리 충전시 탱크상부 충전은 작업중단 경우는 아니다.

37 다음 그림은 무슨 공기 액화장치인가?

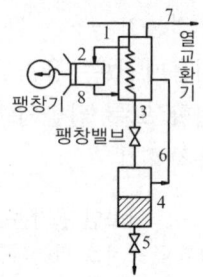

① 클라우드식 액화장치
② 린데식 액화장치
③ 캐피자식 액화장치
④ 필립스식 액화장치

[해설] 열교환기에 팽창기를 설치하여 액화효율을 증가시킨 클라우드식 계통도이다.

38 암모니아용 부르동관 압력계의 재질로서 가장 적당한 것은?
① 황동   ② Al강
③ 청동   ④ 연강

[해설] 암모니아 부르돈관식 압력계 재질은 연강을 사용한다.

Answer 33. ④ 34. ④ 35. ③ 36. ① 37. ① 38. ④

39 증기 압축식 냉동기에서 냉매가 순환되는 경로로 옳은 것은?

① 압축기 → 증발기 → 응축기 → 팽창밸브
② 증발기 → 응축기 → 압축기 → 팽창밸브
③ 증발기 → 팽창밸브 → 응축기 → 압축기
④ 압축기 → 응축기 → 팽창밸브 → 증발기

해설 ▶ 압축식냉동기 냉매 순환경로

40 도시가스배관의 접합방법 중 강관의 접합방법으로 사용하지 않는 것은?

① 나사접합   ② 용접접합
③ 플렌지접합 ④ 압축접합

해설 ▶ 압축이음쇠 사용하는 압축접합은 동관 연결 시 분해 또는 해체하여야 하는 부분에 사용된다.

41 터보식 펌프로서 비교적 저양정에 적합하며, 효율 변화가 비교적 급한 펌프는?

① 원심 펌프   ② 축류 펌프
③ 왕복 펌프   ④ 베인 펌프

해설 ▶ 터보펌프 중 효율변화가 큰 펌프는 축류 펌프이다.

42 연료의 배기가스를 화학적으로 액속에 흡수시켜 그 용량의 감소로 가스의 농도를 분석하며 3개의 피펫과 1개의 뷰렛, 2개의 수준병으로 구성된 가스분석 방법은?

① 헴펠(Hempel)법
② 오르자트(Orsat)법
③ 게켈(Gockel)법
④ 직접(Iedimetry)법

해설 ▶ 흡수분석법 중 오르자트 분석법 설명이다.

43 차압식 유량계의 계측 원리는?

① 베르누이의 정리를 이용
② 피스톤의 회전을 적산
③ 전열선의 저항값을 이용
④ 전자유도법칙을 이용

해설 ▶ 차압식 유량계는 베르누이 정리를 이용한 계측기이다.(오리피스, 벤튜리)

44 온도계의 선정방법에 대한 설명 중 틀린 것은?

① 지시 및 기록 등을 쉽게 행할 수 있을 것
② 견고하고 내구성이 있을 것
③ 취급하기가 쉽고 측정하기 간편할 것
④ 피측온체의 화학반응 등으로 온도계에 영향이 있을 것

해설 ▶ 측정하고자 하는 물체의 화학반응 영향이 온도계에 영향이 있으면 정확한 측정이 어렵다.

Answer 39. ④ 40. ④ 41. ② 42. ② 43. ① 44. ④

45 아세틸렌 용기에 충전하는 다공성 물질이 아닌 것은?
① 석면
② 목탄
③ 폴리에틸렌
④ 다공성 플라스틱

해설 다공물질 구성 성분에 폴리에틸렌은 포함되지 않는다.

46 다음 중 압력 환산 값을 서로 옳게 나타낸 것은?
① $1Lb/ft^2 ≒ 0.142kg/cm^2$
② $1kg/cm^2 ≒ 13.7lb/in^2$
③ $1atm ≒ 1033g/cm^2$
④ $76cmHg ≒ 1013dyne/cm^2$

해설 $1atm = 1.033kg/cm^2 = 1033g/cm^2$

47 고압가스안전관리법령에 따라 "상용의 온도에서 압력이 1MPa 이상이 되는 압축가스로서 실제로 그 압력이 1MPa 이상이 되는 경우에는 고압가스에 해당한다." 여기에서 압력은 어떠한 압력을 말하는가?
① 대기압   ② 게이지압력
③ 절대압력 ④ 진공압력

해설 압축가스로서 고압가스 정의에서 온도 정의는 게이지압력을 말한다.

48 다음 중 유해한 유황 화합물 제거방법에서 건식법에 속하지 않는 것은?
① 활성탄 흡착법
② 산화철 접촉법
③ 몰리큘러시이브 흡착법
④ 시이볼트법

해설 시이볼트법은 습식 탈황법에 해당된다.

49 표준 대기압에서 물의 동결(凍結)온도로서 값이 틀린 하나는?
① 0°F   ② 0°C
③ 273K   ④ 492°R

해설 물의 동결온도는 0°C로서 화씨는 32°F다.

50 포스겐에 대한 설명으로 옳은 것은?
① 순수한 것은 무색, 무취의 기체이다.
② 수산화나트륨에 빨리 흡수된다.
③ 폭발성과 인화성이 크다.
④ 화학식은 COCL이다.

해설 포스겐은 제독제로 NaOH(수산화나트륨)과 수산화칼슘($Ca(OH)_2$)이 쓰인다.

51 어떤 액체의 비중이 13.6이다. 액체 표면에서 수직으로 15m 깊이에서의 압력은?
① $2.04kg/cm^2$ ② $20.4kg/cm^2$
③ $2.04kg/m^2$ ④ $20.4kg/mm^2$

해설
$$P = r \cdot h = \frac{13.6g/cm^3 \times (15m \times 100)cm}{(1000g/1kg)}$$
$$= 20.4kg/cm^2$$

Answer 45. ③ 46. ③ 47. ② 48. ④ 49. ① 50. ② 51. ②

52 아세틸렌의 성질에 대한 설명으로 옳은 것은?

① 분해 폭발성이 있는 가스이므로 단독으로 가압하여 충전할 수 없다.
② 염소와 반응하여 염화비닐을 만든다.
③ 염화수소와 반응하여 사염화에탄이 생성된다.
④ 융점은 약 82℃ 정도이다.

해설 아세틸렌은 가압 충격에 의해 분해폭발을 한다.

53 다음 중 냉매로 사용되며 무독성인 기체는?

① CCl_2F_2 ② NH_3
③ CO ④ SO_2

해설 CCl_2F_2는 R-12로 냉동기 냉매이다.

54 에틸렌 제조의 원료로 사용하지 않는 것은?

① 나프타   ② 에탄올
③ 프로판   ④ 염화메탄

해설 에틸렌(C_2H_4)제조시 원료로 사용되지 않는 것은 염화메탄(CH_3Cl)이다.

55 공기 중 함유량이 큰 것부터 차례로 나열된 것은?

① 네온 > 아르곤 > 헬륨
② 네온 > 헬륨 > 아르곤
③ 아르곤 > 네온 > 헬륨
④ 아르곤 > 헬륨 > 네온

해설 공기 중 희가스 함유량
• 아르곤 : 0.934%
• 헬륨 : 0.000524%
• 네온 : 0.0018%

56 가열로에서 20℃ 물 1,000kg을 80℃ 온수로 만들려고 한다. 프로판 가스는 약 몇 kg이 필요한가? (단, 가열로의 열효율은 90%이며, 프로판가스의 열량은 12,000kcal/kg이다.)

① 4.6   ② 5.6
③ 6.6   ④ 7.6

해설
$$\frac{1000kg \times 1 \times (80-20)}{12000 \times 0.9} = 5.6kg$$

57 "기체 혼합물의 전 부피는 동일 온도 및 압력하에서 각 성분 기체의 부분부피의 합과 같다."는 혼합기체의 법칙은?

① Amagat의 법칙   ② Boyle의 법칙
③ Charles의 법칙 ④ Dalton의 법칙

해설 혼합기체에서 전체부피는 부분성분부피의 합과 같다는 법칙은 Amgat의 법칙이다.

58 수소와 산소의 비가 얼마일 때 폭명기라고 하는가?

① 2 : 1   ② 1 : 1
③ 1 : 2   ④ 3 : 2

해설
$$2H_2 + O_2 \rightarrow 2H_2O$$

∴ 2 : 1비율

Answer 52. ① 53. ① 54. ④ 55. ③ 56. ② 57. ① 58. ①

59 다음 ( ) 안의 ①~②에 각각 알맞은 것은?

> 천연가스의 주성분인 메탄(CH_4)은 1kg당 0℃ 1기압에서 기체상태로 1.4m³이며 이것은 (①)℃, 1기압으로 액화하면 체적이 0.0024m³으로 되어 약 (②)로 줄어든다.

① ① −42.1 ② 1/600
② ① −162   ② 1/250
③ ① −162   ② 1/600
④ ① −62   ② 1/250

해설 메탄은 비점 −162℃로서 액화되면 부피가 $\dfrac{1}{600}$로 줄어든다.

60 고체연료인 석탄의 공업분석 항목으로 옳은 것은?

① 탄소
② 회분
③ 수소
④ 질소

해설 석탄 공업분석에서 회분(재)을 분석한다.

Answer 59. ③ 60. ②

가스기능사 2000제 문제은행
CBT 시험대비
▶ 2010년 7월 11일 시행

01 다음 중 폭발한계의 범위가 가장 좁은 것은?
① 프로판
② 암모니아
③ 수소
④ 아세틸렌

해설 ① 프로판 : 2.1 ~ 9.5%
② 암모니아 : 15 ~ 28%
③ 수소 : 4 ~ 75%
④ 아세틸렌 : 2.5 ~ 81%

02 다음 중 같은 용기보관실에 저장이 가능한 가스는?
① 산소, 수소
② 염소, 질소
③ 아세틸렌, 염소
④ 암모니아, 산소

해설 ① 염소 : 조연성
② 질소 : 불연성

03 고압가스용기의 안전점검 기준에 해당되지 않는 것은?
① 용기의 부식, 도색 및 표시 확인
② 용기의 캡이 씌워져 있거나 프로텍터의 부착 여부 확인
③ 재검사 기간의 도래 여부를 확인
④ 용기의 누출을 성냥불로 확인

해설 가스누출 시험시 불을 사용하는 누출시험은 매우 위험하다.

04 액화석유가스 사용시설에서 저장능력이 2톤인 경우 저장설비가 화기 취급장소와 유지하여야 하는 우회거리는 얼마 이상이어야 하는가?
① 2m
② 3m
③ 5m
④ 8m

해설 LPG 2톤 저장설비와 화기이격거리 5m 이상

Answer 1. ① 2. ② 3. ④ 4. ③

05 고압가스에 대한 사고예방설비기준으로 옳지 않은 것은?

① 가연성가스의 가스설비 중 전기설비는 그 설치장소 및 그 가스의 종류에 따라 적절한 방폭 성능을 가지는 것일 것
② 고압가스설비에는 그 설비 안의 압력이 내압압력을 초과하는 경우 즉시 그 압력을 내압압력 이하로 되돌릴 수 있는 안전장치를 설치하는 등 필요한 조치를 할 것
③ 폭발 등의 위해가 발생할 가능성이 큰 특수반응설비에는 그 위해의 발생을 방지하기 위하여 내부반응 감시설비 및 위험사태 발생 방지설비의 설치 등 필요한 조치를 할 것
④ 저장탱크 및 배관에는 그 저장탱크 및 배관이 부식되는 것을 방지하기 위하여 필요한 조치를 할 것

해설 고압가스 설비안전장치 작동압력은 내압시험 압력 × 1.5배 × $\frac{8}{10}$ 에서 작동한다.

06 부탄가스용 연소기의 명판에 기재할 사항이 아닌 것은?

① 연소기명
② 제조자의 형식 호칭
③ 연소기 재질명
④ 제조(로트)번호

해설 연소기 명판에 재질에 관한 것은 기재하지 않는다.

07 0℃, 1atm에서 4L인 기체는 273℃, 1atm일 때 몇 L가 되는가?

① 2   ② 4
③ 8   ④ 12

해설
$$\frac{4L}{273+0°k} = \frac{xL}{273+273°k}$$
∴ $x = 8L$

08 고압가스 운반책임자를 꼭 동승하여야 하는 경우로서 틀린 것은?

① 압축가스인 수소 500m³를 적재하여 운반할 경우
② 압축가스인 수소 800m³를 적재하여 운반할 경우
③ 액화석유가스를 충전한 납붙임 용기 1000kg을 적재하여 운반하는 경우
④ 액화석유가스를 충전한 탱크로리로서 3000kg을 적재하여 운반하는 경우

해설 운반책임자 동승은 액화가스 가연성 3t 이상 시 납붙임 접합용기의 경우 2ton 이상시이다.

09 일반도시가스 사업자 정압기의 분해점검 실시 주기는?

① 3개월에 1회 이상
② 6개월에 1회 이상
③ 1년에 1회 이상
④ 2년에 1회 이상

해설 정압기 분해점검 2년에 1회 이상

Answer 5. ② 6. ③ 7. ③ 8. ③ 9. ④

10 배관용 탄소강관에 아연(Zn)을 도금하는 주된 이유는?

① 미관을 아름답게 하기 위해
② 보온성을 증대하기 위해
③ 내식성을 증대하기 위해
④ 부식성을 증대하기 위해

해설 아연도금의 목적은 부식을 방지하기 위해서이다.(내식성 증대)

11 고압가스를 차량으로 운반할 때 몇 km 이상의 거리를 운행하는 경우에 중간에 휴식을 취한 후 운행하도록 되어 있는가?

① 100
② 200
③ 300
④ 400

해설 고압가스 차량운반시 200km에서 휴식을 취하고 운행한다.

12 액화석유가스를 자동차에 충전하는 충전호스의 길이는 몇 m 이내이어야 하는가?
(단, 자동차 제조공정 중에 설치된 것을 제외한다.)

① 3
② 5
③ 8
④ 10

해설 자동차 충전호스 길이 5m 이내로 설치한다.

13 고압장치 운전 중 점검 사항으로 가장 거리가 먼 것은?

① 가스경보기의 상태
② 진동 및 소음 상태
③ 누출 상태
④ 벨트의 이완 상태

해설 벨트이완 상태 점검은 압축기나 펌프 등 벨트 사용 장치에서 기동하기 전에 점검하는 사항이다.

14 수소 취급 시 주의사항 중 옳지 않은 것은?

① 수소용기의 안전밸브는 가용전식과 파열판식을 병용한다.
② 용기밸브는 오른나사이다.
③ 수소가스는 피로카롤 시약을 사용한 오르자트법에 의한 시험법에서 순도가 98.5% 이상이어야 한다.
④ 공업용 용기 도색은 주황색이고, "연"자 표시는 백색이다.

해설 수소용기 밸브는 왼나사이다.

Answer 10. ③ 11. ② 12. ② 13. ④ 14. ②

15 액화석유가스(LPG)의 기화장치의 액유출 방지장치와 관련한 설명으로 틀린 것은?

① 액유출방지장치 작동여부는 기화장치의 압력계로 확인이 가능하다.
② 액유출 현상의 발생이 감지되면 신속히 기화장치의 입구밸브를 잠그어 더 이상의 액상가스 유입을 막아야 한다.
③ 액유출 현상이 발생되면 대부분 조정기 전단에서 결로 현상이나 성에가 끼는 현상이 발생한다.
④ 액유출 현상이 발생하면 액 팽창에 의해 조정기 및 계량기가 파손될 수 있다.

해설 기화장치의 액유출과 조정기 전단의 결로, 성에 등의 현상은 무관하다.

16 고압가스 배관을 지하에 매설하는 경우의 설치기준으로 틀린 것은?

① 배관은 건축물과는 1.5m, 지하도로 및 터널과는 10m 이상의 거리를 유지한다.
② 독성가스의 배관은 그 가스가 혼입될 우려가 있는 수도시설과는 300m 이상의 거리를 유지한다.
③ 배관은 그 외면으로부터 지하의 다른 시설물과 0.3m 이상의 거리를 유지한다.
④ 지표면으로부터 배관의 외면까지 매설깊이는 산이나 들에서는 1.2m 이상, 그 밖의 지역에서는 1.0m 이상으로 한다.

해설 배관 지하 매설시 산과 들에서 1m 이상이다.

17 에어졸 제조설비 및 에어졸 충전용기 저장소는 화기 및 인화성물질과 얼마 이상의 우회거리를 유지하여야 하는가?

① 5m
② 8m
③ 12m
④ 20m

해설 에어졸 설비와 화기와의 우회거리 8m 이상

18 도시가스 사업소 내에서는 긴급사태 발생 시 필요한 연락을 신속히 할 수 있도록 통신시설을 갖추어야 한다. 이때 인터폰을 설치하는 경우의 통신범위는 어느 것인가?

① 안전관리자가 상주하는 사업소와 현장 사업소와의 사이
② 사업소 내 전체
③ 종업원 상호 간
④ 사업소 책임자와 종업원 상호 간

해설 인터폰은 안전관리자 상주하는 사업소와 현장 사업소 간 일 때 사용된다.

Answer 15. ③ 16. ④ 17. ② 18. ①

19 고압가스 충전용기의 운반 기준으로 틀린 것은?

① 충전용기를 차량에 적재하여 운반할 때는 붉은 글씨로 "위험고압가스"라는 경계표시를 할 것
② 운반 중의 충전용기는 항상 50℃ 이하를 유지할 것
③ 하역 작업 시에는 완충판 위에서 취급하며 이를 항상 차량에 비치할 것
④ 충격을 방지하기 위하여 로프 등으로 결속할 것

해설 충전용기는 40℃ 이하 유지

20 가스 난방기구가 보급되면서 급배기 불량으로 인명사고가 많이 발생한다. 그 이유로 가장 옳은 것은?

① N_2 발생
② CO_2 발생
③ CO 발생
④ 연소되지 않은 생가스 발생

해설 난방기기의 급배기 불량은 CO 중독사고 발생

21 고압가스 특정제조시설의 배관시설에 검지경보장치의 검출부를 설치하여야 하는 장소가 아닌 것은?

① 긴급 차단장치의 부분
② 방호구조물 등에 의하여 개방되어 설치된 배관의 부분
③ 누출된 가스가 체류하기 쉬운 구조인 배관의 부분
④ 슬리브관, 이중관 등에 의하여 밀폐되어 설치된 배관의 부분

해설 가스 검지 경보장치는 개방된 곳에 설치하지 않는다.

22 가연성가스라 함은 공기 중에서 연소하는 가스로서 폭발한계의 상한을 규정하고 있다. 하한값으로 옳은 것은?

① 10퍼센트 이하
② 20퍼센트 이하
③ 10퍼센트 이상
④ 20퍼센트 이상

해설 가연성 가스의 하한은 10% 이하이다.

23 다음 중 동일차량에 적재하여 운반할 수 없는 경우는?

① 산소와 질소
② 질소와 탄산가스
③ 탄산가스와 아세틸렌
④ 염소와 아세틸렌

해설 ① 염소 : 조연성가스
② 아세틸렌 : 가연성가스

Answer 19. ② 20. ③ 21. ② 22. ① 23. ④

24 고압가스안전관리법의 적용을 받는 가스는?
① 철도차량의 에어컨디셔너 안의 고압가스
② 냉동능력 3톤 미만인 냉동설비 안의 고압가스
③ 용접용 아세틸렌가스
④ 액화브롬화메탄 제조설비 외에 있는 액화브롬화메탄

해설 용접용 아세틸렌가스는 고법의 적용을 받는다.

25 아황산가스의 제독제로 갖추어야 할 것이 아닌 것은?
① 가성소다수용액
② 소석회
③ 탄산소다수용액
④ 물

해설 SO_2 제독제 : 가성소다 수용액, 탄산소다수용액, 물

26 도시가스의 유해성분 측정 대상이 아닌 것은?
① 황
② 황화수소
③ 이산화탄소
④ 암모니아

해설 이산화탄소는 도시가스 유해성분의 측정 항목이 아니다.

27 원심식 압축기를 사용하는 냉동설비는 원동기 정격출력 얼마를 1일의 냉동능력 1톤으로 하는가?
① 1.2kW
② 2.4kW
③ 3.6kW
④ 4.8kW

해설 원심압축기 1.2kW를 1일 냉동능력 1톤으로 한다.

28 가스를 사용하려 하는데 밸브에 얼음이 얼어붙었다. 이때 조치방법으로 가장 적절한 것은?
① 40℃ 이하의 더운물을 사용하여 녹인다.
② 80℃의 램프로 가열하여 녹인다.
③ 100℃의 뜨거운 물을 사용하여 녹인다.
④ 가스토치로 가열하여 녹인다.

해설 동결된 밸브는 40℃ 이하의 더운물 또는 열습포를 사용한다.

29 고압가스 배관에서 상용압력이 0.2MPa 이상 1MPa 미만인 경우 공지의 폭은 얼마로 정해져 있는가? (단, 전용 공업지역 이외의 경우이다.)
① 3m 이상
② 5m 이상
③ 9m 이상
④ 15m 이상

해설 상용압력 0.2MPa 이상 1MPa 미만시 공지폭은 9m

Answer 24. ③ 25. ② 26. ③ 27. ① 28. ① 29. ③

30 가연성가스의 발화도 범위가 85℃ 초과 100℃ 이하는 다음 발화도 범위에 따른 방폭전기 기기의 온도등급 중 어디에 해당하는가?
① T3   ② T4
③ T5   ④ T6

해설▶ 발화도 85℃ 초과 100℃ 이하의 방폭전기기기 온도등급 T6

31 원심펌프를 직렬로 연결시켜 운전하면 무엇이 증가하는가?
① 양정   ② 동력
③ 유량   ④ 효율

해설▶ 펌프 직렬 배치는 양정이 증가, 병렬배치 유량의 증가

32 다음 중 용기 파열사고의 원인으로 보기 어려운 것은?
① 용기의 내압력 부족
② 용기 내압의 상승
③ 안전밸브의 작동
④ 용기 내에서 폭발성 혼합가스에 의한 발화

해설▶ 용기의 파열 사고를 방지하기 위해서 안전밸브를 작동하도록 설치한다.

33 가스액화 분리장치 중 원료 가스를 저온에서 분리, 정제하는 장치는?
① 한냉장치
② 정류장치
③ 열교환장치
④ 불순물제거장치

해설▶ 정류장치 : 가스의 분리, 정제

34 수소취성을 방지하기 위해 강에 첨가하는 원소로서 옳은 것은?
① Cr
② Al
③ Mn
④ P

해설▶ 수소취성 방지 첨가 금속원소 : 티탄, 바나듐, 텅스텐, 몰리브덴, 크롬

35 저온 정밀 증류법을 이용하여 주로 분석할 수 있는 가스는?
① 탄화수소의 혼합가스
② SO_2 가스
③ CO_2 가스
④ O_2 가스

해설▶ 저온 정밀 증류법은 탄화수소의 혼합가스 분석에 이용된다.

Answer   30. ④ 31. ① 32. ③ 33. ② 34. ① 35. ①

36 다음 배관재료 중 사용온도 350℃ 이하, 압력 1MPa 이상 10MPa까지의 LPG 및 도시가스의 고압관에 사용되는 것은?

① SPP
② SPW
③ SPPW
④ SPPS

해설 SPPS(압력배관용탄소강강관) : 사용온도 350℃ 이하, 압력은 1MPa에서 10MPa까지의 가스관에 사용한다.

37 계측과 제어의 목적이 아닌 것은?

① 조업조건의 안정화
② 고효율화
③ 작업인원의 증가
④ 안전위생관리

해설 작업인원의 증가와 계측, 제어는 관계없다.

38 고압가스 일반제조시설의 배관 중 압축가스 배관에 반드시 설치하여야 하는 계측기기는?

① 온도계
② 압력계
③ 풍향계
④ 가스분석계

해설 압축가스 배관에 압력계는 반드시 설치할 것

39 고압가스관련 설비에 해당되지 않은 시설은?

① 안전밸브
② 긴급차단장치
③ 특정고압가스용 실린더캐비닛
④ 압력조정기

해설 가스설비에 압력조정기는 해당되지 않는다.

40 수은을 이용한 U자관 압력계에서 액주높이(h) 600mm, 대기압(P_1)은 1kg/cm^{2}일 때 P_2는 약 몇 kg/cm^{2}인가?

① 0.22
② 0.92
③ 1.82
④ 9.16

해설
600mm = 60cm
$$P_2 = 1 + \frac{13.6 \times 60}{1000} = 1.816 \text{kg/cm}^2$$

41 공기액화 분리장치의 이산화탄소 흡수탑에서 가성소다로 이산화탄소를 제거한다. 이 반응식으로 옳은 것은?

① $2NaOH + CO_2 \rightarrow Na_2CO_3 + H_2O$
② $2NaOH + 3CO_2 \rightarrow Na_2CO_3 + 2CO + H_2O$
③ $NaOH + CO_2 \rightarrow Na_2CO_3 + H_2O$
④ $NaOH + 2CO_2 \rightarrow Na_2CO_3 + CO + H_2O$

해설 $2NaOH + CO_2 \rightarrow Na_2CO_3 + H_2O$

42 원심식 압축기의 회전속도를 1.2배로 증가시키면 약 몇 배의 동력이 필요한가?

① 1.2배
② 1.4배
③ 1.7배
④ 2.0배

해설 동력은 $(1.2)^3 = 1.7$배

Answer 36. ④ 37. ③ 38. ② 39. ④ 40. ③ 41. ① 42. ③

43 펌프가 운전 중에 한숨을 쉬는 것과 같은 상태가 되어 토출구 및 흡입구에서 압력계의 바늘이 흔들리며 동시에 유량이 변화하는 현상을 무엇이라고 하는가?

① 캐비테이션(공동현상)
② 워터햄머링(수격작용)
③ 바이브레이션(진동현상)
④ 서어징(맥동현상)

해설 서어징(맥동현상) : 펌프가 운전 중 주기적으로 한숨 쉬는 것처럼 흡입토출구에서 압력계 바늘지침이 흔들리고 유량이 변화하는 현상

44 무급유압축기의 종류가 아닌 것은?

① 카본(Carbon)링식
② 테프론(Teflon)링식
③ 다이어프램(diaphragm)식
④ 브론즈(Bronze)식

해설 무급유 압축기에 브론즈는 해당되지 않는다.

45 액면계로부터 가스가 방출되었을 때 인화 또는 중독의 우려가 없는 가스에만 사용할 수 있는 액면계가 아닌 것은?

① 고정 튜브식
② 회전 튜브식
③ 슬립 튜브식
④ 평형 튜브식

해설 분출되는 액면계 방식에서 평형 튜브식은 해당되지 않는다.

46 다음 중 가스와 그 용도가 옳게 짝지어진 것은?

① 수소 : 경화유제조, 산소 : 용접, 절단용
② 수소 : 경화유제조, 이산화탄소 : 포스겐제조
③ 수소 : 용접, 절단용, 이산화탄소 : 포스겐제조
④ 수소 : 경화유제조, 염소 : 청량음료

해설 ① 수소 : 경화유제조, 용접용
② 산소 : 용접, 절단용

47 1kW의 열량을 환산한 것으로 옳은 것은?

① 536kcal/h   ② 632kcal/h
③ 720kcal/h   ④ 860kcal/h

해설
$1kW = 102kg \cdot m/s$
$1hr = 3600s, \quad 1kcal = 427kg \cdot m$
$\dfrac{102 \times 3600}{427} = 859.953 \, kcal/h$

48 다음 중 $1Nm^3$의 총발열량이 가장 큰 가스는?

① 프로판   ② 부탄
③ 수소   ④ 도시가스

해설
① 프로판 : $24,000 kcal/m^3$
② 수소 : $2580 kcal/m^3$
③ 부탄 : $31,000 kcal/m^3$
④ 도시가스 : $10,500 kcal/m^3$

Answer 43. ④ 44. ④ 45. ④ 46. ① 47. ④ 48. ②

49 다음 화합물 중 탄소의 함유량이 가장 많은 것은?
① CO_2
② CH_4
③ C_2H_4
④ CO

해설 C_2H_4(에틸렌)은 탄소원자가 2개이다.

50 아연, 구리, 은, 코발트 등과 같은 금속과 반응하여 착이온을 만드는 가스는?
① 암모니아
② 염소
③ 아세틸렌
④ 질소

해설 암모니아(NH_3)는 아연, 구리, 은 등과 반응해서 착이온을 형성한다.

51 표준 대기압에서 1BTU 의미는?
① 순수한 물 1kg를 1℃ 변화시키는데 필요한 열량
② 순수한 물 1lb를 1℃ 변화시키는데 필요한 열량
③ 순수한 물 1kg를 1℉ 변화시키는데 필요한 열량
④ 순수한 물 1lb를 1℉ 변화시키는데 필요한 열량

해설 1BTU : 물 1lb를 1℉ 변화시키는데 필요한 열량

52 LPG의 증기압력과 온도와의 관계로서 옳은 것은?
① 온도가 올라감에 따라 압력도 증가한다.
② 온도와 압력과는 관련이 없다.
③ 온도가 올라감에 따라 압력은 떨어진다.
④ 온도가 내려감에 따라 압력도 증가한다.

해설 LPG는 온도가 상승하면 압력도 함께 상승한다.

53 염소의 특징에 대한 설명 중 틀린 것은?
① 염소 자체는 폭발성, 인화성은 없다.
② 상온에서 자극성의 냄새가 있는 맹독성 기체이다.
③ 염소와 산소의 1 : 1 혼합물을 염소폭명기라고 한다.
④ 수분이 있으면 염산이 생성되어 부식성이 강해진다.

해설 염소폭명기는 염소와 수소의 반응이다.

54 천연가스의 주성분인 물질의 분자량은?
① 16
② 32
③ 44
④ 58

해설 천연가스 주성분 CH_4(메탄)으로 분자량 16이다.

Answer 49. ③ 50. ① 51. ④ 52. ① 53. ③ 54. ①

55 도시가스제조소의 패널에 의한 부취제의 농도측정 방법이 아닌 것은?

① 냄새주머니법
② 오더미터법
③ 주사기법
④ 가스분석기법

해설 패널의 부취제 농도측정 방법에 가스분석기법은 해당되지 않는다.

56 8kg의 물을 18℃에서 98℃까지 상승시키는데 표준상태에서 0.034m³의 LP 가스를 연소시켰다. 프로판의 발열량이 24000 kcal/m³이라면 이 때의 열효율은 약 몇 %인가?

① 48.6
② 59.3
③ 66.6
④ 78.4

해설 $$\frac{8 \times 1 \times (98-32)}{0.034 \times 24000} \times 100 = 78.43\%$$

57 화씨온도 86℉는 몇 ℃인가?

① 30
② 35
③ 40
④ 45

해설 $$(86-32) \times \frac{5}{9} = 30℃$$

58 다음 중 독성이며 가연성의 가스는?

① 수소
② 일산화탄소
③ 이산화탄소
④ 헬륨

해설 일산화탄소(CO)는 독성이며 가연성이다.

59 다음 중 저장소의 바닥 환기에 가장 중점을 두어야 하는 가스는?

① 메탄
② 에틸렌
③ 아세틸렌
④ 부탄

해설 부탄(C_4H_{10})은 분자량 58로 공기보다 2배 무겁다. 바닥에(낮은 곳) 체류하므로 주의하여야 한다.

60 산소의 일반적인 특징에 대한 설명으로 틀린 것은?

① 수소와 반응하여 격렬하게 폭발한다.
② 유지류와 접촉시 폭발의 위험이 있다.
③ 공기 중에서 무성 방전시키면 과산화수소(H_2O_2)가 발생된다.
④ 산소의 분압이 높아지면 폭굉범위가 넓어진다.

해설 산소는 무성방전 시키면 오존(O_3)이 생성된다.

Answer 55. ④ 56. ④ 57. ① 58. ② 59. ④ 60. ③

가스기능사 2000제 문제은행

CBT 시험대비
▶ 2010년 10월 3일 시행

01 고압가스판매자가 실시하는 용기의 안전점검 및 유지관리의 기준으로 틀린 것은?
① 용기 아랫부분의 부식상태를 확인할 것
② 완성검사 도래 여부를 확인할 것
③ 밸브의 그랜드너트가 고정핀으로 이탈방지를 위한 조치가 되어 있는지의 여부를 확인할 것
④ 용기캡이 씌워져 있거나 프로텍터가 부착되어 있는지의 여부를 확인할 것

해설 완성검사는 가스설비에 해당되며 판매자의 용기 안전점검과는 무관하다.

02 LP가스의 특징에 대한 설명으로 틀린 것은?
① LP가스는 공기보다 무거워 낮은 곳에 체류하기 쉽다.
② 액체상태의 LP가스는 물보다 가볍고 증발잠열이 매우 작다.
③ 고무, 페인트, 윤활유를 용해시킬 수 있다.
④ 액체상태 LP가스를 기화하면 부피가 약 260배로 현저히 증가한다.

해설 LPG는 액상에서 물보다 가볍고 기체는 공기보다 무겁다. 증발잠열은 매우 크다.

03 가연성 가스의 제조설비 중 전기설비는 방폭성능을 가진 구조로 하여야 한다. 이에 해당되지 않는 가스는?
① 수소
② 프로판
③ 일산화탄소
④ 암모니아

해설 암모니아(NH_3)는 폭발범위가 15~28%로 하한이 10% 이상인 가스로 방폭설비 제외 및 용기밸브도 오른나사이다.

04 산소가스를 용기에 충전할 때의 주의사항에 대한 설명으로 옳은 것은?
① 충전압력은 용기 내부의 산소가 30℃로 되었을 때의 상태로 규제된다.
② 용기 제조일자를 조사하여 유효기간이 경과한 미검용기는 절대로 충전하지 않는다.
③ 미량의 기름이라면 밸브 등에 묻어 있어도 상관없다.
④ 고압밸브를 개폐시에는 신속히 조작한다.

해설 용기 충전시 미검용기는 절대로 충전하지 말 것

Answer 1. ② 2. ② 3. ④ 4. ②

05 공기액화 분리장치에서의 액화산소통 내의 액화산소 5L 중 아세틸렌의 질량이 얼마를 초과할 때 폭발방지를 위하여 운전을 중지하고 액화산소를 방출시켜야 하는가?

① 0.1mg
② 5mg
③ 50mg
④ 500mg

해설 액산 5L 중 아세틸렌 5mg 탄화수소의 탄소 질량 500mg 초과시는 운전 중지 후 액화산소를 방출한다.

06 가연성가스를 취급하는 장소에는 누출된 가스의 폭발사고를 방지하기 위하여 전기설비를 방폭구조로 한다. 다음 방폭구조가 아닌 것은?

① 안전증 방폭구조
② 내열 방폭구조
③ 압력 방폭구조
④ 내압 방폭구조

해설 방폭구조 종류
본질안전 방폭구조, 압력 방폭구조, 유입 방폭구조, 내압 방폭구조, 안전증 방폭구조, 특수 방폭구조

07 도시가스사용시설 중 자연 배기식 반밀폐식 보일러에서 배기통의 옥상돌출부는 지붕면으로부터 수직거리로 몇 cm 이상으로 하여야 하는가?

① 30
② 50
③ 90
④ 100

해설 반밀폐식 보일러 배기톱의 옥상 돌출부는 지붕면에서 수직 100cm 이상으로 한다.

08 도시가스용 가스계량기와 전기개폐기와의 이격거리는 몇 cm 이상으로 하여야 하는가?

① 15
② 30
③ 45
④ 60

해설 가스계량기와 전기개폐기와 이격거리는 60cm 이상일 것

09 용기 파열사고의 원인으로 가장 거리가 먼 것은?

① 용기의 내압력 부족
② 용기 내압의 상승
③ 용기 내에서 폭발성 혼합가스에 의한 발화
④ 안전밸브의 작동

해설 용기의 파열사고를 방지하기 위하여 안전밸브를 설치한다.

10 고압가스시설의 가스누출검지경보장치 중 검지부 설치 수량의 기준으로 틀린 것은?

① 건축물 내에 설치되어 있는 압축기, 펌프 및 열교환기 등 고압가스 설비군의 바닥면 둘레가 22m인 시설에 검지부 2개 설치
② 에틸렌 제조시설의 아세틸렌수첨탑으로서 그 주위에 누출한 가스가 체류하기 위한 장소의 바닥면 둘레가 30m인 경우에 검지부 3개 설치
③ 가열로가 있는 제조설비의 주위에 가스가 체류하기 쉬운 장소의 바닥면 둘레가 18m인 경우에 검지부 1개 설치
④ 염소충전용 접속구 군의 주위에 검지부 2개 설치

해설) 10m인 시설에 검지부 1개 이상 설치

11 액화석유가스의 사용시설 중 관경이 33mm 이상의 배관은 몇 m 마다 고정·부착하는 조치를 하여야 하는가?

① 1 ② 2
③ 3 ④ 4

해설) 관경 33mm 이상일 때는 3m마다 고정·부착한다.

12 차량에 고정된 탱크 중 독성가스는 내용적을 얼마 이하로 하여야 하는가?

① 12,000L ② 15,000L
③ 16,000L ④ 18,000L

해설) 차량 고정탱크의 독성가스 내용적은 12,000L 이하일 것

13 산소 압축기의 내부 윤활유로 사용되는 것은?

① 물 또는 10% 묽은 글리세린수
② 진한 황산
③ 양질의 광유
④ 디젤엔진유

해설) 산소 압축기 윤활유는 물 또는 10% 이하의 묽은 글리세린수를 사용한다.

14 상온에서 압축하면 비교적 쉽게 액화되는 가스는?

① 수소 ② 질소
③ 메탄 ④ 프로판

해설) LPG(프로판, 부탄)는 상온에서 비교적 쉽게 액화된다.

15 다음 중 가장 높은 압력은?

① $8.0mH_2O$ ② $0.82kg/cm^2$
③ $9000kg/m^2$ ④ $500mmHg$

해설) kg/cm^2으로 단위환산하면

$$8.0mH_2O \times \frac{1.033kg/cm^2}{10.33mH_2O} = 0.8kg/cm^2$$

$$9000kg/m^2 \times \frac{1m^2}{100^2cm^2} = 0.9kg/cm^2$$

$$500mmHg \times \frac{1.033kg/cm^2}{760mmHg} = 0.68kg/cm^2$$

Answer 10. ① 11. ③ 12. ① 13. ① 14. ④ 15. ③

16 고압가스 용기 보관의 기준에 대한 설명으로 틀린 것은?

① 용기 보관장소 주위 2m 이내에는 화기를 두지 말 것
② 가연성가스·독성가스 및 산소의 용기는 각각 구분하여 용기 보관장소에 놓을 것
③ 가연성가스를 저장하는 곳에는 방폭형 휴대용 손전등 외의 등화를 휴대하지 말 것
④ 충전용기와 잔가스 용기는 서로 단단히 결속하여 넘어지지 않도록 할 것

해설 용기 보관소에 충전용기와 잔가스 용기는 용기 보관실을 구분하여 저장해야 한다.

17 LPG를 수송할 때의 주의사항으로 틀린 것은?

① 운전 중이나 정차 중에도 허가된 장소를 제외하고는 담배를 피워서는 안 된다.
② 운전자는 운전기술 외에 LPG의 취급 및 소화기 사용 등에 관한 지식을 가져야 한다.
③ 누출됨을 알았을 때는 가까운 경찰서, 소방서까지 직접 운행하여 알린다.
④ 주차할 때는 안전한 장소에 주차하며, 운반책임자와 운전자는 동시에 차량에서 이탈하지 않는다.

해설 LPG 수송시 누출을 감지하면 즉시 안전한 장소에 정차한 뒤 안전한 조치를 취한다.

18 다음 중 용기보관 장소에 대한 설명으로 틀린 것은?

① 용기보관소 경계표지는 해당 용기보관소 또는 보관실의 출입구 등 외부로부터 보기 쉬운 곳에 게시한다.
② 수소 용기보관 장소에는 겨울철 실내온도가 내려가므로 상부의 통풍구를 막아야 한다.
③ 용기보관 장소에는 계량기 등 작업에 필요한 물건 외에는 두지 않는다.
④ 가연성가스와 산소의 용기는 각각 구분하여 용기보관 장소에 놓는다.

해설 수소 가스는 폭발 위험성이 높은 가연성 가스이므로 수소용기 보관장소는 통풍구를 밀폐해서는 안 된다.

19 가연성가스와 산소의 혼합비가 완전 산화에 가까울수록 발화지연은 어떻게 되는가?

① 길어진다.   ② 짧아진다.
③ 변함이 없다   ④ 일정치 않다.

해설 가연성가스와 산소 혼합비가 완전 산화에 가깝게 되면 발화시간은 짧아지게 된다.

20 액화석유가스를 충전하는 충전용 주관의 압력계는 국가표준기준법에 의한 교정을 받은 압력계로 몇 개월마다 한 번 이상 그 기능을 검사하여야 하는가?

① 1개월   ② 2개월
③ 3개월   ④ 4개월

해설 충전용 주관 압력계는 1개월에 1회 교정검사

Answer 16. ④ 17. ③ 18. ② 19. ② 20. ①

21 다음 중 가연성이며 독성인 가스는?

① 아세틸렌, 프로판
② 수소, 이산화탄소
③ 암모니아, 산화에틸렌
④ 아황산가스, 포스겐

해설 ① 암모니아 : 독성 25ppm, 가연성 15~25%
② 산화에틸렌 : 독성 50ppm, 가연성 3~80%

22 국내 일반가정에 공급되는 도시가스(LNG)의 발열량은 약 몇 kcal/m³인가? (단, 도시가스 월사용 예정량의 산정기준에 따른다.)

① 9,000
② 10,000
③ 11,000
④ 12,000

해설 도시가스 월사용 예정량 산정기준에서 도시가스 발열량은 11,000kcal/m³이다.

23 다음 중 아세틸렌, 암모니아 또는 수소와 동일 차량에 적재 운반할 수 없는 가스는?

① 염소
② 액화석유가스
③ 질소
④ 일산화탄소

해설 염소가스는 아세틸렌, 암모니아, 수소와 동일 차량에 적재 운반하지 않는다.

24 저장설비나 가스설비를 수리 또는 청소할 때 가스치환작업을 생략할 수 있는 경우가 아닌 것은?

① 가스설비의 내용적이 2m³ 이하일 경우
② 작업원이 설비 내부로 들어가지 않고 작업할 경우
③ 출입구의 밸브가 확실하게 폐지되어 있고 내용적 5m³ 이상의 가스설비에 이르는 사이에 2개 이상의 밸브를 설치한 경우
④ 설비의 간단한 청소, 가스켓의 교환이나 이와 유사한 경미한 작업일 경우

해설 가스 저장설비나 가스설비 수리, 청소시 가스치환을 생략하는 경우 내용적이 1m³ 이하 일 때 이다.

25 시안화수소의 충전시 사용되는 안정제가 아닌 것은?

① 암모니아
② 황산
③ 염화칼슘
④ 인산

해설 시안화수소(HCN)은 수분과 중합반응하므로 안정제로는 황산, 아황산, 인산, 염화칼슘 등이 쓰인다.

Answer 21. ③ 22. ③ 23. ① 24. ① 25. ①

26 특정고압가스 사용시설의 시설기준 및 기술기준으로 틀린 것은?

① 저장설비의 주위에는 보기 쉽게 경계표지를 할 것
② 가스설비에는 그 설비의 안전을 확보하기 위하여 습기 등으로 인한 부식방지조치를 할 것
③ 독성가스의 감압설비와 그 가스의 반응설비간의 배관에는 일류방지장치를 할 것
④ 고압가스의 저장량이 300kg 이상인 용기 보관실의 벽은 방호벽으로 할 것

해설) 독성가스 감압설비와 반응설비 간의 배관에는 역류방지 장치를 설치한다.

27 내용적이 1m³인 밀폐된 공간에 프로판을 누출시켜 폭발시험을 하려고 한다. 이론적으로 최소 몇 L의 프로판을 누출시켜야 폭발이 이루어지겠는가? (단, 프로판의 폭발범위는 2.1~9.5%이다.)

① 2.1
② 9.5
③ 21
④ 95

해설) 1000L × 0.021 = 21L

28 프레온 냉매가 실수로 눈에 들어갔을 경우 눈 세척에 사용되는 약품으로 가장 적당한 것은?

① 바세린
② 약한 붕산 용액
③ 농피크린산 용액
④ 유동 파라핀

해설) 프레온 가스가 눈에 들어가게 되면 희 붕산 용액으로 세척한다.

29 액화가스를 충전하는 탱크는 그 내부에 액면요동을 방지하기 위하여 무엇을 설치하여야 하는가?

① 방파판
② 안전밸브
③ 액면계
④ 긴급차단장치

해설) 탱크 내부에 액면요동을 방지하기 위해서 방파판을 설치한다.

30 가스 검지시의 지시약과 그 반응색의 연결이 옳지 않은 것은?

① 산성가스 – 리트머스지 : 적색
② $COCl_2$ – 하리슨씨시약 : 심등색
③ CO – 염화파라듐지 : 흑색
④ HCN – 질산구리벤젠지 : 적색

해설) 시안화수소(HCN)은 질산구리벤젠지로 검지하며 청색으로 변색된다.

Answer 26. ③ 27. ③ 28. ② 29. ① 30. ④

31 다음 중 고압가스 충전시설 시설기준에서 풍향계를 설치하여야 하는 가스는?

① 액화석유가스
② 압축산소가스
③ 액화질소가스
④ 암모니아가스

해설 암모니아는 독성가스이므로 풍향계를 설치하여야 한다.

32 LP가스를 도시가스와 비교하여 사용시 장점으로 옳지 않은 것은?

① LP가스는 열용량이 크기 때문에 작은 배관경으로 공급할 수 있다.
② LP가스는 연소용 공기 또는 산소가 다량으로 필요하지 않는다.
③ LP가스는 입지적 제약이 없다.
④ LP가스는 조성이 일정하다.

해설 LP가스는 연소공기가 도시가스보다 많이 필요하다.

33 다음 정압기 중 고차압이 될수록 특성이 좋아지는 것은?

① Reynolds식
② axial flow식
③ Fisher식
④ KRF식

34 압축기가 과열 운전되는 원인으로 가장 거리가 먼 것은?

① 압축비 증대
② 윤활유 부족
③ 냉동부하의 감소
④ 냉매량 부족

해설 압축기 과열원인
압축비 증대, 가스량(냉매량)의 부족, 윤활유 부족

35 다음 중 아세틸렌 및 합성용 가스의 제조에 사용되는 반응장치는?

① 부분연소식
② 탑식 반응기
③ 유동층식 접촉반응기
④ 내부 연소식 반응기

해설 아세틸렌 합성가스 제조에는 내부 연소식 반응기가 사용된다.

36 백금 - 백금로듐 열전대 온도계의 온도 측정 범위로 옳은 것은?

① $-180 \sim 350°C$
② $-20 \sim 800°C$
③ $0 \sim 1600°C$
④ $300 \sim 2000°C$

해설 열전대 온도계에서 열전대상 백금-백금로듐 측온범위는 $0 \sim 1600°C$이다.

Answer 31. ④ 32. ② 33. ② 34. ③ 35. ④ 36. ③

37 한 쪽 조건이 충족되지 않으면 다른 제어는 정지되는 자동제어 방식은?

① 피드백　② 시퀀스
③ 인터록　④ 프로세스

해설 인터록 장치는 오조작 방지 장치로 사용하므로 한 조건이 충족되지 않으면 작동되지 않는다.

38 압축기에 사용하는 윤활유 선택시 주의사항으로 틀린 것은?

① 사용가스와 화학반응을 일으키지 않을 것
② 인화점이 높을 것
③ 정제도가 높고 잔류탄소의 양이 적을 것
④ 점도가 적당하고 항유화성이 적을 것

해설 압축기 윤활유는 항유화성이 커야 한다.

39 다음 중 흡수 분석법의 종류가 아닌 것은?

① 헴펠법
② 활성알루미나겔법
③ 오르자트법
④ 게겔법

해설 흡수 분석법
헴펠법, 오르자트법, 게겔법

40 다음 중 2차 압력계이며 탄성을 이용하는 대표적인 압력계는?

① 부르동관식 압력계
② 수은주 압력계
③ 벨로우즈식 압력계
④ 자유피스톤형 압력계

해설 압력계에서 탄성을 이용한 2차 압력계로는 부르동관식이 대표적이다.

41 다음 중 초저온 저장탱크에 사용하는 재질로 적당하지 않은 것은?

① 탄소강
② 18-8 스테인리스강
③ 9% Ni강
④ 동합금

해설 탄소강은 초저온 저장탱크에 사용되는 재료로서 부적당하다.

42 아세틸렌의 정성시험에 사용되는 시약은?

① 질산은　② 구리암모니아
③ 염산　④ 피로카롤

해설 아세틸렌 품질검사에서 정성시험에 사용되는 시약은 질산은($AgNO_3$)시약이다.

43 크로멜 - 알루멜(K형) 열전대에서 크로멜의 구성 성분은?

① Ni - Cr　② Cu - Cr
③ Fe - Cr　④ Mn - Cr

해설 크로멜은 Ni 90%, Cr 10%

Answer 37. ③　38. ④　39. ②　40. ①　41. ①　42. ①　43. ①

44 외경이 300mm이고, 두께가 30mm인 가스용 폴리에틸렌(PE)관의 사용 압력범위는?

① 0.4MP 이하
② 0.25MP 이하
③ 0.2MP 이하
④ 0.1MP 이하

해설 $SDR = \dfrac{300}{30} = 10$, SDR 11 이하이므로 최고 사용압력은 0.4MPa 이하에서 사용

45 액화가스 충전에는 액펌프와 압축기가 사용될 수 있다. 이때 압축기를 사용하는 경우의 특징이 아닌 것은?

① 충전시간이 짧다.
② 베이퍼록 등 운전상 장애가 일어나기 쉽다.
③ 재액화 현상이 일어날 수 있다.
④ 잔가스의 회수가 가능하다.

해설 베이퍼록은 펌프에서 발생되는 현상이다.

46 대기압이 $1.033 kg_f/cm^2$일 때 산소 용기에 달린 압력계의 읽음이 $10 kg_f/cm^2$이었다. 이때의 계기압력은 몇 kg_f/cm^2 인가?

① 1.033
② 8.976
③ 10
④ 11.033

해설 압력계는 대기압을 0으로 하여 측정한 압력이다. 그러므로 $10 kg_f/cm^2$ 이다.

47 다음 중 희(稀)가스가 아닌 것은?

① He
② Kr
③ Xe
④ O_3

해설 O_3(오존)은 산소를 무성 방전시키면 생성되는 물질로 독성이 있으며 희가스에 속하지 않는다. 희가스는 주기율 0족 기체로 안정된 기체이다.

48 수돗물의 살균과 섬유의 표백용으로 주로 사용되는 가스는?

① F_2
② Cl_2
③ O_2
④ CO_2

해설 수돗물 살균 소독에 염소(Cl_2)를 사용한다.

49 1기압, 150℃에서의 가스상 탄화수소의 점도가 가장 높은 것은?

① 메탄
② 에탄
③ 프로필렌
④ n – 부탄

50 다음 중 산화철이나 산화알루미늄에 의해 중합반응을 하는 가스는?

① 산화에틸렌
② 시안화수소
③ 에틸렌
④ 아세틸렌

해설 산화에틸렌은 산, 알칼리, 산화철, 산화알루미늄 등과 중합반응을 한다.

Answer 44. ① 45. ② 46. ③ 47. ④ 48. ② 49. ① 50. ①

51 수분이 존재할 때 일반 강재를 부식시키는 가스는?

① 일산화탄소 ② 수소
③ 황화수소 ④ 질소

해설 수분 존재시 일반 강재 부식시키는 가스는 황화수소(H_2S)이다 금, 백금 외에는 거의 모든금속과 반응한다.

52 산화에틸렌에 대한 설명으로 틀린 것은?

① 산화에틸렌의 저장탱크에는 그 저장탱크 내용적의 90%를 초과하는 것을 방지하는 과충전 방지조치를 한다.
② 산화에틸렌 제조설비에는 그 설비로부터 독성가스가 누출될 경우 그 독성가스로 인한 중독을 방지하기 위하여 제독설비를 설치한다.
③ 산화에틸렌 저장탱크는 45℃에서 그 내부 가스의 압력이 0.4MPa 이상이 되도록 탄산가스를 충전한다.
④ 산화에틸렌을 충전한 용기는 충전 후 24시간 정치하고 용기에 충전연월일을 명기한 표지를 붙인다.

해설 산화에틸렌은 질소 또는 탄산가스로 치환하고 항상 5℃ 이하로 유지한다.

53 이산화탄소에 대한 설명으로 틀린 것은?

① 공기보다 무겁다.
② 무색, 무취의 기체이다.
③ 상온에서 액화가 가능하다.
④ 물에 녹으면 강알칼리성을 나타낸다.

해설 이산화탄소(CO_2)는 물에 녹으면 약산이 된다.

54 다음 중 착화온도가 가장 낮은 것은?

① 메탄 ② 일산화탄소
③ 프로판 ④ 수소

55 수소 가스와 등량 혼합시 폭발성이 있는 가스는?

① 질소 ② 염소
③ 아세틸렌 ④ 암모니아

해설 수소와 염소는 폭발적으로 반응한다.
염소 폭명기 $H_2 + Cl_2 \rightarrow 2HCl$

56 가스의 기초법칙에 대한 설명으로 옳은 것은?

① 열역학 1법칙 : 100%의 효율을 가지고 있는 열기관은 존재하지 않는다.
② 그라함(Graham)의 확산법칙 : 기체의 확산(유출)속도는 그 기체의 분자량(밀도)의 제곱근에 반비례한다.
③ 아마가트(Amagat)의 분압법칙 : 이상기체 혼합물의 전체압력은 각 성분 기체의 분압의 합과 같다.
④ 돌턴(Dalton)의 분용법칙 : 이상기체 혼합물의 전체부피는 각 성분의 부피의 합과 같다.

해설 기체의 확산에서 확산속도는 밀도(분자량)의 제곱근에 반비례 한다는 법칙은 graham의 법칙이다.

Answer 51. ③ 52. ④ 53. ④ 54. ③ 55. ② 56. ②

57 가스의 연소와 관련하여 공기 중에서 점화원 없이 연소하기 시작하는 최저온도를 무엇이라 하는가?

① 인화점
② 발화점
③ 끓는점
④ 융해점

해설 ① 발화점(착화점) : 점화원 없이 가열하여 연소하는 온도를 말한다.
② 인화점 : 점화원이 있는 상태에서 가열하여 연소하는 온도를 말한다.

58 내용적이 48m³인 LPG 저장탱크에 부탄 18톤을 충전한다면 저장탱크 내의 액체 부탄의 용적은 상용의 온도에서 저장탱크 내용적의 약 몇 %가 되겠는가? (단, 저장탱크 상온온도에 있어서의 액체 부탄의 비중은 0.55로 한다.)

① 58
② 68
③ 78
④ 88

해설
$$V = \frac{18000\text{kg}}{0.55\text{kg/L}} = 32727.3\text{L} = 32.727\text{m}^3$$

$$\therefore \frac{32.727\text{m}^3}{48\text{m}^3} \times 100 = 68.18\%$$

59 다음 LNG와 SNG에 대한 설명으로 옳은 것은?

① LNG는 액화석유가스를 말한다.
② SNG는 각종 도시가스의 총칭이다.
③ 액체 상태의 나프타를 LNG라 한다.
④ SNG는 대체 천연가스 또는 합성 천연가스를 말한다.

해설 대체 천연가스 또는 합성 천연가스를 SNG라고 한다.

60 수소의 용도에 대한 설명으로 가장 거리가 먼 것은?

① 암모니아 합성가스의 원료로 이용
② 2000℃ 이상의 고온을 얻어 인조보석, 유리제조 등에 이용
③ 산화력을 이용하여 니켈 등 금속의 산화에 사용
④ 기구나 풍선 등에 충전하여 부양용으로 사용

해설 금속산화에는 산소(O_2)를 사용한다.

Answer 57. ② 58. ② 59. ④ 60. ③

가스기능사 2000제 문제은행

CBT 시험대비
● 2011년 2월 13일 시행

01 조정 압력이 3.3kPa 이하인 LP가스용 조정기 안전장치의 작동정지 압력은?
① 5.04~7.0kPa ② 5.60~7.0kPa
③ 5.04~8.4kPa ④ 5.60~8.4kPa

해설 조정압력이 3.3kPa인 것의 안전장치 작동정지압력은 5.04~8.4kPa로서 단단 감압식 저압 조정기이다.

02 다음 중 아황산가스의 제독제가 아닌 것은?
① 소석회
② 가성소다 수용액
③ 탄산소다 수용액
④ 물

해설 아황산(SO_2)제독제 : 가성소다 수용액, 탄산소다 수용액, 물

03 물체의 상태변화 없이 온도변화만 일으키는 데 필요한 열량을 무엇이라고 하는가?
① 현열   ② 잠열
③ 열용량 ④ 대사량

해설 상태의 변화 없이 온도변화에 필요한 열량은 현열이라고 한다.
온도의 변화 없이 상태 변화에 필요한 열량은 잠열이라고 한다.

04 다음 중 지진 감지장치를 반드시 설치하여야 하는 도시 가스 시설은?
① 가스도매사업자 인수기지
② 가스도매사업자 정압기지
③ 일반도시가스사업자 제조소
④ 일반가스도시사업자 정압기

해설 지진감지장치 설치 시설은 가스도매사업자의 정압기지이다.

05 아세틸렌을 용기에 충전시 미리 용기에 다공물질을 채우는데 이때 다공도의 기준은?
① 75% 이상 92% 미만
② 80% 이상 95% 미만
③ 95% 이상
④ 98% 이상

해설 아세틸렌 다공도는 75% 이상 92% 미만이다.

06 가연성 가스라 함은 폭발 한계의 상한과 하한의 차가 몇 % 이상인 것을 말하는가?
① 10%   ② 20%
③ 30%   ④ 40%

해설 가연성 가스는 폭발한계의 상한과 하한의 차가 20% 이상 또는 하한이 10% 이하인 것을 말한다.

Answer 1. ③ 2. ① 3. ① 4. ② 5. ① 6. ②

07 체적 0.8m³의 용기에 16kg의 가스가 들어있다면 이 가스의 밀도는?

① 0.05kg/m³
② 8kg/m³
③ 16kg/m³
④ 20kg/m³

해설 가스밀도는 단위 부피당 질량
즉, $\dfrac{16kg}{0.8m^3} = 20kg/m^3$

08 암모니아가스 검지경보장치는 검지에서 발신까지 걸리는 시간은 얼마 이내로 하는가?

① 30초
② 1분
③ 2분
④ 3분

해설 암모니아 검지경보장치의 검지에서 발신까지는 1분 이내일 것

09 공기 중에서 폭발범위가 가장 넓은 가스는?

① C_2H_4O
② CH_4
③ C_2H_4
④ C_3H_8

해설 폭발범위
- C_2H_4O(산화에틸렌) : 3~80%
- CH_4 (메탄) : 5~15%
- C_2H_4 (에틸렌) : 2.7~36%
- C_3H_8 (프로판) : 2.1~9.5%

10 가정에서 액화석유가스(LPG)가 누출될 때 가장 쉽게 식별할 수 있는 방법은?

① 냄새로 식별
② 리트머스 시험지 색깔로 식별
③ 누출시 발생되는 흰색 연기로 식별
④ 성냥 등으로 점호시켜 봄으로써 식별

해설 LPG 부취제 첨가로 누출시 취기로 식별가능

11 충전 용기를 차량에 적재하여 운반하는 도중에 주차하고자 할 때의 주의사항으로 옳지 않은 것은?

① 충전 용기를 적재한 차량은 제 1종 보호시설로부터 15m 이상 떨어지고, 제 2종 보호시설이 밀집된 지역은 가능한 한 피한다.
② 주차 시에는 엔진을 정지시킨 후 주차브레이크를 걸어 놓는다.
③ 주차를 하고자 하는 주위의 교통상황, 지형조건, 화기 등을 고려하여 안전한 장소를 택하여 주차한다.
④ 주차 시에는 긴급한 사태에 대비하여 바퀴 고정목을 사용하지 않는다.

해설 가스 운반차량 주차시 차량 정지목을 사용하면 안전하다. (정지목 5000ℓ 이상)

Answer 7. ④ 8. ② 9. ① 10. ① 11. ④

12 헬라이트 토치를 사용하여 프레온의 누출검사를 할 때 다량으로 누출될 때의 색깔은?

① 황색 ② 청색
③ 녹색 ④ 자색

해설 헬라이트 토치로 프레온 누출 검사시 양에 따라서 청색 → 녹색 → 자색 → 불꺼짐

13 도시가스 공급시설 중 저장탱크 주위의 온도상승 방지를 위하여 설치하는 고정식 물분무장치의 단위면적당 방사 능력의 기준은? (단, 단열재를 피복한 준 내화구조 저장탱크가 아니다.)

① 2.5L/분·m² 이상
② 5L/분·m² 이상
③ 7.5L/분·m² 이상
④ 10L/분·m² 이상

해설 저장탱크 물분무장치, 물 방사능력
준내화구조 : 2.5L/분·m²
노출된구조 : 5L/분·m²

14 고압가스 일반제조시설의 밸브가 돌출한 충전용기에서 고압가스를 충전한 후 넘어짐 방지조치를 하지 않아도 되는 용량의 기준은 내용적이 몇 L일 때인가?

① 5   ② 10
③ 20 ④ 50

해설 충전용기의 넘어짐 방지조치를 하지 않아도 되는 내용적은 5L 미만

15 고압가스 설비에 설치하는 압력계의 최고눈금에 대한 측정범위의 기준으로 옳은 것은?

① 상용압력의 1.0배 이상, 1.2배 이하
② 상용압력의 1.2배 이상, 1.5배 이하
③ 상용압력의 1.5배 이상, 2.0배 이하
④ 상용압력의 2.0배 이상, 3.0배 이하

해설 가스설비 압력계 눈금범위는 상용압력의 1.5~2배 이하일 것

16 차량에 고정된 탱크운반차량에서 돌출부속품의 보호조치에 대한 설명으로 틀린 것은?

① 후부취출식 탱크의 주밸브는 차량의 뒷범퍼와 수평 거리가 30cm 이상 떨어져 있어야 한다.
② 부속품이 돌출된 탱크는 그 부속품의 손상으로 가스가 누출되는 것을 방지하는 조치를 하여야 한다.
③ 탱크주밸브와 긴급차단장치에 속하는 밸브를 조작상자 내에 설치한 경우 조작상자와 차량의 뒷범퍼와 수평 거리는 20cm 이상 떨어져야 한다.
④ 탱크주밸브 및 긴급차단장치에 속하는 중요한 부속품이 돌출된 저장탱크는 그 부속품을 차량의 좌측면이 아닌 곳에 설치한 단단한 조작상자 내에 설치하여야 한다.

해설
• 후부취출식 저장탱크 : 주밸브와 뒷범퍼는 40cm 이상 수평거리 유지
• 기타(측부 취출식) : 저장탱크 후면과 뒷범퍼는 30cm 이상 조작상자와 뒷범퍼는 20cm 이상 수평거리 유지

Answer 12. ④ 13. ② 14. ① 15. ③ 16. ①

17 압축 또는 액화 그 밖의 방법으로 처리할 수 있는 가스의 용적이 1일 100m³ 이상인 사업소는 압력계를 몇 개 이상으로 비치하도록 되어 있는가?

① 1
② 2
③ 3
④ 4

해설 1일 100m³ 처리하는 가스사업소 표준 압력계는 2개 이상 비치할 것

18 LPG 충전·집단공급 저장시설의 공기에 의한 내압 시험시 상용압력의 일정 압력 이상으로 승압한 후 단계적으로 승압시킬 때, 상용압력의 몇 %씩 증압 시켜 내압시험 압력에 도달하였을 때 이상이 없어야 하는가?

① 5
② 10
③ 15
④ 20

해설 LPG 저장공급시설 내압 시험시 상용압력의 10%씩 증가시켜 승압할 때 이상이 없을 것

19 고압가스 저장탱크 및 처리설비에 대한 설명으로 틀린 것은?

① 가연성 저장탱크를 2개 이상 인접 설치시에는 0.5m 이상의 거리를 유지한다.
② 지면으로부터 매설된 저장탱크 정상부까지의 깊이는 60cm 이상으로 한다.
③ 저장탱크를 매설한 곳의 주위에는 지상에 경계 표시를 한다.
④ 독성가스 저장탱크실과 처리 설비실에는 가스누출검지경보장치를 설치한다.

해설 인접한 저장탱크 이격거리는 두 개의 저장탱크 최대직경을 합산한 것의 1/4 거리로 하나 1m 이하일 경우는 1m로 한다.

20 고압가스의 분출에 대하여 정전기가 가장 발생되기 쉬운 경우는?

① 가스가 충분히 건조되어 있을 경우
② 가스 속에 고체의 미립자가 있을 경우
③ 가스의 분자량이 작은 경우
④ 가스의 비중이 큰 경우

해설 가스분출시 고체 미립자가 존재하게 되면 정전기가 발생되기 쉽다.

Answer 17. ② 18. ② 19. ① 20. ②

21 용기의 내부에 절연유를 주입하여 불꽃, 아크 또는 고온 발생 부분이 기름 속에 잠기게 함으로써 기름면 위에 존재하는 가연성 가스에 인화되지 않도록 한 방폭구조는?

① 압력 방폭구조
② 유입 방폭구조
③ 내압 방폭구조
④ 안전증 방폭구조

해설 용기내부에 절연유 주입으로 방폭하는 구조는 유입 방폭구조이다.

22 프로판 15vol%와 부탄 85vol%로 혼합된 가스의 공기 중 폭발하한값은 얼마인가?

① 1.84
② 1.88
③ 1.94
④ 1.98

해설
$$\frac{15}{2.1} + \frac{85}{1.8} = \frac{100}{L}$$
∴ $L = 1.839$

23 수성가스의 주성분으로 바르게 이루어진 것은?

① CO, CO_2
② CO_2, N_2
③ CO, H_2O
④ CO, H_2

해설 수성가스 : CO + H_2

24 고압가스 용기 보관실에 충전 용기를 보관할 때의 기준으로 틀린 것은?

① 충전 용기와 잔가스 용기는 각각 구분하여 용기보관 장소에 놓는다.
② 용기보관장소 주위의 5m 이내에는 화기 또는 인화성 물질이나 발화성 물질을 두지 아니한다.
③ 충전 용기는 항상 40℃ 이하의 온도를 유지하고, 직사광선을 받지 않도록 조치한다.
④ 가연성가스 용기보관장소에는 방폭형 휴대용 손전등 외의 등화를 휴대하고 들어가지 아니한다.

해설 용기보관소 주위 2m 이내에 화기 또는 인화성, 발화성 물질을 두지 않을 것

25 LPG 사용시설의 고압배관에서 이상 압력 상승시 압력을 방출할 수 있는 안전장치를 설치하여야 하는 저장능력의 기준은?

① 100kg 이상
② 150kg 이상
③ 200kg 이상
④ 250kg 이상

해설 LPG 사용시설에서 저장능력 250kg 이상일 때는 압력방출 안전장치를 설치할 것

Answer 21. ② 22. ① 23. ④ 24. ② 25. ④

26 고압가스 판매소의 시설기준에 대한 설명으로 틀린 것은?

① 충전용기의 보관실은 불연재료를 사용한다.
② 가연성가스·산소 및 독성가스의 저장실은 각각 구분하여 보관한다.
③ 용기보관실 및 사무실은 동일 부지 안에 설치하지 않는다.
④ 산소, 독성가스 또는 가연성가스를 보관하는 용기보관실의 면적은 각 고압가스별로 10m² 이상으로 한다.

해설 고압가스 판매소에서 용기보관시설과 사무실은 동일부지 안에 설치하여야 한다.

27 액화석유가스(LPG) 이송방법과 관련이 먼 것은?

① 압력차에 의한 방법
② 온도차에 의한 방법
③ 펌프에 의한 방법
④ 압축기에 의한 방법

해설 LPG 이송방법
① 압축기에 의한 이송
② 펌프에 의한 이송
③ 차압(압력차)에 의한 이송

28 다음은 어떤 안전 설비에 대한 설명인가?

> 설비가 잘못 조작되거나 정상적인 제조를 할 수 없는 경우 자동으로 원재료의 공급을 차단시키는 등 고압가스 제조설비 안의 제조를 제어하는 기능을 한다.

① 안전밸브
② 긴급차단장치
③ 인터록기구
④ 벤트스택

해설 인터록 장치 : 오조작 방지장치

29 다음 각 금속재료의 가스 작용에 대한 설명으로 옳은 것은?

① 수분을 함유한 염소는 상온에서도 철과 반응하지 않으므로 철강의 고압용기에 충전할 수 있다.
② 아세틸렌은 강과 직접 반응하여 폭발성의 금속 아세틸라이드를 생성한다.
③ 일산화탄소는 철족의 금속과 반응하여 금속카르보닐을 생성한다.
④ 수소는 저온, 저압하에서 질소와 반응하여 암모니아를 생성한다.

해설 일산화탄소는 철, 니켈, 코발트 등과 반응하여 금속카르보닐을 생성한다.

Answer 26. ③ 27. ② 28. ③ 29. ③

30 염소가스 저장탱크의 과충전 방지장치는 가스 충전량이 저장탱크 내용적의 몇 %를 초과할 때 가스충전이 되지 않도록 동작하는가?

① 60%
② 70%
③ 80%
④ 90%

해설) 저장탱크의 과충전 방지장치는 내용적 90% 초과시 작동되도록 설정한다.

31 초저온용 가스를 저장하는 탱크에 사용되는 단열재의 구비조건으로 틀린 것은?

① 밀도가 클 것
② 흡수성이 없을 것
③ 열전도도가 작을 것
④ 화학적으로 안정할 것

해설) 초저온용 단열재는 밀도가 작고 흡습성이 없고, 열전도도가 작아야 한다.

32 다음 중 특정설비가 아닌 것은?

① 차량에 고정된 탱크
② 안전밸브
③ 긴급차단장치
④ 압력조정기

해설) 특정설비에 압력 조정기는 해당되지 않는다.

33 코일장에 감겨진 백금선의 표면으로 가스가 산화 반응할 때의 발열에 의해 백금선의 저항 값이 변화하는 현상을 이용한 가스검지 방법은?

① 반도체식
② 기체열전도식
③ 접촉연소식
④ 액체열전도식

해설) 접촉연소식 가스검지기는 백금선 표면에서 가스 산화반응으로 인한 온도상승으로 백금선의 저항값 변화를 측정하는 원리이다.

34 고압가스 용기에 사용되는 강의 성분원소 중 탄소, 인, 황 및 규소의 작용에 대한 설명으로 옳지 않은 것은?

① 탄소량이 증가하면 인장강도는 증가한다.
② 황은 적열취성의 원인이 된다.
③ 인은 상온취성의 원인이 된다.
④ 규소량이 증가하면 충격치는 증가한다.

해설) 용기재질에 탄소 함유량이 높아지면 강도와 경도가 증가한다.
황은 적열취성, 인은 상온취성, 규소는 탄성한도, 강도·경도는 증가하나 연신율, 충격치는 감소한다.

Answer 30. ④ 31. ① 32. ④ 33. ③ 34. ④

35 햄프슨식이라고도 하며 저장조 상부로부터 압력과 저장조 하부로부터의 압력의 차로서 액면을 측정하는 것은?

① 부자식 액면계
② 차압식 액면계
③ 편위식 액면계
④ 유리관식 액면계

해설 햄프슨식은 액화산소등 초저온에 사용되며 차압식 원리이다.

36 LP가스 이송설비에서 펌프를 이용한 것에 비해 압축기를 이용한 충전방법의 특징이 아닌 것은?

① 충전시간이 길다.
② 잔가스 회수가 가능하다.
③ 압축기의 오일이 탱크에 들어가 드레인의 원인이 된다.
④ 베이퍼록 현상이 없다.

해설 LPG 이송에서 펌프 이용시보다 압축기를 이용하면 이·충전 작업시간이 짧다.

37 액주식 압력계에 사용되는 액체의 구비조건으로 틀린 것은?

① 화학적으로 안정되어야 한다.
② 모세관 현상이 없어야 한다.
③ 점도와 팽창계수가 작아야 한다.
④ 온도변화에 의한 밀도 변화가 커야 한다.

해설 마노미터(액주계)봉입액체의 특징
① 점성이 작을 것
② 온도변화에 의한 밀도가 작을 것
③ 모세관 현상과 표면 장력이 작을 것
④ 화학적으로 안정되고 휘발성, 활성이 작을 것

38 다음 중 액면계의 측정방식에 해당하지 않는 것은?

① 압력식   ② 정전용량식
③ 초음파식 ④ 환상천평식

해설 링 밸런스식(환상천평식)은 압력계 종류이다.

39 대기 차단식 가스보일러에서 반드시 갖추어야 할 장치가 아닌 것은?

① 저수위안전장치
② 압력계
③ 압력팽창탱크
④ 헛불방지장치

해설 대기 차단식 가스보일러에서 저수위 안전장치는 갖추지 않아도 된다.

40 흡입압력이 대기압과 같으며 최종압력이 15kgf/cm²·g인 4단 공기압축기의 압축비는 약 얼마인가? (단, 대기압은 1kgf/cm²·g 한다.)

① 2   ② 4   ③ 8   ④ 16

해설 $$4\sqrt{\frac{15+1}{1}} = 2$$

Answer 35. ② 36. ① 37. ④ 38. ④ 39. ① 40. ①

41 저온장치 진공 단열법에 해당되지 않는 것은?

① 고진공 단열법
② 격막 진공 단열법
③ 분말 진공 단열법
④ 다층 진공 단열법

해설 진공단열법 : 고진공 단열법, 분말진공 단열법, 다층진공 단열법

42 루트 미터에 대한 설명으로 옳은 것은?

① 설치공간이 크다.
② 일반 수용가에 적합하다.
③ 스트레이너가 필요 없다.
④ 대용량의 가스 측정에 적합하다.

해설 루트미터는 대용량 수요에 적합하다($100 \sim 5000 m^3/h$).

43 액화 산소 및 LNG 등에 사용할 수 없는 재질은?

① Aℓ 합금
② Cu 합금
③ Cr 강
④ 18-8 스테인리스강

해설 액화산소(-183℃) LNG(-162℃)의 초저온에 Cr강은 적합하지 않다.

44 고속 회전하는 임펠러의 원심력에 의해 속도에너지를 압력 에너지로 바꾸어 압축하는 형식으로서 유량이 크고 설치 면적이 적게 차지하는 압축기의 종류는?

① 왕복식
② 터보식
③ 회전식
④ 흡수식

해설 터보식 압축기(원심력식) : 고속회전하는 임펠러의 원심력에 의해 압축한다.

45 원심펌프로 직렬로 연결하여 운전할 때 양정과 유량의 변화는?

① 양정 : 일정, 유량 : 일정
② 양정 : 증가, 유량 : 증가
③ 양정 : 증가, 유량 : 일정
④ 양정 : 일정, 유량 : 증가

해설 펌프직렬설치 : 유량은 일정, 양정은 증가한다.

46 아세틸렌에 대한 설명으로 틀린 것은?

① 공기보다 무겁다.
② 일반적으로 무색, 무취이다.
③ 폭발 위험성이 있다.
④ 액체 아세틸렌은 불안정하다.

해설 아세틸렌은 분자량이 26으로 공기보다 가볍다.

Answer 41. ② 42. ④ 43. ③ 44. ② 45. ③ 46. ①

47 도시가스에 첨가하는 부취제가 갖추어야 할 성질로 틀린 것은?

① 독성이 없을 것
② 극히 낮은 농도에서도 냄새가 확인될 수 있을 것
③ 가스관이나 가스미터에 흡착이 잘 될 것
④ 배관 내 상용온도에서 응축하지 않을 것

해설 도시가스 부취제는 가스관, 가스미터에 흡착되면 가스 누출시 취기로 확인이 어렵다.

48 프로판 용기에 50kg의 가스가 충전되어 있다. 이때의 액상의 LP가스는 몇 L의 체적을 갖는가? (액 비중 0.5)

① 25
② 50
③ 100
④ 150

해설
$$\frac{50kg}{0.5kg/\ell} = 100\ell$$

49 다음 중 표준 대기압에 대하여 바르게 나타낸 것은?

① 적도지방 연평균 기압
② 토리첼리의 진공실험에서 얻어진 압력
③ 대기압을 0으로 보고 측정한 압력
④ 완전진공을 0으로 했을 때의 압력

해설 표준대기압은 토리첼리의 수은 진공실험에서 얻어진 압력이다.

50 다음과 같은 특징을 가지는 가스는?

① 맹독성이고 자극성 냄새의 황록색 기체
② 임계온도는 약 144℃, 임계압력은 약 76.1atm
③ 수은법, 격막법 등에 의해 제조

① CO
② Cl_2
③ $COCl_2$
④ H_2S

해설 염소(Cl_2)가스는 맹독성의 자극성이 있는 황록색 기체이다. 수은법, 격막법으로 제조

51 표준 대기압 상태에서 물의 끓는점을 °R로 나타낸 것은?

① 373
② 560
③ 672
④ 772

해설 물의 끓는점 100℃ → °F + 460°R

$$\left[\left(100 \times \frac{9}{5}\right) + 32\right] + 460 = 672°R$$

52 고압 고무호스에 사용하는 부품 중 조정기 연결부 이음쇠의 재료로서 가장 적당한 것은?

① 단조용 황동
② 쾌삭 황동
③ 스테인리스 스틸
④ 아연 합금

해설 고무호스와 조정기 연결이음쇠 재료로는 단조용 황동이다.

Answer 47. ③ 48. ③ 49. ② 50. ② 51. ③ 52. ①

53 주기율표 0족에 속하는 불활성 가스의 성질이 아닌 것은?
① 상온에서 기체이며, 단원자 분자이다.
② 다른 원소와 잘 화합한다.
③ 상온에서 무색, 무미, 무취의 기체이다.
④ 방전관에 넣어 방전시키면 특유의 색을 낸다.

해설 0족 주기율표 상의 기체는 잘 반응하지 않는 안정된 구조를 갖는다.

54 $1.0332 kg_f/cm^2 \cdot a$는 게이지 압력($kg_f/cm^2 \cdot g$)으로 얼마인가?
① 0 ② 1
③ 1.0332 ④ 2.0664

해설 게이지압력 = 절대압력 − 대기압력
= 1.0332 − 1.0332 = 0

55 프로판의 착화온도는 약 몇 ℃ 정도인가?
① 460 ~ 520 ② 550 ~ 590
③ 600 ~ 660 ④ 680 ~ 740

해설 프로판(C_3H_8)의 착화온도는 460~520℃ 정도이다.

56 다음 중 온도의 단위가 아닌 것은?
① 섭씨온도 ② 화씨온도
③ 켈빈온도 ④ 헨리온도

해설 온도단위에 헨리온도는 해당되지 않는다.

57 일산화탄소 가스의 용도로 알맞은 것은?
① 메탄올 합성
② 용접 절단용
③ 암모니아 합성
④ 섬유의 표백용

해설 CO의 용도는 메탄올 합성의 원료이다.

58 다음 중 조연성(지연성)가스는?
① H_2 ② O_3
③ Ar ④ NH_3

해설 지연성 가스는 오존(O_3)

59 다음 중 물과 접촉시 아세틸렌가스를 발생하는 것은?
① 탄화칼슘 ② 소석회
③ 가성소다 ④ 금속칼륨

해설 탄화칼슘(CaC_2 : 카바이트)은 물과 반응하여 아세틸렌을 생성한다.

60 압력의 단위로 사용되는 SI 단위는?
① atm ② Pa
③ psi ④ bar

해설 압력의 SI단위 "Pa"

Answer 53. ② 54. ① 55. ① 56. ④ 57. ① 58. ② 59. ① 60. ②

가스기능사 2000제 문제은행

CBT 시험대비
▶ 2011년 4월 17일 시행

01 도시가스시설의 설치공사 또는 변경공사를 하는 때에 이루어지는 전공정 시공감리 대상은?
① 도시가스사업자외의 가스공급시설 설치자의 배관설치공사
② 가스도매사업자의 가스공급시설 설치공사
③ 일반도시가스사업자의 정압기 설치공사
④ 일반도시가스사업자의 제조소 설치공사

해설 전공정 시공감리대상은 도시가스 사업자 외 가스공급시설 설치자의 배관설치공사가 해당 된다.

02 도시가스 사용시설인 배관의 내용적이 10L 초과 50L 이하일 때 기밀시험압력 유지시간은 얼마인가?
① 5분 이상   ② 10분 이상
③ 24분 이상   ④ 30분 이상

해설 내용적에 따른 기밀시험 유지시간
• 50L 초과 24분간 이상
• 10L 초과 50L 이하 10분 이상

03 액상의 염소가 피부에 닿았을 경우의 조치로써 가장 적당한 것은?
① 암모니아로 씻어낸다.
② 이산화탄소로 씻어낸다.
③ 소금물로 씻어낸다.
④ 맑은 물로 씻어낸다.

해설 염소 접촉시 다량의 맑은 물로 세척할 것

04 다음 굴착공사 중 굴착공사를 하기 전에 도시가스사업자와 협의를 하여야 하는 것은?
① 굴착공사 예정지역 범위에 묻혀 있는 도시가스배관의 길이가 110m인 굴착공사
② 굴착공사 예정지역 범위에 묻혀 있는 송유관의 길이가 200m인 굴착공사
③ 해당 굴착공사로 인하여 압력이 3.2kPa인 도시가스배관의 길이가 30m 노출될 것으로 예상되는 굴착공사
④ 해당 굴착공사로 인하여 압력이 0.8MPa인 도시가스배관의 길이가 8m 노출될 것으로 예상되는 굴착공사

해설 도시가스 사업자와 굴착공사 협의사항은 배관길이 100m 굴착예정 공사임

Answer 1. ① 2. ② 3. ④ 4. ①

05 도시가스사업법에서 규정하는 도시가스사업이란 어떤 종류의 가스를 공급하는 것을 말하는가?
① 제조용 가스 ② 연료용 가스
③ 산업용 가스 ④ 압축가스

해설 ▶ 도시가스사업법에서 가스공급은 연료용 가스를 말한다.

06 가연성 가스가 폭발할 위험이 있는 장소에 전기설비를 할 경우 위험 장소의 등급 분류에 해당하지 않는 것은?
① 0종 ② 1종
③ 2종 ④ 3종

해설 ▶ 위험장소 등급 분류
• 0종 장소 • 1종 장소 • 2종 장소

07 다음 중 용기의 설계단계검사 항목이 아닌 것은?
① 용접부의 기계적 성능
② 단열성능
③ 내압성능
④ 작동성능

해설 ▶ 용기의 설계단계 검사시 작동성능검사는 해당되지 않는다.

08 다음 중 산소 없이 분해폭발을 일으키는 물질이 아닌 것은?
① 아세틸렌 ② 히드라진
③ 산화에틸렌 ④ 시안화수소

해설 ▶ 분해폭발은 가압 또는 충격에 의해 폭발하는 것으로 시안화수소는 수분과 결합해서 중합폭발을 일으킨다.

09 아세틸렌을 용기에 충전할 때에는 미리 용기에 다공 물질을 고루 채운 후 침윤 및 충전을 하여야 한다. 이 때 다공도는 얼마로 하여야 하는가?
① 75% 이상 92% 미만
② 70% 이상 95% 미만
③ 62% 이상 75% 미만
④ 92% 이상

해설 ▶ 아세틸렌 다공물질의 다공도는 75% 이상 92% 미만일 것

10 산소의 저장설비 외면으로부터 얼마의 거리에서 화기를 취급할 수 없는가? (단, 자체 설비 내의 것을 제외한다.)
① 2m 이내 ② 5m 이내
③ 8m 이내 ④ 10m 이내

해설 ▶ 산소저장 설비와 화기와의 이격거리 8m

11 독성가스의 저장탱크에는 가스의 용량이 그 저장탱크 내용적의 90%를 초과하는 것을 방지하는 장치를 설치하여야 한다. 이 장치를 무엇이라고 하는가?
① 경보장치 ② 액면계
③ 긴급차단장치 ④ 과충전방지장치

해설 ▶ 저장탱크 내용적의 90%를 초과하지 않도록 사용되는 장치는 과충전방지장치이다.

Answer 5. ② 6. ④ 7. ④ 8. ④ 9. ① 10. ③ 11. ④

12 도로굴착공사에 의한 도시가스배관 손상 방지기준으로 틀린 것은?

① 착공 전 도면에 표시된 가스배관과 기타 지장물 매설 유무를 조사하여야 한다.
② 도로굴착자의 굴착공사로 인하여 노출된 배관 길이가 10m 이상인 경우에는 점검통로 및 조명시설을 하여야 한다.
③ 가스배관이 있을 것으로 예상되는 지점으로부터 2m 이내에서 줄파기를 할 때에는 안전관리전담자의 입회하에 시행하여야 한다.
④ 가스배관의 주위를 굴착하고자 할 때에는 가스배관의 좌우 1m 이내의 부분은 인력으로 굴착한다.

해설 ▶ 노출배관 길이가 15m 이상일 때 점검통로와 조명시설을 설치한다.

13 가스의 폭발한계에 대한 설명으로 틀린 것은?

① 메탄계 탄화수소가스의 폭발한계는 압력이 상승함에 따라 넓어진다.
② 가연성가스에 불활성가스를 첨가하면 폭발범위는 좁아진다.
③ 가연성가스에 산소를 첨가하면 폭발범위는 넓어진다.
④ 온도가 상승하면 폭발하한은 올라간다.

해설 ▶ 폭발한계에서 온도가 상승하면 폭발한계의 하한은 낮아지게 된다.

14 다음 중 가연성 가스에 해당되지 않는 것은?

① 산화에틸렌
② 암모니아
③ 산화질소
④ 아세트알데히드

해설 ▶ 산화질소는 질소의 산화물로서 가연성가스가 아니며 산소와 결합해서 유독한 아산화질소가 된다.

15 도시가스의 고압배관에 사용되는 관재료가 아닌 것은?

① 배관용 아크용접 탄소강관
② 압력 배관용 탄소강관
③ 고압 배관용 탄소강관
④ 고온 배관용 탄소강관

해설 ▶ 고압배관에 사용되는 도시가스 배관은 압력 배관용, 고압배관용 등이 사용된다. 배관용 아크용접 탄소강관은 사용되지 않는다.

Answer 12. ② 13. ④ 14. ③ 15. ①

16 고압가스의 용어에 대한 설명으로 틀린 것은?

① 액화가스란 가압, 냉각 등의 방법에 의하여 액체상태로 되어 있는 것으로서 대기압에서의 끓는점이 섭씨 40도 이하 또는 상용의 온도 이하인 것을 말한다.
② 독성가스란 공기 중에 일정량이 존재하는 경우 인체에 유해한 독성을 가진 가스로서 허용농도가 100만분의 2000 이하인 가스를 말한다.
③ 초저온저장탱크라 함은 섭씨 영하 50도 이하의 액화가스를 저장하기 위한 저장탱크로서 단열재로 씌우거나 냉동설비로 냉각하는 등의 방법으로 저장탱크 내의 가스온도가 상용의 온도를 초과하지 아니하도록 한 것을 말한다.
④ 가연성가스라 함은 공기 중에서 연소하는 가스로서 폭발한계의 하한이 10% 이하인 것과 폭발한계의 상한과 하한의 차가 20% 이상인 것을 말한다.

[해설] 독성가스는 허용농도 200ppm 이하인 가스를 말한다.

17 압축 가연성가스를 몇 m³ 이상을 차량에 적재하여 운반하는 때에 운반책임자를 동승시켜 운반에 대한 감독 또는 지원을 하도록 되어 있는가?

① 100 ② 300
③ 600 ④ 1000

[해설] 압축가스 운반책임자 동승
- 가연성 가스 : 300m³ 이상
- 독성 가스 : 100m³ 이상

18 공기 중에서 폭발 범위가 가장 넓은 가스는?

① 메탄 ② 프로판
③ 에탄 ④ 일산화탄소

[해설]
- 메탄 : 5 ~ 15%
- 프로판 : 2.1 ~ 9.5%
- 에탄 : 3 ~ 12.4%
- 일산화탄소 : 12.5 ~ 74.2%

19 가스공급자는 안전유지를 위하여 안전관리자를 선임하여야 한다. 다음 중 안전관리자의 업무가 아닌 것은?

① 용기 또는 작업과정의 안전유지
② 안전관리규정의 시행 및 그 기록의 작성·보존
③ 사업소 종사자에 대한 안전관리를 위하여 필요한 지휘·감독
④ 공급시설의 정기검사

[해설] 공급시설의 정기검사는 안전관리자가 하지 않는다.

20 방류둑의 성토 윗부분의 폭은 얼마 이상으로 규정되어 있는가?

① 30cm 이상 ② 50cm 이상
③ 100cm 이상 ④ 120cm 이상

[해설] 방류둑의 성토 윗부분의 폭은 30cm 이상일 것

Answer 16. ② 17. ② 18. ④ 19. ④ 20. ①

21 도시가스 공급배관에서 입상관의 밸브는 바닥으로부터 얼마의 범위에 설치하여야 하는가?

① 1m 이상, 1.5m 이내
② 1.6m 이상, 2m 이내
③ 1m 이상, 2m 이내
④ 1.5m 이상, 3m 이내

해설 입상밸브 설치 높이는 바닥에서 1.6m 이상, 2m 이내 높이로 한다.

22 가연성 액화가스 저장탱크의 내용적이 40m³일 때 제1종 보호시설과의 거리는 몇 m 이상을 유지하여야 하는가? (단, 액화가스의 비중은 0.52이다.)

① 17m ② 21m
③ 24m ④ 27m

해설 $W = 0.9dv$
$= 0.9 \times 0.52 \times 40 \times 1000 = 18,720kg$
가연성가스 저장능력 2만 이하와 제1종 보호시설과 유지해야 할 안전거리는 21m이다.

23 액화천연가스 저장설비의 안전거리 산정식으로 옳은 것은? (단, L : 유지하여야 하는 거리[m], C : 상수, W : 저장능력[톤]의 제곱근이다.)

① $L = C^3\sqrt{143000\,W}$
② $L = W\sqrt{143000\,W}$
③ $L = C\sqrt{143000\,W}$
④ $W = L\sqrt{143000\,C}$

해설 L.N.G 저장설비 안전거리 산정식
$$L = C^3\sqrt{143000\,W}$$

24 내화구조의 가연성가스 저장탱크에서 탱크 상호 간의 거리가 1m 또는 두 저장 탱크의 최대지름을 합산한 길이의 1/4 길이 중 큰 쪽의 거리를 유지하지 못한 경우 물분무장치의 수량기준으로 옳은 것은?

① $4L/m^2 \cdot min$
② $5L/m^2 \cdot min$
③ $6.5L/m^2 \cdot min$
④ $8L/m^2 \cdot min$

해설 내화구조시 저장탱크 물분무장치는 $4L/m^2 \cdot min$ 수량일 것

25 독성가스를 사용하는 내용적이 몇 L 이상인 수액기 주위에 액상의 가스가 누출될 경우에 대비하여 방류둑을 설치하여야 하는가?

① 1,000 ② 2,000
③ 5,000 ④ 10,000

해설 독성가스를 사용하는 냉매의 수액기 10,000L 이상일 때 방류둑을 설치할 것

26 고압가스 냉매설비의 기밀시험 시 압축공기를 공급할 때 공기의 온도는 몇 ℃ 이하로 정해져 있는가?

① 40℃ 이하
② 70℃ 이하
③ 100℃ 이하
④ 140℃ 이하

해설 냉매설비 기밀시험 압축공기 제한온도 140℃ 이하일 것

Answer 21. ② 22. ② 23. ① 24. ① 25. ④ 26. ④

27 독성가스 제독작업에 반드시 갖추지 않아도 되는 보호구는?

① 공기 호흡기
② 격리식 방독 마스크
③ 보호장화
④ 보호용 면수건

해설> 독성가스 제독작업 시 보호구에 보호용 면수건은 갖추지 않아도 된다.

28 다음 방폭구조에 대한 설명 중 틀린 것은?

① 용기내부에 보호가스를 압입하여 내부압력을 유지함으로써 가연성가스가 용기내부로 유입되지 않도록 한 구조를 압력방폭구조라 한다.
② 용기내부에 절연유를 주입하여 불꽃 아크 또는 고온발생 부분이 기름 속에 잠기게 함으로써 기름면 위에 존재하는 가연성가스에 인화되지 않도록 한 구조를 유입방폭구조라 한다.
③ 정상운전 중에 가연성가스의 점화원이 될 전기불꽃 아크 또는 고온부분 등의 발생을 방지하기 위해 기계적 전기적 구조상 또는 온도상승에 대해 특히 안전도를 증가시킨 구조를 특수방폭구조라 한다.
④ 정상 시 및 사고 시에 발생하는 전기불꽃 아크 또는 고온부로 인하여 가연성가스가 점화되지 않는 것이 점화시험 그 밖의 방법에 의해 확인된 구조를 본질안전방폭구조라 한다.

해설> 특수방폭구조는 가연성 가스에 점화를 방지할 수 있다는 것이 시험 또는 기타 방법에 의하여 확인된 구조를 말한다.

29 다음 중 폭발방지대책으로서 가장 거리가 먼 것은?

① 압력계 설치
② 정전기 제거를 위한 접지
③ 방폭성능 전기설비 설치
④ 폭발하한 이내로 불활성가스에 의한 희석

해설> 가스폭발방지 대책으로 압력계는 해당되지 않는다.

30 가연물의 종류에 따른 화재의 구분이 잘못된 것은?

① A급 : 일반화재
② B급 : 유류화재
③ C급 : 전기화재
④ D급 : 식용유 화재

해설> A급 : 일반화재
B급 : 유류화재
C급 : 전기화재
D급 : 금속화재

Answer 27. ④ 28. ③ 29. ① 30. ④

31 수소와 염소에 직사광선이 작용하여 폭발하였다. 폭발의 종류는?

① 산화폭발 ② 분해폭발
③ 중합폭발 ④ 촉매폭발

해설 $H_2 + Cl_2 \xrightarrow{직사광선} 2HCl$
염소폭명기에서 직사광선은 촉매역할을 하므로 촉매폭발에 해당된다.

32 용기의 내용적이 105L인 액화암모니아 용기에 충전할 수 있는 가스의 충전량은 몇 kg인가? (단, 액화암모니아의 가스정수 C값은 1.86이다.)

① 20.5 ② 45.5
③ 56.5 ④ 117.5

해설 $G = \dfrac{V}{C} = \dfrac{105L}{1.86} = 56.5 kg$

33 빙점 이하의 낮은 온도에서 사용되며 LPG 탱크, 저온에서도 인성이 감소되지 않는 화학 공업 배관 등에 주로 사용되는 관의 종류는?

① SPLT ② SPHT
③ SPPH ④ SPPS

해설
- SPLT : 저온배관용 강관
- SPHT : 고온배관용 탄소강관
- SPPH : 고압배관용 탄소강관
- SPPS : 압력배관용 탄소강관

34 LP가스 이송설비 중 압축기에 의한 이송 방식에 대한 설명으로 틀린 것은?

① 잔가스 회수가 용이하다.
② 베이퍼록 현상이 없다.
③ 펌프에 비해 이송시간이 짧다.
④ 저온에서 부탄가스가 재액화되지 않는다.

해설 압축기는 기체이송이므로 저온 고압조건에서 부탄의 재액화 문제가 발생한다.

35 손잡이를 돌리면 원통형의 폐지 밸브가 상하로 올라가고 내려가서 밸브의 개폐를 함으로써 폐쇄가 양호하고 유량조절이 용이한 밸브는?

① 플러그 밸브 ② 게이트 밸브
③ 글로브 밸브 ④ 볼 밸브

해설 유량조절이 가능한 밸브는 글로브밸브

36 압축기의 실린더를 냉각할 때 얻는 효과가 아닌 것은?

① 압축효율이 증가되어 동력이 증가한다.
② 윤활기능이 향상되고 적당한 점도가 유지된다.
③ 윤활유의 탄화나 열화를 막는다.
④ 체적효율이 증가한다.

해설 압축기 실린더 온도가 상승되면 압축효율이 감소하게 되어 동력이 증가하게 된다.

Answer 31. ④ 32. ③ 33. ① 34. ④ 35. ③ 36. ①

37 펌프를 운전할 때 송출 압력과 송출 유량이 주기적으로 변동하여 펌프의 토출구 및 흡입구에서 압력계의 지침이 흔들리는 현상을 무엇이라고 하는가?

① 맥동(Surging)현상
② 진동(Vibration)현상
③ 공동(Cavitation)현상
④ 수격(Water hammering)현상

해설 맥동현상 : 펌프 운전시 송출압력과 송출유량이 주기적으로 변동하는 현상

38 물체에 힘을 가하면 변형이 생긴다. 이 후크의 법칙에 의해 작용하는 힘과 변형이 비례하는 원리를 이용하는 압력계는?

① 액주식 압력계 ② 분동식 압력계
③ 전기식 압력계 ④ 탄성식 압력계

해설 탄성식 압력계 : 브르돈관식, 다이어프램식, 벨로우즈식 작용하는 힘과 변형이 비례하는 후크법칙 원리 적용함

39 설치 시 공간을 많이 차지하여 신축에 따른 응력을 수반하나 고압에 잘 견디어 고온 고압용 옥외 배관에 많이 사용되는 신축 이음쇠는?

① 벨로우즈형 ② 슬리브형
③ 루프형   ④ 스위블형

해설 루프형 신축이음장치 : 고온 고압에 적합하며 옥외배관에 사용된다.

40 1000L의 액산 탱크에 액산을 넣어 방출밸브를 개방하여 12시간 방치하였더니 탱크 내의 액산이 4.8kg 방출되었다면 1시간당 탱크에 침입하는 열량은 약 몇 kcal인가? (단, 액산의 증발잠열은 60kcal/kg이다.)

① 12
② 24
③ 70
④ 150

해설 $$\frac{60\text{kcal/kg} \times 4.8\text{kg}}{12\text{시간}} = 24\text{kcal/h}$$

41 압축도시가스자동차 충전의 냄새첨가장치에서 냄새가 나는 물질의 공기 중 혼합비율은 얼마인가?

① 공기 중 혼합비율이 용량의 10분의 1
② 공기 중 혼합비율이 용량의 100분의 1
③ 공기 중 혼합비율이 용량의 1000분의 1
④ 공기 중 혼합비율이 용량의 10000분의 1

해설 부취제 농도는 공기 중 1/1000 농도일 것

Answer 37. ① 38. ④ 39. ③ 40. ② 41. ③

42 다음 연소기 중 가스용품 제조 기술기준에 따른 가스렌지로 보기 어려운 것은?
(단, 사용압력은 3.3kPa 이하로 한다.)
① 전가스소비량이 9000kcal/h인 3구 버너를 가진 연소기
② 전가스소비량이 11000kcal/h인 4구 버너를 가진 연소기
③ 전가스소비량이 13000kcal/h인 6구 버너를 가진 연소기
④ 전가스소비량이 15000kcal/h인 2구 버너를 가진 연소기

해설 가스렌지 전가스소비량 16.7kW(14400kcal/h) 이하 또는 버너 1개 소비량 5.8kW(5000kcal/h) 이하

43 다음 가스계량기 중 측정 원리가 다른 하나는?
① 오리피스미터　② 벤투리미터
③ 피토우관　　　④ 로터미터

해설 로터미터는 면적식에 해당된다.

44 암모니아 합성공정 중 중압합성에 해당되지 않는 것은?
① IG법　　　　② 뉴파우더법
③ 케미크법　　④ 케로그법

해설 • 중압합성법 : IG법, 뉴파우더법
• 케미크법 : JCI법, 동공시법(동경공업 시험 연구소법)

45 다음 중 캐비테이션(Cavitation)의 발생 방지법이 아닌 것은?
① 펌프의 회전수를 높인다.
② 흡입관의 배관을 간단하게 한다.
③ 펌프의 위치를 흡수면에 가깝게 한다.
④ 흡입관의 내면에 마찰저항이 적게 한다.

해설 캐비테이션(공동 현상)발생 시 펌프의 회전 수를 낮추고 관경을 크게 한다.

46 다음 중 LPG(액화석유가스)의 성분 물질로 가장 거리가 먼 것은?
① 프로판　　　② 이소부탄
③ n-부틸렌　　④ 메탄

해설 메탄(CH_4)은 액화천연가스(L.N.G) 주성분임

47 시안화수소의 임계온도는 약 몇 ℃ 인가?
① -140　　② 31
③ 183.5　　④ 195.8

해설 시안화수소 임계온도 : 183.5℃
임계압력 : 53.2atm

48 다음 중 일산화탄소의 용도가 아닌 것은?
① 요소나 소다회 원료
② 메탄올 합성
③ 포스겐 원료
④ 개미산이나 화학공업 원료

해설 요소는 암모니아와 이산화탄소의 합성
$2NH_3 + CO_2 \rightarrow (NH_2)_2CO + H_2O$
(암모니아) (이산화탄소)　　(요소)
일산화탄소는 소다회 원료로는 사용되지 않는다.

Answer 42. ④　43. ④　44. ④　45. ①　46. ④　47. ③　48. ①

49 다음 염소에 대한 설명 중 틀린 것은?

① 상온, 상압에서 황록색의 기체로 조연성이 있다.
② 강한 자극성의 취기가 있는 독성기체이다.
③ 수소와 염소의 등량 혼합기체를 염소폭명기라 한다.
④ 건조 상태의 상온에서 강재에 대하여 부식성을 갖는다.

해설 염소는 수분 존재 시에 강재에 대해서 심한 부식성을 갖는다.

50 도시가스의 연소성을 측정하기 위한 시험방법으로 틀린 것은?

① 매일 6시 30분부터 9시 사이와 17시부터 20시 30분 사이에 각각 1회씩 실시한다.
② 가스홀더 또는 압송기 입구에서 연소속도를 측정한다.
③ 가스홀더 또는 압송기 출구에서 웨베지수를 측정한다.
④ 측정된 웨베지수는 표준웨베지수의 ±4.5% 이내를 유지해야 한다.

해설 연소성 측정은 가스홀더 및 압송기 출구에서 측정한다.

51 다음 중 표준상태에서 가스상 탄화수소의 점도가 가장 높은 가스는?

① 에탄　　② 메탄
③ 부탄　　④ 프로판

해설 탄화수소의 점도가 가장 높은 가스는 메탄이다.

52 다음 중 아세틸렌의 폭발과 관계가 없는 것은?

① 산화폭발　　② 중합폭발
③ 분해폭발　　④ 화합폭발

해설 아세틸렌 폭발
산화폭발, 분해폭발, 화합폭발

53 아세틸렌(C_2H_2)에 대한 설명 중 틀린 것은?

① 카바이트(CaC_2)에 물을 넣어 제조한다.
② 구리와 접촉하여 구리아세틸라이드를 만들므로 구리 함유량이 62% 이상을 설비로 사용한다.
③ 흡열화합물이므로 압축하면 폭발을 일으킬 수 있다.
④ 공기 중 폭발범위는 약 2.5~81% 이다.

해설 아세틸렌 설비에는 동함유량 62% 이하일 것

Answer　49. ④　50. ②　51. ②　52. ②　53. ②

54 70℃는 랭킨온도로 몇 °R인가?

① 618 ② 688 ③ 736 ④ 792

해설

$$\frac{9}{5} \times 70℃ + 32 = 158°F$$

$$°R = °F + 460$$

$$\therefore R = 158 + 460 = 618$$

55 표준상태에서 부탄가스의 비중은 약 얼마인가? (단, 부탄의 분자량은 58이다.)

① 1.6 ② 1.8 ③ 2.0 ④ 2.2

해설 공기평균분자량 29

$$부탄비중 = \frac{58}{29} = 2.0$$

56 아세틸렌가스를 온도에 불구하고 2.5MPa의 압력으로 압축할 때 첨가하는 희석제가 아닌 것은?

① 질소 ② 메탄
③ 에틸렌 ④ 산소

해설 가연성인 아세틸렌 압축시에 강한 산화력의 산소 혼합시에 폭발의 위험성이 높다.

57 연소 시 공기비가 클 경우 나타나는 연소현상으로 틀린 것은?

① 연소가스 온도 저하
② 배기가스량 증가
③ 불완전연소 발생
④ 연료소모 증가

해설 연소에서 불완전 연소 현상은 공기부족 시에 나타나는 현상이다.

58 1MPa과 같은 압력은 어느 것인가?

① $10N/cm^2$ ② $100N/cm^2$
③ $1000N/cm^2$ ④ $10000N/cm^2$

해설

$$1Pa = 1N/m^2$$
$$1MPa = 1,000,000Pa$$
$$= 1,000,000N/m^2$$
$$= 100N/cm^2$$
$$\therefore 1MPa = 100N/cm^2$$

59 다공물질 내용적이 $100m^3$, 아세톤의 침윤 잔용적이 $20m^3$일 때 다공도는 몇 %인가?

① 60% ② 70%
③ 80% ④ 90%

해설

$$다공도 = \frac{100-20}{100} \times 100 = 80\%$$

60 다음 중 시안화수소의 중합을 방지하는 안정제가 아닌 것은?

① 아황산가스 ② 가성소다
③ 황산 ④ 염화칼슘

해설 시안화수소 안정제(중합방지제)로 황산, 아황산, 염화칼슘, 인산, 오산화인, 동망 등을 사용한다.

Answer 54. ① 55. ③ 56. ④ 57. ③ 58. ② 59. ③ 60. ②

가스기능사 2000제 문제은행

2011년 7월 31일 시행

01 부탄가스의 공기 중 폭발범위(v%)에 해당하는 것은?
① 1.3 ~ 7.9
② 1.8 ~ 8.4
③ 2.2 ~ 9.5
④ 2.5 ~ 12

해설 부탄(C_4H_{10})의 폭발범위 1.8 ~ 8.4%

02 용기에 의한 고압가스 판매시설의 충전용기 보관실 기준으로 옳지 않은 것은?
① 가연성가스 충전용기 보관실은 불연재료나 난연성의 재료를 사용한 가벼운 지붕을 설치한다.
② 가연성가스 충전용기 보관실에는 가스누출검지 경보장치를 설치한다.
③ 충전용기 보관실은 가연성가스가 새어나오지 못하도록 밀폐구조로 한다.
④ 용기보관실의 주변에는 화기 또는 인화성물질이나 발화성물질을 두지 않는다.

해설 가연성가스 충전용기 보관실은 통풍구를 2방향 이상 분산해서 설치한다.

03 다음 각 가스의 공업용 용기 도색이 옳지 않게 짝지어진 것은?
① 질소(N_2) – 회색
② 수소(H_2) – 주황색
③ 액화암모니아(NH_3) – 백색
④ 액화염소(Cl_2) – 황색

해설 액화염소용기 도색은 갈색

04 다음 중 분해에 의한 폭발을 하지 않는 가스는?
① 시안화수소
② 아세틸렌
③ 히드라진
④ 산화에틸렌

해설 시안화수소는 수분과 중합반응으로 중합폭발의 위험성이 있다.

Answer 1. ② 2. ③ 3. ④ 4. ①

05 차량에 고정된 탱크의 안전운행을 위하여 차량을 점검할 때의 점검순서로 가장 적합한 것은?
① 원동기 → 브레이크 → 조향장치 → 바퀴 → 시운전
② 바퀴 → 조향장치 → 브레이크 → 원동기 → 시운전
③ 시운전 → 바퀴 → 조향장치 → 브레이크 → 원동기
④ 시운전 → 원동기 → 브레이크 → 조향장치 → 바퀴

06 용기 종류별 부속품의 기호 중 압축가스를 충전하는 용기밸브의 기호는?
① PG ② LG
③ AG ④ LT

해설 PG : 압축가스
LG : 액화가스
AG : 아세틸렌
LT : 초저온 용기 및 저온용기

07 시안화수소(HCN)의 위험성에 대한 설명으로 틀린 것은?
① 인화온도가 아주 낮다.
② 오래된 시안화수소는 자체 폭발할 수 있다.
③ 용기에 충전한 후 60일을 초과하지 않아야 한다.
④ 호흡 시 흡입하면 위험하나 피부에 묻으면 아무 이상이 없다.

해설 시안화수소는 특성이 강하며 극히 휘발하기 쉽고 위험하다.

08 독성가스의 정의는 다음과 같다. 괄호 안에 알맞은 LC_{50} 값은?

"독성가스"라 함은 공기 중에 일정량 이상 존재하는 경우 인체에 유해한 독성을 가진 가스로서 허용농도(해당가스를 성숙한 흰쥐 집단에게 대기 중에서 1시간 동안 계속하여 노출시킨 경우 14일 이내에 그 흰쥐의 2분의 1 이상이 죽게 되는 가스의 농도를 말한다.)가 ( ) 이하인 것을 말한다.

① 100만 분의 2000
② 100만 분의 3000
③ 100만 분의 4000
④ 100만 분의 5000

해설 100만 분의 5000 이하인 것

09 20kg LPG용기의 내용적은 몇 L인가? (단, 충전상수 C는 2.35이다.)
① 8.51 ② 20
③ 42.3 ④ 47

해설
$$G = \frac{V}{C}$$
∴ $V = G \cdot C = 20 \times 2.35 = 47 \ell$

10 압축천연가스자동차 충전의 시설기준에서 배관 등에 대한 설명으로 틀린 것은?

① 배관, 튜브, 피팅 및 배관요소 등은 안전율이 최소 4 이상이 되도록 설계한다.
② 자동차 주입호스는 5m 이하이어야 한다.
③ 배관의 단열재료는 불연성 또는 난연성 재료를 사용하고 화재나 열·냉기·물 등에 노출시 그 특성이 변하지 아니하는 것으로 한다.
④ 배관지지물은 화재나 초저온 액체의 유출 등을 충분히 견딜 수 있고 과다한 열전달을 예방하도록 설계한다.

해설 압축천연가스자동차 충전 주입호스 길이는 8m 이하일 것

11 도시가스 중 에틸렌, 프로필렌 등을 제조하는 과정에서 부산물로 생성되는 가스로서 메탄이 주성분인 가스를 무엇이라 하는가?

① 액화천연가스
② 석유가스
③ 나프타부생가스
④ 바이오가스

해설 나프타 : 정유가스 중 상압증류에서 생성되는 200℃ 전후의 유분으로 도시가스 제조에 이용된다.

12 프로판가스의 위험도(H)는 약 얼마인가? (단, 공기 중의 폭발범위는 2.1~9.5v%이다.)

① 2.1
② 3.5
③ 9.5
④ 11.6

해설
$$H = \frac{U-L}{L} = \frac{9.5-2.1}{2.1} = 3.5$$

13 다음 가스의 일반적인 성질에 대한 설명 중 틀린 것은?

① 염산(HCl)은 암모니아와 접촉하면 흰 연기를 낸다.
② 시안화수소(HCN)는 복숭아 냄새가 나는 맹독성의 기체이다.
③ 염소(Cl_2)는 황녹색의 자극성 냄새가 나는 맹독성의 기체이다.
④ 수소(H_2)는 저온·저압하에서 탄소강과 반응하여 수소취성을 일으킨다.

해설 수소취성은 수소와 탄소강이 고온고압 하에서 발생된다.

14 압력용기 내압부분에 대한 비파괴 시험으로 실시되는 초음파탐상시험 대상은?

① 두께가 35mm인 탄소강
② 두께가 5mm인 9% 니켈강
③ 두께가 15mm인 2.5% 니켈강
④ 두께가 30mm인 저합금강

해설 두께 15mm인 2.5% 니켈강은 초음파탐상시험으로 한다.

Answer 10. ② 11. ③ 12. ② 13. ④ 14. ③

15 가연성가스의 검지경보장치 중 반드시 방폭성능을 갖지 않아도 되는 가스는?

① 수소
② 일산화탄소
③ 암모니아
④ 아세틸렌

해설) 암모니아는 폭발범위가 15~28%로 검지경보장치가 방폭구조가 아니어도 된다.

16 고압가스 특정제조시설기준 중 도로 밑에 매설하는 배관에 대한 기준으로 틀린 것은?

① 시가지의 도로 밑에 배관을 설치하는 경우에는 보호판을 배관의 정상부로부터 30cm 이상 떨어진 그 배관의 직상부에 설치한다.
② 배관은 그 외면으로부터 도로의 경계와 수평거리로 1m 이상을 유지한다.
③ 배관은 자동차 하중의 영향이 적은 곳에 매설한다.
④ 배관을 그 외면으로부터 다른 시설물과 60cm 이상의 거리를 유지한다.

해설) 매설배관은 다른 시설물과 30cm 이상 이격하여 설치한다.

17 압력용기 제조 시 A387 Gr22 강 등을 Annealing하거나 900℃ 전후로 Tempering하는 과정에서 충격값이 현저히 저하되는 현상으로 Mn, Cr, Ni 등을 품고 있는 합금계의 용접금속에서 C, N, O 등이 입계에 편석함으로써 입계가 취약해지기 때문에 주로 발생한다. 이러한 현상을 무엇이라고 하는가?

① 적열취성
② 청열취성
③ 뜨임취성
④ 수소취성

해설) 템퍼링(뜨임)과정에서 취성이 발생되는 현상으로 뜨임취성이라고 한다.

18 고압가스 일반제조시설의 저장탱크를 지하에 매설하는 경우의 기준에 대한 설명으로 틀린 것은?

① 저장탱크 외면에는 부식방지코팅을 한다.
② 저장탱크는 천정, 벽, 바닥의 두께가 각각 10cm 이상의 콘크리트로 설치한다.
③ 저장탱크 주위에는 마른 모래를 채운다.
④ 저장탱크에 설치한 안전밸브에는 지면에서 5m 이상의 높이에 방출구가 있는 가스방출관을 설치한다.

해설) 저장탱크의 콘크리트실 천정, 벽, 바닥 두께는 각각 30cm 이상일 것

Answer 15. ③ 16. ④ 17. ③ 18. ②

19 2개 이상의 탱크를 동일한 차량에 고정하여 운반할 때 충전관에 설치하는 것이 아닌 것은?

① 안전밸브
② 온도계
③ 압력계
④ 긴급탈압밸브

해설 • 동일차량에 2개 이상의 저장탱크를 고정해서 운반시 충전관에는 안전밸브, 압력계, 긴급탈압밸브를 설치할 것
• 저장탱크마다 주 밸브 설치

20 액화 가스가 통하는 가스 공급 시설에서 발생하는 정전기를 제거하기 위한 접지접속선(Bonding)의 단면적은 얼마 이상으로 하여야 하는가?

① $3.5mm^2$
② $4.5mm^2$
③ $5.5mm^2$
④ $6.5mm^2$

해설 정전기 제거용 접지접속선 단면적 $5.5mm^2$ 이상

21 도시가스사용시설에 정압기를 2012년에 설치하고 2015년에 분해점검을 실시하였다. 다음 중 이 정압기의 차기 분해점검 만료기간으로 옳은 것은?

① 2017년
② 2018년
③ 2019년
④ 2020년

해설 정압기 설치후 3년, 차기 분해점검은 4년

22 고압가스 설비는 상용압력의 몇 배 이상에서 항복을 일으키지 아니하는 두께이어야 하는가?

① 1.5배
② 2배
③ 2.5배
④ 3배

해설 가스설비는 상용압력의 2배 이상에서 항복을 일으키지 않는 두께일 것

23 다음 중 제1종 보호시설이 아닌 것은?

① 학교
② 여관
③ 주택
④ 시장

해설 주택은 제2종 보호시설

24 윤활유 선택시 유의할 사항에 대한 설명 중 틀린 것은?

① 사용 기체와 화학반응을 일으키지 않을 것
② 점도가 적당할 것
③ 인화점이 낮을 것
④ 전기 전열 내력이 클 것

해설 압축기 윤활유는 고온에서 사용되므로 인화점은 높을 것

Answer 19. ② 20. ③ 21. ③ 22. ② 23. ③ 24. ③

25 LPG 사용시설의 기준에 대한 설명 중 틀린 것은?

① 연소기 사용압력이 3.3kPa를 초과하는 배관에는 배관용 밸브를 설치할 수 있다.
② 배관이 분기되는 경우에는 주배관에 배관용 밸브를 설치한다.
③ 배관의 관경이 33mm 이상의 것은 3m 마다 고정장치를 한다.
④ 배관의 이음부(용접이음 제외)는 전기 접속기와는 15cm 이상의 거리를 유지한다.

해설 배관 이음부와 전기 접속기, 전기 점멸기와의 이격거리는 30cm 이상일 것

26 차량에 고정된 저장탱크로 염소를 운반할 때 용기의 내용적(L)은 얼마 이하가 되어야 하는가?

① 10,000
② 12,000
③ 15,000
④ 18,000

해설 차량에 고정 저장탱크로 독성가스 운반시 12,000L 초과 운반금지(단 암모니아는 제외)

27 도시가스 도매사업자 배관을 지하 또는 도로 등에 설치할 경우 매설깊이의 기준으로 틀린 것은?

① 산이나 들에서는 1m 이상의 깊이로 매설한다.
② 시가지의 도로 노면 밑에는 1.5m 이상의 깊이로 매설한다.
③ 시가지외의 도로 노면 밑에는 1.2m 이상의 깊이로 매설한다.
④ 철도를 횡단하는 배관은 지표면으로부터 배관외면까지 1.5m 이상의 깊이로 매설한다.

해설 철도 횡단시 지표면으로부터 배관의 외면까지 깊이를 1.2m 이상으로 할 것

28 산소 제조시 가스 분석 주기는?

① 1일 1회 이상 ② 주 1회 이상
③ 3일 1회 이상 ④ 주 3회 이상

해설 산소 제조시 가스 분석은 1일 1회 이상할 것

29 다음 가스 허용농도 값이 가장 적은 것은?

① 염소
② 염화수소
③ 아황산가스
④ 일산화탄소

해설 염소 : 1ppm, 염화수소 : 5ppm, 아황산가스 : 5ppm, 일산화탄소 : 50ppm

Answer 25. ④ 26. ② 27. ④ 28. ① 29. ①

30 다음 가스 중 2중관 구조로 하지 않아도 되는 것은?

① 아황산가스　② 산화에틸렌
③ 염화메탄　④ 브롬화메탄

해설 독성가스 2중관 구조 : 포스겐, 황화수소, 시안화수소, 아황산가스, 산화에틸렌, 암모니아, 염소, 염화메탄

31 자동제어의 용어 중 피드백 제어에 대한 설명으로 틀린 것은?

① 자동제어에서 기본적인 제어이다.
② 출력측의 신호를 입력 측으로 되돌리는 현상을 말한다.
③ 제어량의 값을 목표치와 비교하여 그것들을 일치하도록 정정동작을 행하는 제어이다.
④ 미리 정해진 순서에 따라서 제어의 각 단계가 순차적으로 진행되는 제어이다.

해설 시퀀스 제어 : 정해진 순서에 따라 제어단계를 순차적으로 진행하는 방식

32 액화석유가스 충전용 주관 압력계의 기능 검사 주기는?

① 매월 1회 이상
② 3월에 1회 이상
③ 6월에 6회 이상
④ 매년 1회 이상

해설 충전용 주관 압력계 기능검사는 매월 1회 이상 한다.

33 단열공간 양면간에 복사방지용 실드판으로서의 알루미늄박과 글라스울을 서로 다수 포개어 고진공 중에 둔 단열법은?

① 상압 단열법
② 고진공 단열법
③ 다층진공 단열법
④ 분말진공 단열법

해설
① 상압 단열법 : 단열공간에 분말섬유 등의 단열재를 충전하는 방법
② 고진공 단열법 : 압력을 10^{-3}Torr 정도로 낮게 하여 공기에 의한 전열을 급격히 저하시켜 단열하는 방법
③ 다층진공 단열법 : 단열공간에 알루미늄박, 글라스울을 다수 포개어 고진공에 둔 단열법
④ 분말진공 단열법 : 단열공간을 10^{-2}Torr 진공상태로 하여 충진용분말인 퍼얼라이트, 규조토 알루미늄 분말을 충진한 단열법

34 연소 배기가스 분석목적으로 가장 거리가 먼 것은?

① 연소가스 조성을 알기 위하여
② 연소가스 조성에 따른 연소상태를 파악하기 위하여
③ 열정산 자료를 얻기 위하여
④ 열전도도를 측정하기 위하여

해설 배기가스 분석에서 열전도도 측정과는 관계가 없다.

35 펌프는 주로 임펠러의 입구에서 캐비테이션이 많이 발생한다. 다음 중 그 이유로 가장 적당한 것은?

① 액체의 온도가 높아지기 때문
② 액체의 압력이 낮아지기 때문
③ 액체의 밀도가 높아지기 때문
④ 액체의 유량이 적어지기 때문

해설 캐비테이션은 펌프의 입구 측, 즉 임펠러 입구에서 발생되는 이유는 흡입유속이 빠르기 때문에 압력이 낮아진다.

36 지름 9cm인 관속의 유속이 30m/s이었다면 유량은 약 몇 m^3/s인가?

① 0.19　　② 2.11
③ 2.7　　　④ 19.1

해설 유량 = 단면적 × 유속
$= \frac{\pi}{4}(0.09)^2 \times 30 = 0.19 m^3/sec$

37 가스압력을 적당한 압력으로 감압하는 직동식 정압기의 기본구조의 구성요소에 해당되지 않는 것은?

① 스프링
② 다이어프램
③ 메인밸브
④ 파일로트

해설 직동식 정압기 구성요소 : 스프링 또는 분동, 공기구멍, 다이어프램, 메인밸브(조정밸브)

38 다음 중 저온 재료로 부적당한 것은?

① 주철
② 황동
③ 9% 니켈
④ 18-8스테인리스강

해설 주철은 탄소함유량이 높아 취성이 있다. 저온 재료로는 부적당하다.

39 다음 배관재료 중 사용온도 350℃ 이하, 압력이 10MPa 이상의 고압관에 사용되는 것은?

① SPP
② SPPH
③ SPPW
④ SPPG

해설 • SPPH(고압배관용탄소강관) : 사용온도 350℃ 이하, 압력이 10MPa 이상 고압에 사용된다.

40 압송기 출구에서 도시가스의 연소성을 측정한 결과 총발열량이 10,700kcal/m^3, 가스비중이 0.56이었다. 웨버지수(WI)는 얼마인가?

① 14298
② 19107
③ 1.8
④ 6.9×10^{-5}

해설 $WI = \frac{Hg}{\sqrt{d}} = \frac{10700}{\sqrt{0.56}} = 14298.4$

Answer 35. ② 36. ① 37. ④ 38. ① 39. ② 40. ①

41 가스분석법 중 연소 분석법에 해당되지 않는 것은?

① 완만 연소법
② 분별 연소법
③ 폭발법
④ 크로마토그래피법

해설) 크로마토그래피법은 기기분석에 해당된다.

42 터보 압축기의 특징이 아닌 것은?

① 유량이 크므로 설치면적이 적다.
② 고속회전이 가능하다.
③ 압축비가 적어 효율이 낮다.
④ 유량조절 범위가 넓으나 맥동이 많다.

해설) 터보 압축기에서는 맥동현상은 발생되지 않는다.

43 2단 감압조정기 사용시의 장점에 대한 설명으로 가장 거리가 먼 것은?

① 공급 압력이 안정하다.
② 용기 교환주기의 폭을 넓힐 수 있다.
③ 중간 배관이 가늘어도 된다.
④ 입상에 의한 압력손실을 보정할 수 있다.

해설) 자동절체식에서는 용기교환 주기의 폭을 넓힐 수 있다.

44 가스누출을 감지하고 차단하는 가스누출자동차단기의 구성요소가 아닌 것은?

① 제어부   ② 중앙통제부
③ 검지부   ④ 차단부

해설) 가스누출자동차단기 구성요소 : 검지부, 제어부, 차단부

45 저온을 얻는 기본적인 원리로 압축된 가스를 단열팽창 시키면 온도가 강하한다는 원리는 무엇이라고 하는가?

① 주울-톰슨 효과 ② 돌턴 효과
③ 정류 효과   ④ 헨리 효과

해설) 주울-톰슨 효과 : 압축된 기체를 단열팽창 시키면 온도와 압력이 강하한다.

46 다음 각종 가스의 공업적 용도에 대한 설명 중 옳지 않은 것은?

① 수소는 암모니아 합성원료, 메탄올의 합성, 인조 보석제조 등에 사용된다.
② 포스겐은 알코올 또는 페놀과의 반응성을 이용해 의약, 농약, 가소제 등을 제조한다.
③ 일산화탄소는 메탄올 합성원료에 사용된다.
④ 암모니아는 열분해 또는 불완전연소 시켜 카본블랙의 제조에 사용된다.

해설) 카본블랙(인쇄잉크 원료)의 제조는 C, H 화합물로 제조한다.

Answer 41. ④ 42. ④ 43. ② 44. ② 45. ① 46. ④

47 아세틸렌 충전시 첨가하는 다공질물의 구비 조건이 아닌 것은?

① 화학적으로 안정할 것
② 기계적인 강도가 클 것
③ 가스의 충전이 쉬울 것
④ 다공도가 적을 것

해설 아세틸렌 다공질물의 조건에서 다공도는 75~92%일 것

48 프로판을 완전연소 시켰을 때 주로 생성되는 물질은?

① CO_2, H_2 ② CO_2, H_2O
③ C_2H_4, H_2O ④ C_4H_{10}, CO

해설 $C_3H_8 + 5O_2 \rightarrow 3CO_2 + 4H_2O$

49 수성가스(water gas)의 조성에 해당하는 것은?

① $CO + H_2$ ② $CO_2 + H_2$
③ $CO + N_2$ ④ $CO_2 + N_2$

해설 수성가스 : $CO + H_2$

50 LP가스가 불완전 연소되는 원인으로 가장 거리가 먼 것은?

① 공기 공급량 부족 시
② 가스의 조성이 맞지 않을 때
③ 가스기구 및 연소기구가 맞지 않을 때
④ 산소 공급이 과잉일 때

해설 가스의 불완전 연소는 산소공급이 부족일 때 나타나는 현상이다.

51 1기압, 25℃의 온도에서 어떤 기체 부피가 88mL이었다. 표준상태에서 부피는 얼마인가? (단, 기체는 이상기체로 간주한다.)

① 56.8mL
② 73.3mL
③ 80.6mL
④ 88.8mL

해설
$$\frac{V_1}{T_1} = \frac{V_2}{T_2}$$

$$\frac{88mL}{273 + 25°k} = \frac{xmL}{273 + 0°k}$$

∴ $x = 80.6mL$

52 다음 F_2의 성질에 대한 설명 중 틀린 것은?

① 담황색의 기체로 특유의 자극성을 가진 유독한 기체이다.
② 활성이 강한 원소로 작은 원소로서 강한 환원제이다.
③ 전기음성도가 작은 원소로서 강한 환원제이다.
④ 수소와 냉암소에서도 폭발적으로 반응한다.

해설 불소의 화학적 활성은 전기음성도가 가장 크고 원자 크기는 매우 작다.

Answer 47. ④ 48. ② 49. ① 50. ④ 51. ③ 52. ③

53 다음 중 LP가스의 특성으로 옳은 것은?
① LP가스의 액체는 물보다 가볍다.
② LP가스의 기체는 공기보다 가볍다.
③ LP가스는 푸른 색상을 띠며 강한 취기를 가진다.
④ LP가스는 알코올에는 녹지 않으나 물에는 잘 녹는다.

해설 LPG 기체는 공기보다 무겁고 액체는 물보다 가볍다.

54 1Therm에 해당하는 열량을 바르게 나타낸 것은?
① 10^3 BTU ② 10^4 BTU
③ 10^5 BTU ④ 10^8 BTU

해설 1Therm(섬)은 10만BTU

55 도시가스의 웨버지수에 대한 설명으로 옳은 것은?
① 도시가스의 총발열량(kcal/m³)을 가스 비중의 평방근으로 나눈 값을 말한다.
② 도시가스의 총발열량(kcal/m³)을 가스 비중으로 나눈 값을 말한다.
③ 도시가스의 가스비중을 총발열량(kcal/m³)의 평방근으로 나눈 값을 말한다.
④ 도시가스의 가스비중을 총발열량(kcal/m³)으로 나눈 값을 말한다.

해설
$$WI = \frac{Hg}{\sqrt{d}}$$
[WI : 웨버지수, d : 가스비중, Hg : 총발열량]

56 다음 압력 중 가장 높은 압력은?
① 1.5kg/cm² ② 10mH₂O
③ 745mmHg ④ 0.6atm

57 다음 중 제백효과(Seebeck effect)를 이용한 온도계는?
① 열전대 온도계
② 광고온도계
③ 서미스터 온도계
④ 전기저항 온도계

해설 제백효과 : 열전대온도계에서 2종류의 금속에 접속한 2점 사이에 온도차를 주게 되면 기전력이 발생되어 그 전위차를 이용한다.

58 가스의 연소시 수소성분의 연소에 의하여 수증기를 발생한다. 가스발열량의 표현식으로 옳은 것은?
① 총발열량 = 진발열량 + 현열
② 총발열량 = 진발열량 + 잠열
③ 총발열량 = 진발열량 - 현열
④ 총발열량 = 진발열량 - 잠열

해설 총발열량 = 진발열량(저위 발열량) + 잠열(수증기)

Answer 53.① 54.③ 55.① 56.① 57.① 58.②

59 프로판가스 224L가 완전 연소하면 약 몇 kcal의 열이 발생되는가? (단, 표준상태기준이며, 1mol당 발열량은 530kcal이다.)

① 530
② 1,060
③ 5,300
④ 12,000

해설 프로판(C_3H_8) 1몰 22.4L

$$\therefore \frac{224}{22.4} \times 530 \text{kcal/mol} = 5,300 \text{kcal}$$

60 다음 각 가스의 특성에 대한 설명으로 틀린 것은?

① 수소는 고온, 고압에서 탄소강과 반응하여 수소취성을 일으킨다.
② 산소는 공기 액화분리장치를 통해 제조하며, 질소와 분리시 비등점 차이를 이용한다.
③ 일산화탄소는 담황색의 무취 기체로 허용농도는 TLV-TWA 기준으로 50ppm이다.
④ 암모니아는 붉은 리트머스를 푸르게 변화시키는 성질을 이용하여 검출할 수 있다.

해설 일산화탄소는 무색무취의 기체로 독성이며 50ppm이다.

Answer 59. ③ 60. ③

가스기능사 2000제 문제은행

CBT 시험대비
2011년 10월 9일 시행

01 고압가스를 운반하는 차량의 경계표지 크기의 가로 치수는 차체 폭의 몇 % 이상으로 하여야 하는가?
① 10%   ② 20%
③ 30%   ④ 50%

해설
- 가스운반차량의 경계표지 크기 가로치수: 차체 폭의 30% 이상
- 세로치수 : 가로치수의 20% 이상

02 고압가스 운반기준에 대한 설명 중 틀린 것은?
① 밸브가 돌출한 충전용기는 고정식 프로텍터나 캡을 부착하여 밸브의 손상을 방지한다.
② 충전용기를 차에 실을 때에는 넘어지거나 부딪침 등으로 충격을 받지 않도록 주의하여 취급한다.
③ 소방기본법이 정하는 위험물과 충전용기를 동일 차량에 적재시에는 1m 정도 이격시킨 후 운반한다.
④ 염소와 아세틸렌, 암모니아 또는 수소는 동일 차량에 적재하여 운반하지 않는다.

해설 위험물과 충전용기는 동일차량에 적재하지 않는다.

03 이상기체 1mol이 100℃, 100기압에서 0.1기압으로 등온 가역적으로 팽창할 때 흡수되는 최대 열량은 약 몇 cal인가? (단, 기체상수는 1,987cal/mol · k이다.)
① 5020
② 5080
③ 5120
④ 5190

해설
$$Q = RT \ln \frac{P_2}{P_1}$$
$$= 1.987 \times (100 + 273) \times \ln(100 / 0.1)$$
$$= 5119.689 ≒ 5120 cal$$

04 공기 중에서의 폭발범위가 가장 넓은 가스는?
① 황화수소
② 암모니아
③ 산화에틸렌
④ 프로판

해설 폭발범위
- 황화수소 : 4.3 ~ 45.5%
- 암모니아 : 15 ~ 28%
- 산화에틸렌 : 3 ~ 80%
- 프로판 : 2.1 ~ 9.5%

Answer 1. ③ 2. ③ 3. ③ 4. ③

05 프로판 가스의 위험도(H)는 약 얼마인가?
① 2.2   ② 3.5
③ 9.5   ④ 17.7

[해설] 프로판 위험도
폭발범위 2.1 ~ 9.5%

$$H = \frac{U-L}{L} = \frac{9.5-2.1}{2.1} = 3.52$$

06 고압가스 배관을 도로에 매설하는 경우에 대한 설명으로 틀린 것은?
① 원칙적으로 자동차 등의 하중의 영향이 적은 곳에 매설한다.
② 배관의 외면으로부터 도로의 경계까지 1m 이상의 수평거리를 유지한다.
③ 배관의 외면으로부터 도로 밑 다른 시설물과 0.6m 이상의 거리를 유지한다.
④ 시가지의 도로 밑에 배관을 설치하는 경우 보호판을 배관의 정상부로부터 30cm 이상 떨어진 그 배관의 직상부에 설치한다.

[해설] 매설배관은 그 외면으로부터 타 시설물과 0.3m 이격시킬 것

07 독성가스를 운반하는 차량에 반드시 갖추어야 할 용구나 물품에 해당되지 않는 것은?
① 방독면   ② 제독제
③ 고무장갑 ④ 소화장비

[해설] 독성가스를 운반하는 차량에 갖추어야 하는 물품 및 용구 : 방독마스크, 보호의, 제독제, 보호장갑, 보호장화

08 아세틸렌에 대한 설명 중 틀린 것은?
① 액체 아세틸렌은 비교적 안정하다.
② 접촉적으로 수소화하면 에틸렌, 에탄이 된다.
③ 압축하면 탄소와 수소로 자기분해한다.
④ 구리 등의 금속과 화합시 금속아세틸라이드를 생성한다.

[해설] 액체 아세틸렌은 불안정하나 고체 아세틸렌은 비교적 안정하다. 또한 고체 아세틸렌은 비점과 융점이 근접하므로 승화성 특성을 갖는다.

09 일정 압력, 20°C에서 체적 1L의 가스는 40°C에서는 약 몇 L가 되는가?
① 1.07
② 1.21
③ 1.30
④ 2

[해설]
$$\frac{1}{273+20} = \frac{V_2}{273+40}$$

$\therefore V_2 = 1.068L$

Answer 5. ② 6. ③ 7. ④ 8. ① 9. ①

10 고압가스 저장탱크 2개를 지하에 인접하여 설치하는 경우 상호 간에 유지하여야 할 최소거리의 기준은?

① 0.6m 이상
② 1m 이상
③ 1.2m 이상
④ 1.5m 이상

해설 저장탱크 2개를 지하에 설치할 때 최소이격거리는 1m 이상

11 다음 중 가스의 폭발범위가 틀린 것은?

① 일산화탄소 : 12.5~74%
② 아세틸렌 : 2.5~81%
③ 메탄 : 2.1~9.3%
④ 수소 : 4~75%

해설 메탄(CH_4)의 폭발범위 : 5~15%

12 독성가스용 가스누출검지 경보장치의 경보농도 설정치는 얼마 이하로 정해져 있는가?

① ±5%
② ±10%
③ ±25%
④ ±30%

해설 독성가스 누출검지 경보장치 경보농도 설정치는 ±30% 이하일 것

13 다음 특정설비 중 재검사 대상에서 제외되는 것이 아닌 것은?

① 역화방지장치
② 자동차용 가스 자동주입기
③ 차량에 고정된 탱크
④ 독성가스 배관용 밸브

해설 특정설비 중 차량에 고정된 탱크는 재검사 대상에 해당된다.

14 액화석유가스 저장탱크의 저장능력 산정시 저장능력은 몇 ℃에서의 액비중을 기준으로 계산하는가?

① 0
② 15
③ 25
④ 40

해설 LPG저장탱크의 저장능력 산정시 액비중은 40℃ 기준

15 이동식 압축도시가스자동차 시설기준에서 처리설비, 이동충전 차량 및 충전설비의 외면으로부터 화기를 취급하는 장소까지 몇 m 이상의 우회거리를 유지하여야 하는가?

① 5m
② 8m
③ 12m
④ 20m

해설 이동식 압축도시가스자동차 시설에서 처리설비, 이동충전차량 및 충전설비와 화기와의 이격거리는 8m

Answer 10. ② 11. ③ 12. ④ 13. ③ 14. ④ 15. ②

16 재충전 금지용기의 안전을 확보하기 위한 기준으로 틀린 것은?

① 용기와 용기부속품을 분리할 수 있는 구조로 한다.
② 최고충전압력이 22.5MPa 이하이고 내용적이 25L 이하로 한다.
③ 납붙임 부분은 용기 몸체 두께의 4배 이상의 길이로 한다.
④ 최고 충전압력이 3.5MPa 이상인 경우에는 내용적이 5L 이하로 한다.

해설 재충전 금지용기에서 용기와 용기부속품은 일체로 제조된 것에 한한다.

17 도시가스 누출 시 폭발사고를 예방하기 위하여 냄새가 나는 물질인 부취제를 혼합시킨다. 이때 부취제의 공기 중 혼합비율의 용량은?

① 1/1000   ② 1/2000
③ 1/3000   ④ 1/5000

해설 도시가스 부취제의 공기 중 혼합비율은 $\frac{1}{1000}$ 이다.

18 도시가스시설 설치시 일부공정 시공감리 대상이 아닌 것은?

① 일반도시가스사업자의 배관
② 가스도매사업자의 가스공급시설
③ 일반도시가스사업자의 배관(부속시설 포함) 이외의 가스공급시설
④ 시공감리의 대상이 되는 사용자 공급관

해설 도시가스 설비 설치시 시공감리 대상에서 제외되는 것은 일반도시가스 사업자의 배관이다.

19 고압가스 용기 제조의 시설기준에 대한 설명 중 틀린 것은?

① 용기 동판의 최대두께와 최소두께와의 차이는 평균 두께의 20% 이하로 한다.
② 초저온 용기는 오스테나이트계 스테인리스강 또는 알루미늄합금으로 제조한다.
③ 아세틸렌용기에 충전하는 다공물질은 다공도가 72% 이상 95% 미만으로 한다.
④ 용기에는 프로텍터 또는 캡을 고정식 또는 체인식으로 부착한다.

해설 아세틸렌 다공물질의 다공도는 75% 이상 92% 미만으로 한다.

20 포스겐의 취급 방법에 대한 설명 중 틀린 것은?

① 포스겐을 함유한 폐기액은 산성물질로 충분히 처리한 후 처분한다.
② 취급시에는 반드시 방독마스크를 착용한다.
③ 환기시설을 갖추어 작업한다.
④ 누출시 용기가 부식되는 원인이 되므로 약간의 누출에도 주의한다.

해설 포스겐은 맹독성 물질로 수산화나트륨(NaOH)에 신속하게 흡수된다.
$COCl_2 + 4NaOH \rightarrow Na_2CO_3 + 2NaCl + 2H_2O$

Answer 16. ① 17. ① 18. ① 19. ③ 20. ①

21 일산화탄소에 대한 설명으로 틀린 것은?

① 공기보다 가볍고 무색, 무취이다.
② 산화성이 매우 강한 기체이다.
③ 독성이 강하고 공기중에서 잘 연소한다.
④ 철족의 금속과 반응하여 금속카르보닐을 생성한다.

해설 일산화탄소는 환원성이 매우 강하다.

22 다음 중 용기의 도색이 백색인 가스는? (단, 의료용 가스용기는 제외한다.)

① 액화염소
② 질소
③ 산소
④ 액화암모니아

해설 용기도색
- 액화염소 : 갈색
- 질소 : 회색
- 산소 : 녹색
- 액화암모니아 : 백색

23 LPG가 충전된 납붙임 또는 접합용기는 얼마의 온도에서 가스누출시험을 할 수 있는 온수시험탱크를 갖추어야 하는가?

① 20 ~ 32℃
② 35 ~ 45℃
③ 46 ~ 50℃
④ 60 ~ 80℃

해설 납붙임, 접합용기의 온수누출시험온도 46 ~ 50℃

24 고압가스 제조장치의 취급에 대한 설명 중 틀린 것은?

① 압력계의 밸브를 천천히 연다.
② 액화가스를 탱크에 처음 충전할 때에는 천천히 충전한다.
③ 안전밸브는 천천히 작동한다.
④ 제조장치의 압력을 상승시킬 때 천천히 상승시킨다.

해설 가스 제조장치의 안전밸브는 급속히 작동되어야 한다.

25 용기에 표시된 각인 기호 중 연결이 잘못된 것은?

① FP - 최고 충전압력
② TP - 검사일
③ V - 내용적
④ W - 질량

해설 용기 각인사항
- FP : 최고 충전압력
- TP : 내압시험압력
- V : 내용적
- W : 질량

26 가연성가스 제조 공장에서 착화의 원인으로 가장 거리가 먼 것은?

① 정전기
② 베릴륨 합금제 공구에 의한 충격
③ 사용 촉매의 접촉 작용
④ 밸브의 급격한 조작

해설 베릴륨 합금제 공구는 방폭용 공구

Answer 21. ② 22. ④ 23. ③ 24. ③ 25. ② 26. ②

27 고압가스 일반제조시설에서 저장탱크를 지상에 설치한 경우 다음 중 방류둑을 설치하여야 하는 것은?

① 액화산소 저장능력 900톤
② 염소 저장능력 4톤
③ 암모니아 저장능력 10톤
④ 액화질소 저장능력 100톤

해설 가스 일반제조시설 저장탱크의 방류둑 설치
• 가연성가스 또는 산소의 액화가스 저장탱크 저장능력 1000t 이상
• 독성가스의 액화가스 저장탱크 저장능력 5t 이상

28 다음 고압가스 압축작업 중 작업을 즉시 중단해야 하는 경우가 아닌 것은?

① 아세틸렌 중 산소용량이 전용량의 2% 이상의 것
② 산소 중 가연성가스(아세틸렌, 에틸렌 및 수소를 제외한다.)의 용량이 전용량의 4% 이상의 것
③ 산소 중 아세틸렌, 에틸렌 및 수소의 용량합계가 전용량의 2% 이상인 것
④ 시안화수소 중 산소용량이 전용량의 2% 이상의 것

해설 압축금지
• 가연성가스 중 산소가 또는 산소 중의 가연성 가스가 4% 이상일 때
• 수소, 에틸렌, 아세틸렌 중의 산소가 또는 산소 중의 그 합이 2% 이상일 때

29 고압가스 제조설비에서 누출된 가스의 확산을 방지할 수 있는 재해조치를 하여야 하는 가스가 아닌 것은?

① 황화수소   ② 시안화수소
③ 아황산가스   ④ 탄산가스

해설 CO_2(이산화탄소)는 독성가스가 아니므로 누출시 재해조치 시설은 하지 않아도 된다.

30 용기의 재검사 주기에 대한 기준으로 틀린 것은?

① 용접용기의 신규검사 후 15년 이상 20년 미만의 용기는 2년마다 재검사
② 500L 이상 이음매 없는 용기는 5년마다 재검사
③ 저장탱크가 없는 곳에 설치한 기화기는 2년마다 재검사
④ 압력용기는 4년마다 재검사

31 면적 가변식 유량계의 특징이 아닌 것은?

① 소용량 측정이 가능하다.
② 압력손실이 크고 거의 일정하다.
③ 유효 측정범위가 넓다.
④ 직접 유량을 측정한다.

해설 면적 가변식 유량계는 타 유량계에 비해서 압력손실이 크지 않다.

Answer 27. ③ 28. ④ 29. ④ 30. ③ 31. ②

32 초저온 저장탱크의 측정에 많이 사용되며 차압에 의해 액면을 측정하는 액면계는?

① 햄프슨식 액면계
② 전기저항식 액면계
③ 초음파식 액면계
④ 크링카식 액면계

해설 초저온 저장탱크 측정에서 차압의 원리에 의해 측정되는 방식은 햄프슨식 액면계이다.

33 가스 액화 사이클 중 비점이 점차 낮은 냉매를 사용하여 저비점의 기체를 액화하는 사이클로서 다원 액화 사이클이라고도 하는 것은?

① 클라우드식 공기액화 사이클
② 캐피자식 공기액화 사이클
③ 필립스의 공기액화 사이클
④ 캐스케이드식 공기액화 사이클

해설 캐스케이드(다원 액화 사이클) 액화 사이클 : 가스 액화 싸이클에서 비점이 점차 낮은 냉매를 사용하는 액화 사이클

34 회전식 펌프의 특징에 대한 설명으로 틀린 것은?

① 고점도액에도 사용할 수 있다.
② 토출압력이 낮다.
③ 흡입양정이 적다.
④ 소음이 크다.

해설 회전식 펌프(로터리식 펌프)의 특징
① 흡입 및 토출밸브가 없고 연속 회전하므로 토출액의 맥동이 적다.
② 점성이 있는 액체 이송에 좋다.
③ 고압용 유압펌프로 사용된다.

35 다음 중 실측식 가스미터가 아닌 것은?

① 루트식
② 로터리 피스톤식
③ 습식
④ 터빈식

해설
• 실측식 가스미터 : 막식, 회전자식(루트미터, 로타리 피스톤식 미터), 습식 가스미터
• 추량식 가스미터 : 터빈식, 벤튜리식, 오리피스식, 와류유량계

36 배관용 보온재의 구비 조건으로 옳지 않은 것은?

① 장시간 사용온도에 견디며, 변질되지 않을 것
② 가공이 균일하고 비중이 적을 것
③ 시공이 용이하고 열전도율이 클 것
④ 흡습, 흡수성이 적을 것

해설 보온재의 구비 조건
① 기공이 균일하고 비중이 적을 것
② 시공이 용이하고 열전도율이 적을 것
③ 흡습성이 적을 것

Answer 32. ① 33. ④ 34. ② 35. ④ 36. ③

37 부취제 중 황 화합물의 화학적 안전성을 순서대로 바르게 나열한 것은?

① 이황화물 > 메르캅탄 > 환상황화물
② 메르캅탄 > 이황화물 > 환상황화물
③ 환상황화물 > 이황화물 > 메르캅탄
④ 이황화물 > 환상황화물 > 메르캅탄

해설 ▶ 부취제의 황 화합물의 화학적 안정성
환상황화물 > 이황화물 > 메르캅탄

38 쉽게 고압이 얻어지고 유량조정 범위가 넓어 LPG 충전소에 주로 설치되어 있는 압축기는?

① 스크류압축기
② 스크롤압축기
③ 베인압축기
④ 왕복식압축기

해설 ▶ 유량조정 범위가 넓고 쉽게 고압을 얻을 수 있는 압축기로는 왕복동식이 유리하다.

39 액화가스의 비중이 0.8, 배관 직경이 50mm이고 유량이 15ton/h일 때 배관 내의 평균 유속은 약 몇 m/s인가?

① 1.80 ② 2.65
③ 7.56 ④ 8.52

해설 ▶
$$Q = A \cdot U$$
$$U = \frac{Q}{A} = \frac{(15t \times 1000kg/800kg/m^3) \div 3600}{\frac{\pi}{4}(0.05)^2}$$
$$= 2.6539 m/s$$

40 가스 배관 설비에 전단 응력이 일어나는 원인으로 가장 거리가 먼 것은?

① 파이프 구배
② 냉간가공의 응력
③ 내부압력의 응력
④ 열팽창에 의한 응력

해설 ▶ 가스 배관 설비에서 전단 응력이 발생하는 것과 배관의 구배는 무관하다.

41 진탕형 오토클레이브의 특징이 아닌 것은?

① 가스 누출의 가능성이 없다.
② 고압력에 사용할 수 있고 반응물의 오손이 없다.
③ 뚜껑판에 뚫어진 구멍에 촉매가 끼여 들어갈 염려가 있다.
④ 교반효과에 뛰어나며 교반형에 비하여 효과가 크다.

해설 ▶ 진탕형 오토클레이브 특징
① 가스 누설의 가능성이 없다.
② 고압력에 사용할 수 있고 반응물의 오손이 없다.
③ 장치 전체가 진동하므로 압력계는 본체로부터 떨어져 설치한다.
④ 덮개에 뚫린 부분에 촉매가 끼워 들어갈 염려가 있다.

Answer 37. ③ 38. ④ 39. ② 40. ① 41. ④

42 다음 가스에 대한 가스 용기의 재질로 적절하지 않은 것은?
① LPG : 탄소강
② 산소 : 크롬강
③ 염소 : 탄소강
④ 아세틸렌 : 구리합금강

해설) 아세틸렌은 구리와 반응해서 구리 아세틸라이드를 생성하므로 구리 함유량이 62% 이하로 한다.

43 펌프의 유량이 100m³/s, 전양정 50m, 효율이 75%일 때 회전수를 20% 증가시키면 소요 동력은 몇 배가 되는가?
① 1.44
② 1.73
③ 2.36
④ 3.73

해설) 동력은 $p = p' \times \left(\dfrac{N'}{N}\right)^3 = (1.2)^3 = 1.728$ 배

44 다음 열전대 중 측정온도가 가장 높은 것은?
① 백금 - 백금·로듐형
② 크로멜 - 알루멜형
③ 철 - 콘스탄틴형
④ 동 - 콘스탄탄형

해설) 열전대 온도계에서 백금 - 백금·로듐형은 측정온도범위가 0~1,600℃로 가장 높다.

45 100A용 가스누출 경보차단장치의 차단시간은 얼마 이내이어야 하는가?
① 20초
② 30초
③ 1분
④ 3분

해설) 가스누출 경보차단장치에서 100A용의 차단시간은 30초 이내

46 아세틸렌(C_2H_2)에 대한 설명 중 옳지 않은 것은?
① 시안화수소와 반응시 아세트알데히드를 생성한다.
② 폭발범위(연소범위)는 약 2.5~81%이다.
③ 공기 중에서 연소하면 잘 탄다.
④ 무색이고 가연성이다.

해설) 아세틸렌을 황산수은을 촉매로 수소화시키면 아세트알데히드가 생성된다.

- C_2H_2 + H_2O $\xrightarrow{Hg_2SO_4}$ CH_3CHO
  (아세틸렌) (물)   (아세트알데히드)
- C_2H_2 + HCN $\rightarrow$ CH_2CHCN
  (아세틸렌) (시안화수소)   (아크릴로니트릴)

47 1몰의 프로판을 완전 연소시키는데 필요한 산소의 몰수는?
① 3몰   ② 4몰
③ 5몰   ④ 6몰

해설)
$C_3H_8 + 5O_2 \rightarrow 3CO_2 + 4H_2O$

Answer 42. ④ 43. ② 44. ① 45. ② 46. ① 47. ③

48 LNG와 LPG에 대한 설명으로 옳은 것은?
① LPG는 대체 천연가스 또는 합성 천연가스를 말한다.
② 액체상태의 나프타를 LNG라 한다.
③ LNG는 각종 석유가스의 총칭이다.
④ LNG는 액화천연가스를 말한다.

해설
- L.N.G : 액화천연가스
- L.P.G : 액화석유가스

49 도시가스의 제조공정이 아닌 것은?
① 열분해 공정
② 접촉분해 공정
③ 수소화분해 공정
④ 상압증류 공정

해설 도시가스 제조공정 : 열분해 공정, 접촉분해 공정, 수소화분해 공정, 부분연소 공정, 대체 천연가스 공정

50 대기압 하의 공기로부터 순수한 산소를 분리하는데 이용되는 액체산소의 끓는점은 몇 ℃ 인가?
① −140
② −183
③ −196
④ −273

해설 공기 액화분리공정 비점
- 액체산소 : −183℃
- 액체질소 : −196℃
- 액체알곤 : −186℃

51 천연가스의 성질에 대한 설명으로 틀린 것은?
① 주성분은 메탄이다.
② 독성이 없고 청결한 가스이다.
③ 공기보다 무거워 누출시 바닥에 고인다.
④ 발열량은 약 9,500~10,500kcal/m^3 정도이다.

해설 천연가스 주성분은 메탄(CH_4)
$$\frac{\text{메탄 분자량}(16)}{\text{공기평균분자량}(29)} = 0.55$$
공기보다 가벼워 위로 뜬다.

52 공기 액화분리장치의 폭발원인으로 볼 수 없는 것은?
① 공기취입구로부터 O_2 혼입
② 공기취입구로부터 C_2H_2 혼입
③ 액체 공기 중에 O_3 혼입
④ 공기 중에 있는 NO_2의 혼입

해설 공기 액화분리장치 폭발 원인
① 공기 취입구로부터 아세틸렌의 혼입
② 압축기용 윤활유 분해에 따른 탄화수소의 생성
③ 공기 중의 산화질소, 이산화질소 등 질소 화합물의 흡입
④ 액체공기 중 오존의 혼입

Answer 48. ④ 49. ④ 50. ② 51. ③ 52. ①

53 다음 암모니아 제법 중 중압 합성방법이 아닌 것은?

① 카자레법　　② 뉴우데법
③ 케미크법　　④ 뉴파우더법

해설 암모니아 합성법 중 카자레법은 고압합성법

54 이상기체 상태방정식의 R 값을 옳게 나타낸 것은?

① 8.314L · atm/mol · R
② 0.082L · atm/mol · K
③ 8.314m · atm/mol · K
④ 0.082joulr/mol · K

해설 이상기체 상태 기체상수 R
= (22.4L − 1atm)/(1mol) × (0 + 237K)
= 0.082L − atm/mol°K

55 다음 중 임계압력(atm)이 가장 높은 가스는?

① CO　　② C_2H_4
③ HCN　　④ Cl_2

해설 임계압력
- CO : 35atm
- C_2H_4 : 50.5atm
- HCN : 53.2atm
- Cl_2 : 76.1atm

56 다음 중 공기보다 가벼운 가스는?

① O_2　　② SO_2
③ CO　　④ CO_2

해설 공기 평균 분자량 29
- O_2 : $\frac{32}{29}$ = 1.1배 무겁다.
- SO_2 : $\frac{64}{29}$ = 2.2배 무겁다.
- CO : $\frac{28}{29}$ = 0.97(공기보다 가볍다)
- CO_2 : $\frac{44}{29}$ = 1.52배 무겁다.

57 일정한 압력에서 20℃인 기체의 부피가 2배 되었을 때의 온도는 몇 ℃ 인가?

① 293
② 313
③ 323
④ 486

해설
$$\frac{1L}{20+273} = \frac{2L}{T_2}$$

∴ $T_2 = \frac{2 \times (20+273)}{1} = 586 - 273 = 313℃$

58 표준상태 하에서 증발열이 큰 순서에서 적은 순으로 옳게 나열된 것은?

① NH_3 − LNG − H_2O − LPG
② NH_3 − LPG − LNG − H_2O
③ H_2O − NH_3 − LNG − LPG
④ H_2O − LNG − LPG − NH_3

해설 증발잠열
- H_2O : 539kcal/kg
- NH_3 : 326.2kcal/kg
- LNG : 메탄 121.87kcal/kg
- LPG : 프로판 101.8kcal/kg
　　　　부탄 92.1kcal/kg

Answer 53. ①　54. ②　55. ④　56. ③　57. ②　58. ③

59 다음 중 가장 높은 압력을 나타내는 것은?

① 101.325kPa
② 10.33mH₂O
③ 1013hPa
④ 30.69psi

해설
- 101.325kPa = 1atm
- 10.33mH₂O = 1atm
- 1013hPa = 1atm(1atm = 1013mb = 1013hpa
   = 1.01325bar = 101.3kPa)
- 30.69psi = $\dfrac{30.69\,psi}{14.7\,psi}$ = 2.09atm

60 다음 중 불연성 가스는?

① CO_2
② C_3H_6
③ C_2H_2
④ C_2H_4

해설
- CO_2 : 불연성가스
- C_3H_6 : 가연성가스
- C_2H_2 : 가연성가스
- C_2H_4 : 가연성가스

Answer 59. ④ 60. ①

가스기능사 2000제 문제은행

CBT 시험대비
▶ 2012년 2월 12일 시행

---

01 고압가스 용접용기 제조 시 용기동판의 최대 두께와 최소 두께의 차이는 평균 두께의 몇 % 이하로 하여야 하는가?

① 10% ② 20%
③ 30% ④ 40%

해설 용기의 최대두께와 최소두께의 평균두께 공차는 20% 이내일 것

02 정압기지의 방호벽을 철근콘크리트 구조로 설치할 경우 방호벽 기초의 기준에 대한 설명 중 틀린 것은?

① 일체로 된 철근콘크리트 기초로 한다.
② 높이 350mm 이상, 되메우기 깊이는 300mm 이상으로 한다.
③ 두께 200mm 이상, 간격 3,200mm 이하의 보조벽을 본체와 직각으로 설치한다.
④ 기초의 두께는 방호벽 최하부 두께의 120% 이상으로 한다.

해설 정압기실 방호벽 철근 콘크리트 기초 기준
㉠ 일체로 된 철근콘크리트 기초일 것
㉡ 높이 350mm 이상, 되메우기 깊이는 300mm 이상일 것
㉢ 기초두께는 방호벽 최하부의 두께의 120% 이상일 것
㉣ 철근콘크리트 방호벽 직경 9mm, 가로 세로 400mm 이하 배근결속
㉤ 두께 120mm 이상 높이 2000mm 이상일 것

03 충전용기 보관실의 온도는 항상 몇 ℃ 이하를 유지하여야 하는가?

① 40℃ ② 45℃
③ 50℃ ④ 55℃

해설 용기 보관실 온도는 40℃ 이하를 유지할 것

04 용기의 파열사고 원인으로 가장 거리가 먼 것은?

① 용기의 내압력 부족
② 용기의 내압 상승
③ 용기 내에서 폭발성 혼합가스에 의한 발화
④ 안전밸브의 작동

해설 안전밸브는 용기의 파열사고를 방지하기 위한 장치이다.

Answer 1. ② 2. ③ 3. ① 4. ④

05 도시가스 배관의 철도궤도 중심과 이격거리 기준으로 옳은 것은?

① 1m 이상
② 2m 이상
③ 4m 이상
④ 5m 이상

해설 철도궤도 중심과 가스배관 이격거리는 4m 이상일 것

06 다음 중 냄새로 누출여부를 쉽게 알 수 있는 가스는?

① 질소, 이산화탄소
② 일산화탄소, 아르곤
③ 염소, 암모니아
④ 에탄, 부탄

해설 취기(냄새)로 식별 가능한 것은 염소와 암모니아이다.

07 독성가스 배관을 지하에 매설할 경우 배관은 그 가스가 혼입될 우려가 있는 수도시설과 몇 m 이상의 거리를 유지하여야 하는가?

① 50m
② 100m
③ 200m
④ 300m

해설 수도시설과 독성가스 배관의 이격거리는 300m 이상일 것

08 다음 중 같은 성질을 가진 가스로만 나열된 것은?

① 에탄, 에틸렌
② 암모니아, 산소
③ 오존, 아황산가스
④ 헬륨, 염소

해설 가스의 성질에 따른 분류
㉠ 가연성 가스 : H_2, CO, C_2H_2, C_3H_8, C_4H_{10}, CH_4 등
㉡ 조연성(지연성) 가스 : O_2, O_3, Cl_2, N_2O
㉢ 불연성 가스 : N_2, CO_2, H_3, Ne, Ar

09 액화석유가스 충전소에서 저장탱크를 지하에 설치하는 경우에는 철근콘크리트로 저장탱크실을 만들고 그 실내에 설치하여야 한다. 이 때 저장탱크 주위의 빈 공간에는 무엇을 채워야 하는가?

① 물
② 마른 모래
③ 자갈
④ 콜타르

해설 LPG충전소 지하매설 저장탱크와 콘크리트 실내 공간 충진 물질 : 마른 모래

Answer 5. ③ 6. ③ 7. ④ 8. ① 9. ②

10 도시가스 사용시설의 배관은 움직이지 아니하도록 고정부착하는 조치를 하도록 규정하고 있는데 다음 중 배관의 호칭지름에 따른 고정간격의 기준으로 옳은 것은?

① 배관의 호칭지름 20mm인 경우 2m 마다 고정
② 배관의 호칭지름 32mm인 경우 3m 마다 고정
③ 배관의 호칭지름 40mm인 경우 4m 마다 고정
④ 배관의 호칭지름 65mm인 경우 5m 마다 고정

해설 가스배관 고정
㉠ 관경 13mm 이하 : 1m
㉡ 관경 13mm 이상 33mm 이하 : 2m
㉢ 관경 33mm 이상 : 3m

11 탱크를 지상에 설치하고자 할 때 방류둑을 설치하지 않아도 되는 저장탱크는?

① 저장능력 1000톤 이상의 질소탱크
② 저장능력 1000톤 이상의 부탄탱크
③ 저장능력 1000톤 이상의 산소탱크
④ 저장능력 5톤 이상의 염소탱크

해설 불연성인 질소탱크에는 방류둑을 설치하지 않아도 된다.

12 고압가스 운반 등의 기준으로 틀린 것은?

① 고압가스를 운반하는 때에는 재해방지를 위하여 필요한 주의사항을 기재한 서면을 운전자에게 교부하고 운전 중 휴대하게 한다.
② 차량의 고장, 교통사정 또는 운전자의 휴식 등 부득이한 경우를 제외하고는 장시간 정차하여서는 안 된다.
③ 고속도로 운행 중 점심식사를 하기 위해 운반책임자와 운전자가 동시에 차량을 이탈할 때에는 시건장치를 하여야 한다.
④ 지정한 도로, 시간, 속도에 따라 운반하여야 한다.

해설 가스 운송시에 자리를 비우게 될 때에는 운반책임자와 운전자가 동시에 자리를 비우지 않도록 한다.

13 고압가스 제조설비의 계장회로에는 제조하는 고압가스의 종류·온도 및 압력과 제조설비의 상황에 따라 안전확보를 위한 주요 부분에 설비가 잘못 조작되거나 정상적인 제조를 할 수 없는 경우에 자동으로 원재료의 공급을 차단시키는 등 제조설비 안의 제조를 제어할 수 있는 장치를 설치하는데 이를 무엇이라 하는가?

① 인터록제어장치 ② 긴급차단장치
③ 긴급이송설비   ④ 벤트스택

해설 가스제조설비의 안전 확보를 위한 오조작 방지장치를 인터록장치라고 한다.

Answer 10. ① 11. ① 12. ③ 13. ①

14 아세틸렌을 용기에 충전할 때에는 미리 용기에 다공 물질을 고루 채운 후 침윤 및 충전을 하여야 한다. 이때 다공도는 얼마로 하여야 하는가?

① 75% 이상 92% 미만
② 70% 이상 95% 미만
③ 62% 이상 75% 미만
④ 92% 이상

[해설] 아세틸렌의 다공물질의 다공도는 75~92% 미만일 것

15 다음 중 독성이면서 가연성의 가스는?

① SO_2
② $COCl_2$
③ HCN
④ C_2H_6

[해설]
① 아황산가스 : 독성 가스
② 포스겐 : 독성 가스
③ 시안화수소 : 독성 가스, 가연성 가스
④ 에탄 : 가연성 가스

16 고압가스 일반제조소에서 저장탱크 설치 시 물분무장치는 동시에 방사할 수 있는 최대 수량을 몇 분 이상 연속하여 방사할 수 있는 수원에 접속되어 있어야 하는가?

① 30분
② 45분
③ 60분
④ 90분

[해설] 가스일반제조소의 저장탱크에 설치된 물분무장치의 수원은 30분간 이상 방사할 수 있는 양 이상일 것

17 자연환기설비 설치시 LP가스의 용기 보관실 바닥 면적이 $3m^2$이라면 통풍구의 크기는 몇 cm^2 이상으로 하도록 되어 있는가? (단, 철망 등이 부착되어 있지 않은 것으로 간주한다.)

① 500
② 700
③ 900
④ 1100

[해설] LPG 용기 보관실 자연환기구의 통풍구 면적은 바닥 $1m^2$당 $300cm^2$ 이상일 것
$3m^2 \times 300cm^2 = 900cm^2$

18 제조소의 긴급용 벤트스택 방출구의 위치는 작업원이 항시 통행하는 장소로부터 얼마나 이격되어야 하는가?

① 5m 이상
② 10m 이상
③ 15m 이상
④ 30m 이상

[해설] 제조소에 설치된 벤트스택 방출구 위치는 작업원의 통행장소와 10m 이상 이격시킬 것

19 독성가스 배관은 안전한 구조를 갖도록 하기 위해 2중관 구조로 하여야 한다. 다음 가스 중 2중관으로 하지 않아도 되는 가스는?

① 암모니아
② 염화메탄
③ 시안화수소
④ 에틸렌

[해설] 독성가스중 이중배관 으로 해야 하는 가스
포스겐, 황화수소, 시안화수소, 아황산가스, 산화에틸렌, 암모니아, 염소, 염화메탄

Answer 14. ① 15. ③ 16. ① 17. ③ 18. ② 19. ④

20 시안화수소 가스는 위험성이 매우 높아 용기에 충전 보관할 때에는 안정제를 첨가하여야 한다. 적합한 안정제는?
① 염산 ② 이산화탄소
③ 황산 ④ 질소

해설: 시안화수소 안정제 : 황산, 아황산가스

21 가연성 가스로 인한 화재의 종류는?
① A급 화재 ② B급 화재
③ C급 화재 ④ D급 화재

해설:
① A급 화재 : 일반화재
② B급 화재 : 유류화재(가스화재, 식용유화재포함)
③ C급 화재 : 전기화재
④ D급 화재 : 금속화재

22 다음 중 독성(TLV-TWA)이 가장 강한 가스는?
① 암모니아
② 황화수소
③ 일산화탄소
④ 아황산가스

해설: TLV-TWA : 시간 가중치로서 근로자가 1일 8시간, 주당 40시간 평상작업에서 악영향을 받지 않는 농도
① 암모니아 : 25ppm
② 황화수소 : 10ppm
③ 일산화탄소 : 50ppm
④ 아황산가스 : 2ppm

23 일반도시가스사업의 가스공급시설에서 중압 이하의 배관과 고압배관을 매설하는 경우 서로 몇 m 이상의 거리를 유지하여 설치하여야 하는가?
① 1 ② 2
③ 3 ④ 5

24 고압가스용기의 안전점검 기준에 해당되지 않는 것은?
① 용기의 부식, 도색 및 표시 확인
② 용기의 캡이 씌워져 있거나 프로텍터의 부착여부 확인
③ 재검사 기간의 도래 여부를 확인
④ 용기의 누출을 성냥불로 확인

해설: 가스 누출 점검시 라이타나 성냥불로 가스누출을 검사하지 않을 것

25 일반도시가스사업자가 선임하여야 하는 안전점검원 선임의 기준이 되는 배관길이 산정 시 포함되는 배관은?
① 사용자공급관
② 내관
③ 가스사용자 소유 토지내의 본관
④ 공공 도로내의 공급관

해설: 배관안전점검원 배치에서 사용자의 공급관, 내관은 제외한다.

Answer 20. ③ 21. ② 22. ④ 23. ② 24. ④ 25. ②

26 자동차 용기 충전시설에 게시한 "화기엄금"이라 표시한 게시판의 색상은?

① 황색바탕에 흑색문자
② 백색바탕에 적색문자
③ 흑색바탕에 황색문자
④ 적색바탕에 백색문자

해설 충전소의 화기엄금 표지는 백색바탕에 적색문자
충전 중 엔진정지는 황색바탕에 흑색문자

27 고압가스(산소, 아세틸렌, 수소)의 품질검사 주기의 기준은?

① 1월 1회 이상 ② 1주 1회 이상
③ 3일 1회 이상 ④ 1일 1회 이상

해설 가스 품질검사는 1일 1회 이상 할 것

28 가스 공급시설의 임시사용 기준 항목이 아닌 것은?

① 도시가스 공급이 가능한지의 여부
② 도시가스의 수급상태를 고려할 때 해당지역에 도시가스의 공급이 필요한지의 여부
③ 공급의 이익 여부
④ 가스공급시설을 사용할 때 안전을 해칠 우려가 있는지의 여부

해설 가스공급시설의 임시 사용기준
㉠ 가스공급이 가능한지의 여부
㉡ 공급시설 사용시 안전의 우려가 없는지 여부
㉢ 가스의 수급상태를 고려해서 해당지역에 공급이 필요한지의 여부

29 내용적이 1천 L를 초과하는 염소용기의 부식 여유 두께의 기준은?

① 2mm 이상 ② 3mm 이상
③ 4mm 이상 ④ 5mm 이상

해설 용기의 부식여유 수치
㉠ 암모니아 : 내용적 1000L 이하 : 1mm
　　　　　　 내용적 1000L 초과 : 2mm
㉡ 염소 : 내용적 1000L 이하 : 3mm
　　　　 내용적 1000L 초과 : 5mm

30 저장능력이 1ton인 액화염소 용기의 내용적(L)은? (염소의 정수 0.8)

① 400 ② 600
③ 800 ④ 1000

해설 용기 내용적 산출식

$$G = \frac{V}{C}$$

- G = 가스질량(kg)
- C = 가스정수
- V = 용기의 내용적(L)

31 2000rpm으로 회전하는 펌프를 3500rpm으로 변환하였을 경우 펌프의 유량과 양정은 각각 몇 배가 되는가?

① 유량 : 2.65, 양정 : 4.12
② 유량 : 3.06, 양정 : 1.75
③ 유량 : 3.06, 양정 : 5.36
④ 유량 : 1.75, 양정 : 3.06

해설 유량 = $(3500rpm / 2000rpm)^1$ = 1.75배
양정 = $(3500rpm / 2000rpm)^2$ = 3.06배

Answer 26. ② 27. ④ 28. ③ 29. ④ 30. ③ 31. ④

32 다음 가스분석법 중 흡수분석법에 해당하지 않는 것은?
① 헴펠법 ② 구우데법
③ 오르잣법 ④ 게겔법

해설 흡수 분석법 : 헴펠법, 오르잣법, 게겔법

33 서로 다른 두 종류의 금속을 연결하여 폐회로를 만든 후, 양접점에 온도차를 두면 금속 내에 열기전력이 발생하는 원리를 이용한 온도계는?
① 광전관식 온도계
② 바이메탈 온도계
③ 서미스터 온도계
④ 열전대 온도계

해설
• 열전대 온도계 : 다른 두 종류의 금속 접점에 온도차를 두면 열기전력이 발생하여 측정하는 원리
• 열전대커플 종류
 P-R(백금-백금로듐)
 C-A(크로멜-알루멜)
 I-C(철-콘스탄탄)
 C-C(구리-콘스탄탄)

34 도시가스의 총발열량이 10,400kcal/m³, 공기에 대한 비중이 0.55일 때 웨베지수는 얼마인가?
① 11023 ② 12023
③ 13023 ④ 14023

해설
$$Wl = \frac{Hg}{\sqrt{d}}$$
$$= \frac{10400}{\sqrt{0.55}} = 14023.36$$

35 가연성가스 검출기 중 탄광에서 발생하는 CH_4의 농도를 측정하는데 주로 사용되는 것은?
① 간섭계형
② 안전등형
③ 열선형
④ 반도체형

해설 안전등형 : 탄광 내 갱도의 메탄가스를 검지하기 위해서 사용하며 석유램프의 일종으로 2중 철망에 둘러 싸여 메탄 검지시 불꽃길이와 형태가 달라지는 것을 이용한다.

36 가스분석 시 이산화탄소 흡수제로 주로 사용되는 것은?
① NaCl ② KCl
③ KOH ④ Ca(OH)₂

해설 흡수 분석시 용액
CO_2 : KOH용액
O_2 : 알칼리성 피롤카롤용액
CO : 암모니아성 염화제일동용액

37 땅 속의 애노드에 강제 전압을 가하여 피 방식 금속제를 캐소드로 하는 전기방식법은?
① 희생양극법
② 외부전원법
③ 선택배류법
④ 강제배류법

해설 외부전원법 : 땅속 가스배관에 외부 직류전원 장치로부터 필요한 방식전류를 지중에 설치한 전극을 통하여 매설관에 유입시켜 부식전류를 상쇄시켜 부식을 방지한다.

Answer 32. ② 33. ④ 34. ④ 35. ② 36. ③ 37. ②

38 파일럿 정압기 중 구동압력이 증가하면 개도도 증가하는 방식으로서 정특성, 동특성이 양호하고 비교적 컴팩트한 구조의 로딩형정압기는?

① Fisher식　　② axial flow식
③ Reynolds식　④ KRF식

해설 • 피셔식 특성
　㉠ 로딩형이다.
　㉡ 정특성, 동특성이 양호하다.
　㉢ 컴팩트한 구조이다.
• A.F.V식
　㉠ 변칙 언로딩형이다.
　㉡ 정특성, 동특성이 양호하다.
　㉢ 고차압이 될수록 특성이 양호하다.
• 레이놀드식 특성
　㉠ 언로딩형이다.
　㉡ 정특성은 좋으나 안정성이 떨어진다.
　㉢ 크기가 크다.

39 가스 폭발 사고의 근본적인 원인으로 가장 거리가 먼 것은?

① 내용물의 누출 및 확산
② 화학반응열 또는 잠열의 축적
③ 누출경보장치의 미비
④ 착화원 또는 고온물의 생성

해설 가스의 폭발사고는 대체적으로 가스누출에 의한 사고이다.

40 다음 [그림]은 무슨 공기 액화장치인가?

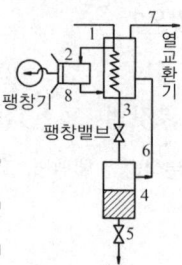

① 클라우드식 액화장치
② 린데식 액화장치
③ 캐피자식 액화장치
④ 필립스식 액화장치

해설 클라우드식 : 린데식에 효율을 높이기 위해서 열교환기에 팽창기를 부착하였다.

41 정압기의 선정 시 유의사항으로 가장 거리가 먼 것은?

① 정압기의 내압성능 및 사용 최대차압
② 정압기의 용량
③ 정압기의 크기
④ 1차 압력과 2차 압력 범위

해설 정압기 평가 선정시 고려할 특성
　㉠ 정특성(유량과 2차 압력과의 관계)
　㉡ 동특성(응답속도 및 안정성)
　㉢ 유량특성(스트로크-리프트) 메인밸브 열림과 유량과의 관계
　㉣ 사용 최대차압 및 최소차압

Answer　38. ①　39. ②　40. ①　41. ③

42 화학적 부식이나 전기적 부식의 염려가 없고 0.4MPa 이하의 매몰배관으로 주로 사용하는 배관의 종류는?

① 배관용 탄소강관
② 폴리에틸렌피복강관
③ 스테인리스강관
④ 폴리에틸렌관

해설 P-E관은 부식의 염려가 없어 매설용 배관으로 적합하며 SDR11인 경우 최대 0.4MPa까지 사용한다.

43 액주식 압력계가 아닌 것은?

① U자관식
② 경사관식
③ 벨로우즈식
④ 단관식

해설 액주식(마노미터)압력계
경사관식 : 10~300mmH₂O
U자관식 : 5~2000mmH₂O
단관식 : 300~2000mmH₂O

44 이동식부탄연소기의 용기연결방법에 따른 분류가 아닌 것은?

① 카세트식
② 직결식
③ 분리식
④ 일체식

해설 이동식부탄연소기 용기연결방법 분류
㉠ 카세트식
㉡ 직결식
㉢ 분리식

45 가스용품제조허가를 받아야 하는 품목이 아닌 것은?

① PE 배관
② 매몰형 정압기
③ 로딩암
④ 연료전지

해설 폴리에틸렌관은 가스용품에 해당되지 않는다.

46 자동절체식 조정기의 경우 사용쪽 용기 안의 압력이 얼마 이상일 때 표시 용량의 범위에서 예비쪽 용기에서 가스가 공급되지 않아야 하는가?

① 0.05MPa
② 0.1MPa
③ 0.15MPa
④ 0.2MPa

해설 자동절체식 조정기의 절체압력은 0.1MPa 이상일 때 예비측이 공급되지 않을 것

47 에틸렌 제조의 원료로 사용되지 않는 것은?

① 나프타
② 에탄올
③ 프로판
④ 염화메탄

해설 에틸렌(C₂H₄) 제조시 원료에 염화메탄(CH₃Cl)은 사용되지 않는다.

Answer 42. ④ 43. ③ 44. ④ 45. ① 46. ② 47. ④

48 질소에 대한 설명으로 틀린 것은?

① 질소는 다른 원소와 반응하지 않아 기기의 기밀시험용 가스로 사용된다.
② 촉매 등을 사용하여 상온 (35℃)에서 수소와 반응시키면 암모니아를 생성한다.
③ 주로 액체 공기를 비점 차이로 분류하여 산소와 같이 얻는다.
④ 비점이 대단히 낮아 극저온의 냉매로 이용된다.

해설 수소와 질소를 3 : 1로 반응시키면 NH_3가 생성되나 상온에서는 반응하지 않는다.
- 고압법(600~1000기압)
- 중압법(300기압 전후)
- 저압법(150기압)
- 온도는 500~600℃ 정도
- 촉매 : 정촉매 : Fe_3O_4
  부촉매 : Al_2O_3, CaO, K_2O

49 다음 중 비중이 가장 작은 가스는?

① 수소
② 질소
③ 부탄
④ 프로판

해설 기체비중(공기 = 1)
- 수소 : 2/29 = 0.07
- 질소 : 28/29 = 0.97
- 부탄 : 58/29 = 2
- 프로판 : 44/29 = 1.52

50 암모니아 가스의 특성에 대한 설명으로 옳은 것은?

① 물에 잘 녹지 않는다.
② 무색의 기체이다.
③ 상온에서 아주 불안정하다.
④ 물에 녹으면 산성이 된다.

해설 암모니아 특성
㉠ 물에 잘 녹는다.
㉡ 강한 자극성의 무색 기체로 독성이며 가연성이다.
㉢ 액화가 쉽고 증발잠열이 커서 냉매로 사용된다.

51 밀폐된 공간 안에서 LP가스가 연소되고 있을 때의 현상으로 틀린 것은?

① 시간이 지나감에 따라 일산화탄소가 증가된다.
② 시간이 지나감에 따라 이산화탄소가 증가된다.
③ 시간이 지나감에 따라 산소농도가 감소된다.
④ 시간이 지나감에 따라 아황산가스가 증가된다.

해설 연소에서 연료 중 황(S) 성분이 포함되어 있어야 SO_2가 생성된다.

Answer 48. ② 49. ① 50. ② 51. ④

52 공기 중에서 폭발하한이 가장 낮은 탄화수소는?

① CH_4 ② C_4H_{10}
③ C_3H_8 ④ C_2H_6

해설 ① CH_4 : 5~15% ② C_4H_{10} : 1.8~8.4%
③ C_3H_8 : 2.1~9.5% ④ C_2H_6 : 3~12.5%

53 60°K를 랭킨온도로 환산하면 약 몇 °R인가?

① 108 ② 117
③ 126 ④ 135

해설 °R ≒ °K × 1.8

54 다음 중 액화가 가장 어려운 가스는?

① H_2 ② He
③ N_2 ④ CH_4

해설 ① H_2 : -253℃ ② He : -269℃
③ N_2 : -196℃ ④ CH_4 : -162℃

55 다음 중 아세틸렌의 발생방식이 아닌 것은?

① 주수식 : 카바이드에 물을 넣는 방법
② 투입식 : 물에 카바이드를 넣는 방법
③ 접촉식 : 물과 카바이드를 소량씩 접촉시키는 방법
④ 가열식 : 카바이드를 가열하는 방법

해설 아세틸렌 발생 방식 : 주수식, 침지식, 투입식 (대량생산)

56 성능계수(ϵ)가 무한정한 냉동기의 제작은 불가능하다라고 표현되는 법칙은?

① 열역학 제0법칙
② 열역학 제1법칙
③ 열역학 제2법칙
④ 열역학 제3법칙

해설 열역학 제2법칙 : 에너지의 흐르는 방향을 설명하는 법칙으로, 제2종 영구기관은 만들 수 없다. 즉, 성능계수가 무한정한 냉동기 제작은 불가능하다.

57 가연성가스 정의에 대한 설명으로 맞는 것은?

① 폭발한계의 하한이 10% 이하인 것과 폭발한계의 상한과 하한의 차가 20% 이상인 것을 말한다.
② 폭발한계의 하한이 20% 이하인 것과 폭발한계의 상한과 하한의 차가 10% 이상인 것을 말한다.
③ 폭발한계의 상한이 10% 이하인 것과 폭발한계의 상한과 하한의 차가 20% 이하인 것을 말한다.
④ 폭발한계의 상한이 10% 이상인 것과 폭발한계의 상한과 하한의 차가 10% 이하인 것을 말한다.

해설 가연성가스는 폭발한계의 하한이 10% 이하의 것과 폭발한계의 상한과 하한의 차가 20% 이상인 것을 말한다.

58 탄소 12g을 완전연소시킬 경우 발생되는 이산화탄소는 약 몇 L 인가?

① 11.2   ② 12
③ 22.4   ④ 32

해설 $C + O_2 \rightarrow CO_2$
12g : 22.4L
탄소가 1몰 12g이 연소하면 이산화탄소 1몰이 생성되는데 이때 부피는 22.4L이고 무게는 44g이다(아보가드로의 법칙).

59 산소의 성질에 대한 설명 중 옳지 않은 것은?

① 자신은 폭발위험은 없으나 연소를 돕는 조연제이다.
② 액체산소는 무색, 무취이다.
③ 화학적으로 활성이 강하며, 많은 원소와 반응하여 산화물을 만든다.
④ 상자성을 가지고 있다.

해설 액체산소는 담청색을 띤다.

60 다음 중 압력이 가장 높은 것은?

① $10lb/in^2$ ② 750mmHg
③ 1atm   ④ $1kg/cm^2$

해설 ① $10psi(lb/in^2) = 0.7027kg/cm^2$
② $750mmHg = 1.019kg/cm^2$
③ $1atm = 1.033kg/cm^2$

Answer 58. ③   59. ②   60. ③

가스기능사 2000제 문제은행

CBT 시험대비
● 2012년 4월 8일 시행

01 가스배관의 주위를 굴착하고자 할 때에는 가스배관의 좌우 얼마 이내의 부분은 인력으로 굴착해야 하는가?
① 30cm 이내 ② 50cm 이내
③ 1m 이내 ④ 1.5m 이내

해설 매설가스배관 주위 굴착시 1m 이내는 인력으로 굴착을 할 것

02 가스누출자동차단장치 및 가스누출자동차단기의 설치기준에 대한 설명으로 틀린 것은?
① 가스공급이 불시에 자동 차단됨으로써 재해 및 손실이 클 우려가 있는 시설에는 가스누출경보차단장치를 설치하지 않을 수 있다.
② 가스누출자동차단기를 설치하여도 설치목적을 달성할 수 없는 시설에는 가스누출자동차단기를 설치하지 않을 수 있다.
③ 월사용예정량이 1,000m³ 미만으로서 연소기에 소화안전장치가 부착되어 있는 경우에는 가스누출경보차단장치를 설치하지 않을 수 있다.
④ 지하에 있는 가정용 가스사용시설은 가스누출경보차단 장치의 설치 대상에서 제외된다.

해설 가스연소기에 소화안전장치가 부착된 경우에도 가스누출차단 경보장치를 설치할 것

03 사고를 일으키는 장치의 이상이나 운전자 실수의 조합을 연역적으로 분석하는 정량적 위험성평가 기법은?
① 사건수 분석(ETA) 기법
② 결함수 분석(FTA) 기법
③ 위험과 운전분석(HAZOP) 기법
④ 이상위험도 분석(FMECA) 기법

해설
• 정량적 위험성 평가
  ㉠ 작업자 실수 분석
  ㉡ 결함수 분석
  ㉢ 사건수 분석
  ㉣ 원인 결과 분석
• 정성적 위험성 평가
  ㉠ 체크리스트기법
  ㉡ 사고 예상 질문 분석
  ㉢ 위험과 운전분석

04 고압가스 운반, 취급에 관한 안전사항 중 염소와 동일 차량에 적재하여 운반이 가능한 가스는?
① 아세틸렌 ② 암모니아
③ 질소 ④ 수소

해설 염소는 독성이고 지연성이며 질소는 불연성이다.

Answer 1. ③ 2. ③ 3. ② 4. ③

05 고압가스 충전용기의 적재 기준으로 틀린 것은?

① 차량의 최대적재량을 초과하여 적재하지 아니한다.
② 충전 용기를 차량에 적재하는 때에는 뉘여서 적재한다.
③ 차량의 적재함을 초과하여 적재하지 아니한다.
④ 밸브가 돌출한 충전 용기는 밸브의 손상을 방지하는 조치를 한다.

해설 충전용기는 세워서 적재 운반할 것

06 저장 능력 300m³ 이상인 2개의 가스 홀더 A, B 간에 유지해야 할 거리는? (단, A와 B의 최대 지름은 각각 8m, 4m이다.)

① 1m   ② 2m
③ 3m   ④ 4m

해설
$$\frac{8m + 4m}{4} = 3m$$

∴ 3m 이격

07 다음 가스 중 독성이 가장 강한 것은?

① 염소
② 불소
③ 시안화수소
④ 암모니아

해설 ① Cl_2 : 1ppm   ② F_2 : 0.1ppm
③ HCN : 10ppm   ④ NH_3 : 25ppm

08 용기 동판의 최대 두께와 최소 두께와의 차이는 평균 두께의 몇 % 이하로 하여야 하는가?

① 5%   ② 10%
③ 20%   ④ 30%

해설 용기의 두께 공차는 20% 이하일 것

09 도시가스의 유해성분 측정에 있어 암모니아는 도시가스 1m³ 당 몇 g을 초과해서는 안 되는가?

① 0.02   ② 0.2
③ 0.5   ④ 1.0

해설 유해성분
• 암모니아 : 0.2g
• 황 : 0.5g
• 황화수소 : 0.02g

10 지하에 매설된 도시가스 배관의 전기방식 기준으로 틀린 것은?

① 전기방식전류가 흐르는 상태에서 토양 중에 있는 배관 등의 방식전위 상한값은 포화황산 등 기준전극으로 -0.85V 이하일 것
② 전기방식전류가 흐르는 상태에서 자연전위와의 전위변화가 최소한 -300mV 이하일 것
③ 배관에 대한 전위측정은 가능한 배관 가까운 위치에서 실시할 것
④ 전기방식시설의 관대지전위 등을 2년에 1회 이상 점검할 것

해설 전기방식에서 관대지전위 측정은 1년에 1회 측정한다.

Answer 5. ② 6. ③ 7. ② 8. ③ 9. ② 10. ④

11 압력용기의 내압부분에 대한 비파괴 시험으로 실시되는 초음파탐상시험 대상은?

① 두께가 35mm인 탄소강
② 두께가 5mm인 9% 니켈강
③ 두께가 15mm인 2.5% 니켈강
④ 두께가 30mm인 저합금강

해설 ▶ 초음파 탐상시험은 두께 15mm인 2.5% 니켈강

12 천연가스의 발열량이 10,400kcal/Sm³이다. SI단위인 MJ/Sm³으로 나타내면?

① 2.48
② 43.68
③ 2,476
④ 43,680

해설 ▶
1kcal = 4.2kJ
10,400kcal × 4.2kJ/kcal = 43,680kJ
∴ 43,680kJ ÷ 1,000 = 43.68MJ

13 인체용 에어졸 제품의 용기에 기재하여야 할 사항으로 틀린 것은?

① 특정부위에 계속하여 장시간 사용하지 말 것
② 가능한 한 인체에서 10cm 이상 떨어져서 사용할 것
③ 온도가 40℃ 이상 되는 장소에 보관하지 말 것
④ 불 속에 버리지 말 것

해설 ▶ 인체용 에어졸 사용시 인체에서 20cm 떨어져서 사용 할 것

14 프로판 15vol%와 부탄 85vol%로 혼합된 가스의 공기 중 폭발하한 값은 약 몇 %인가? (단, 프로판의 폭발하한 값은 2.1%이고, 부탄은 1.8%이다.)

① 1.84
② 1.86
③ 1.94
④ 1.98

해설 ▶ 르샤틀리에 법칙

$$\frac{100}{L} = \frac{15}{2.1} + \frac{85}{1.8}$$
$$= 7.1 + 47.2 = 54.3$$

$$\therefore L = \frac{100}{54.3} = 1.84$$

15 도시가스 배관을 지하에 설치 시공 시 다른 배관이나 타시설물과의 이격거리 기준은?

① 30cm 이상
② 50cm 이상
③ 1m 이상
④ 1.2m 이상

해설 ▶ 매설가스배관과 타 시설물과의 이격거리 0.3m

16 충전 용기를 차량에 적재하여 운반시 차량의 앞뒤 보기 쉬운 곳에 표시하는 경계표시의 글씨 색깔 및 내용으로 적합한 것은?

① 노랑 글씨 – 위험고압가스
② 붉은 글씨 – 위험고압가스
③ 노랑 글씨 – 주의고압가스
④ 붉은 글씨 – 주의고압가스

해설 ▶ 가스 운반차량 경계표시 적색으로 "위험 고압가스"

17 가스보일러의 설치기준 중 자연배기식 보일러의 배기통 설치방법으로 옳지 않은 것은?

① 배기통의 굴곡수는 6개 이하로 한다.
② 배기통의 끝은 옥외로 뽑아낸다.
③ 배기통의 입상높이는 원칙적으로 10m 이하로 한다.
④ 배기통의 가로 길이는 5m 이하로 한다.

해설 보일러 배기통의 굴곡수는 4개 이하일 것

18 지상에 설치하는 액화석유가스의 저장탱크 안전밸브에 가스 방출관을 설치하고자 한다. 저장탱크의 정상부가 8m일 경우 방출관의 방출구 높이는 지상에서 얼마 이상의 높이에 설치하여야 하는가?

① 5m   ② 8m
③ 10m   ④ 12m

해설 안전밸브 방출관 높이는 저장탱크 위에서 2m 또는 지상에서 5m 중 높은 것
탱크 정상부 8m + 2m = 10m

19 냉동기 제조시설에서 내압성능을 확인하기 위한 시험압력의 기준은?

① 설계압력 이상
② 설계압력의 1.25배 이상
③ 설계압력의 1.5배 이상
④ 설계압력의 2배 이상

해설 냉동기 내압시험 압력은 설계압력의 1.5배

20 가스용 폴리에틸렌관의 굴곡허용반경은 외경의 몇 배 이상으로 하여야 하는가?

① 10
② 20
③ 30
④ 50

해설 P-E관 굴곡 허용반경 외경의 20배 이상

21 특정고압가스용 실린더캐비닛 제조설비가 아닌 것은?

① 가공설비
② 세척설비
③ 판넬설비
④ 용접설비

해설 실린더 캐비넷 제조설비에 판넬설비는 해당없다.

22 가스 설비를 수리할 때 산소의 농도가 약 몇 % 이하가 되면 산소 결핍 현상을 초래하게 되는가?

① 8%
② 12%
③ 16%
④ 20%

해설 가스설비내 수리시 산소농도 16% 이하에서는 산소 결핍현상을 초래한다.

Answer 17. ① 18. ③ 19. ③ 20. ② 21. ③ 22. ③

23 도시가스 사용시설 중 가스계량기의 설치기준으로 틀린 것은?

① 가스계량기는 화기(자체 화기는 제외)와 2m 이상의 우회 거리를 유지하여야 한다.
② 가스계량기(30m³/h 미만)의 설치 높이는 바닥으로부터 1.6m 이상, 2m 이내이어야 한다.
③ 가스계량기를 격납상자 내에 설치하는 경우에는 설치 높이의 제한을 받지 아니한다.
④ 가스계량기는 절연조치를 하지 아니한 전선과 30cm 이상의 거리를 유지하여야 한다.

[해설] 절연조치 않은 전선과는 15cm 이상 이격시킬 것

24 아세틸렌 가스 압축시 희석제로서 적당하지 않은 것은?

① 질소
② 메탄
③ 일산화탄소
④ 산소

[해설] 아세틸렌 희석제 : 질소, 메탄, 일산화탄소, 수소, 프로판

25 가스가 누출된 경우 제2의 누출을 방지하기 위하여 방류둑을 설치한다. 방류둑을 설치하지 않아도 되는 저장탱크는?

① 저장능력 1000톤의 액화질소탱크
② 저장능력 10톤의 액화암모니아탱크
③ 저장능력 1000톤의 액화산소탱크
④ 저장능력 5톤의 액화염소탱크

[해설] 액화질소는 불연성이므로 방류둑 설치 제외

26 방류둑에는 계단, 사다리 또는 토사를 높이 쌓아올림 등에 의한 출입구를 둘레 몇 m마다 1개 이상을 두어야 하는가?

① 30
② 50
③ 75
④ 100

[해설] 방류둑 둘레 50m마다 계단이나 사다리를 설치할 것

27 부취제의 구비조건으로 적합하지 않은 것은?

① 연료가스 연소시 완전연소될 것
② 일상생활의 냄새와 확연히 구분될 것
③ 토양에 쉽게 흡수될 것
④ 물에 녹지 않을 것

[해설] 부취제 구비조건
㉠ 독성이 없을 것
㉡ 화학적으로 안정할 것
㉢ 부식성이 없을 것
㉣ 물에 녹지 않을 것
㉤ 토양 투과성이 클 것
㉥ 가스배관, 가스미터기에 흡착되지 않을 것
㉦ 완전 연소 후 유해물질을 남기지 않을 것
㉧ 생활취기와 명확히 구별될 것

Answer 23. ④ 24. ④ 25. ① 26. ② 27. ③

28 다음 중 가연성이면서 유독한 가스는?

① NH_3 ② H_2
③ CH_4 ④ N_2

해설 ① 암모니아 : 독성, 가연성 가스
② 수소 : 가연성가스
③ 메탄 : 가연성 가스
④ 질소 : 불연성 가스

29 다음 중 지식경제부령이 정하는 특정설비가 아닌 것은?

① 저장탱크
② 저장탱크의 안전밸브
③ 조정기
④ 기화기

해설 특정설비
저장탱크, 기화기, 안전밸브, 긴급차단장치, 역화방지장치, 압력용기, 자동차용 가스자동 주입장치, 독성가스 배관용 밸브 등

30 시안화수소 충전 시 한 용기에서 60일을 초과할 수 있는 경우는?

① 순도가 90% 이상으로서 착색이 된 경우
② 순도가 90% 이상으로서 착색되지 아니한 경우
③ 순도가 98% 이상으로서 착색이 된 경우
④ 순도가 98% 이상으로서 착색되지 아니한 경우

해설 시안화수소는 수분과 반응해서 중합반응을 일으켜 폭발할 수 있으므로 한 용기 내에 60일을 초과해서는 안 된다. 그러나 순도가 98% 이상으로 착색되지 않은 경우는 제외

31 고압가스 배관재료로 사용되는 동관의 특징에 대한 설명으로 틀린 것은?

① 가공성이 좋다.
② 열전도율이 적다.
③ 시공이 용이하다.
④ 내식성이 크다.

해설 동관특성은 열전도율이 좋다.

32 원통형의 관을 흐르는 물의 중심부의 유속을 피토관으로 측정하였더니 수주의 높이가 10m이었다. 이때 유속은 약 몇 m/s인가?

① 10   ② 14
③ 20   ④ 26

해설 $U = \sqrt{2gh} = \sqrt{2 \times 9.8 \times 10} = 14 \text{m/s}$

33 다음 중 흡수 분석법의 종류가 아닌 것은?

① 헴펠법
② 활성알루미나겔법
③ 오르자트법
④ 게겔법

해설 흡수 분석법 : 헴펠법, 게겔법, 오르자트법

Answer 28. ① 29. ③ 30. ④ 31. ② 32. ② 33. ②

34 LPG 기화장치의 작동원리에 따른 구분으로 저온의 액화가스를 조정기를 통하여 감압한 후 열교환기에 공급해 강제 기화시켜 공급하는 방식은?

① 해수가열 방식
② 가온감압 방식
③ 감압가열 방식
④ 중간 매체 방식

해설 • 감압가열방식 : 액상의 LP가스를 조정기로 감압 후 가열 기화시키는 방법
• 가온감압방식 : 액상의 LP가스를 가열하여 기화시킨 후 조정기에 의해 감압시켜 공급하는 방식

35 액화천연가스(LNG) 저장탱크 중 액화천연가스의 최고 액면을 지표면과 동등 또는 그 이하가 되도록 설치하는 형태의 저장탱크는?

① 지상식 저장탱크 (Aboveground Storage Tank)
② 지중식 저장탱크 (Inground Storage Tank)
③ 지하식 저장탱크 (Underground Storage Tank)
④ 단일방호식 저장탱크 (Single Containment Tank)

해설 지중식 : LNG 탱크를 지하에 설치하여 지표면보다 LNG 액면이 낮거나 같도록 설치하는 방식

36 액화가스의 고압가스설비에 부착되어 있는 스프링식 안전밸브는 상용의 온도에서 그 고압가스 설비 내의 액화가스의 상용의 체적이 그 고압가스설비 내의 몇 % 까지 팽창하게 되는 온도에 대응하는 그 고압가스설비 안의 압력에서 작동하는 것으로 하여야 하는가?

① 90   ② 95
③ 98   ④ 99.5

해설 스프링식 안전밸브는 설비내 액화가스의 사용체적의 98%가 팽창하게 되면 작동되도록 설정

37 안정된 불꽃으로 완전연소를 할 수 있는 염공의 단위 면적당 인풋(input)을 무엇이라고 하는가?

① 염공부하   ② 연소실부하
③ 연소효율   ④ 배기 열손실

해설 염공부하 = 염공의 단위면적당 인풋

38 도시가스 제조 공정에서 사용되는 촉매의 열화와 가장 거리가 먼 것은?

① 유황화합물에 의한 열화
② 불순물의 표면 피복에 의한 열화
③ 단체와 니켈과의 반응에 의한 열화
④ 불포화탄화수소에 의한 열화

해설 촉매의 열화(피독)현상은 불순물이나 황화합물 등에 의해 열화되거나 촉매가 오염 또는 피복되어 더 이상 촉매의 기능을 못하게 되는 현상이다. 불포화탄화수소에 의한 열화현상은 일어나지 않는다.

Answer 34. ③ 35. ② 36. ③ 37. ① 38. ④

39 A모듈 3, 잇수 10개, 기어의 폭이 12mm인 기어펌프를 1200rpm으로 회전할 때 송출량은 약 얼마인가?

① $9030cm^3/s$ ② $11260cm^3/s$
③ $12160cm^3/s$ ④ $13570cm^3/s$

해설 기어펌프의 송출량

$$V_{th} = 2 \times \pi \times 3^2 \times 10 \times 1.2 \times 1200/60sec$$
$$= 13571.68 cm^3/sec$$

40 저장능력 50톤인 액화산소 저장탱크 외면에서 사업소경계선까지의 최단거리가 50m일 경우 이 저장탱크에 대한 내진설계 등급은?

① 내진 특등급
② 내진 1등급
③ 내진 2등급
④ 내진 3등급

해설 액상 50톤 저장탱크와 사업소 경계가 50m인 설비의 내진설계등급은 내진 2등급에 해당된다.

41 공기보다 비중이 가벼운 도시가스의 공급시설로서 공급시설이 지하에 설치된 경우의 통풍구조에 대한 설명으로 옳은 것은?

① 환기구를 2방향 이상 분산하여 설치한다.
② 배기구는 천장 면으로부터 50cm 이내에 설치한다.
③ 흡입구 및 배기구의 관경은 80mm 이상으로 한다.
④ 배기가스 방출구는 지면에서 5m 이상의 높이에 설치한다.

해설 지하에 설치된 도시가스 공급설비의 통풍구조
㉠ 환기구는 2방향 이상 분산 설치
㉡ 흡입구 배기구 관경은 100mm 이상일 것
㉢ 배기가스 방출구는 지면에서 3m 이상일 것
㉣ 배기구는 천장면으로부터 30cm 이내에 설치할 것

42 특정가스 제조시설에 설치한 가연성 독성가스 누출감지경보장치에 대한 설명으로 틀린 것은?

① 누출된 가스가 체류하기 쉬운 곳에 설치한다.
② 설치수는 신속하게 감지할 수 있는 숫자로 한다.
③ 설치위치는 눈에 잘 보이는 위치로 한다.
④ 기능은 가스의 종류에 적합한 것으로 한다.

해설 특정가스제조시설의 가연성, 독성가스 누출검지경보장치 설치위치
㉠ 누출가스가 체류하는 곳
㉡ 가스종류에 적합한 검지기 설치
㉢ 신속히 검지할 수 있도록 설치

Answer 39. ④ 40. ③ 41. ① 42. ③

43 자동교체식 조정기 사용 시 장점으로 틀린 것은?

① 전체용기 수량이 수동식보다 적어도 된다.
② 배관의 압력손실을 크게 해도 된다.
③ 잔액이 거의 없어질 때까지 소비된다.
④ 용기 교환주기의 폭을 좁힐 수 있다.

해설 자동절체식 조정기의 장점
㉠ 용기 교환주기의 폭을 넓힐 수 있다.
㉡ 잔액이 거의 없어질 때까지 소비된다.
㉢ 전체 용기 본수가 적어도 된다.
㉣ 압력손실을 크게 해도 된다.

44 열전대 온도계는 열전쌍회로에서 두 접점의 발생되는 어떤 현상의 원리를 이용한 것인가?

① 열기전력   ② 열팽창계수
③ 체적변화   ④ 탄성계수

해설 열전대온도계는 서로 다른 두 종류의 금속의 접점에 온도차를 주게 되면 열기전력이 발생하여 그 전위차를 측정하는 원리이다.
열전대 종류 : P-R, C-C, I-C, C-A

45 실린더 중에 피스톤과 보조 피스톤이 있고 양 피스톤의 작용으로 상부에 팽창기가 있는 액화 사이클은?

① 클라우드 액화 사이클
② 캐피자 액화 사이클
③ 필립스 액화 사이클
④ 캐스케이드 액화 사이클

해설 필립스식 : 수소나 헬륨을 냉매로 사용하며 상부에는 팽창기 하부에는 압축기로 구성되어 있다.

46 도시가스 정압기의 특성으로 유량이 증가됨에 따라 가스가 송출될 때 출구측 배관(밸브 등)의 마찰로 인하여 압력이 약간 저하되는 상태를 무엇이라 하는가?

① 히스테리시스(Hysteresis) 효과
② 록업(Lock-up) 효과
③ 충돌(Impingement) 효과
④ 형상(Body-Configuration) 효과

해설 정압기에서 출구측 형상에 의한 마찰손실로 압력이 저하되는 현상을 히스테리시스효과라고 한다. 2차압력 변동범위 허용한계는 ±5% (온도차 포함) 이내이고 최대진동속도 0.4cm/s

47 다음 중 압력단위의 환산이 잘못된 것은?

① $1kg/cm^2 ≒ 14.22psi$
② $1psi ≒ 0.0703kg/cm^2$
③ $1mbar ≒ 14.7psi$
④ $1kg/cm^2 ≒ 98.07kPa$

해설
$14.7psi(lb/in^2) = 1atm = 1.013bar$
$= 1013mbar = 101.3kPa$

48 다음 가스 중 상온에서 가장 안정한 것은?

① 산소   ② 네온
③ 프로판   ④ 부탄

해설 네온은 주기율표에서 0족에 속하는 기체로서 안정된 구조로 다른 원소와 잘 반응하지 않는다. 이외에도 헬륨, 알곤, 크립톤, 크세논, 라돈이 있다.

Answer 43. ④　44. ①　45. ③　46. ①　47. ③　48. ②

49 다음 중 카바이드와 관련이 없는 성분은?

① 아세틸렌(C_2H_2)
② 석회석($CaCO_3$)
③ 생석회(CaO)
④ 염화칼슘($CaCl_2$)

[해설] 석회석에서 아세틸렌 제조 반응식

- $CaCO_3 \rightarrow CaO + CO_2$
  석회석 1000℃ 가열 산화칼슘(생석회)

- $CaO + 3C \xrightarrow{2300\sim2600℃} CaC_2 + CO$
  코크스 전기로 가열 카바이트

- $CaC_2 + 2H_2O \rightarrow C_2H_2 + Ca(OH)_2$
  아세틸렌 수산화칼슘(소석회)

50 브롬화메탄에 대한 설명으로 틀린 것은?

① 용기가 열에 노출되면 폭발할 수 있다.
② 알루미늄을 부식하므로 알루미늄 용기에 보관할 수 없다.
③ 가연성이며 독성가스이다.
④ 용기의 충전구 나사는 왼나사이다.

[해설] 브롬화메탄(CH_3Br)은 가연성가스이나 암모니아와 같이 용기의 충전구나사 형식은 오른나사이다.

51 다음 중 메탄의 제조방법이 아닌 것은?

① 석유를 크래킹하여 제조한다.
② 천연가스를 냉각시켜 분별 증류한다.
③ 초산나트륨에 소다회를 가열하여 얻는다.
④ 니켈을 촉매로 하여 일산화탄소에 수소를 작용시킨다.

[해설] 메탄은 석유크래킹으로 제조하지 않는다.

52 아세틸렌의 특징에 대한 설명으로 옳은 것은?

① 압축 시 산화폭발한다.
② 고체 아세틸렌은 융해하지 않고 승화한다.
③ 금과는 폭발성 화합물을 생성한다.
④ 액체 아세틸렌은 안정하다.

[해설] 고체 아세틸렌은 승화성을 갖는다. 또한 아세틸렌은 기체상 보다 액상이 안정되고 액상보다는 고체상이 안정성을 띤다.

53 어떤 물질의 질량은 30g이고 부피는 $600cm^3$이다. 이것의 밀도(g/cm^3)는 얼마인가?

① 0.01 ② 0.05
③ 0.5   ④ 1

[해설] 밀도(g/cm^3) = $30g/600cm^3$ = $0.05g/cm^3$

Answer 49. ④ 50. ④ 51. ① 52. ② 53. ②

54 대기압이 1.0332kgf/cm² 이고, 계기압력이 10kgf/cm² 일 때 절대압력은 약 몇 kgf/cm² 인가?

① 8.9668 ② 10.332
③ 11.0332 ④ 103.32

해설 절대압력 = 게이지압력 + 대기압
$10 + 1.0332 = 11.0332 kgf/cm^2$

55 다음 중 휘발분이 없는 연료로서 표면연소를 하는 것은?

① 목탄, 코크스 ② 석탄, 목재
③ 휘발유, 등유 ④ 경유, 유황

해설 표면연소 : 목탄, 코크스, 금속분

56 0℃ 물 10kg을 100℃ 수증기로 만드는데 필요한 열량은 약 몇 kcal인가?

① 5390 ② 6390
③ 7390 ④ 8390

해설 0℃물 10kg을 100℃ 수증기로 변화시키는 데 필요한 열량
(1) 0℃ 물 → 100℃ 물
    10kg×1kcal/kg℃×(100℃−0℃)=1000kcal
(2) 100℃ 물 → 100℃ 수증기
    10kg×539kcal/kg=5390kcal
(1)+(2)= 1000+5390= 6390kcal

57 설비나 장치 및 용기 등에서 취급 또는 운용되고 있는 통상의 온도를 무슨 온도로 하는가?

① 상용온도 ② 표준온도
③ 화씨온도 ④ 캘빈온도

해설 상용온도 : 장치나 설비가 취급, 운용되는 통상의 온도

58 도시가스의 주원료인 메탄(CH_4)의 비점은 약 얼마인가?

① −50℃ ② −82℃
③ −120℃ ④ −162℃

해설 CH_4 비점 : −162℃

59 다음 화합물 중 탄소의 함유율이 가장 많은 것은?

① CO_2 ② CH_4
③ C_2H_4 ④ CO

해설 탄소 함유율
$CO_2 : \frac{12}{44} \times 100 = 27.27\%$
$CH_4 : \frac{12}{16} \times 100 = 75\%$
$C_2H_4 : \frac{24}{28} \times 100 = 85.7\%$
$CO : \frac{12}{28} \times 100 = 42.86\%$

60 다음 중 온도의 단위가 아닌 것은?

① ℉ ② ℃
③ °R ④ °T

해설
• ℃ : 섭씨온도
• ℉ : 화씨온도
• °R : 랭킨온도(화씨의 절대온도)

Answer 54. ③ 55. ① 56. ② 57. ① 58. ④ 59. ③ 60. ④

가스기능사 2000제 문제은행

CBT 시험대비
▶ 2012년 7월 22일 시행

01 안전관리자가 상주하는 사무소와 현장사무소와의 사이 또는 현장사무소 상호 간 신속히 통보할 수 있도록 통신시설을 갖추어야 하는데 이에 해당되지 않는 것은?
① 구내방송설비
② 메가폰
③ 인터폰
④ 페이징설비

해설 안전관리자 사무소와 현장사무소 간 통신시설 : 인터폰, 구내방송설비, 페이징설비, 구내전화

02 1몰의 아세틸렌가스를 완전연소하기 위하여 몇 몰의 산소가 필요한가?
① 1몰
② 1.5몰
③ 2.5몰
④ 3몰

해설 1몰의 아세틸렌 연소시 2.5몰의 산소가 필요
$$C_2H_2 + 2.5O_2 \rightarrow 2CO_2 + H_2O$$

03 고압가스의 용어에 대한 설명으로 틀린 것은?
① 액화가스란 가압, 냉각 등의 방법에 의하여 액체상태로 되어 있는 것으로서 대기압에서의 끓는점이 섭씨 40도 이하 또는 상용의 온도 이하인 것을 말한다.
② 독성가스란 공기 중에 일정량이 존재하는 경우 인체에 유해한 독성을 가진 가스로서 허용농도가 100만 분의 2000 이하인 가스를 말한다.
③ 초저온저장탱크라 함은 섭씨 영하 50도 이하의 액화가스를 저장하기 위한 저장탱크로서 단열재로 씌우거나 냉동설비로 냉각하는 등의 방법으로 저장탱크 내의 가스온도가 상용의 온도를 초과하지 아니하도록 한 것을 말한다.
④ 가연성가스라 함은 공기 중에서 연소하는 가스로서 폭발한계의 하한이 10% 이하인 것과 상한과 하한의 차가 20% 이상인 것을 말한다.

해설 독성가스는 100만 분의 200(200ppm) 이하인 가스를 말한다.

Answer 1. ② 2. ③ 3. ②

04 고압가스안전관리법에서 정하고 있는 특수 고압가스에 해당되지 않는 것은?

① 아세틸렌 ② 포스핀
③ 압축모노실란 ④ 디실란

해설 특수가스 종류
압축모노실란, 압축디보레인, 액화알진, 포스핀, 세렌화수소, 게르만, 디실란, 및 그 밖의 반도체의 세정 등 지식경제부장관이 인정하는 특수한 용도에 사용되는 고압가스를 말한다.

05 다음 중 동일차량에 적재하여 운반할 수 없는 경우는?

① 산소와 질소
② 질소와 탄산가스
③ 탄산가스와 아세틸렌
④ 염소와 아세틸렌

해설 가스 운반 시 동일차량에 적재 할 수 없는 가스는 염소와 아세틸렌, 암모니아와 수소이다.

06 천연가스 지하 매설 배관의 퍼지용으로 주로 사용되는 가스는?

① N_2 ② Cl_2
③ H_2 ④ O_2

해설 가스배관 퍼지용으로는 비활성 가스인 질소가스를 사용한다.

07 독성가스 제조시설 식별표지의 글씨 색상은? (단, 가스의 명칭은 제외한다.)

① 백색 ② 적색
③ 황색 ④ 흑색

해설 독성가스 제조시설 식별표지 : 백색 바탕에 흑색 글씨(가스 명칭은 적색)

08 다음 중 폭발성이 예민하므로 마찰 타격으로 격렬히 폭발하는 물질에 해당되지 않는 것은?

① 메틸아민 ② 유화질소
③ 아세틸라이드 ④ 염화질소

해설 모노 메틸아민(CH_3NH_2)은 무색기체로 가연성이고 독성이며 암모니아 비슷한 취기를 가지며 폭발범위는 4.9~20.7% 허용농도 10ppm이다. 그러나 마찰 타격에 예민한 폭발성을 띠지는 않는다.

09 고압가스를 제조하는 경우 가스를 압축해서는 아니되는 경우에 해당하지 않는 것은?

① 가연성가스(아세틸렌, 에틸렌 및 수소 제외) 중 산소용량이 전체용량의 4% 이상인 것
② 산소 중의 가연성가스의 용량이 전체 용량의 4% 이상인 것
③ 아세틸렌, 에틸렌 또는 수소 중의 산소용량이 전체 용량의 2% 이상인 것
④ 산소 중의 아세틸렌, 에틸렌 및 수소의 용량 합계가 전체용량의 4% 이상인 것

해설 압축금지 가스
㉠ 아세틸렌, 에틸렌, 수소 중 산소가 전체용량의 2% 이상인 경우
㉡ 산소 중 아세틸렌, 에틸렌, 수소의 합계가 2% 이상인 경우
㉢ 가연성가스(아세틸렌, 에틸렌, 수소 제외) 중 산소가 전체용량의 4% 이상인 경우
㉣ 산소중 가연성가스(아세틸렌, 에틸렌, 수소 제외)의 용량 합계가 4% 이상인 경우

Answer 4. ① 5. ④ 6. ① 7. ④ 8. ① 9. ④

10 지하에 설치하는 지역정압기에서 시설의 조작을 안전하고 확실하게 하기 위하여 필요한 조명도는 얼마를 확보하여야 하는가?

① 100룩스
② 150룩스
③ 200룩스
④ 250룩스

해설 정압기실 조도 150룩스 이상

11 공기 중에서의 폭발 하한값이 가장 낮은 가스는?

① 황화수소
② 암모니아
③ 산화에틸렌
④ 프로판

해설 폭발한계
① 황화수소 : 4.3~45%
② 암모니아 : 15~28%
③ 산화에틸렌 : 3~80%
④ 프로판 : 2.1~9.5%

12 가스도매사업의 가스공급시설 중 배관을 지하에 매설할 때의 기준으로 틀린 것은?

① 배관은 그 외면으로부터 수평거리로 건축물까지 1.0m 이상을 유지한다.
② 배관은 그 외면으로부터 지하의 다른 시설물과 0.3m 이상의 거리를 유지한다.
③ 배관을 산과 들에 매설할 때는 지표면으로부터 배관의 외면까지의 매설깊이를 1m 이상으로 한다.
④ 배관은 지반 동결로 손상을 받지 아니하는 깊이로 매설한다.

해설 건축물과 가스배관은 외면으로부터 1.5m 이상 유지하여야 한다.

13 아세틸렌을 용기에 충전하는 때에 사용하는 다공물질에 대한 설명으로 옳은 것은?

① 다공도가 55% 이상 75% 미만의 석회를 고루 채운다.
② 다공도가 65% 이상 82% 미만의 목탄을 고루 채운다.
③ 다공도가 75% 이상 92% 미만의 규조토를 고루 채운다.
④ 다공도가 95% 이상인 다공성 플라스틱을 고루 채운다.

해설 아세틸렌 다공물질의 다공도는 75% 이상 92% 미만으로 할 것

Answer 10. ② 11. ④ 12. ① 13. ③

14 고압가스 안전관리법에서 정하고 있는 보호시설이 아닌 것은?

① 의원 ② 학원
③ 가설건축물 ④ 주택

해설 • 1종 보호시설
가. 학교, 유치원, 어린이집, 놀이방, 어린이 놀이터, 학원, 병원(의원을 포함한다) 도서관, 청소년수련시설, 경로당, 시장, 목욕장, 호텔, 여관, 극장, 교회 및 공회당
나. 사람을 수용하는 건축물(가설 건축물 제외한다)로서 사실상 독립된 부분의 연면적이 1,000m² 이상인 것
다. 예식장, 장례식장 및 전시장 그 밖의 이와 유사한 시설로서 300명 이상을 수용할 수 있는 건축물
라. 아동, 노인, 모자, 장애인 그밖에 이와 유사한 시설로서 20명 이상을 수용할 수 있는 건축물
마. 문화재 보호법에 따라 지정문화재로 지정된 건축물
• 2종 보호시설
가. 주택
나. 사람을 수용하는 건축물(가설 건축물 제외한다)로서 사실상 독립된 부분의 연면적이 100m² 이상 1000m² 미만인 것

15 다음 가스폭발의 위험성 평가기법 중 정량적 평가방법은?

① HAZOP(위험성운전 분석기법)
② FTA(결함수 분석기법)
③ Check List법
④ WHAT-IF(사고예상질문 분석기법)

해설 [위험물 평가기법]
㉠ 정량적 위험성 평가
 • 작업자 실수 분석
 • 결함수 분석
 • 사건수 분석
 • 원인 결과 분석
㉡ 정성적 위험성 평가
 • 체크리스트기법
 • 사고 예상질문 분석
 • 위험과 운전분석

16 도시가스사업법령에 따른 안전관리자의 종류에 포함되지 않는 것은?

① 안전관리 총괄자
② 안전관리 책임자
③ 안전관리 부책임자
④ 안전점검원

해설 안전관리자는 안전관리 총괄자, 안전관리 책임자, 안전관리원

17 독성가스 배관은 2중관 구조로 하여야 한다. 이때 외층관 내경은 내층관 외경의 몇 배 이상을 표준으로 하는가?

① 1.2
② 1.5
③ 2
④ 2.5

해설 독성가스 2중관의 외층관은 내층관의 1.2배 이상일 것

18 액화석유가스 충전사업자의 영업소에 설치하는 용기저장소 용기보관실 면적의 기준은?

① 9m² 이상
② 12m² 이상
③ 19m² 이상
④ 21m² 이상

해설 LPG 충전사업자의 용기저장소 면적기준은 19m² 이상일 것

19 자연발화의 열의 발생 속도에 대한 설명으로 틀린 것은?

① 초기 온도가 높은 쪽이 일어나기 쉽다.
② 표면적이 작을수록 일어나기 쉽다.
③ 발열량이 큰 쪽이 일어나기 쉽다.
④ 촉매 물질이 존재하면 반응 속도가 빨라진다.

해설 자연발화는 표면적이 클수록 발생이 용이하다.

20 암모니아 충전용기로서 내용적이 1000L 이하인 것은 부식 여유치가 A이고, 염소 충전용기로서 내용적이 1000L 초과하는 것은 부식여유치가 B이다. A와 B항의 알맞은 부식 여유치는?

① A : 1mm, B : 2mm
② A : 1mm, B : 3mm
③ A : 2mm, B : 5mm
④ A : 1mm, B : 5mm

해설 용기부식 여유수치
㉠ 암모니아 1000L 이하 : 1mm
  1000L 초과 : 2mm
㉡ 염소 1000L 이하 : 3mm
  1000L 초과 : 5mm

21 다음 중 고압가스관련설비가 아닌 것은?

① 일반 압축가스 배관용 밸브
② 자동차용 압축천연가스 완속충전설비
③ 액화석유가스용 용기잔류가스회수장치
④ 안전밸브, 긴급차단장치, 역화방지장치

해설 고압가스관련설비
㉠ 안전밸브, 긴급차단장치, 역화방지장치
㉡ 기화장치
㉢ 압력용기
㉣ 자동차용 가스자동주입장치
㉤ 냉동설비(일체형 냉동기 제외)를 구성하는 압축기, 응축기, 증발기 및 압력용기 (이하 냉동용 특정설비라 한다)
㉥ 특정고압가스용 실린더 캐비넷
㉦ 자동차용 압축천연가스 완속 충전설비(처리능력이 시간당 18.5세제곱미터 미만인 충전설비를 말한다)
㉧ 액화석유가스용 용기잔류가스회수장치

Answer 18. ③ 19. ② 20. ④ 21. ①

22 고압가스일반제조시설의 저장탱크 지하 설치기준에 대한 설명으로 틀린 것은?

① 저장탱크 주위에는 마른 모래를 채운다.
② 지면으로부터 저장탱크 정상부까지의 깊이는 30cm 이상으로 한다.
③ 저장탱크를 매설한 곳의 주위에는 지상에 경계표지를 한다.
④ 저장탱크에 설치한 안전밸브는 지면에서 5m 이상 높이에 방출구가 있는 가스방출관을 설치한다.

해설 가스저장탱크 지하 설치기준
㉠ 두께 30cm 이상 방수 조치한 콘크리트실에 설치
㉡ 탱크 주위는 마른 모래로 채울 것
㉢ 저장탱크 정상부와 지면과의 거리는 60cm 이상일 것
㉣ 지상에서 5m 이상 가스 방출관을 설치할 것

23 아황산가스의 제독제로 갖추어야 할 것이 아닌 것은?

① 가성소다수용액
② 소석회
③ 탄산소다수용액
④ 물

해설 아황산가스 제독제 : 가성소다 수용액, 탄산소다 수용액, 물

24 산소 압축기의 윤활유로 사용되는 것은?

① 석유류   ② 유지류
③ 글리세린   ④ 물

해설 산소압축기 윤활유 : 물 또는 10% 이하의 묽은 글리세린수

25 아세틸렌이 은, 수은과 반응하여 폭발성의 금속 아세틸라이드를 형성하여 폭발하는 형태는?

① 분해폭발   ② 화합폭발
③ 산화폭발   ④ 압력폭발

해설 아세틸렌은 수은, 은, 구리 등과 반응하여 화합폭발을 한다.

26 가연성가스 또는 독성가스의 제조시설에서 자동으로 원재료의 공급을 차단시키는 등 제조설비 안의 제조를 제어할 수 있는 장치를 무엇이라고 하는가?

① 인터록기구
② 벤트스택
③ 플레어스택
④ 가스누출검지경보장치

해설 가스설비 오조작 방지장치 : 인터록 장치

Answer 22. ② 23. ② 24. ④ 25. ② 26. ①

27 지상에 설치하는 정압기실 방호벽의 높이와 두께 기준으로 옳은 것은?

① 높이 2m, 두께 7cm 이상의 철근콘크리트벽
② 높이 1.5m, 두께 12cm 이상의 철근콘크리트벽
③ 높이 2m, 두께 12cm 이상의 철근콘크리트벽
④ 높이 1.5m, 두께 15cm 이상의 철근콘크리트벽

해설 정압기실 방호벽 기준 : 높이 2m 두께 12cm 이상의 철근콘크리트벽 이상일 것

28 도시가스 도매사업 제조소에 설치된 비상공급시설 중 가스가 통하는 부분은 최소사용압력의 몇 배 이상의 압력으로 기밀시험이나 누출검사를 실시하여 이상이 없는 것으로 하는가?

① 1.1   ② 1.2
③ 1.5   ④ 2.0

해설 도시가스 공급시설의 기밀시험 및 누출시험은 사용압력의 1.1배 이상으로 할 것

29 용기 종류별 부속품의 기호 중 압축가스를 충전하는 용기의 부속품은 나타낸 것은?

① LG   ② PG
③ LT   ④ AG

해설
- PG : 압축가스
- AG : 아세틸렌가스
- LT : 초저온 및 저온용기
- LG : 액화가스
- LPG : 액화석유가스

30 다음 ( ) 안에 알맞은 말은?

시·도지사는 도시가스를 사용하는 자에게 퓨즈 콕 등 가스안전 장치의 설치를 ( )할 수 있다.

① 권고
② 강제
③ 위탁
④ 시공

해설 퓨즈, 콕의 설치는 시·도지사의 권고사항

31 고압식 액화산소 분리장치에서 원료공기는 압축기에서 어느 정도 압축되는가?

① 40~60atm
② 70~100atm
③ 80~120atm
④ 150~200atm

해설 공기액화분리장치의 원료공기의 압축압력은 150~200atm 정도이다.

32 수은을 이용한 U자관 압력계에서 액주높이 (h) 600mm, 대기압(P_1)은 1kg/cm^{2}일 때, P_2는 약 몇 kg/cm^{2}인가?

① 0.22   ② 0.92
③ 1.82   ④ 9.16

해설
$$P_2 = P_1 + h$$
$$= 1\text{kg/cm}^2 + \left(\frac{600}{760} \times 1.033\right)$$
$$= 1.82 \text{ kg/cm}^2$$

Answer 27. ③ 28. ① 29. ② 30. ① 31. ④ 32. ③

33 조정기를 사용하여 공급가스를 감압하는 2단 감압방법의 장점이 아닌 것은?

① 공급압력이 안정하다.
② 중간배관이 가늘어도 된다.
③ 각 연소기구에 알맞은 압력으로 공급이 가능하다.
④ 장치가 간단하다.

해설 2단 감압조정기 장점
  ㉠ 공급압력이 안정하다.
  ㉡ 중간배관이 가늘어도 된다.
  ㉢ 각 연소기구에 알맞는 압력으로 공급이 가능하다.
  ㉣ 배관 입상에 의한 압력강하를 보정할 수 있다.

34 LNG의 주성분인 CH_4의 비점과 임계온도를 절대온도(K)로 바르게 나타낸 것은?

① 435K, 355K
② 111K, 191K
③ 435K, 283K
④ 111K, 283K

해설 LNG의 주성분인 메탄
  ㉠ 비점 : $-162℃$(111K)
  ㉡ 임계온도 : $-82℃$(191K)

35 재료의 저온하에서의 성질에 대한 설명으로 가장 거리가 먼 것은?

① 강은 암모니아 냉동기용 재료로서 적당하다.
② 탄소강은 저온도가 될수록 인장강도가 감소한다.
③ 구리는 액화분리장치용 금속재료로서 적당하다.
④ 18-8 스테인리스강은 우수한 저온장치용 재료이다.

36 수소취성을 방지하는 원소로 옳지 않은 것은?

① 텅스텐(W)   ② 바나듐(V)
③ 규소(Si)   ④ 크롬(Cr)

해설 수소취성(탈탄작용)을 방지하기 위한 첨가 금속원소
  텅스텐, 크롬, 티타늄, 몰리브덴, 바나듐

37 온도계의 선정방법에 대한 설명 중 틀린 것은?

① 지시 및 기록 등을 쉽게 행할 수 있을 것
② 견고하고 내구성이 있을 것
③ 취급하기가 쉽고 측정하기 간편할 것
④ 피측온체의 화학반응 등으로 온도계에 영향이 있을 것

해설 온도측정에서 피측온체의 화학반응으로 온도계에 영향을 미치게 되면 정확한 온도 측정이 어렵다.

Answer 33. ④ 34. ② 35. ② 36. ③ 37. ④

38 펌프의 캐비테이션에 대한 설명으로 옳은 것은?

① 캐비테이션은 펌프 임펠러의 출구 부근에 더 일어나기 쉽다.
② 유체 중에 그 액온의 증기압보다 압력이 낮은 부분이 생기면 캐비테이션이 발생한다.
③ 캐비테이션은 유체의 온도가 낮을수록 생기기 쉽다.
④ 이용 NPSH > 필요 NPSH일 때 캐비테이션을 발생한다.

해설 캐비테이션(공동현상) : 액체를 이송하는 펌프에서 발생되는 현상으로 유효흡입수두(NPSH)가 낮게 되면 증기압 발생으로 송액 불능 현상을 초래하게 된다. 이 현상을 캐비테이션이라고 한다.

39 LP가스를 자동차용 연료로 사용할 때의 특징에 대한 설명 중 틀린 것은?

① 완전연소가 쉽다.
② 배기가스에 독성이 적다.
③ 기관의 부식 및 마모가 적다.
④ 시동이나 급가속이 용이하다.

해설 LPG연료 차량은 시동이나 급가속이 어렵다.

40 원거리 지역에 대량의 가스를 공급하기 위하여 사용되는 가스 공급 방식은?

① 초저압 공급   ② 저압 공급
③ 중압 공급   ④ 고압 공급

해설 배관에 의한 가스의 장거리 대량수송 방법은 고압 공급방식이다.

41 다음은 무슨 압력계에 대한 설명인가?

> 주름관이 내압변화에 따라서 신축되는 것을 이용한 것으로 진공압 및 차압 측정에 주로 사용된다.

① 벨로우즈압력계
② 다이어프램압력계
③ 부르동관압력계
④ U자관식압력계

해설 주름관이 압력변화에 따라 신축되는 것을 이용한 압력계로서 진공압 및 차압측정에 사용되는 것을 벨로우즈 압력계이다.

42 공기의 액화 분리에 대한 설명 중 틀린 것은?

① 질소가 정류탑의 하부로 먼저 기화되어 나간다.
② 대량의 산소, 질소를 제조하는 공업적 제조법이다.
③ 액화의 원리는 임계온도 이하로 냉각시키고 임계압력 이상으로 압축하는 것이다.
④ 공기 액화 분리장치에서는 산소가스가 가장 먼저 액화된다.

해설 공기액화 분리장치는 비등점 차에 의해서 분리되는 원리로 −183℃의 산소가 먼저 액화되어 탑저(하부)에서 얻어지고 비점 -196℃의 질소는 탑정(상부)에서 액화되어 얻어진다.

Answer   38. ②   39. ④   40. ④   41. ①   42. ①

43 증기 압축식 냉동기에서 실제적으로 냉동이 이루어지는 곳은?

① 증발기
② 응축기
③ 팽창기
④ 압축기

해설 증기 압축식 냉동기 구성 4요소
㉠ 압축기 : 증발기에서 나온 저압의 기체냉매를 고압으로 압축시킨다.
㉡ 응축기 : 압축기에서 압축되어 나온 고온고압의 기체냉매를 열을 방출하여 액체냉매로 응축시킨다.
㉢ 팽창기 : 응축기에서 응축되어 나온 액체냉매를 단열팽창시켜서 저온저압의 액체냉매를 증발기로 공급한다.
㉣ 증발기 : 팽창기에서 나온 저온저압의 액체냉매로 피냉각 물체의 열을 흡수하여 온도를 낮추어주고 기체가 되어 압축기로 흡입된다. 이곳에서 실제 냉동이 이루어진다.

44 직동식 정압기의 기본 구성요소가 아닌 것은?

① 안전밸브
② 스프링
③ 메인밸브
④ 다이어프램

해설 직동식 정압기의 기본구성 요소
㉠ 메인밸브 : 가스 유량을 그 개도에 의해서 직접 조정하는 부분
㉡ 다이어프램 : 2차압력을 감지하여 그 2차압력의 변동을 메인밸브에 전하는 부분
㉢ 스프링(또는 웨이트) : 조정되어야 할 압력(2차압력)을 설정한 부분

45 가연성가스의 제조설비 내에 설치하는 전기기기에 대한 설명으로 옳은 것은?

① 1종 장소에는 원칙적으로 전기설비를 설치해서는 안된다.
② 안전증 방폭구조는 전기기기의 불꽃이나 아크를 발생하여 착화원이 될 염려가 있는 부분을 기름 속에 넣은 것이다.
③ 2종 장소는 정상의 상태에서 폭발성 분위기가 연소하여 또는 장시간 생성되는 장소를 말한다.
④ 가연성가스가 존재할 수 있는 위험장소는 1종 장소, 2종 장소 및 0종 장소로 분류하고 위험장소에서는 방폭형 전기기기를 설치하여야 한다.

해설 ㉠ 0종장소 : 상용의 상태에서 가연성가스 농도가 연속해서 폭발한계 이상으로 되는 장소(폭발상한계를 넘는 경우에는 폭발한계내로 들어갈 우려가 있는 경우를 포함한다)
㉡ 1종장소 : 사용 상태에서 가연성가스가 체류하여 위험하게 될 우려가 있는 장소 정비 보수 또는 누설 등으로 인하여 종종 가연성 가스가 체류하여 위험하게 될 우려가 있는 장소
 - 환기장치에 이상이나 사고가 발생한 경우 가연성 가스가 체류하여 위험하게 될 우려가 있는 장소
 - 1종 장소 주변 또는 인접한 실내에서 위험한 농도의 가연성 가스가 종종 침입할 우려가 있는 장소
㉢ 2종장소 : 밀폐된 용기 또는 설비내에 밀봉된 가연성가스가 그 용기 또는 설비의 사고로 인해 파손되거나 오조작의 경우에만 누설할 위험이 있는 장소

Answer 43. ① 44. ① 45. ④

46 다음 중 온도가 가장 높은 것은?
① 450°R   ② 220K
③ 2°F   ④ -5℃

47 다음 중 염소의 용도로 적합하지 않는 것은?
① 소독용으로 사용된다.
② 염화비닐 제조의 원료이다.
③ 표백제로 사용된다.
④ 냉매로 사용된다.

해설 염소는 독성의 조연성가스로 상수도 소독 및 표백제 PVC제조에 사용되나 냉매로 쓰이지는 않는다.

48 부탄(C_4H_{10})용기에서 액체 580g이 대기 중에 방출되었다. 표준 상태에서 부피는 몇 L가 되는가?
① 150   ② 210
③ 224   ④ 230

해설 부탄(C_4H_{10}) 1몰이 58g, 표준상태에서 모든 기체 1몰은 22.4L이다.
(580g/58g)×22.4L = 224L

49 다음 중 비점이 가장 낮은 기체는?
① NH_3 ② C_3H_8
③ N_2 ④ H_2

해설 비점
① 암모니아 : -33.4℃   ② 프로판 : -44.8℃
③ 질소 : -196℃   ④ 수소 : -252℃

50 도시가스에 첨가되는 부취제 선정 시 조건으로 틀린 것은?
① 물에 잘 녹고 쉽게 액화될 것
② 토양에 대한 투과성이 좋을 것
③ 독성 및 부식성이 없을 것
④ 가스배관에 흡착되지 않을 것

해설 부취제 구비조건
㉠ 토양에 대한 투과성이 클 것
㉡ 배관이나 가스미터에 흡착하지 않을 것
㉢ 독성 및 부식성이 없을 것
㉣ 연소 후 유해한 성분이 남지 않을 것
㉤ 일반냄새와 명확히 구별될 것
㉥ 물에 잘 녹지 않을 것
㉦ 화학적으로 안정될 것

51 가연성가스 배관의 출구 등에서 공기 중으로 유출하면서 연소하는 경우는 어느 연소 형태에 해당하는가?
① 확산연소   ② 증발연소
③ 표면연소   ④ 분해연소

해설 가스연소는 예혼합연소와 확산연소로 분류되며 배관에서 공기 중으로 유출하여 연소하는 것은 확산연소에 해당된다.

52 다음 중 수소가스와 반응하여 격렬히 폭발하는 원소가 아닌 것은?
① O_2 ② N_2
③ Cl_2 ④ F_2

해설 수소는 질소와 반응하여 암모니아를 생성하나 촉매를 사용하는 고온고압의 조건에서 가능하다.

Answer 46. ④ 47. ④ 48. ③ 49. ④ 50. ① 51. ① 52. ②

53 다음에서 설명하는 법칙은?

> 모든 기체 1몰의 체적(V)은 같은 온도(T), 같은 압력(P)에서는 모두 일정하다.

① Dalton의 법칙
② Henry의 법칙
③ Avogadro의 법칙
④ Hess의 법칙

해설 아보가드로의 법칙
모든 기체 1몰은 표준상태에서 22.4L의 부피와 6.02×10^{23}개의 분자수를 갖는다.

54 액화석유가스에 관한 설명 중 틀린 것은?

① 무색투명하고 물에 잘 녹지 않는다.
② 탄소의 수가 3~4개로 이루어진 화합물이다.
③ 액체에서 기체로 될 때 체적은 150배로 증가한다.
④ 기체는 공기보다 무거우며, 천연고무를 녹인다.

해설 LPG는 액체에서 기체로 기화할 때 프로판은 250배 부탄은 230배의 부피로 팽창한다.

55 0℃에서 온도를 상승시키면 가스의 밀도는?

① 높게 된다.
② 낮게 된다.
③ 변함이 없다.
④ 일정하지 않다.

해설 가스는 온도를 상승시키면 부피 팽창으로 밀도는 낮아진다.

56 이상기체에 잘 적용될 수 있는 조건에 해당되지 않는 것은?

① 온도가 높고 압력이 낮다.
② 분자 간 인력이 작다.
③ 분자크기가 작다.
④ 비열이 작다.

해설 이상기체는 분자간 인력이 작용하지 않고 분자 자신의 부피가 없다고 가정하므로 압력이 낮고 온도가 높으면 이상기체의 특성을 띤다고 설정한다. 그러므로 비열이 작은 것은 이상기체 적용조건과는 거리가 멀다.

57 60℃의 물 300kg과 20℃의 물 800kg을 혼합하면 약 몇 ℃의 물이 되겠는가?

① 28.2
② 30.9
③ 33.1
④ 37

해설
$$\frac{(60 \times 1 \times 300) + (20 \times 1 \times 800)}{300 + 800} = 30.9℃$$

58 착화원이 있을 때 가연성액체나 고체의 표면에 연소하한계 농도의 가연성 혼합기가 형성되는 최저온도는?

① 인화온도
② 임계온도
③ 발화온도
④ 포화온도

해설
• 인화점 : 점화원이 있는 상태에서 가열하여 점화되는 온도를 인화점이라고 하며 위험물의 척도이다.
• 착화점 : 점화원 없이 가열해서 스스로 점화되는 온도를 발화점(착화점)이라고 한다.

Answer 53. ③ 54. ③ 55. ② 56. ④ 57. ② 58. ①

59 암모니아의 성질에 대한 설명으로 옳은 것은?

① 상온에서 약 8.46atm이 되면 액화한다.
② 불연성의 맹독성 가스이다.
③ 흑갈색의 기체로 물에 잘 녹는다.
④ 염화수소와 만나면 검은 연기를 발생한다.

[해설] 암모니아 특성
㉠ 물에 잘 녹는다.
㉡ 무색의 기체로 강한 자극성의 취기가 있으며 독성이며 가연성이다.
㉢ 염화수소(HCl)와 반응하여 백연을 발생한다.
㉣ 20℃에서 8.46atm으로 압축하면 액화된다.
㉤ 증발잠열이 301.8kal/kg으로 냉동기 냉매로 사용된다.

60 표준상태에서 에탄 2mol, 프로판 5mol, 부탄 3mol로 구성된 LPG에서 부탄의 중량은 몇 % 인가?

① 13.2   ② 24.6
③ 38.3   ④ 48.5

[해설] C_2H_6 : 2몰 : 60g
C_3H_8 : 5몰 : 220g
C_4H_{10} : 3몰 : 174g
$\left(\dfrac{174}{60+220+174}\right) \times 100 = 38.3\%$

Answer 59. ① 60. ③

가스기능사 2000제 문제은행

CBT 시험대비
● 2012년 10월 20일 시행

01 고압가스 배관에 대하여 수압에 의한 내압시험을 하려고 한다. 이때 압력은 얼마 이상으로 하는가?

① 사용압력×1.1배
② 사용압력×2배
③ 상용압력×1.5배
④ 상용압력×2배

해설 고압가스설비 내압시험 = 상용압력×1.5배

02 일반 도시가스 사업자는 공급권역을 구역별로 분할하고 원격조작에 의한 긴급차단장치를 설치하여 대형가스누출, 지진발생 등 비상시 가스차단을 할 수 있도록 하고 있는데 이 구역의 설정기준은?

① 수요자 수가 20만 미만이 되도록 할 것
② 수요자 수가 25만 미만이 되도록 할 것
③ 배관길이가 20km 미만이 되도록 설정
④ 배관길이가 25km 미만이 되도록 설정

해설 지진 등 비상시 긴급하게 가스를 차단할 수 있도록 원격조작에 의한 긴급차단장치를 설치시 수용가 20만 미만이 되도록 공급권역을 분할할 것

03 고압가스 특정제조시설에서 배관을 해저에 설치하는 경우의 기준으로 틀린 것은?

① 배관은 해저면 밑에 설치한다.
② 배관은 원칙적으로 다른 배관과 교차하지 아니하여야 한다.
③ 배관은 원칙적으로 다른 배관과 수평거리로 20m 이상을 유지하여야 한다.
④ 배관의 입상부에는 방호시설물을 설치한다.

해설 가스배관 해저 설치시 다른 배관과 수평거리 30m 이상 이격할 것

Answer 1. ③ 2. ① 3. ③

04 가스도매사업의 가스공급시설에서 배관을 지하에 매설할 경우의 기준으로 틀린 것은?
① 배관을 시가지 외의 도로 노면 밑에 매설할 경우 노면으로부터 배관 외면까지 1.2m 이상 이격할 것
② 배관의 깊이는 산과 들에서는 1m 이상으로 할 것
③ 배관을 시가지의 도로 노면 밑에 매설할 경우 노면으로부터 배관외면까지 1.5m 이상 이격할 것
④ 배관을 철도부지에 매설할 경우 배관 외면으로부터 궤도 중심까지 5m 이상 이격할 것

해설 ▶ 배관을 철도부지에 매설시 배관 외면과 궤도 중심까지 4m 이상 이격할 것

05 고압가스 특정제조시설 중 비가연성 가스의 저장탱크는 몇 m^3 이상일 경우에 지진영향에 대한 안전한 구조로 설계하여야 하는가?
① 300　　② 500
③ 1000　　④ 2000

해설 ▶ 불연성 가스 저장탱크의 내진설계는 $1000m^3$ 이상일 때

06 액화석유가스 저장탱크에 가스를 충전하고자 한다. 내용적이 $15m^3$인 탱크에 안전하게 충전할 수 있는 가스의 최대용량은 몇 m^3인가?
① 12.75　　② 13.5
③ 14.25　　④ 14.7

해설 ▶ LPG 저장탱크의 충전 최대용량은 내용적의 90%
$15m^3 \times 0.9 = 13.5m^3$

07 가연성가스 및 방폭 전기기기의 폭발등급 분류 시 사용하는 최소점화전류비는 어느 가스의 최소 점화전류를 기준으로 하는가?
① 메탄　　② 프로판
③ 수소　　④ 아세틸렌

해설 ▶ 가연성가스 방폭 전기기기의 폭발등급 분류 시 최소점화 전류비는 메탄을 기준으로 한다.

08 도시가스사업법상 제1종 보호시설이 아닌 것은?
① 아동 50명이 다니는 유치원
② 수용인원이 340명인 예식장
③ 객실 20개를 보유한 여관
④ 250세대 규모의 개별난방 아파트

해설 ▶ 제1종 보호시설
㉠ 학교, 유치원, 어린이집, 놀이방, 어린이놀이터, 학원, 병원(의원을 포함한다) 도서관, 청소년수련시설, 경로당, 시장, 목욕장, 호텔, 여관, 극장, 교회 및 공회당
㉡ 사람을 수용하는 건축물(가설 건축물 제외한다)로서 사실상 독립된 부분의 연면적이 1천m^2 이상인 것
㉢ 예식장, 장례식장 및 전시장 그 밖의 이와 유사한 시설로서 300명 이상을 수용할 수 있는 건축물
㉣ 아동, 노인, 모자, 장애인 그밖에 이와 유사한 시설로서 20명 이상을 수용할 수 있는 건축물
㉤ 문화재 보호법에 따라 지정문화재로 지정된 건축물

Answer　4. ④　5. ③　6. ②　7. ①　8. ④

09 아세틸렌 제조설비의 기준에 대한 설명으로 틀린 것은?

① 압축기와 충전장소 사이에는 방호벽을 설치한다.
② 아세틸렌 충전용 교체밸브는 충전장소와 격리하여 설치한다.
③ 아세틸렌 충전용 지관에는 탄소함유량이 0.1% 이하의 강을 사용한다.
④ 아세틸렌에 접촉하는 부분에는 동 또는 동 함유량이 72% 이하의 것을 사용한다.

해설 아세틸렌은 구리, 은, 수은 등과 반응하여 화합폭발을 한다.

10 다음 중 가연성이면서 독성인 가스는?

① 아세틸렌, 프로판
② 수소, 이산화탄소
③ 암모니아, 산화에틸렌
④ 아황산가스, 포스겐

해설
- 암모니아 : 독성 25ppm
  가연성 폭발범위 15~28%
- 산화에틸렌 : 독성 50ppm
  가연성 폭발범위 3~80%

11 다음 가스 중 폭발범위의 하한값이 가장 높은 것은?

① 암모니아   ② 수소
③ 프로판   ④ 메탄

해설
① 암모니아 : 15~28%
② 수소 : 4~75%
③ 프로판 : 2.1~9.5%
④ 메탄 : 5~15%

12 고압가스의 충전 용기를 차량에 적재하여 운반하는 기준에 대한 설명으로 옳은 것은?

① 염소와 아세틸렌 충전 용기는 동일 차량에 적재 운반이 가능하다.
② 염소와 수소 충전 용기는 동일 차량에 적재하는 것이 가능하다.
③ 독성가스가 아닌 $300m^3$의 압축 가연성 가스를 적재하여 운반하는 때에는 운반책임자를 동승한다.
④ 독성가스가 아닌 2000kg의 액화 조연성 가스를 적재하여 운반하는 때에는 운반책임자를 동승한다.

해설 운반책임자 동승
㉠ 액화가스 : 가연성 – 3000kg 이상시
  독성가스 – 1000kg 이상시
  조연성가스 – 6000kg 이상시
㉡ 압축가스 : 가연성 – $300m^3$ 이상시
  독성가스 – $100m^3$ 이상시
  조연성가스 – $600m^3$ 이상시

13 다음 중 풍압대와 관계없이 설치할 수 있는 방식의 가스 보일러는?

① 자연배기식(CF) 단독배기통 방식
② 자연배기식(CF) 복합배기통 방식
③ 강제배기식(FE) 단독배기통 방식
④ 강제배기식(FE) 공동배기구 방식

해설 보일러 배기방식에서 풍압대와 무관하게 설치할 수 있는 것은 강제배기방식(FE) 단독배기통 방식이다.

Answer 9. ④ 10. ③ 11. ① 12. ③ 13. ③

14 도시가스사용시설에서 입상관과 화기 사이에 유지하여야 하는 거리는 우회거리 몇 m 이상인가?

① 1m　　② 2m
③ 3m　　④ 4m

해설 도시가스 배관과 화기와의 이격거리는 2m이다.

15 일반도시가스 공급시설의 시설기준으로 틀린 것은?

① 가스공급 시설을 설치한 곳에는 누출된 가스가 머물지 아니하도록 환기설비를 설치한다.
② 공동구 안에는 환기장치를 설치하며 전기설비가 있는 공동구에는 그 전기설비를 방폭구조로 한다.
③ 저장탱크의 안전장치인 안전밸브나 파열판에는 가스 방출관을 설치한다.
④ 저장탱크의 안전밸브는 다이어프램식 안전밸브로 한다.

해설 도시가스 공급시설의 저장탱크의 안전밸브는 스프링식 안전밸브를 사용한다.

16 방류둑의 성토는 수평에 대하여 몇 도 이하의 기울기로 하여야 하는가?

① 30°　　② 45°
③ 60°　　④ 75°

해설 방류둑의 성토는 수평에 대하여 45도 이하의 기울기로 한다.

17 고압가스 저장탱크 및 가스홀더의 가스방출장치는 가스 저장량이 몇 m^3 이상인 경우 설치하여야 하는가?

① $1m^3$　　② $3m^3$
③ $5m^3$　　④ $10m^3$

해설 가스저장탱크의 가스방출장치는 내용적 $5m^3$ 이상일 때 설치한다.

18 다음 중 LNG의 주성분은?

① CH_4　　② CO
③ C_2H_4　　④ C_3H_8

해설 액화천연가스(LNG) 주성분은 메탄이다.

19 가스제조시설에 설치하는 방호벽의 규격으로 옳은 것은?

① 철근콘크리트 벽으로 두께 12cm 이상 높이 2m 이상
② 철근콘크리트블록 벽으로 두께 20cm 이상 높이 2m 이상
③ 박강판 벽으로 두께 3.2cm 이상 높이 2m 이상
④ 후강판 벽으로 두께 19mm 이상 높이 2.5m 이상

해설 방호벽 기준
㉠ 철근 콘크리트 벽은 굵기가 9mm 철근을 40×40cm 간격으로 배근 결속한 두께 12cm 이상 높이 2m 이상인 것
㉡ 철근 콘크리트 벽은 두께가 15cm 이상 높이 2m 이상인 것
㉢ 박강판은 두께 3.2mm 강판에 30×30cm 규격의 앵글 강을 40×40cm 간격으로 설치한 것
㉣ 후강판은 두께 6mm 강판에 지주를 1.8m 간격으로 설치한 것

Answer 14. ②　15. ④　16. ②　17. ③　18. ①　19. ①

20 고압가스 특정제조시설에서 플레어스택의 설치기준으로 틀린 것은?

① 파이롯트버너를 항상 꺼두는 등 플레어스택에 관련된 폭발을 방지하기 위한 조치가 되어 있는 것으로 한다.
② 긴급이송설비로 이송되는 가스를 안전하게 연소시킬 수 있는 것으로 한다.
③ 플레어스택에서 발생하는 복사열이 다른 제조시설에 나쁜 영향을 미치지 아니하도록 안전한 높이 및 위치에 설치한다.
④ 플레어스택에서 발생하는 최대열량에 장시간 견딜 수 있는 재료 및 구조로 되어 있는 것으로 한다. 플레어스택은 배출된 폐가스를 안전하게 연소시켜서 배출하는 설비로서 파이로트버너는 항상 점화되어 있는 상태여야 한다.

21 다음은 어떤 안전설비에 대한 설명인가?

> 설비가 잘못 조작되거나 정상적인 제조를 할 수 없는 경우 자동으로 원재료의 공급을 차단시키는 등 고압가스 제조설비 안의 제조를 제어하는 기능을 한다.

① 안전밸브　② 긴급차단장치
③ 인터록기구　④ 벤트스택

해설 인터록 장치는 설비의 오조작 방지장치이다.

22 허용농도가 100만 분의 200 이하인 독성가스 용기 운반차량은 몇 km 이상의 거리를 운행할 때 중간에 충분한 휴식을 취한 후 운행하여야 하는가?

① 100km
② 200km
③ 300km
④ 400km

해설 가스 운송차량은 200Km 운행시 마다 충분한 휴식을 취할 것

23 방폭전기 기기의 구조별 표시방법으로 틀린 것은?

① 내압방폭구조 – s
② 유입방폭구조 – o
③ 압력방폭구조 – p
④ 본질안전방폭구조 – ia

해설
- 내압방폭구조 : d
- 유입방폭구조 : o
- 압력방폭구조 : p
- 본질안전 방폭구조 : ia
- 특수방폭구조 : s

Answer 20. ① 21. ③ 22. ② 23. ①

24 고압가스에 대한 사고예방설비기준으로 옳지 않은 것은?

① 가연성가스의 가스설비 중 전기설비는 그 설치장소 및 그 가스의 종류에 따라 적절한 방폭성능을 가지는 것 일 것
② 고압가스설비에는 그 설비 안의 압력이 내압압력을 초과하는 경우 즉시 그 압력을 내압압력 이하로 되돌릴 수 있는 안전장치를 설치하는 등 필요한 조치로 할 것
③ 폭발 등의 위해가 발생할 가능성이 큰 특수반응설비에는 그 위해의 발생을 방지하기 위하여 내부반응 감시 설비 및 위험사태발생 방지설비의 설치 등 필요한 조치를 할 것
④ 저장탱크및 배관에는 그 저장탱크 및 배관이 부식되는 것을 방지하기 위하여 필요한 조치를 할 것

해설 고압가스설비는 내압시험압력의 0.8배에서 작동하는 안전장치를 설치할 것

25 고압용기에 각인되어 있는 내용적의 기호는?
① V   ② FP
③ TP   ④ W

해설 용기 각인사항
① V : 용기 내용적
② FP : 최고 충전 압력
③ TP : 내압시험 압력
④ W : 용기 질량

26 고압가스 냉동제조의 시설 및 기술기준에 대한 설명으로 틀린 것은?

① 냉동제조시설 중 냉매설비에는 자동제어장치를 설치할 것
② 가연성가스 또는 독성가스를 냉매로 사용하는 냉매설비 중 수액기에 설치하는 액면계는 환형유리관액면계를 사용할 것
③ 냉매설비에는 압력계를 설치할 것
④ 압축기 최종단에 설치한 안전장치는 1년에 1회 이상 점검을 실시할 것

해설 가연성이나 독성의 냉매 설비 중 수액기의 액면계는 환형 유리관 액면계를 사용하지 않을 것

27 도시가스공급시설에 대하여 공사가 실시하는 정밀안전단의 실시시기 및 기준에 의거 본관 및 공급관에 대하여 최초로 시공감리 증명서를 받은 날부터 ( )년이 지난날이 속하는 해 및 그 이후 매 ( )년이 지난 날이 속하는 해에 받아야 한다. ( ) 안에 각각 들어갈 숫자는?
① 10, 5   ② 15, 5
③ 10, 10   ④ 15, 10

해설 도시가스 설비의 정밀안전진단 실시는 사용감리증명서 발급일로부터 15년이 지난 후 매 5년이 지난 날이 속하는 해에 받아야 한다.

Answer 24. ② 25. ① 26. ② 27. ②

28 0℃·1atm에서 6L인 기체가 273℃·1atm일 때 몇 L가 되는가?

① 4   ② 8
③ 12   ④ 24

해설
$$\frac{6\ell}{273+0} = \frac{x\ell}{273+273}$$
$$x = \frac{6 \times (273+273)}{273+0} = 12\ell$$

29 다음 중 2중관으로 하여야 하는 고압 가스가 아닌 것은?

① 수소
② 아황산가스
③ 암모니아
④ 황화수소

해설 2중관으로 해야하는 가스 : 포스겐, 황화수소, 시안화수소, 아황산가스, 산화에틸렌, 암모니아, 염소, 염화메탄

30 도시가스사용시설에서 배관의 용접부 중 비파괴시험을 하여야 하는 것은?

① 가스용 폴리에틸렌관
② 호칭지름 65mm인 매몰된 저압배관
③ 호칭지름 150mm인 노출된 저압배관
④ 호칭지름 65mm인 노출된 중압배관

해설 가스배관에서 65A 중압배관은 비파괴 검사를 실시한다.

31 펌프의 축봉 장치에서 아웃사이드 형식이 쓰이는 경우가 아닌 것은?

① 구조재, 스프링재가 액의 내식성에 문제가 있을 때
② 점성계수가 100cP를 초과하는 고점도 액일 때
③ 스타핑 복스 내가 고진공일 때
④ 고응고점의 액일 때

해설 펌프 메카니컬 시일 중 아웃사이드형의 특징
㉠ 저응고점의 액일 때
㉡ 구조재, 스프링재가 액의 내식성에 문제가 있을 때
㉢ 점성계수가 100cP를 초과하는 액일 때
㉣ 스타핑 박스 내가 고진공일 때

32 자유 피스톤식 압력계에서 추와 피스톤의 무게가 15.7kg일 때 실린더 내의 액압과 균형을 이루었다면 게이지 압력은 몇 kg/cm²이 되겠는가? (단, 피스톤의 지름은 4cm이다.)

① $1.25kg/cm^2$
② $1.57kg/cm^2$
③ $2.5kg/cm^2$
④ $5kg/cm^2$

해설
$$게이지\ 압력(kg/cm^2) = \frac{추와\ 피스톤의\ 무게(kg)}{피스톤의\ 단면적(cm^2)}$$
$$\therefore \frac{15.7kg}{\left(\frac{\pi}{4} \times 4^2\right)cm^2} = 1.25kg/cm^2$$

Answer 28. ③   29. ①   30. ④   31. ④   32. ①

33 왕복식 압축기에서 피스톤과 크랭크 샤프트를 연결하여 왕복운동을 시키는 역할을 하는 것은?

① 크랭크 ② 피스톤링
③ 커넥팅로드 ④ 톱클리어런스

해설▶ 크랭크축(샤프트)과 피스톤을 연결하는 부위는 커넥팅로드

34 액화천연가스(LNG) 저장탱크 중 내부 탱크의 재료로 사용되지 않는 것은?

① 자기 지지형(Self Supporting) 9% 니켈강
② 알루미늄 합금
③ 멤브레인식 스테인레스강
④ 프리스트레스트 콘크리트
 (PC : Prestressed Concrete)

해설▶ LNG 저장탱크 내부 재료
㉠ 9% 니켈강
㉡ 알루미늄 합금강
㉢ 오스테나이트계 스텐레스강

35 유리 온도계의 특징에 대한 설명으로 틀린 것은?

① 일반적으로 오차가 적다.
② 취급은 용이하나 파손이 쉽다.
③ 눈금 읽기가 어렵다.
④ 일반적으로 연속기록자동제어를 할 수 있다.

해설▶ 유리온도계는 저온 측정용으로 사용되며 연속기록 자동제어로 사용하기는 어렵다.

36 자동차에 혼합 적재가 가능한 것끼리 연결된 것은?

① 염소-아세틸렌
② 염소-암모니아
③ 염소-산소
④ 염소-수소

해설▶ 가스운반시 혼합적재가 금지된 가스
염소, 아세틸렌, 암모니아, 수소 등은 동일 차량에 적재하여 운반하지 않을 것

37 고압식 액체산소분리장치에서 원료공기는 압축기에서 압축된 후 압축기의 중간단에서는 몇 atm 정도로 탄산가스 흡수기에 들어가는가?

① 5atm ② 7atm
③ 15atm ④ 20atm

해설▶ • 공기 압축기는 150~200atm으로 압축된다.
• 이산화탄소 흡수탑 입구압력은 15atm
• 정류탑 입구압력은 5atm

38 실린더의 단면적 $50cm^2$, 행정 10cm, 회전수 200rpm 체적 효율 80%인 왕복 압축기의 토출량은?

① 60L/min ② 80L/min
③ 120L/min ④ 140L/min

해설▶
압축기 토출량(l/min)
= 50cm × 10cm × 200rpm × 0.8
= $80,000cm^3$/min = $80l$/min

Answer 33. ③ 34. ④ 35. ④ 36. ③ 37. ③ 38. ②

39 C_4H_{10}의 제조시설에 설치하는 가스누출 경보기는 가스누출 농도가 얼마일 때 경보를 울려야 하는가?

① 0.45% 이상
② 0.53 % 이상
③ 1.8% 이상
④ 2.1% 이상

해설 가연성가스 누출경보기 검지농도는 폭발하한계의 1/4 농도일 것
C_4H_{10} : 1.8 ~ 8.4%
$1.8 \times \dfrac{1}{4} = 0.45\%$

40 카플러안전기구와 과류차단안전기구가 부착된 것으로서 배관과 카플러를 연결하는 구조의 콕은?

① 퓨즈콕
② 상자콕
③ 노즐콕
④ 커플콕

해설 배관과 커플러 연결구조 콕크는 상자콕크이다.

41 재료에 하중을 작용하여 항복점 이상의 응력을 가하면, 하중을 제거하여도 본래의 형상으로 돌아가지 않도록 하는 성질을 무엇이라고 하는가?

① 피로
② 크리프
③ 소성
④ 탄성

해설 소성변형 : 외력이 그 소재의 항복점 이상의 응력으로 작용하게 되면 그 응력을 제거해도 본래의 형상으로 되돌아가지 않고 변형이 되는 것을 말한다.

42 관 도중에 조리개(교축기구)를 넣어 조리개 전후의 차압을 이용하여 유량을 측정하는 계측기기는?

① 오벌식 유량계
② 오리피스 유량계
③ 막식 유량계
④ 터빈 유량계

해설 오리피스 유량계 : 관로 중에 조리개(교축장치)를 넣어서 차압을 형성하여 그 차압과 개구비로 유량을 추량하는 방식의 유량계이다.

43 펌프가 운전 중에 한숨을 쉬는 것과 같은 상태가 되어 토출구 및 흡입구에서 압력계의 바늘이 흔들리며 동시에 유량이 변화하는 현상을 무엇이라고 하는가?

① 캐비테이션
② 워터햄머링
③ 바이브레이션
④ 서징

해설 펌프이송 중 발생되는 현상으로 토출구와 흡입구의 압력계 지침이 흔들리며 유량이 변화하는 특성을 서징 현상이라고 한다.

44 공기에 의한 전열은 어느 압력까지 내려가면 급히 압력에 비례하여 적어지는 성질을 이용하는 저온 장치에 사용되는 진공단열법은?

① 고진공 단열법
② 분말진공 단열법
③ 다층진공 단열법
④ 자연진공 단열법

해설 초저온 및 저온 용기에서 외조와 내조 사이의 공간을 진공(10^{-3} torr)으로 하여 공기의 전열을 차단하여 단열하는 방법을 고진공 단열법이라고 한다.

Answer 39. ① 40. ② 41. ③ 42. ② 43. ④ 44. ①

45 다음 중 저온장치의 가스 액화 사이클이 아닌 것은?

① 린데식 사이클
② 클라우드식 사이클
③ 필립스식 사이클
④ 카자레식 사이클

해설 가스 액화사이클 종류
㉠ 린데식
㉡ 클라우드식
㉢ 필립스식
㉣ 캐피자식
㉤ 가스케이드식(다원액화사이클)

46 다음 중 암모니아 가스의 검출방법이 아닌 것은?

① 네슬러시약을 넣어본다.
② 초산연 시험지를 대어 본다.
③ 진한 염산에 접촉시켜 본다.
④ 붉은 리트머스지를 대어 본다.

해설 암모니아 검출방법
㉠ 네슬러시약 노란색 변색
㉡ 붉은 리트머스시험지 청색으로 변색
㉢ 염산과 반응 백연을 형성

47 가스의 비열비의 값은?

① 언제나 1보다 작다.
② 언제나 1보다 크다.
③ 1보다 크기도 하고 작기도 하다.
④ 0.5와 1사이의 값이다.

해설
$$비열비 = \frac{Cp}{Cv} > 1$$
언제나 1보다 크다.

48 염소의 특징에 대한 설명 중 틀린 것은?

① 염소자체는 폭발성, 인화성을 가진다.
② 상온에서 자극성의 냄새가 있는 맹독성을 가진다.
③ 염소와 산소의 1 : 1 혼합물을 염소폭명기라 한다.
④ 수분이 있으면 염산이 생성되어 부식성이 강해진다.

해설 염소폭명기 $H_2 + Cl_2 \xrightarrow{햇빛} 2HCl$

49 국가표준기본법에서 정의하는 기본단위가 아닌 것은?

① 질량 – kg
② 시간 – s
③ 전류 – A
④ 온도 – ℃

해설 기본단위
㉠ 질량 kg
㉡ 시간 sec
㉢ 전류 A

Answer 45. ④ 46. ② 47. ② 48. ③ 49. ④

50 다음 중 불꽃의 표준온도가 가장 높은 연소 방식은?
① 분젠식
② 적화식
③ 세미분젠식
④ 전1차 공기식

해설 분젠식은 1차 공기가 연료가스와 혼합되어 2차 공기에 의해 완전 연소하는 방식으로 화염온도가 높은 연소방식이다.

51 10%의 소금물 500g을 증발시켜 400g으로 농축하였다면 이 용액은 몇 %의 용액인가?
① 10
② 12.5
③ 15
④ 20

해설
$$\%농도 = \frac{용질}{(용매+용질)} \times 100$$

$10\% = \frac{x}{500g} \times 100$

$x = 50g$, $\frac{50g}{400g} \times 100 = 12.5\%$

52 다음 중 드라이아이스의 제조에 사용되는 가스는?
① 일산화탄소
② 이산화탄소
③ 아황산가스
④ 염화수소

해설 드라이아이스 제조 : 정제된 CO_2를 100기압 −25℃ 조건에서 단열팽창시키면 설상의 드라이아이스가 생성된다.

53 다음 중 표준상태에서 비점이 가장 높은 것은?
① 나프타
② 프로판
③ 에탄
④ 부탄

해설 비점
① 나프타 : 200℃
② 프로판 : −42.1℃
③ 에탄 : −88.6℃
④ 부탄 : −0.56℃

54 도시가스의 유해성분을 측정하기 위한 도시가스 품질검사의 성분분석은 주로 어떤 기기를 사용하는가?
① 기체크로마토그래피
② 분자흡수분광기
③ NMR
④ ICP

해설 도시가스 유해가스 성분 측정에는 G.C(가스크로마토그래피)가 사용된다.

55 가스누출자동차단기의 내압시험 조건으로 맞는 것은?
① 고압부 1.8MPa 이상, 저압부 8.4에서 10MPa
② 고압부 1MPa 이상, 저압부 0.1MPa 이상
③ 고압부 2MPa 이상, 저압부 0.2MPa 이상
④ 고압부 3MPa 이상, 저압부 0.3MPa 이상

해설 가스누출자동차단기 내압시험압력
고압부 3MPa 이상, 저압부 0.3MPa 이상

Answer 50. ① 51. ② 52. ② 53. ① 54. ① 55. ④

56 47L 고압가스 용기에 20℃의 온도로 15MPa의 게이지 압력으로 충전하였다. 40℃로 온도를 높이면 게이지 압력은 약 얼마가 되겠는가?

① 16.02MPa ② 17.132MPa
③ 18.031MPa ④ 19.031MPa

해설
$$\frac{15\text{MPa}}{20+273} = \frac{x}{40+273}$$
$\therefore x = 16.0238\text{MPa}$

57 염화수소(HCL)의 용도가 아닌 것은?

① 강판이나 강재의 녹 제거
② 필름 제조
③ 조미료 제조
④ 향료, 염료, 의약 등의 중간물 제조

해설 염화수소(HCl)의 용도로서 필름제조에는 사용되지 않는다.

58 다음 중 독성도 없고 가연성도 없는 기체는?

① NH_3
② C_2H_4O
③ CS_2
④ $CHClF_2$

해설
① 암모니아 : 독성, 가연성
② 산화에틸렌 : 독성, 가연성
③ 이황화탄소 : 독성, 가연성
④ 프레온 : 비독성, 불연성 : 냉매로 사용

59 절대온도 300°K는 랭킨 온도(°R)로 약 몇 도인가?

① 27   ② 167
③ 540   ④ 572

해설
$$300°K \times 1.8 = 540°R$$

60 천연가스(LNG)의 특징에 대한 설명으로 틀린 것은?

① 메탄이 주성분이다.
② 공기보다 가볍다.
③ 연소에 필요한 공기량은 LPG에 비해 적다.
④ 발열량($kcal/m^3$)은 LPG에 비해 크다.

해설 천연가스 주성분은 메탄이며 발열량은 LPG보다 낮다.

가스기능사 2000제 문제은행

2013년 1월 27일 시행

01 액화석유가스 또는 도시가스용으로 사용되는 가스용 염화비닐호스는 그 호스의 안전성, 편리상 및 호환성을 확보하기 위하여 안지름 치수를 규정하고 있는데 그 치수에 해당하지 않는 것은?

① 4.8mm ② 6.3mm
③ 9.5mm ④ 12.7mm

해설 저압 염화비닐호스 내경 규격
- 1종 : 6.3mm
- 2종 : 9.5mm
- 3종 : 12.7mm
허용차는 ±0.7mm

02 가스누출 자동차단장치의 검지부 설치금지 장소에 해당하지 않는 것은?

① 출입구 부근 등으로서 외부의 기류가 통하는 곳
② 가스가 체류하기 좋은 곳
③ 환기구 등 공기가 들어오는 곳으로부터 1.5m 이내의 곳
④ 연소기의 폐가스에 접촉하기 쉬운 곳

해설 가스 체류하는 곳에 검지부를 설치한다.

03 가연성 고압가스 제조소에서 다음 중 착화원인이 될 수 없는 것은?

① 정전기
② 베릴륨 합금제 공구에 의한 타격
③ 사용 촉매의 접촉
④ 밸브의 급격한 조작

해설 방폭공구로 베릴륨 합금을 사용한다.

04 LP 가스의 일반적인 성질에 대한 설명 중 옳은 것은?

① 공기보다 무거워 바닥에 고인다.
② 액의 체적팽창율이 적다.
③ 증발잠열이 적다.
④ 기화 및 액화가 어렵다

해설 LPG는 공기보다 무겁다.

05 도시가스 사용시설에서 배관의 호칭지름이 25mm인 배관은 몇 m 간격으로 고정하여야 하는가?

① 1m 마다 ② 2m 마다
③ 3m 마다 ④ 4m 마다

해설
- 관경 13mm 이하, 1m 마다 고정
- 관경 13mm에서 33mm 이하, 2m 마다 고정
- 관경 33mm 이상, 3m 마다 고정

Answer 1. ① 2. ② 3. ② 4. ① 5. ②

06 액화석유가스는 공기 중의 혼합비율의 용량이 얼마인 상태에서 감지할 수 있도록 냄새가 나는 물질을 섞어 용기에 충전하여야 하는가?

① $\frac{1}{10}$

② $\frac{1}{100}$

③ $\frac{1}{1000}$

④ $\frac{1}{10000}$

해설 부취제 농도 공기 중 : $\frac{1}{1000}$

07 다음 중 천연가스(LNG)의 주성분은?
① CO
② CH_4
③ C_2H_4
④ C_2H_2

해설 액화 천연가스의 주성분은 메탄(CH_4)이다.

08 건축물 안에 매설할 수 없는 도시가스 배관의 재료는?
① 스테인리스강관
② 동관
③ 가스용 금속플렉시블호스
④ 가스용 탄소강관

해설 탄소강관은 매설용으로 부적합하다.

09 고압가스용 용접용기 동판의 최대 두께와 최소 두께와의 차이는?
① 평균두께의 5% 이하
② 평균두께의 10% 이하
③ 평균두께의 20% 이하
④ 평균두께의 25% 이하

해설 가스용기 최대두께와 최소두께 차이는 20% 이내일 것

10 공기 중에서 폭발 범위가 가장 넓은 가스는?
① 메탄
② 프로판
③ 에탄
④ 일산화탄소

해설
① 메탄 : 5~15%
② 에탄 : 3~12.4%
③ 프로판 : 2.1~9.4%
④ 일산화탄소 : 12.5~74%

11 다음 중 마찰, 타격 등으로 격렬히 폭발하는 예민한 폭발물질로써 가장 거리가 먼 것은?
① AgN_2
② H_2S
③ AgC_2
④ N_4S_4

해설 H_2S는 비교적 마찰 타격에 예민하지 않다.

Answer 6. ③ 7. ② 8. ④ 9. ③ 10. ④ 11. ②

12 독성가스 용기 운반기준에 대한 설명으로 틀린 것은?

① 차량의 최대 적재량을 초과하여 적재하지 아니한다.
② 충전용기는 자전거나 오토바이에 적재하여 운반하지 아니한다.
③ 독성가스 중 가연성가스와 조연성가스는 같은 차량의 적재함으로 운반하지 아니한다.
④ 충전용기를 차량에 적재하여 운반할 때에는 적재함에 넘어지지 않게 뉘어서 운반한다.

해설 충전용기 차량적재 운반 시 세워서 운반한다.

13 도시가스계량기와 화기 사이에 유지하여야 하는 거리는?

① 2m 이상
② 4m 이상
③ 5m 이상
④ 8m 이상

해설 화기와 가스계량기 이격거리는 2m

14 용기 밸브 그랜드너트의 6각 모서리에 V형의 홈을 낸 것은 무엇을 표시하기 위한 것은?

① 왼나사임을 표시
② 오른나사임을 표시
③ 암나사임을 표시
④ 수나사임을 표시

해설 용기 그랜드너트의 V홈은 왼나사 표기임

15 부탄가스용 연소기의 명판에 기재할 사항이 아닌 것은?

① 연소기명
② 제조자의 형식호칭
③ 연소기 재질
④ 제조(로트)번호

해설 연소기의 명판에 연소기 재질은 표시하지 않는다.

16 도시가스도매사업자가 제조소에 다음 시설을 설치하고자 한다. 다음 중 내진 설계를 하지 않아도 되는 시설은?

① 저장능력이 2톤인 지상식 액화천연가스 저장탱크의 지지구조물
② 저장능력이 300m³인 천연가스 홀더의 지지구조물
③ 처리능력이 10m³인 압축기의 지지구조물
④ 처리능력이 15m³인 펌프의 지지구조물

해설 내진설계는 저장능력 3ton 이상인 저장탱크

Answer 12. ④ 13. ① 14. ① 15. ③ 16. ①

17 저장탱크의 지하설치기준에 대한 설명으로 틀린 것은?

① 천정, 벽 및 바닥의 두께가 각각 30cm 이상인 방수조치를 한 철근 콘크리트로 만든 곳에 설치한다.
② 지면으로부터 저장탱크의 정상부까지의 깊이는 1m 이상으로 한다.
③ 저장탱크에 설치한 안전밸브에는 지면에서 5m 이상의 높이에 방출구가 있는 가스방출관을 설치한다.
④ 저장탱크를 매설한 곳의 주위에는 지상에 경계표시를 설치한다.

해설 저장탱크 지하 설치시 지면과 저장탱크 정상부 이격거리는 60cm 이상일 것

18 가스 중 음속보다 화염전파 속도가 큰 경우 충격파가 발생하는데 이때 가스의 연소 속도로써 옳은 것은?

① 0.3 ~ 100m/s
② 100 ~ 300m/s
③ 700 ~ 800m/s
④ 1000 ~ 3500m/s

해설
• 폭발 시 연소속도 : 1000 ~ 3500m/s
• 정상 연소속도 : 0.03 ~ 10m/s

19 도시가스사용시설의 가스계량기 설치기준에 대한 설명으로 옳은 것은?

① 시설 안에서 사용하는 자체 화기를 제외한 화기와 가스계량기와 유지하여야 하는 거리는 3m 이상이어야 한다.
② 시설 안에서 사용하는 자체 화기를 제외한 화기와 입상관과 유지하여야 하는 거리는 3m 이상이어야 한다.
③ 가스계량기와 단열조치를 하지 아니한 굴뚝과의 거리는 10cm 이상 유지하여야 한다.
④ 가스계량기와 전기개폐기와의 거리는 60cm 이상 유지하여야 한다.

해설 가스계량기와 전기 개폐기와의 거리는 60cm 이격

20 비등액체팽창증기폭발(BELVE)이 일어날 가능성이 가장 낮은 곳은?

① LPG저장탱크
② 액화가스 탱크로리
③ 천연가스 지구정압기
④ LNG저장탱크

해설 천연가스 지구정압기는 기체상태의 가스압력을 조정하므로 BELVE 현상이 발생하지 않는다.

Answer 17. ② 18. ④ 19. ④ 20. ③

21 액화석유가스를 탱크로리로부터 이·충전할 때 정전기를 제거하는 조치로 접지하는 접지접속선의 규격은?

① 5.5mm² 이상 ② 6.7mm² 이상
③ 9.6mm² 이상 ④ 10.5mm² 이상

해설 정전기 제거용 접지선 규격은 5.5mm² 이상

22 가연성가스, 독성가스 및 산소설비의 수리 시 설비 내의 가스 치환용으로 주로 사용되는 가스는?

① 질소   ② 수소
③ 일산화탄소 ④ 염소

해설 가스설비 내 치환용 가스로는 질소가 사용된다.

23 다음 중 지연성 가스에 해당되지 않는 것은?

① 염소   ② 불소
③ 이산화질소 ④ 이황화탄소

해설 이황화탄소는 가연성 가스이다.

24 내용적이 300L인 용기에 액화암모니아를 저장하려고 한다. 이 저장설비의 저장능력은 얼마인가? (단, 액화암모니아의 충전정수는 1.86이다.)

① 161kg   ② 232kg
③ 279kg   ④ 558kg

해설
$$G = \frac{V}{C}$$
$$\therefore \frac{300}{1.86} = 161.29 kg$$

25 다음 중 방류둑을 설치하여야 할 기준으로 옳지 않은 것은?

① 저장능력이 5톤 이상인 독성가스 저장탱크
② 저장능력이 300톤 이상인 가연성가스 저장탱크
③ 저장능력이 1000톤 이상인 액화석유가스 저장탱크
④ 저장능력이 1000톤 이상인 액화산소 저장탱크

해설 방류둑 설치는 가연성가스 1000톤 이상인 경우

26 다음은 도시가스사용시설의 월사용예정량을 산출하는 식이다. 이 중 기호 "A"가 의미하는 것은?

$$Q = \frac{(A \times 240) + (B \times 90)}{11000}$$

① 월사용예정량
② 산업용으로 사용하는 연소기의 명판에 기재된 가스소비량의 합계
③ 산업용이 아닌 연소기의 명판에 기재된 가스소비량의 합계
④ 가정용 연소기의 가스소비량 합계

해설 A : 산업용으로 사용하는 연소기의 명판에 기재된 가스소비량의 합계(kcal/h)
B : 산업용이 아닌 연소기의 명판에 기재된 가스소비량의 합계(kcal/h)

Answer 21. ① 22. ① 23. ④ 24. ① 25. ② 26. ②

27 LPG용 압력조정기 중 1단 감압식 저압조정기의 조정압력의 범위는?

① 2.3 ~ 3.3kPa
② 2.55 ~ 3.3kPa
③ 57 ~ 83kPa
④ 5.0 ~ 3.0kPa 이내에 제조자가 설정한 기준압력의 ±20%

해설 1단 감압식 저압조정기 조정압력범위
2.3 ~ 3.3kPa(280±50mmH2O)

28 용기의 내용적 40L에 내압 시험 압력의 수압을 걸었더니 내용적이 40.24L로 증가하였고, 압력을 제거하여 대기압으로 하였더니 용적은 40.02L가 되었다. 이 용기의 항구 증가량과 또 이 용기의 내압시험에 대한 합격여부는?

① 1.6%, 합격   ② 1.6%, 불합격
③ 8.3%, 합격   ④ 8.3%, 불합격

해설 항구증가량 = $\dfrac{40.02 - 40}{40.24 - 40} \times 100 = 8.3\%$,

∴ 10% 이내 합격

29 산소가스 설비의 수리를 위한 저장탱크 내의 산소를 치환할 때 산소측정기 등으로 치환 결과를 수시로 측정하여 산소의 농도가 원칙적으로 몇 % 이하가 될 때까지 치환하여야 하는가?

① 18%   ② 20%
③ 22%   ④ 24%

해설 산소농도 18 ~ 22% 범위

30 최근 시내버스 및 청소차량 연료로 사용되는 CNG 충전소 설계시 고려하여야 할 사항으로 틀린 것은?

① 압축장치와 충전설비 사이에는 방호벽을 설치한다.
② 충전기에는 90kgf 미만의 힘에서 분리되는 긴급분리 장치를 설치한다.
③ 자동차 충전기(디스펜서)의 충전호스 길이는 8m 이하로 한다.
④ 펌프 주변에는 1개 이상 가스누출 검지경보장치를 설치한다.

해설 충전기에는 90kgf 이상의 힘에 의해 분리되는 긴급분리장치를 설치한다.

31 다이어프램식 압력계의 특징에 대한 설명 중 틀린 것은?

① 정확성이 높다.
② 반응속도가 빠르다.
③ 온도에 따른 영향이 적다.
④ 미소압력을 측정할 때 유리하다.

해설 다이어프램식 압력계는 온도에 민감하여 영향이 매우 크다.

32 어떤 도시가스의 발열량이 15000kcal/Sm³일 때 웨버지수는 얼마인가? (단, 가스의 비중은 0.5로 한다.)

① 12121   ② 20000
③ 21213   ④ 30000

해설 $WI = \dfrac{15000}{\sqrt{0.5}} = 21213.2$

Answer 27. ① 28. ③ 29. ③ 30. ② 31. ③ 32. ③

33 염화파라듐지로 검지할 수 있는 가스는?
① 아세틸렌 ② 황화수소
③ 염소 ④ 일산화탄소

해설 ① 아세틸렌 : 염화 제일동 착염지
② 황화수소 : 초산납 시험지(연당지)
④ 일산화탄소 : 염화 파라듐지

34 전위측정기로 관대지전위(pipe to soil potential) 측정시 측정방법으로 적합하지 않은 것은? (단, 기준전극은 포화황산동 전극이다.)
① 측정선 말단의 부식부분을 연마 후에 측정한다.
② 전위측정기의 (+)는 T/B(Test Box), (−) 기준전극에 연결한다.
③ 콘크리트 등으로 기준전극을 토양에 접지할 수 없을 경우에는 물에 적신 스폰지 등을 사용하여 측정한다.
④ 전위측정은 가능한 한 배관에서 먼 위치에 측정한다.

해설 전위측정은 배관 가까운 위치에서 측정한다.

35 주로 탄광 내에서 CH_4의 발생을 검출하는데 사용되며 청염(푸른 불꽃)의 길이로써 그 농도를 알 수 있는데 가스 검지기는?
① 안전등형 ② 간섭계형
③ 열선형 ④ 흡광 광도형

해설 안전등형은 탄광 내 메탄가스 검출에 쓰인다.

36 다음 중 용적식 유량계에 해당하는 것은?
① 오리피스 유량계
② 플로노즐 유량계
③ 벤투리관 유량계
④ 오벌 기어식 유량계

해설 차압식 유량계 : 오리피스, 플로노즐, 벤투리 유량계

37 가스난방기의 명판에 기재하지 않아도 되는 것은?
① 제조자의 형식호칭(모델번호)
② 제조자명이나 그 약호
③ 품질보증기간과 용도
④ 열효율

해설 열효율은 명판에 기재하지 않는다.

38 진탕형 오토클레이브의 특징에 대한 설명으로 틀린 것은?
① 가스누출의 가능성이 적다.
② 고압력에 사용할 수 있고 반응물의 오손이 적다.
③ 장치전체가 진동하므로 압력계는 본체로부터 떨어져 설치한다.
④ 뚜껑판에 뚫어진 구멍에 촉매가 끼어들어갈 염려가 없다.

해설 진탕형 오토클레이브는 뚜껑판 구멍에 촉매가 끼어 들어갈 염려가 있다.

Answer 33. ④ 34. ④ 35. ① 36. ④ 37. ④ 38. ④

39 송수량 12000L/min, 전양정 45m인 볼류트 펌프의 회전수를 1000rpm에서 1100rpm으로 변화시킨 경우 펌프의 축동력은 약 몇 PS인가? (단, 펌프의 효율은 80%이다.)

① 165　　② 180
③ 200　　④ 250

$$PS = \frac{1000 \times (12m^3/60sec) \times 45}{75 \times 0.8} = 150PS$$
$$\left(\frac{1100}{1000}\right)^3 \times 150PS = 199.65PS$$

40 펌프의 실제 송출유량을 Q, 펌프 내부에서의 누설 유량을 $\triangle Q$, 임펠러 속을 지나는 유량을 $Q + \triangle Q$라 할 때 펌프의 체적효율(η_v)를 구하는 식은?

① $\eta_v = \dfrac{Q}{Q + \triangle Q}$

② $\eta_v = \dfrac{Q + \triangle Q}{Q}$

③ $\eta_v = \dfrac{Q - \triangle Q}{Q + \triangle Q}$

④ $\eta_v = \dfrac{Q + \triangle Q}{Q - \triangle Q}$

체적효율(η_v) = $\dfrac{Q}{Q + \triangle Q}$

41 염화메탄을 사용하는 배관에 사용하지 못하는 금속은?

① 주강　　② 강
③ 동합금　　④ 알루미늄 합금

해설 염화메탄 배관재질에 알미늄합금은 사용되지 않는다. 알카리, 알카리토금속, 마그네슘, 아연, 알루미늄과 반응한다.

42 고압가스용기의 관리에 대한 설명으로 틀린 것은?

① 충전 용기는 항상 40℃ 이하를 유지하도록 한다.
② 충전 용기는 넘어짐 등으로 인한 충격을 방지하는 조치를 하여야 하며 사용한 후에는 밸브를 열어둔다.
③ 충전 용기 밸브는 서서히 개폐한다.
④ 충전 용기 밸브 또는 배관을 가열하는 때에는 열습포나 40℃ 이하의 더운물을 사용한다.

해설 충전용기는 사용 후 반드시 밸브는 잠가둔다.

43 저온장치의 분말진공단열법에서 충진용 분말로 사용되지 않는 것은?

① 펄라이트　　② 알루미늄분말
③ 글라스울　　④ 규조토

해설 충진용 분말재 : 펄라이트, 규조토, 알루미늄분말

44 다음 중 저온을 얻는 기본적인 원리는?

① 등압 팽창　　② 단열 팽창
③ 등온 팽창　　④ 등적 팽창

해설 쥬울 톰슨 효과 : 단열팽창 시키면 온도와 압력이 강하한다.

Answer　39. ③　40. ①　41. ④　42. ②　43. ③　44. ②

45 압축기를 이용한 LP가스 이·충전 작업에 대한 설명으로 옳은 것은?

① 충전시간이 길다.
② 잔류가스를 회수하기 어렵다.
③ 베이퍼록 현상이 일어난다.
④ 드레인 현상이 일어난다.

해설 압축기는 윤활유를 사용하므로 펌프에 비해 드레인이 발생한다.

46 다음 중 가장 높은 압력은?

① 1atm   ② 100kPa
③ 10mH₂O   ④ 0.2MPa

해설
- 1atm = 0.1MPa
- 100kPa = 0.1MPa
- 10mH₂O = 0.1MPa

47 다음 중 비점이 가장 낮은 것은?

① 수소   ② 헬륨
③ 산소   ④ 네온

해설 ① 수소 : $-252.9℃$ ② 산소 : $-183℃$
③ 헬륨 : $-272.2℃$ ④ 네온 : $-245.9℃$

48 공기 중에 10vol% 존재 시 폭발의 위험성이 없는 가스는?

① CH_3Br ② C_2H_6
③ C_2H_4O ④ H_2S

해설
① CH_3Br : 13.5 ~ 14.5%
② C_2H_6 : 3 ~ 12.5%
③ C_2H_4O : 3 ~ 80%
④ H_2S : 4.3 ~ 45%

49 다음 중 LP 가스의 일반적인 연소특성이 아닌 것은?

① 연소 시 다량의 공기가 필요하다.
② 발열량이 크다.
③ 연소속도가 늦다.
④ 착화온도가 낮다.

해설 LP 가스 착화온도는 높다.
C_3H_8(프로판) : 460~520℃
C_4H_{10}(부탄) : 430~510℃

50 LNG의 특징에 대한 설명 중 틀린 것은?

① 냉열을 이용할 수 있다.
② 천연에서 산출한 천연가스를 약 $-162℃$까지 냉각하여 액화시킨 것이다.
③ LNG는 도시가스, 발전용 이외에 일반 공업용으로도 사용된다.
④ LNG로부터 기화한 가스는 부탄이 주성분이다.

해설 LNG 주성분은 메탄이다.

51 가정용 가스보일러에서 발생하는 가스중독 사고의 원인으로 배기가스의 어떤 성분에 의하여 주로 발생하는가?

① CH_4 ② CO_2
③ CO ④ C_3H_8

해설 가정용 보일러 가스중독사고는 일산화탄소(CO)이다.

Answer 45. ④ 46. ④ 47. ② 48. ① 49. ④ 50. ④ 51. ③

52 순수한 물 1g을 온도 14.5℃에서 15.5℃까지 높이는데 필요한 열량을 의미하는 것은?

① 1cal ② 1BTU
③ 1J   ④ 1CHU

해설 1cal : 물 1g을 1℃ 올리는데 필요한 열량

53 물질이 융해, 응고, 증발, 응축 등과 같은 상의 변화를 일으킬 때 발생 또는 흡수하는 열을 무엇이라 하는가?

① 비열 ② 현열
③ 잠열 ④ 반응열

해설 상태변화에 이용되는 열을 잠열이라고 한다. 이때 온도는 변화하지 않는다.

54 에틸렌(C_2H_4)의 용도가 아닌 것은?

① 폴리에틸렌의 제조
② 산화에틸렌의 원료
③ 초산비닐의 제조
④ 메탄올 합성의 원료

해설 메탄올 합성에 에틸렌은 쓰이지 않는다.

55 공기 100kg 중에는 산소가 약 몇 kg 포함되어 있는가?

① 12.3kg ② 23.2kg
③ 31.5kg ④ 43.7kg

해설
• 공기 중 포함된 가스 성분비(부피%)
  N_2 : 78%, O_2 : 21%, Ar : 1%
• 공기 100kg 중 중량비%

㉠ $N_2 : 28 \times \dfrac{78}{100} = 21.84$ kg

㉡ $O_2 : 32 \times \dfrac{21}{100} = 6.72$ kg

㉢ $Ar : 40 \times \dfrac{1}{100} = 0.4$ kg

∴ 산소의 중량비%
$= \dfrac{6.72}{21.84 + 6.72 + 0.4} \times 100 = 23.2\%$

56 100°F를 섭씨온도로 환산하면 약 몇 ℃인가?

① 20.8
② 27.8
③ 37.8
④ 50.8

해설
$\dfrac{5}{9} \times (100 - 32) = 37.77℃$

57 0℃, 2기압 하에서 1L의 산소와 0℃, 3기압 2L의 질소를 혼합하여 2L로 하면 압력은 몇 기압이 되는가?

① 2기압
② 4기압
③ 6기압
④ 8기압

해설
$\dfrac{(2 \times 1) + (3 \times 2)}{2} = 4$기압

Answer 52. ① 53. ③ 54. ④ 55. ② 56. ③ 57. ②

58 다음 중 상온에서 비교적 낮은 압력으로 가장 쉽게 액화되는 가스는?

① CH_4 ② C_3H_8
③ O_2 ④ H_2

해설
- CH_4 : -162 ℃
- C_3H_8 : -42.1 ℃
- H_2 : -252.9 ℃

59 완전연소 시 공기량이 가장 많이 필요로 하는 가스는?

① 아세틸렌 ② 메탄
③ 프로판 ④ 부탄

해설
$C_2H_2 + 2.5O_2 \rightarrow 2CO_2 + H_2O$
$CH_4 + 2O_2 \rightarrow CO_2 + 2H_2O$
$C_3H_8 + 5O_2 \rightarrow 3CO_2 + 4H_2O$
$C_4H_{10} + 6.5O_2 \rightarrow 4CO_2 + 5H_2O$

60 산소의 물리적 성질에 대한 설명 중 틀린 것은?

① 물에 녹지 않으며 액화산소는 담녹색이다.
② 기체, 액체, 고체 모두 자성이 있다.
③ 무색, 무취, 무미의 기체이다.
④ 강력한 조연성가스로서 자신은 연소하지 않는다.

해설 액체 산소는 담청색을 띤다.

Answer 58. ② 59. ④ 60. ①

가스기능사 2000제 문제은행

CBT 시험대비
▶ 2013년 4월 14일 시행

01 LPG충전시설의 충전소에 기재한 "화기엄금"이라고 표시한 게시판의 색깔로 옳은 것은?

① 황색바탕에 흑색글씨
② 황색바탕에 적색글씨
③ 흰색바탕에 흑색글씨
④ 흰색바탕에 적색글씨

[해설] 화기엄금 : 흰색바탕에 적색글씨
충전 중 엔진정지 : 황색바탕에 흑색글씨

02 특정고압가스사용시설 중 고압가스 저장량이 몇 kg 이상인 용기보관실에 있는 벽을 방호벽으로 설치하여야 하는가?

① 100　② 200
③ 300　④ 500

[해설] 방호벽 : 가스 저장량 300kg 이상

03 도시가스 중 음식물쓰레기, 가축·분뇨, 하수슬러지 등 유기성폐기물로부터 생성된 기체를 정제한 가스로서 메탄이 주성분인 가스를 무엇이라 하는가?

① 천연가스　② 나프타부생가스
③ 석유가스　④ 바이오가스

[해설] 바이오가스 : 음식쓰레기, 가축분뇨, 하수슬러지 등에서 생성된 가스로 주성분은 메탄

04 방폭전기기기의 용기 내부에서 가연성가스의 폭발이 발생할 경우 그 용기가 폭발압력에 견디고, 접합면, 개구부 등을 통해 외부의 가연성가스에 인화되지 않도록 한 방폭구조는?

① 내압(耐壓)방폭구조
② 유입(油入)방폭구조
③ 압력(壓力)방폭구조
④ 본질안전방폭구조

[해설] 내압방폭구조 : 용기내부에서 가스폭발이 발생시 압력에 견디고 개구부와 접합면으로 외부가스에 인화되지 않도록 한 방폭구조이다.

Answer 1. ④　2. ③　3. ④　4. ①

05 독성가스 여부를 판정할 때 기준이 되는 "허용농도"를 바르게 설명한 것은?

① 해당가스를 성숙한 흰쥐 집단에게 대기 중에서 1시간 동안 계속하여 노출시킨 경우 7일 이내에 그 흰쥐의 1/2 이상이 죽게 되는 가스의 농도를 말한다.
② 해당가스를 성숙한 흰쥐 집단에게 대기 중에서 24시간 동안 계속하여 노출시킨 경우 7일 이내에 그 흰쥐의 1/2 이상이 죽게 되는 가스의 농도를 말한다.
③ 해당가스를 성숙한 흰쥐 집단에게 대기 중에서 1시간 동안 계속하여 노출시킨 경우 14일 이내에 그 흰쥐의 1/2 이상이 죽게 되는 가스의 농도를 말한다.
④ 해당가스를 성숙한 흰쥐 집단에게 대기 중에서 24시간 동안 계속하여 노출시킨 경우 14일 이내에 그 흰쥐의 1/2 이상이 죽게 되는 가스의 농도를 말한다.

해설 독성가스 허용농도 : 가스를 흰쥐 집단에 대기 중 1시간 노출 후 14일 이내에 그 흰쥐의 1/2 이상이 죽게 되는 가스의 농도를 말한다.

06 다음 [보기]의 독성가스 중 독성(LC_{50})이 가장 강한 것과 가장 약한 것을 바르게 나열한 것은?

[보기]
㉠ 염화수소   ㉡ 암모니아
㉢ 황화수소   ㉣ 일산화탄소

① ㉠, ㉡   ② ㉠, ㉣
③ ㉡, ㉢   ④ ㉢, ㉣

해설 ① HCl : 3120   ② H_2S : 444
③ NH_3 : 7338   ④ CO : 3760

07 다음 가연성가스 중 공기 중에서의 폭발 범위가 가장 좁은 것은?

① 아세틸렌   ② 프로판
③ 수소   ④ 일산화탄소

해설 ① C_2H_2 : 2.5~81%   ② C_2H_8 : 2.1~9.5%
③ H_2 : 4~75%   ④ CO : 12.5~74%

08 산소 가스설비의 수리 및 청소를 위한 저장탱크 내의 산소를 치환할 때 산소측정기 등으로 치환결과를 측정하여 산소의 농도가 최대 몇 % 이하가 될 때까지 계속하여 치환작업을 하여야 하는가?

① 18%   ② 20%
③ 22%   ④ 24%

해설 산소농도 18~22% 이내일 것

Answer 5. ③ 6. ③ 7. ② 8. ③

09 원심식압축기를 사용하는 냉동설비는 그 압축기의 원동기 정격출력 몇 kW를 1일의 냉동능력 1톤으로 산정하는가?

① 1.0　　② 1.2
③ 1.5　　④ 2.0

해설 원동기 1일 냉동능력 1톤은 정격출력 1.2kW로 산정한다.

10 다음 고압가스의 용량을 차량에 적재하여 운반할 때 운반책임자를 동승시키지 않아도 되는 것은?

① 아세틸렌 : 400m³
② 일산화탄소 : 700m³
③ 액화염소 : 6500kg
④ 액화석유가스 : 2000kg

해설 액화가스 가연성인 경우 3ton 이상 운반 시 운반책임자 동승

11 고압가스 제조시설에 설치되는 피해저감설비로 방호벽을 설치해야 하는 경우가 아닌 것은?

① 압축기와 충전장소 사이
② 압축기와 가스충전용기 보관 장소 사이
③ 충전장소와 충전용 주관밸브 조작 밸브 사이
④ 압축기와 저장탱크 사이

해설 방호벽은 압축기와 저장탱크 사이에 설치하지 않는다.

12 고압가스의 제조시설에서 실시하는 가스설비의 점검 중 사용개시 전에 점검할 사항이 아닌 것은?

① 기초의 경사 및 침하
② 인터록, 자동제어장치의 기능
③ 가스설비의 전반적인 누출 유무
④ 배관 계통의 밸브 개폐 상황

해설 가스설비 사용 전 점검에서 기초의 경사 및 침하는 해당사항이 아니다.

13 액화가스를 운반하는 탱크로리(차량에 고정된 탱크)의 내부에 설치하는 것으로 탱크 내 액화가스 액면요동을 방지하기 위해 설치하는 것은?

① 폭발방지장치
② 방파판
③ 압력방출장치
④ 다공성 충진제

해설 방파판 : 탱크로리 내 액화가스 액면요동 방지를 목적으로 설치한다.

14 가스공급 배관 용접 후 검사하는 비파괴 검사방법이 아닌 것은?

① 방사선투과검사
② 초음파탐상검사
③ 자분탐상검사
④ 주사전자현미경검사

해설 배관용접부 비파괴 검사법에 주사전자현미경 검사는 포함되지 않는다.

Answer 9. ②　10. ④　11. ④　12. ①　13. ②　14. ④

15 산소 저장설비에서 저장능력이 9000m³일 경우 1종 보호시설 및 2종 보호시설과의 안전거리는?

① 8m, 5m　　② 10m, 7m
③ 12m, 8m　　④ 14m, 9m

해설) 산소 9000m³ 저장량과 1종 보호시설 이격거리 12m 2종 보호시설 이격거리 8m

16 액화석유가스의 시설기준 중 저장탱크의 설치 방법으로 틀린 것은?

① 천장, 벽 및 바닥의 두께가 각각 30cm 이상의 방수조치를 한 철근 콘크리트구조로 한다.
② 저장탱크실 상부 윗면으로부터 저장탱크 상부까지의 깊이는 60cm 이상으로 한다.
③ 저장탱크에 설치한 안전밸브에는 지면으로부터 5m 이상의 방출관을 설치한다.
④ 저장탱크 주위 빈 공간에는 세립분을 25% 이상 함유한 마른 모래를 채운다.

해설) 콘크리트실과 저장탱크 사이에는 마른모래를 채운다.

17 다음 중 고압가스의 성질에 따른 분류에 속하지 않는 것은?

① 가연성 가스　　② 액화 가스
③ 조연성 가스　　④ 불연성 가스

해설) 가스 상태별 분류 : 압축가스, 액화가스, 용해가스

18 다음 중 화학적 폭발로 볼 수 없는 것은?

① 증기폭발　　② 중합폭발
③ 분해폭발　　④ 산화폭발

해설) 증기폭발은 물리적 폭발이다(보일러 파열).

19 가연성가스의 위험성에 대한 설명으로 틀린 것은?

① 누출 시 산소결핍에 의한 질식의 위험성이 있다.
② 가스의 온도 및 압력이 높을수록 위험성이 커진다.
③ 폭발한계가 넓을수록 위험하다.
④ 폭발하한이 높을수록 위험하다.

해설) 가연성 가스 폭발범위에서 하한이 낮을수록 위험하다.

20 시안화수소의 중합폭발을 방지할 수 있는 안정제로 옳은 것은?

① 수증기, 질소
② 수증기, 탄산가스
③ 질소, 탄산가스
④ 아황산가스, 황산

해설) 시안화수소 중합폭발 방지 안정제 : 황산, 아황산가스

Answer　15. ③　16. ④　17. ②　18. ①　19. ④　20. ④

21 LPG를 수송할 때의 주의사항으로 틀린 것은?

① 운전 중이나 정차 중에도 허가된 장소를 제외하고는 담배를 피워서는 안 된다.
② 운전자는 운전기술 외에 LPG의 취급 및 소화기 사용 등에 관한 지식을 가져야 한다.
③ 주차할 때는 안전한 장소에 주차하며, 운반책임자와 운전자는 동시에 차량에서 이탈하지 않는다.
④ 누출됨을 알았을 때는 가까운 경찰서, 소방서까지 직접 운행하여 알린다.

[해설] 가스 수송 시 누출될 경우는 안전한 장소에 주차하여 조치를 취하도록 한다.

22 염소의 성질에 대한 설명으로 틀린 것은?

① 상온, 상압에서 황록색의 기체이다.
② 수분 존재 시 철을 부식시킨다.
③ 피부에 닿으면 손상의 위험이 있다.
④ 암모니아와 반응하여 푸른 연기를 생성한다.

[해설] 암모니아와 반응하여 백연을 생성한다.

23 수소에 대한 설명 중 틀린 것은?

① 수소용기의 안전밸브는 가용전식과 파열판식을 병용한다.
② 용기밸브는 오른나사이다.
③ 수소 가스는 피로카롤 시약을 사용한 오르자트법에 의한 시험법에서 순도가 98.5% 이상이어야 한다.
④ 공업용 용기의 도색은 주황색으로 하고 문자의 표시는 백색으로 한다.

[해설] 수소 용기 밸브는 가연성이므로 왼나사이다.

24 다음 중 폭발성이 예민하므로 마찰 및 타격으로 격렬히 폭발하는 물질에 해당되지 않는 것은?

① 황화질소
② 메틸아민
③ 염화질소
④ 아세틸라이드

[해설] 메틸아민은 폭발성이 예민하지 않아 마찰 타격에 의해 격렬하게 폭발하지 않는다.

Answer 21. ④ 22. ④ 23. ② 24. ②

25 고압가스 특정제조시설 중 철도부지 밑에 매설하는 배관에 대한 설명으로 틀린 것은?

① 배관의 외면으로부터 그 철도부지의 경계까지는 1m 이상의 거리를 유지한다.
② 지표면으로부터 배관의 외면까지의 깊이를 60cm 이상 유지한다.
③ 배관은 그 외면으로부터 궤도 중심과 4m 이상 유지한다.
④ 지하철도 등을 횡단하여 매설하는 배관에는 전기방식조치를 강구한다.

해설 지표면에서 배관외면까지는 1.2m 이상으로 한다.

26 다음 중 같은 저장실에 혼합 저장이 가능한 것은?

① 수소와 염소 가스
② 수소와 산소
③ 아세틸렌가스와 산소
④ 수소와 질소

해설 수소와 질소는 혼합 저장이 가능하다.

27 용기 부속품에 각인하는 문자 중 질량을 나타내는 것은?

① TP   ② W
③ AG   ④ V

해설 ① TP : 내압시험 압력
② W : 용기질량
③ AG : 아세틸렌 가스
④ V : 내용적

28 고압가스 특정제조시설에서 지하매설 배관은 그 외면으로부터 지하의 다른 시설물과 몇 m 이상 거리를 유지하여야 하는가?

① 0.1   ② 0.2
③ 0.3   ④ 0.5

해설 배관과 타 시설물과는 0.3m 이상 거리유지

29 도시가스 사용시설 중 가스계량기와 다음 설비와 안전거리의 기준으로 옳은 것은?

① 전기계량기와는 60cm 이상
② 전기접속기와는 60cm 이상
③ 전기점멸기와는 60cm 이상
④ 절연조치를 하지 않는 전선과는 30cm 이상

해설 가스계량기와 전기계량기 이격거리 60cm 이상

30 고압가스 제조설비에서 누출된 가스의 확산을 방지할 수 있는 제해조치를 하여야 하는 가스가 아닌 것은?

① 이산화탄소
② 암모니아
③ 염소
④ 염화메틸

해설 이산화탄소는 독성이나 가연성이 아니므로 확산방지 제해조치 가스가 아니다.

Answer 25. ② 26. ④ 27. ② 28. ③ 29. ① 30. ①

31 흡수식냉동기에서 냉매로 물을 사용할 경우 흡수제로 사용하는 것은?

① 암모니아
② 사염화에탄
③ 리튬브로마이드
④ 파라핀유

해설 흡수식 냉동기
ㄱ. 냉매 : 물
ㄴ. 흡수제 : 리튬브로마이드(취화리튬)

32 다음 중 이음매 없는 용기의 특징이 아닌 것은?

① 독성 가스를 충전하는데 사용한다.
② 내압에 대한 응력 분포가 균일하다.
③ 고압에 견디기 어려운 구조이다.
④ 용접용기에 비해 값이 비싸다.

해설 이음매 없는 용기는 고압용이다.

33 부유 피스톤형 압력계에 실린더 지름 5cm, 추와 피스톤의 무게가 130kg일 때 이 압력계에 접속된 부르동관의 압력계 눈금이 7kg/cm²를 나타내었다. 이 부르동관 압력계의 오차는 약 몇 %인가?

① 5.7 ② 6.6
③ 9.7 ④ 10.5

해설
$$\frac{130kg}{\frac{\pi}{4}(5)^2} = 6.62 kg/cm^2$$

오차 = $\frac{7-6.62}{6.62} \times 100 = 5.74\%$

34 다음 고압가스 설비 중 축열식 반응기를 사용하여 제조하는 것은?

① 아크릴로라이드
② 염화비닐
③ 아세틸렌
④ 에틸벤젠

해설 축열식 반응기 : 아세틸렌의 제조, 에틸렌의 제조

35 열기전력을 이용한 온도계가 아닌 것은?

① 백금-백금·로듐 온도계
② 동-콘스탄탄 온도계
③ 철-콘스탄탄 온도계
④ 백금-콘스탄탄 온도계

해설 열기전력 온도계 : 철-콘스탄탄, 크로멜-알루멜 구리-콘스탄탄, 백금-백금로듐

36 다음 중 유체의 흐름방향을 한 방향으로만 흐르게 하는 밸브는?

① 글로우밸브
② 체크밸브
③ 앵글밸브
④ 게이트밸브

해설 체크밸브 : 한 방향으로 유체의 흐름을 통제하는 밸브(역류방지밸브)

Answer 31. ③ 32. ③ 33. ① 34. ③ 35. ④ 36. ②

37 다음 가스 분석 중 화학분석법에 속하지 않는 방법은?

① 가스크로마토그래피법
② 중량법
③ 분광광도법
④ 요오드적정법

해설 가스크로마토그래피법(G.C)은 기기분석법이다.

38 다음 고압장치의 금속재료 사용에 대한 설명으로 옳은 것은?

① LNG 저장탱크 – 고장력강
② 아세틸렌 압축기 실린더 – 주철
③ 암모니아 압력계 도관 – 동
④ 액화산소 저장탱크 – 탄소강

해설 아세틸렌 압축기 실린더 재질로 주철제가 사용된다.

39 고압가스 설비의 안전장치에 관한 설명 중 옳지 않은 것은?

① 고압가스 용기에 사용되는 가용전은 열을 받으면 가용합금이 용해되어 내부의 가스를 방출한다.
② 액화가스용 안전밸브의 토출량은 저장탱크 등의 내부의 액화가스가 가열될 때의 증발량 이상이 필요하다.
③ 급격한 압력상승이 있는 경우에는 파열판은 부적당하다.
④ 펌프 및 배관에는 압력상승 방지를 위해 릴리프 밸브가 사용된다.

해설 파열판은 급격한 압력상승이 있는 경우 적합하다.

40 다음 중 압력계 사용 시 주의사항으로 틀린 것은?

① 정기적으로 점검한다.
② 압력계의 눈금판은 조작자가 보기 쉽도록 안면을 향하게 한다.
③ 가스의 종류에는 적합한 압력계를 선정한다.
④ 압력의 도입이나 배출은 서서히 행한다.

해설 압력계 지침은 조작자가 보기 쉽게 하나 위험하게 안면을 향할 필요는 없다.

41 LPG(C_4H_{10}) 공급방식에서 공기를 3배 희석했다면 발열량은 약 몇 kcal/Sm³이 되는가? (단, C_4H_{10}의 발열량은 30000kcal/Sm³으로 가정한다.)

① 5000   ② 7500
③ 10000   ④ 11000

해설 $\dfrac{30000}{1+3} = 7500 \text{kcal/sm}^3$

42 고압가스제조소의 작업원은 얼마의 기간 이내에 1회 이상 보호구의 사용훈련을 받아 사용방법을 숙지하여야 하는가?

① 1개월   ② 3개월
③ 6개월   ④ 12개월

해설 가스제조소 작업원은 3개월에 1회 보호구 사용훈련을 받도록 한다.

Answer 37. ① 38. ② 39. ③ 40. ② 41. ② 42. ②

43 고점도 액체나 부유 현탁액의 유체 압력측정에 가장 적당한 압력계는?

① 벨로우즈
② 다이어프램
③ 부르동관
④ 피스톤

해설> 다이어프램 압력계 : 부식성 유체, 고점도, 부유 현탁액 유체의 압력측정에 용이하다.

44 내산화성이 우수하고 양파 썩는 냄새가 나는 부취제는?

① T.H.T
② T.B.M
③ D.M.S
④ NAPHTHA

해설> ① T.H.T : 석탄가스 냄새
② T.B.M : 양파 썩는 냄새
③ D.M.S : 마늘 썩는 냄새

45 계측기기의 구비조건으로 틀린 것은?

① 설치장소 및 주위조건에 대한 내구성이 클 것
② 설비비 및 유지비가 적게 들 것
③ 구조가 간단하고 정도(精度)가 낮을 것
④ 원거리 지시 및 기록이 가능할 것

해설> 계측기는 정밀도가 높아 측정이 정확해야 한다.

46 다음 중 화씨온도와 가장 관계가 깊은 것은?

① 표준대기압에서 물의 어는점을 0으로 한다.
② 표준대기압에서 물의 어는점을 12으로 한다.
③ 표준대기압에서 물의 끓는점을 100으로 한다.
④ 표준대기압에서 물의 끓는점을 212으로 한다.

해설> 화씨온도 : 물의 빙점을 32도 끓는점을 212도로 하여 두 점 사이를 180등분한 눈금 사이를 1°F라고 한다.

47 다음 중 부탄가스의 완전연소 반응식은?

① $C_3H_8 + 4O_2 \rightarrow 3CO_2 + 5H_2O$
② $C_3H_8 + 5O_2 \rightarrow 3CO_2 + 4H_2O$
③ $C_4H_{10} + 6O_2 \rightarrow 4CO_2 + 5H_2O$
④ $2CH_4 + 13O_2 \rightarrow 8CO_2 + 10H_2O$

해설> $2CH_4 + 13O_2 \rightarrow 8CO_2 + 10H_2O$

48 LP 가스의 성질에 대한 설명으로 틀린 것은?

① 온도변화에 따른 액 팽창률이 크다.
② 석유류 또는 동, 식물유나 천연고무를 잘 용해시킨다.
③ 물에 잘 녹으며, 알코올과 에테르에 용해된다.
④ 액체는 물보다 가볍고, 기체는 공기보다 무겁다.

해설> LPG는 물에 잘 녹지 않는다.

Answer 43. ② 44. ② 45. ③ 46. ④ 47. ④ 48. ③

49 가스배관 내 잔류물질을 제거할 때 사용하는 것이 아닌 것은?

① 피그 ② 거버너
③ 압력계 ④ 컴프레서

해설 ▶ 거버너는 정압기이다.

50 염소에 대한 설명 중 틀린 것은?

① 황록색을 띠며 독성이 강하다.
② 표백작용이 있다.
③ 액상은 물보다 무겁고 기상은 공기보다 가볍다.
④ 비교적 쉽게 액화된다.

해설 ▶ 염소는 분자량이 커서 공기보다 무겁다 $\left(\frac{71}{29} = 2.4배\right)$.

51 도시가스 제조공정 중 접촉분해공정에 해당하는 것은?

① 저온수증기 개질법
② 열분해 공정
③ 부분연소 공정
④ 수소화분해 공정

해설 ▶ 접촉분해(수증기개질)공정 : 사이클링식, 고온수증기, 중온수증기, 저온수증기

52 -10℃인 얼음 10kg을 1기압에서 증기로 변화시킬 때 필요한 열량은 약 몇 kcal인가? (단, 얼음의 비열은 0.5kcal/kg·℃, 얼음의 용해열을 80kcal/kg, 물의 기화열은 539kcal/kg이다.)

① 5400 ② 6000
③ 6240 ④ 7240

해설 ▶
① $10 \times 0.5 \times 10 = 50$kcal
② $10 \times 1 \times (100-0) = 1000$kcal
③ $10 \times 80 = 800$kcal
④ $10 \times 539 = 5390$kcal
∴ $50 + 800 + 1000 + 5390 = 7240$kcal

53 다음 중 1atm과 다른 것은?

① $9.8N/m^2$
② $101325Pa$
③ $14.7lb/in^2$
④ $10.332mH_2O$

해설 ▶ $1atm = 101325N/m^2(Pa)$

54 산소 가스의 품질검사에 사용되는 시약은?

① 동·암모니아 시약
② 피로카롤 시약
③ 브롬 시약
④ 하이드로 썰파이드 시약

해설 ▶ 산소 품질검사 : 동암모니아 시약을 사용한 오르자트법으로 순도 99.5% 이상일 것

Answer 49. ② 50. ③ 51. ① 52. ④ 53. ① 54. ①

55 표준상태에서 산소의 밀도는 몇 g/L인가?
① 1.33
② 1.43
③ 1.53
④ 1.63

해설) 산소밀도 $\frac{32g}{22.4L} = 1.43 g/L$

56 공기 중에서 누출 시 폭발 위험이 가장 큰 가스는?
① C_3H_8
② C_4H_{10}
③ CH_4
④ C_2H_2

해설) ① C_3H_8 : 2.1~9.5%
② C_4H_{10} : 1.8~8.5%
③ CH_4 : 5~15%
④ C_2H_2 : 2.5~81%

57 표준물질에 대한 어떤 물질의 밀도의 비를 무엇이라고 하는가?
① 비중
② 비중량
③ 비용
④ 비열

해설) 비중 : 표준물질과 비교되는 다른 물질의 밀도의 비

58 LP가스가 증발할 때 흡수하는 열을 무엇이라 하는가?
① 현열
② 비열
③ 잠열
④ 융해열

해설) 기화잠열 : 액체에서 기체로 변화하는데 흡수되는 열

59 LP가스를 자동차연료로 사용할 때의 장점이 아닌 것은?
① 배기가스의 독성이 가솔린보다 적다.
② 완전연소로 발열량이 높고 청결한다.
③ 옥탄가가 높아서 녹킹현상이 없다.
④ 균일하게 연소되므로 엔진수명이 연장된다.

해설) LP가스는 옥탄가가 높지는 않고 균일하게 연소되어 열효율은 높다.

60 다음 중 염소의 주된 용도가 아닌 것은?
① 표백
② 살균
③ 염화비닐 합성
④ 강재의 녹 제거용

해설) 염소로 강재의 녹 제거는 사용되지 않는다.

Answer 55. ② 56. ④ 57. ① 58. ③ 59. ③ 60. ④

가스기능사 2000제 문제은행

CBT 시험대비
● 2013년 7월 21일 시행

01 용기에 의한 고압가스 판매시설 저장실 설치기준으로 틀린 것은?

① 고압가스의 용적이 300m³을 넘는 저장설비는 보호시설과 안전거리를 유지하여야 한다.
② 용기보관실 및 사무실은 동일 부지 내에 구분하여 설치한다.
③ 사업소의 부지는 한 면이 폭 5m 이상의 도로에 접하여야 한다.
④ 가연성가스 및 독성가스를 보관하는 용기보관실의 면적은 각 고압가스별로 10m² 이상으로 한다.

해설 고압가스 판매저장실 부지는 폭 5m 도로와 접하지 않아도 된다.

02 가연성가스의 제조설비 또는 저장설비 중 전기설비 방폭구조를 하지 않아도 되는 가스는?

① 암모니아, 시안화수소
② 암모니아, 염화메탄
③ 브롬화메탄, 일산화탄소
④ 암모니아, 브롬화메탄

해설 암모니아의 폭발범위는 15~28%, 브롬화메탄은 13.5~14.5%로 하한이 높다. 그러므로 가연성이면서도 방폭구조를 하지 않는다.

03 재검사 용기에 대한 파기방법의 기준으로 틀린 것은?

① 절단 등의 방법으로 파기하여 원형으로 가공할 수 없도록 할 것
② 허가관청에 파기의 사유·일시·장소 및 인수시한 등에 대한 신고를 하고 파기할 것
③ 잔 가스를 전부 제거한 후 절단할 것
④ 파기하는 때에는 검사원이 검사 장소에서 직접 실시할 것

해설 용기 파기 시 허가관청에 신고 후 파기하지 않는다.

04 LP가스가 누출될 때 감지할 수 있도록 첨가하는 냄새가 나는 물질의 측정방법이 아닌 것은?

① 유취실법
② 주사기법
③ 냄새주머니법
④ 오더(odor)미터법

해설 패널에 의한 부취제 측정방법 : 주사기법, 냄새주머니법, 오더미터법

Answer 1. ③ 2. ④ 3. ② 4. ①

05 고압가스 공급자 안전점검시 가스누출검지기를 갖추어야 할 대상은?

① 산소
② 가연성 가스
③ 불연성 가스
④ 독성 가스

해설 가스공급자 안전 점검시 가연성 가스 누출검지기를 갖출 것

06 신규검사에 합격된 용기의 각인사항과 그 기호의 연결이 틀린 것은?

① 내용적 : V
② 최고충전압력 : FP
③ 내압시험압력 : TP
④ 용기의 질량 : M

해설 W : 용기 질량

07 독성가스의 저장탱크에는 그 가스의 용량이 탱크 내용적의 몇 %까지 채워야 하는가?

① 80%
② 85%
③ 90%
④ 95%

해설 액체독성가스 충전 시 저장탱크의 내용적 90%까지 충전한다.

08 역화방지장치를 설치하지 않아도 되는 곳은?

① 가연성가스 압축기와 충전용 주관 사이의 배관
② 가연성가스 압축기와 오토클레이브 사이의 배관
③ 아세틸렌 충전용 지관
④ 아세틸렌 고압건조기와 충전용 교체밸브 사이의 배관

해설 가연성 가스 압축기와 충전용 주관 사이 배관에는 역류방지 장치를 설치한다.

09 독성가스 허용농도의 종류가 아닌 것은?

① 시간가중 평균농도(TLV-TWA)
② 단시간 노출허용농도(TLV-STEL)
③ 최고 허용농도(TLV-C)
④ 순간 사망허용농도(TLV-D)

해설 독성가스 허용농도 : 최고 허용농도, 단시간 노출 허용농도, 시간 가중 평균농도

10 고압가스 설비에 설치하는 압력계의 최고눈금의 범위는?

① 상용압력의 1배 이상, 1.5배 이하
② 상용압력의 1.5배 이상, 2배 이하
③ 상용압력의 2배 이상, 3배 이하
④ 상용압력의 3배 이상, 5배 이하

해설 가스설비에 설치하는 압력계는 상용압력의 1.5배 이상 2배 압력범위

Answer 5. ② 6. ④ 7. ③ 8. ① 9. ④ 10. ②

11 가스의 폭발에 대한 설명 중 틀린 것은?

① 폭발범위가 넓은 것은 위험하다.
② 폭굉은 화염전파속도가 음속보다 크다.
③ 안전간격이 큰 것일수록 위험하다.
④ 가스의 비중이 큰 것은 낮은 곳에 체류할 위험이 있다.

해설 안전간격이 작은 가스일수록 위험하다.

12 내용적 94L인 액화프로판 용기의 저장능력은 몇 kg인가? (단, 충전상수 C는 2.35이다.)

① 20
② 40
③ 60
④ 80

해설

$$G = \frac{V}{C}$$

∴ $G = \frac{94}{2.35} = 40\text{kg}$

13 액화석유가스 충전사업장에서 가스충전준비 및 충전작업에 대한 설명으로 틀린 것은?

① 자동차에 고정된 탱크는 저장탱크의 외면으로부터 3m 이상 떨어져 정지한다.
② 안전밸브에 설치된 스톱밸브는 항상 열어둔다.
③ 자동차에 고정된 탱크(내용적이 1만 리터 이상의 것에 한 한다)로부터 가스를 이입 받을 때에는 자동차가 고정되도록 자동차 정지목 등을 설치한다.
④ 자동차에 고정된 탱크로부터 저장탱크에 액화석유가스를 이입 받을 때에는 5시간 이상 연속하여 자동차에 고정된 탱크를 저장탱크에 접속하지 아니한다.

해설 탱크로리 이충전 시 내용적 5000L 이상의 것에는 차량 정지목을 설치한다.

14 저장량이 1000kg인 산소저장설비는 제1종 보호시설과의 거리가 얼마 이상이면 방호벽을 설치하지 아니할 수 있는가?

① 9m
② 10m
③ 11m
④ 12m

해설 산소 처리 및 저장능력 1만 이하일 때 제1종 보호시설과 안전거리는 12m이다.

Answer 11. ③ 12. ② 13. ③ 14. ④

15 고압가스 특정제조시설에서 고압가스설비의 설치기준에 대한 설명으로 틀린 것은?

① 아세틸렌의 충전용교체밸브는 충전하는 장소에 직접 설치한다.
② 에어졸제조시설에는 정량을 충전할 수 있는 자동충전기를 설치한다.
③ 공기액화분리기로 처리하는 원료 공기의 흡입구는 공기가 맑은 곳에 설치한다.
④ 공기액화분리기에 설치하는 피트는 양호한 환기구조로 한다.

해설 아세틸렌 충전용 교체밸브는 충전장소에서 격리해서 설치할 것

16 고압가스특정제조시설에서 사용압력 0.2MPa 미만의 가연성가스 배관을 지상에 노출하여 설치 시 유지하여야 할 공지의 폭 기준은?

① 2m 이상
② 5m 이상
③ 9m 이상
④ 15m 이상

해설 ㉠ 0.2MPa 미만 : 5m
㉡ 0.2MPa 이상 1MPa 미만 : 9m
㉢ 1MPa 이상 : 15m

17 액화석유가스 용기를 실외저장소에 보관하는 기준으로 틀린 것은?

① 용기보관장소의 경계 안에서 용기를 보관할 것
② 용기는 눕혀서 보관할 것
③ 충전용기는 항상 40℃ 이하를 유지할 것
④ 충전용기는 눈·비를 피할 수 있도록 할 것

해설 LPG 용기 보관 시 세워서 보관할 것

18 수소와 다음 중 어떤 가스를 동일차량에 적재하여 운반하는 때에 그 충전용기의 밸브가 서로 마주보지 않도록 적재하여야 하는가?

① 산소
② 아세틸렌
③ 브롬화메탄
④ 염소

해설 수소와 산소를 동일차량에 적재운반 시 밸브가 마주보지 않도록 한다.

19 아세틸렌 용접용기의 내압시험 압력으로 옳은 것은?

① 최고 충전압력의 1.5배
② 최고 충전압력의 1.8배
③ 최고 충전압력의 5/3배
④ 최고 충전압력의 3배

해설 아세틸렌 용기
• 내압 시험 압력=최고 충전 압력의 3배
• 기밀 시험 압력=최고 충전 압력의 1.8배

Answer 15. ① 16. ② 17. ② 18. ① 19. ④

20 고압가스 특정제조시설에서 안전구역 설정 시 사용하는 안전구역 안의 고압가스설비 연소열량수치(Q)의 값은 얼마 이하로 정해져 있는가?

① 6×10^8
② 6×10^9
③ 7×10^8
④ 7×10^9

21 도시가스사용시설에 정압기를 2013년에 설치하였다. 다음 중 이 정압기의 분해점검 만료시기로 옳은 것은?

① 2015년
② 2016년
③ 2017년
④ 2018년

해설 사용시설 정압기 분해점검 3년

22 운전 중인 액화석유가스 충전설비의 작동상황에 대하여 주기적으로 점검하여야 한다. 점검 주기는?

① 1일에 1회 이상
② 1주일에 1회 이상
③ 3월에 1회 이상
④ 6월에 1회 이상

해설 LPG 충전설비 작동점검 1일 1회 이상

23 가스계량기와 전기계량기와는 최소 몇 cm 이상의 거리를 유지하여야 하는가?

① 15cm
② 30cm
③ 60cm
④ 80cm

해설 가스계량기와 전기계량기 이격거리 60cm

24 시내버스의 연료로 사용되고 있는 CNG의 주요 성분은?

① 메탄(CH_4)
② 프로판(C_3H_8)
③ 부탄(C_4H_{10})
④ 수소(H_2)

해설 C.N.G(압축천연가스)의 주성분 메탄

25 액상의 염소가 피부에 닿았을 경우의 조치로써 가장 적절한 것은?

① 암모니아로 씻어낸다.
② 이산화탄소로 씻어낸다.
③ 소금물로 씻어낸다.
④ 맑은 물로 씻어낸다.

해설 염소는 물에 녹아 상수도 소독에 쓰이며 피부 접촉 시 맑은 물로 씻어낸다.

26 아세틸렌 용기에 다공질 물질로 고루 채운 후 아세틸렌을 충전하기 전에 침윤시키는 물질은?

① 알코올
② 아세톤
③ 규조토
④ 탄산마그네슘

해설 아세틸렌 용제 : 아세톤, DMF

Answer 20. ① 21. ② 22. ① 23. ③ 24. ① 25. ④ 26. ②

27 가연성가스의 제조설비 중 1종 장소에서의 변압기의 방폭구조는?

① 내압방폭구조
② 안전증방폭구조
③ 유입방폭구조
④ 압력방폭구조

해설 가연성 제조설비 1종 장소의 변압기 방폭구조는 내압방폭구조가 쓰인다.

28 액화석유가스의 냄새측정 기준에서 사용하는 용어에 대한 설명으로 옳지 않은 것은?

① 시험가스란 냄새를 측정할 수 있도록 액화석유가스를 기화시킨 가스를 말한다.
② 시험자란 미리 선정한 정상적인 후각을 가진 사람으로서 냄새를 판정하는 자를 말한다.
③ 시료기체란 시험가스를 청정한 공기로 희석한 판정용 기체를 말한다.
④ 희석배수란 시료기체의 양을 시험가스의 양으로 나눈 값을 말한다.

해설 시험자란 냄새가 나는 물질의 농도를 측정하는 자를 말한다.

29 산소에 대한 설명 중 옳지 않은 것은?

① 고압의 산소와 유지류의 접촉은 위험하다.
② 과잉의 산소는 인체에 유해하다.
③ 내산화성 재료로서는 주로 납(Pb)이 사용된다.
④ 산소의 화학반응에서 과산화물은 위험성이 있다.

해설 산소의 내산화성 재료 : Al, Cr, Si, Ni.

30 LP가스 사용시설에서 호스의 길이는 연소기까지 몇 m 이내로 하여야 하는가?

① 3m
② 5m
③ 7m
④ 9m

해설 사용시설 호스 길이는 3m

31 오리피스 미터로 유량을 측정할 때 갖추지 않아도 되는 조건은?

① 관로가 수평일 것
② 정상류 흐름일 것
③ 관속에 유체가 충만되어 있을 것
④ 유체의 전도 및 압축의 영향이 클 것

해설 차압식 유량계인 오리피스 미터는 관속유체가 정상류 흐름으로 유체전도 및 압축의 영향이 크면 안 된다.

Answer 27. ① 28. ② 29. ③ 30. ① 31. ④

32 액화천연가스(LNG) 저장탱크의 지붕 시공 시 지붕에 대한 좌굴강도(Buckling Strength)를 검토하는 경우 반드시 고려하여야 할 사항이 아닌 것은?

① 가스압력
② 탱크의 지붕판 및 지붕뼈대의 중량
③ 지붕부위 단열재의 중량
④ 내부탱크 재료 및 중량

해설 LNG 저장탱크 지붕에 관한 고려사항이므로 내부탱크 재료와 중량은 관계가 없다.

33 압력계의 측정 방법에는 탄성을 이용하는 것과 전기적 변화를 이용하는 방법 등이 있다. 다음 중 전기적 변화를 이용하는 압력계는?

① 부르동관 압력계
② 벨로우즈 압력계
③ 스트레인게이지
④ 다이어프램 압력계

해설 스트레인 게이지 : 금속이나 합금. 금속산화물(반도체) 등에 기계적 변형이 일어나면 전기저항이 변화되는 것을 이용한 것이다.

34 염화메탄을 사용하는 배관에 사용해서는 안 되는 금속은?

① 철
② 강
③ 동합금
④ 알루미늄

해설 염화메탄은 알칼리, 알칼리토금속, 마그네슘, 아연, 알루미늄과는 반응한다.

35 회전 펌프의 특징에 대한 설명으로 틀린 것은?

① 고압에 적당하다.
② 점성이 있는 액체에 성능이 좋다.
③ 송출량에 맥동이 거의 없다.
④ 왕복펌프와 같은 흡입·토출 밸브가 있다.

해설 회전점프에는 흡입·토출 밸브가 없다.

36 고압식 액화산소분리 장치의 원료공기에 대한 설명 중 틀린 것은?

① 탄산가스가 제거된 후 압축기에서 압축된다.
② 압축된 원료공기는 예냉기에서 열교환하여 냉각된다.
③ 건조기에서 수분이 제거된 후에는 팽창기와 정류탑의 하부로 열교환하며 들어간다.
④ 압축기로 압축한 후 물로 냉각한 다음 축냉기에 보내진다.

해설 ④ 원료공기는 압축기 압축 후 탄산가스 흡수기를 거쳐 예냉기와 수분리기, 건조기를 거쳐 팽창된다(물로 냉각된 다음 축냉기로 이동되는 과정은 없다).

Answer 32. ④ 33. ③ 34. ④ 35. ④ 36. ④

37 연소기의 설치방법에 대한 설명으로 틀린 것은?

① 가스온수기나 가스보일러는 목욕탕에 설치할 수 있다.
② 배기통이 가연성 물질로 된 벽 또는 천장 등을 통과하는 때에는 금속 외의 불연성 재료로 단열조치를 한다.
③ 배기팬이 있는 밀폐형 또는 반 밀폐형의 연소기를 설치한 경우 그 배기팬의 배기가스와 접촉하는 부분은 불연성재료로 한다.
④ 개방형 연소기를 설치한 실에는 환풍기 또는 환기구를 설치한다.

해설 가스온수기, 보일러를 목욕탕에 설치하면 중독 사고를 일으킬 수 있다.

38 관내를 흐르는 유체의 압력강하에 대한 설명으로 틀린 것은?

① 가스비중에 비례한다.
② 관 길이에 비례한다.
③ 관내경의 5승에 반비례한다.
④ 압력에 비례한다.

해설 압력과 관계가 없다.

39 공기액화분리기에서 이산화탄소 7.2kg을 제거하기 위해 필요한 건조제(NaOH)의 양은 약 몇 kg인가?

① 6
② 9
③ 13
④ 15

해설 $1.8 \times 7.2 = 12.96$ kg(CO_2 1kg 제거에 NaOH 1.8kg 필요)

40 LP가스 수송관의 이음부분에 사용할 수 있는 패킹 재료로 적합한 것은?

① 종이
② 천연고무
③ 구리
④ 실리콘 고무

해설 LP가스 패킹재료는 합성고무, 실리콘고무 사용가능하다.

41 금속 재료에서 고온일 때 가스에 의한 부식으로 틀린 것은?

① 산소 및 탄산가스에 의한 산화
② 암모니아에 의한 강의 질화
③ 수소가스에 의한 탈탄작용
④ 아세틸렌에 의한 황화

해설 아세틸렌에 의한 황화는 발생하지 않고 아황산가스나 황화수소에 의한 황화 현상이 발생한다.

Answer 37. ① 38. ④ 39. ③ 40. ④ 41. ④

42 액화석유가스용 강제용기란 액화석유가스를 충전하기 위한 내용적이 얼마 미만인 용기를 말하는가?

① 30L
② 50L
③ 100L
④ 125L

43 저온장치에 사용하는 금속재료로 적합하지 않은 것은?

① 탄소강
② 18-8 스테인리스강
③ 알루미늄
④ 크롬-망간강

해설) 탄소강은 저온장치에 사용되는 것은 적합하지 않다.

44 고압가스설비는 그 고압가스의 취급에 적합한 기계적 성질을 가져야 한다. 충전용 지관에는 탄소 함유량이 얼마 이하의 강을 사용하여야 하는가?

① 0.1%
② 0.33%
③ 0.5%
④ 1%

해설) 충전용 지관의 탄소 함유량은 0.1% 이하의 강을 사용한다.

45 나사압축기에서 숫로터의 직경 150mm, 로터 길이 100mm 회전수가 350rpm이라고 할 때 이론적 토출량은 약 몇 m^3/min 인가? (단, 로터 형상에 의한 계수[Cv]는 0.476이다.)

① 0.11
② 0.21
③ 0.37
④ 0.47

해설)
나사압축기 토출량
$= 0.476 \times 0.15^2 \times 0.1 \times 350$
$= 0.374 m^3/min$

46 다음 중 액화석유가스의 주성분이 아닌 것은?

① 부탄
② 헵탄
③ 프로판
④ 프로필렌

해설) 헵탄(C_7H_{16})은 LPG 주성분이 아니다.

47 도시가스에 사용되는 부취제 중 DMS의 냄새는?

① 석탄가스 냄새
② 마늘 냄새
③ 양파 썩는 냄새
④ 암모니아 냄새

해설) DMS(디 메틸 설파이드) : 마늘 냄새

Answer 42. ④ 43. ① 44. ① 45. ③ 46. ② 47. ②

48 아래와 같이 표현되는 법칙은?

> 자연계에 아무런 변화도 남기지 않고 어느 열원의 열을 계속해서 일로 바꿀 수 없다. 즉 고온물체의 열을 계속해서 일로 바꾸려면 저온물체로 열을 버려야만 한다.

① 열역학 제0법칙
② 열역학 제1법칙
③ 열역학 제2법칙
④ 열역학 제3법칙

해설 열역학 2법칙 : 사이클로 작동하면서 열원으로부터 받은 열량을 전부 일로 변환시키며 다른 곳에 어떠한 변화도 남기지 않는 사이클을 이루는 기관, 즉 2종 영구기관은 만들 수 없다는 법칙

49 브로민화수소의 성질에 대한 설명으로 틀린 것은?

① 독성가스이다.
② 기체는 공기보다 가볍다.
③ 유기물 등과 격렬하게 반응한다.
④ 가열시 폭발 위험성이 있다.

해설 브로민화수소(HBr)는 분자량이 80.9로 공기보다 2.79배 무겁다.

50 압력에 대한 설명으로 옳은 것은?

① 절대압력 = 게이지압력 + 대기압이다.
② 절대압력 = 대기압 + 진공압이다.
③ 대기압은 진공압보다 낮다.
④ 1atm은 1033.2kg/m²이다.

해설
절대압력 = 게이지압력 + 대기압
       = 대기압력 − 압력

51 천연가스(NG)를 공급하는 도시가스의 주요 특성이 아닌 것은?

① 공기보다 가볍다.
② 메탄이 주성분이다.
③ 발전용, 일반공업용 연료로도 널리 사용된다.
④ LPG보다 발열량이 높아 최근 사용량이 급격히 많아졌다.

해설 천연가스 발열량 : (10500) 9500 ~ 11000kcal/m³
LPG 발열량 : 프로판−21700 ~ 23700kcal/m³
부탄−28100 ~ 30700kcal/m³

52 0℃, 1atm인 표준상태에서 공기와의 같은 부피에 대한 무게비를 무엇이라고 하는가?

① 비중   ② 비체적
③ 밀도   ④ 비열

해설 비중이란 기준이 되는 유체와 무게비를 말한다. 기체비중은 공기기준, 액체비중은 물을 기준으로 한다.

53 절대온도 40°K를 랭킨온도로 환산하면 몇 °R인가?

① 36   ② 54
③ 72   ④ 90

해설
$40°K \times 1.8 = 72°R$

Answer 48. ③ 49. ② 50. ① 51. ④ 52. ① 53. ③

54 수분이 존재할 때 일반 강재를 부식시키는 가스는?
① 황화수소 ② 수소
③ 일산화탄소 ④ 질소

해설 황화수소는 습기를 함유하게 되면 금, 백금을 제외한 거의 금속과 작용하여 황화물을 만든다.

55 다음 중 엔트로피의 단위는?
① kcal/h ② kcal/kg
③ kcal/kg·m ④ kcal/kg·K

해설
• 엔탈피 단위 : kcal/kg
• 엔트로피 단위 : kcal/kg·K

56 공기 중에서의 프로판의 폭발범위(하한과 상한)를 바르게 나타낸 것은?
① 1.8 ~ 8.4% ② 2.1 ~ 9.5%
③ 2.1 ~ 8.4% ④ 1.8 ~ 9.5%

해설 C_3H_8(프로판) 폭발범위 : 2.1 ~ 9.5%

57 고압가스안전관리법령에 따라 "상용의 온도에서 압력이 1MPa 이상이 되는 압축가스로서 실제로 그 압력이 1MPa 이상이 되는 경우에는 고압가스에 해당한다" 여기에서 압력은 어떠한 압력을 말하는가?
① 대기압 ② 게이지압력
③ 절대압력 ④ 진공압력

해설 압축가스 1MPa 이상일 때 고압가스에 해당하게 되는데 이때 압력은 게이지로 측정하는 압력이다.

58 증기압이 낮고 비점이 높은 가스는 기화가 쉽게 되지 않는다. 다음 가스 중 기화가 가장 안되는 가스는?
① CH_4 ② C_2H_4
③ C_3H_8 ④ C_4H_{10}

해설 각 가스의 비점
① CH_4 : −162℃ ② C_2H_4 : −103.8℃
③ C_3H_8 : −44.8℃ ④ C_4H_{10} : 0.56℃

59 가스를 그대로 대기 중에 분출시켜 연소에 필요한 공기를 전부 불꽃의 주변에서 취하는 연소방식은?
① 적화식
② 분젠식
③ 세미분젠식
④ 전1차 공기식

해설 적화식 : 연소에 필요한 공기 모두를 2차 공기로 취하는 연소방식

60 비중병의 무게가 비었을 때는 0.2kg이고, 액체로 충만되어 있을 때에는 0.8kg이었다. 액체의 체적이 0.4L이라면 비중량(kg/m^3)은 얼마인가?
① 120 ② 150
③ 1200 ④ 1500

해설
$$\frac{(0.8-0.2)kg}{0.4L} = 1.5kg/L \times 1000 = 1500kg/m^3$$

Answer 54. ① 55. ④ 56. ② 57. ② 58. ④ 59. ① 60. ④

가스기능사 2000제 문제은행

CBT 시험대비
▶ 2013년 10월 12일 시행

01 가스가 누출되었을 때 조치로써 가장 적당한 것은?
① 용기 밸브가 열려서 누출 시 부근 화기를 멀리하고 즉시 밸브를 잠근다.
② 용기 밸브 파손으로 누출 시 전부 대피한다.
③ 용기 안전밸브 누출 시 그 부위를 열습포로 감싸준다.
④ 가스 누출로 실내에 가스 체류 시 그냥 놔두고 밖으로 피신한다.

[해설] 가스용기 누출 시 화기를 차단하고 누출부위를 신속히 조치한다.

02 무색, 무미, 무취의 폭발범위가 넓은 가연성 가스로서 할로겐원소와 격렬하게 반응하여 폭발반응을 일으키는 가스는?
① H_2
② Cl_2
③ HCl
④ C_6H_6

[해설] 수소는 폭발범위가 4~75%로 폭발범위가 넓고 할로겐원소(F, Cl, Br, I)와 격렬하게 반응한다.

03 가스사용시설의 연소기 각각에 대하여 퓨즈콕을 설치하여야 하나, 연소기 용량이 몇 kcal/h를 초과할 때 배관용밸브로 대용할 수 있는가?
① 12500
② 15500
③ 19400
④ 25500

[해설] 가스연소기의 퓨즈콕 대신 배관용 밸브를 대용할 수 있는 연소기의 용량은 19400kcal/h를 초과할 때이다.

04 C_2H_2 제조설비에서 제조된 C_2H_2를 충전용기에 충전시 위험한 경우는?
① 아세틸렌이 접촉되는 설비부분에 동 함량 72%의 동합금을 사용하였다.
② 충전 중의 압력을 2.5MPa 이하로 하였다.
③ 충전 후에 압력이 15℃에서 1.5MPa 이하로 될 때까지 정치하였다.
④ 충전용 지관은 탄소함유량 0.1% 이하의 강을 사용하였다.

[해설] 아세틸렌 설비에는 동 함유량이 62% 이하일 것

Answer 1. ① 2. ① 3. ③ 4. ①

05 LP가스 저장탱크를 수리할 때 작업원이 저장탱크 속으로 들어가서는 아니 되는 탱크 내의 산소농도는?

① 16%   ② 19%
③ 20%   ④ 21%

해설 LP가스 저장탱크 내부 수리 시 산소농도가 18~22% 범위일 때 작업원이 작업할 수 있다. 16% 이하일 때는 질식사고 위험이 높다.

06 고압가스용기 등에서 실시하는 재검사 대상이 아닌 것은?

① 충전할 고압가스 종류가 변경된 경우
② 합격표시가 훼손된 경우
③ 용기밸브를 교체한 경우
④ 손상이 발생된 경우

해설 가스용기 재검사 대상
㉠ 충전고압가스 종류 변경 시
㉡ 손상이 발생된 경우
㉢ 합격표시가 훼손된 경우

07 다음 중 제독제로서 다량의 물을 사용하는 가스는?

① 일산화탄소
② 이황화탄소
③ 황화수소
④ 암모니아

해설 독성가스 제독제에서 암모니아는 다량의 물을 사용한다.
이 외에도 아황산가스, 산화에틸렌, 염화메탄 등의 가스도 다량의 물이 사용된다.

08 고압가스 냉매설비의 기밀시험 시 압축공기를 공급할 때 공기의 온도는 몇 ℃ 이하로 할 수 있는가?

① 40℃ 이하
② 70℃ 이하
③ 100℃ 이하
④ 140℃ 이하

해설 가스냉매시설 기밀시험 시 공기온도는 140℃ 이하로 할 것

09 LP가스 저온 저장탱크에 반드시 설치하지 않아도 되는 장치는?

① 압력계
② 진공안전밸브
③ 감압밸브
④ 압력경보설비

해설 LPG 저장탱크에 감압밸브는 설치하지 않아도 된다.

10 가연성가스 제조설비 중 전기설비는 방폭성능을 가지는 구조이어야 한다. 다음 중 반드시 방폭성능을 가지는 구조로 하지 않아도 되는 가연성 가스는?

① 수소
② 프로판
③ 아세틸렌
④ 암모니아

해설 가연성가스 중 암모니아는 방폭구조로 하지 않아도 된다.

Answer 5. ① 6. ③ 7. ④ 8. ④ 9. ③ 10. ④

11 도시가스 품질검사 시 허용기준 중 틀린 것은?

① 전유황 : 30mg/m³ 이하
② 암모니아 : 10mg/m³ 이하
③ 할로겐총량 : 10mg/m³ 이하
④ 실록산 : 10mg/m³ 이하

해설 도시가스 품질검사 시 유해 성분은 유황은 0.5g, 황화수소는 0.02g, 암모니아는 0.2g을 초과하지 않을 것

12 포스겐의 취급 방법에 대한 설명 중 틀린 것은?

① 환기시설을 갖추어 작업한다.
② 취급 시에는 반드시 방독마스크를 착용한다.
③ 누출 시 용기가 부식되는 원인이 되므로 약간의 누출에도 주의한다.
④ 포스겐을 함유한 폐기액은 염화수소로 충분히 처리한 후 처분한다.

해설 포스겐은 수산화나트륨에 극히 신속하게 흡수되며 반응식은 다음과 같다.

$COCl_2 + 4NaOH \rightarrow Na_2CO_3 + 2NaCl + 2H_2O$

염화수소로 폐기액을 처리하지 않는다.

13 가스보일러의 공통 설치기준에 대한 설명으로 틀린 것은?

① 가스보일러는 전용보일러실에 설치한다.
② 가스보일러는 지하실 또는 반 지하실에 설치하지 아니한다.
③ 전용보일러실에는 반드시 환기팬을 설치한다.
④ 전용보일러실에는 사람이 거주하는 곳과 통기될 수 있는 가스렌지 배기덕트를 설치하지 아니한다.

해설 전용보일러실에 환기팬을 설치하면 부압이 발생할 수 있으므로 설치하지 않는다.

14 수소 가스의 위험도(H)는 약 얼마인가?

① 13.5
② 17.8
③ 19.5
④ 21.3

해설 수소 위험도 : $\dfrac{75-4}{4} = 17.8$
(폭발범위 : 4~75%)

Answer 11. ② 12. ④ 13. ③ 14. ②

15 액화석유가스 용기충전시설의 저장탱크에 폭발방지장치를 의무적으로 설치하여야 하는 경우는?

① 상업지역에 저장능력 15톤 저장탱크를 지상에 설치하는 경우
② 녹지지역에 저장능력 20톤 저장탱크를 지상에 설치하는 경우
③ 주거지역에 저장능력 5톤 저장탱크를 지상에 설치하는 경우
④ 녹지지역에 저장능력 30톤을 저장탱크를 지상에 설치하는 경우

해설 LPG 충전시설 저장탱크 폭발방지 장치는 주거지역 또는 상업지역의 10ton 이상의 저장탱크를 지상설치 시 반드시 설치해야 한다.

16 다음 가스 저장시설 중 환기구를 갖추는 등의 조치를 반드시 하여야 하는 곳은?

① 산소 저장소   ② 질소 저장소
③ 헬륨 저장소   ④ 부탄 저장소

해설 가스저장실에 환기구를 설치해야 하는 가스는 가연성인 부탄(C_4H_{10})이다.

17 고압가스 용기를 내압 시험한 결과 전증가량은 400mL, 영구증가량이 20mL이었다. 영구증가율은 얼마인가?

① 0.2%   ② 0.5%
③ 5%   ④ 20%

해설 영구증가율(%) = $\frac{20}{400} \times 100 = 5\%$

18 염소의 일반적인 성질에 대한 설명으로 틀린 것은?

① 암모니아와 반응하여 염화암모늄을 생성한다.
② 무색의 자극적인 냄새를 가진 독성, 가연성가스이다.
③ 수분과 작용하면 염산을 생성하여 철강을 심하게 부식시킨다.
④ 수돗물의 살균 소독제, 표백분 제조에 이용된다.

해설 염소는 황록색의 자극취를 가진 독성이면서 지연성 가스이다.

19 독성가스 용기 운반차량의 경계표지를 정사각형으로 할 경우 그 면적의 기준은?

① 500cm² 이상
② 600cm² 이상
③ 700cm² 이상
④ 800cm² 이상

해설 가스운반차량 경계표지 정사각형 면적은 600cm² 이상이어야 한다.

20 독성가스인 염소를 운반하는 차량에 반드시 갖추어야 할 용구나 물품에 해당되지 않는 것은?

① 소화장비   ② 제독제
③ 내산장갑   ④ 누출검지기

해설 염소가스는 지연성이므로 운반 차량에는 소화장비는 갖추지 않아도 된다.

Answer 15. ① 16. ④ 17. ③ 18. ② 19. ② 20. ①

21 다음 중 연소기구에서 발생할 수 있는 역화(back fire)의 원인이 아닌 것은?

① 염공이 적게 되었을 때
② 가스의 압력이 너무 낮을 때
③ 콕이 충분히 열리지 않았을 때
④ 버너 위에 큰 용기를 올려서 장시간 사용할 경우

해설 연소기구 역화 원인
  ㉠ 부식에 의해 염공이 크게 되었을 때
  ㉡ 노즐의 구경이 너무 큰 경우
  ㉢ 가스의 압력이 너무 낮을 때

22 다음 중 특정고압가스에 해당되지 않는 것은?

① 이산화탄소
② 수소
③ 산소
④ 천연가스

해설 이산화탄소는 비독성, 불연성 가스이므로 특정고압가스에 해당되지 않는다.

23 일반 도시가스 배관의 설치기준 중 하천 등을 횡단하여 매설하는 경우로서 적합하지 않은 것은?

① 하천을 횡단하여 배관을 설치하는 경우에는 배관의 외면과 계획하상(河床, 하천의 바닥)높이와의 거리는 원칙적으로 4.0m 이상으로 한다.
② 소하천, 수로를 횡단하여 배관을 매설하는 경우 배관의 외면과 계획하상(河床, 하천의 바닥)높이와의 거리는 원칙적으로 2.5m 이상으로 한다.
③ 그 밖의 좁은 수로를 횡단하여 배관을 매설하는 경우 배관의 외면과 계획하상(河床, 하천의 바닥)높이와의 거리는 원칙적으로 1.5m 이상으로 한다.
④ 하상변동, 패임, 닻내림 등의 영향을 받지 아니하는 깊이에 매설한다.

해설 도시가스 배관 하천횡단 시 매설할 경우 좁은 수로일 때 하천의 바닥과 배관 외면의 거리는 1.2m 이상 심도를 유지하여야 한다.

24 일반 공업지역의 암모니아를 사용하는 A공장에서 저장능력 25톤의 저장탱크를 지상에 설치하고자 한다. 저장설비 외면으로부터 사업소 외의 주택까지 몇 m 이상의 안전거리를 유지하여야 하는가?

① 12m   ② 14m
③ 16m   ④ 18m

해설 암모니아는 독성이므로 2만 5천 킬로그램 저장량과 2종 보호시설인 주택과의 거리는 16m 이상 안전거리 유지하여야 한다.

Answer 21. ① 22. ① 23. ③ 24. ③

25 다음 중 폭발범위의 상한값이 가장 낮은 가스는?

① 암모니아
② 프로판
③ 메탄
④ 일산화탄소

해설) 폭발 범위
㉠ 암모니아 : 15~28%
㉡ 프로판 : 2.1~9.5%
㉢ 메탄 : 5~15%
㉣ 일산화탄소 : 12.5~74%

26 고압가스 설비의 내압 및 기밀시험에 대한 설명으로 옳은 것은?

① 내압시험은 상용압력의 1.1배 이상의 압력으로 실시한다.
② 기체로 내압시험을 할 경우에는 기밀시험을 생략할 수 있다.
③ 내압시험을 할 경우에는 기밀시험을 생략할 수 있다.
④ 기밀시험은 상용압력 이상으로 하되 0.7MPa을 초과하는 경우 0.7MPa 이상으로 한다.

해설) 고압가스 설비의 내압시험 압력은 상용압력의 1.5배로 한다.
또한 기밀시험은 상용압력 이상으로 한다.

27 저장탱크에 의한 LPG 사용시설에서 가스계량기의 설치기준에 대한 설명으로 틀린 것은?

① 가스계량기와 화기와의 우회거리 확인은 계량기의 외면과 화기를 취급하는 설비의 외면을 실측하여 확인한다.
② 가스계량기는 화기와 3m 이상의 우회거리를 유지하는 곳에 설치한다.
③ 가스계량기의 설치높이는 1.6m 이상, 2m 이내에 설치하여 고정한다.
④ 가스계량기와 굴뚝 및 전기점멸기와의 거리는 30cm 이상의 거리를 유지한다.

해설) LP 가스시설에서 가스 계량기와 화기와의 이격거리는 2m 이상으로 한다.

28 차량에 고정된 탱크로서 고압가스를 운반할 때 그 내용적의 기준으로 틀린 것은?

① 수소 : 18000L
② 액화 암모니아 : 12000L
③ 산소 : 18000L
④ 액화 염소 : 12000L

해설) 가스운반 시 차량에 고정된 탱크의 내용적 기준은 가연성(LPG제외) 및 산소는 18,000L이고 독성(암모니아 제외)은 12,000L 초과를 금지한다.

Answer 25. ② 26. ④ 27. ② 28. ②

29 고압가스특정제조시설에서 안전구역안의 고압가스 설비는 그 외면으로부터 다른 안전구역 안에 있는 고압가스 설비의 외면까지 몇 m 이상의 거리를 유지하여야 하는가?

① 5m
② 10m
③ 20m
④ 30m

해설 가스 특정 제조시설에서 안전구역 안의 고압가스 설비 간 유지거리는 30m 이상이다.

30 다음 중 독성가스에 해당하지 않는 것은?

① 아황산가스
② 암모니아
③ 일산화탄소
④ 이산화탄소

해설 ① 아황산가스 : 5ppm
② 암모니아 : 25ppm
③ 일산화탄소 : 50ppm

31 고압식 공기액화 분리장치의 복식정류탑 하부에서 분리되어 액체산소 저장탱크에 저장되는 액체 산소의 순도는 약 얼마인가?

① 99.6 ~ 99.8%
② 96 ~ 98%
③ 90 ~ 92%
④ 88 ~ 90%

해설 공기액화 분리장치 복정류탑에서 분리되는 산소의 순도는 99.6 ~ 99.8%이다.

32 초저온 용기의 단열성능 검사 시 측정하는 침입열량의 단위는?

① $kcal/h \cdot L \cdot ℃$
② $kcal/m^2 \cdot h \cdot ℃$
③ $kcal/m \cdot h \cdot ℃$
④ $kcal/m \cdot h \cdot L \cdot bar$

해설 초저온 용기 단열성능 시험 시 침입열량단위 : $kcal/h \cdot ℃ \cdot L$

33 저장능력 10톤 이상의 저장탱크에는 폭발방지장치를 설치한다. 이때 사용되는 폭발방지제의 재질로서 가장 적당한 것은?

① 탄소강
② 구리
③ 스테인리스
④ 알루미늄

해설 저장탱크 폭발방지제 재질 : 알루미늄

34 긴급차단장치의 동력원으로 가장 부적당한 것은?

① 스프링
② X선
③ 기압
④ 전기

해설 긴급차단장치 동력원 : 액압식, 기압식, 전기식, 스프링식

Answer 29. ④ 30. ④ 31. ① 32. ① 33. ④ 34. ②

35 다음 중 1차 압력계는?

① 부르동관 압력계
② 전기 저항식 압력계
③ U자관형 마노미터
④ 벨로우즈 압력계

해설 1차 압력계 : 마노미터, 자유피스톤식 압력계

36 압축기의 윤활에 대한 설명으로 옳은 것은?

① 산소압축기의 윤활유로는 물을 사용한다.
② 염소압축기의 윤활유로는 양질의 광유가 사용된다.
③ 수소압축기의 윤활유로는 식물성유가 사용된다.
④ 공기압축기의 윤활유로는 식물성유가 사용된다.

해설 압축기 윤활유
㉠ 산소 압축기 : 물 또는 10% 이하의 묽은 글리세린수
㉡ 염소 압축기 : 진한 황산
㉢ 수소 압축기 : 양질의 광유
㉣ 공기 압축기 : 양질의 광유

37 다음 금속재료 중 저온재료로 가장 부적당한 것은?

① 탄소강   ② 니켈강
③ 스테인리스강 ④ 황동

해설 저온 재료 : 니켈강, 동 및 동합금, 알루미늄, 스테인레스강.

38 다음 유량 측정방법 중 직접법은?

① 습식가스미터
② 로터미터
③ 오리피스미터
④ 피토튜브

해설
• 유량계 중 직접법 : 습식가스미터
• 간접법 : 피토관, 오리피스식, 벤튜리식, 로터미터

39 내용적 47L인 LP가스 용기의 최대 충전량은 몇 kg인가? (단, LP가스 정수는 2.35이다.)

① 20
② 42
③ 50
④ 110

해설

$$G = \frac{V}{C}$$

∴ $\frac{47L}{2.35} = 20kg$

40 다음 중 정압기의 부속설비가 아닌 것은?

① 불순물 제거장치
② 이상 압력상승 방지장치
③ 검사용 맨홀
④ 압력기록장치

해설 정압기 부속설비 : 필터, 자기압력기록계, 이상 압력상승 방지장치

Answer 35. ③ 36. ① 37. ① 38. ① 39. ① 40. ③

41 다음 [보기]의 특징을 가지는 펌프는?

> 보기
> - 고압, 소유량에 적당하다.
> - 토출량이 일정하다.
> - 송수량의 가감이 가능하다.
> - 맥동이 일어나기 쉽다.

① 원심 펌프　② 왕복 펌프
③ 축류 펌프　④ 사류 펌프

해설 왕복펌프
㉠ 유량이 적고 고압에 적당하다.
㉡ 운전이 단속적으로 맥동 현상이 있다.
㉢ 토출량이 일정하며 유량조정이 용이하다.

42 터보식 펌프로서 비교적 저양정에 적합하며, 효율 변화가 비교적 급한 펌프는?

① 원심 펌프　② 축류 펌프
③ 왕복 펌프　④ 베인 펌프

해설 터보형 펌프 : 원심식, 사류식, 축류식이 있다. 축류펌프는 임펠러에서 토출되는 유량이 축방향으로 나오는 것으로 저양정에 적합하며 비속도 1200~2000 범위이다.

43 산소용기의 최고 충전압력이 15MPa일 때 이 용기의 내압시험압력은 얼마인가?

① 15MPa　② 20MPa
③ 22.5MPa　④ 25MPa

해설 산소용기

$$TP = FP \times \frac{5}{3} \text{배}$$

$$\therefore 15 \times \frac{5}{3} = 25\text{MPa}$$

44 기화기에 대한 설명으로 틀린 것은?

① 기화기 사용 시 장점은 LP가스 종류에 관계없이 한냉 시에도 충분히 기화시킨다.
② 기화 장치의 구성요소 중에는 기화부, 제어부, 조압부 등이 있다.
③ 감압가열 방식은 열교환기에 의해 액상의 가스를 기화시킨 후 조정기로 감압시켜 공급하는 방식이다.
④ 기화기를 증발형식에 의해 분류하면 순간 증발식과 유입 증발식이 있다.

해설 감압가온 기화방식 : 액상의 LPG를 조정기나 감압밸브를 통해 감압시키고 이것을 열교환기에 공급해서 대기나 온수로 가열 기화하는 방식

45 펌프에서 유량을 $Q\text{m}^3/\text{min}$, 양정을 H m, 회전수 $N\text{rpm}$이라 할 때 1단 펌프에서 비교 회전도 η_s를 구하는 식은?

① $\eta_s = \dfrac{Q^2\sqrt{N}}{H^{3/4}}$　② $\eta_s = \dfrac{N^2\sqrt{Q}}{H^{3/4}}$

③ $\eta_s = \dfrac{N\sqrt{Q}}{H^{3/4}}$　④ $\eta_s = \dfrac{\sqrt{NQ}}{H^{3/4}}$

해설 비교 회전도

$$\eta s = \dfrac{N\sqrt{Q}}{H^{3/4}}$$

- N : 회전수(rpm)
- Q : 유량(m^3/min)
- H : 양정(m)

Answer 41. ② 42. ② 43. ④ 44. ③ 45. ③

46 액체 산소의 색깔은?

① 담황색 ② 담적색
③ 회백색 ④ 담청색

해설 액체 산소는 담청색을 띤다.

47 LPG에 대한 설명 중 틀린 것은?

① 액체 상태는 물(비중 1)보다 가볍다.
② 기화열이 커서 액체가 피부에 닿으면 동상의 우려가 있다.
③ 공기와 혼합시켜 도시가스 원료로도 사용된다.
④ 가정에서 연료용으로 사용하는 LPG는 올레핀계 탄화수소이다.

해설 가정용 LPG는 프로판(C_3H_8)으로 포화탄화수소, 즉 파라핀계이다.

48 "기체의 온도를 일정하게 유지할 때 기체가 차지하는 부피는 절대 압력에 반비례한다." 라는 법칙은?

① 보일의 법칙
② 샤를의 법칙
③ 헨리의 법칙
④ 아보가드로의 법칙

해설 기체의 부피는 압력에 반비례(온도일정) : 보일의 법칙

49 압력 환산 값을 서로 가장 바르게 나타낸 것은?

① $1lb/ft^2 ≒ 0.142kg/cm^2$
② $1kg/cm^2 ≒ 13.7lb/in^2$
③ $1atm ≒ 1033g/cm^2$
④ $76cmHg ≒ 1013dyne/cm^2$

해설 $1atm = 1.033kg/cm^2 = 1033g/cm^2$

50 절대온도 0°K는 섭씨온도 약 몇 ℃인가?

① -273 ② 0
③ 32 ④ 273

해설 °K = ℃ + 273 = -273℃

51 수소와 산소 또는 공기와의 혼합기체에 점화하면 급격히 화합하여 폭발하므로 위험하다. 이 혼합기체를 무엇이라고 하는가?

① 염소 폭명기 ② 수소 폭명기
③ 산소 폭명기 ④ 공기 폭명기

해설 수소와 산소의 폭발적 반응, 수소 폭명기
$2H_2 + O_2 → 2H_2O$

52 기체연료의 일반적인 특징에 대한 설명으로 틀린 것은?

① 완전연소가 가능하다.
② 고온을 얻을 수 있다.
③ 화재 및 폭발의 위험성이 적다.
④ 연소조절 및 점화, 소화가 용이하다.

해설 기체연료는 완전연소와 고온을 얻는데 유리하나 화재 및 폭발의 우려가 높다.

Answer 46. ④ 47. ④ 48. ① 49. ③ 50. ① 51. ② 52. ③

53 다음 중 압력단위가 아닌 것은?

① Pa   ② atm
③ bar   ④ N

해설 압력단위 atm, Pa, bar
$1N = \frac{1}{9.8} kg_f$

54 공기비가 클 경우 나타나는 현상이 아닌 것은?

① 통풍력이 강하여 배기가스에 의한 열손실 증대
② 불완전연소에 의한 매연발생이 심함
③ 연소가스 중 SO_3의 양이 증대되어 저온 부식 촉진
④ 연소가스 중 NO_2의 발생이 심하여 대기오염 유발

해설 연소 시 공기비가 작을 때 불완전연소로 매연 발생하는 현상이 발생된다.

55 표준상태에서 1몰의 아세틸렌이 완전연소 될 때 필요한 산소의 몰 수는?

① 1몰   ② 1.5몰
③ 2몰   ④ 2.5몰

해설
$$C_2H_2 + 2.5O_2 \rightarrow 2CO_2 + H_2O$$

아세틸렌 1몰 연소 시 산소 2.5몰 필요

56 다음 [보기]에서 설명하는 가스는?

> **보기**
> • 독성이 강하다.
> • 연소시키면 잘 탄다.
> • 물에 매우 잘 녹는다.
> • 각종 금속에 작용한다.
> • 가압·냉각에 의해 액화가 쉽다.

① HCl   ② NH_3
③ CO   ④ C_2H_2

해설 NH_3 : 독성 25ppm 가연성 15~28% 물에 800배 녹는다. 액화가 용이하고 금속과 반응하여 착염을 형성한다.

57 질소의 용도가 아닌 것은?

① 비료에 이용
② 질산제조에 이용
③ 연료용에 이용
④ 냉매로 이용

해설 질소는 불연성으로 연료용으로 사용될 수 없다.

58 27℃, 1기압 하에서 메탄가스 80g이 차지하는 부피는 약 몇 L인가?

① 112   ② 123
③ 224   ④ 246

해설
$$PV = \frac{W}{M}RT$$

$$V = \frac{\frac{W}{M}RT}{P} = \frac{\left(\frac{80}{16}\right) \times 0.082 \times (27+273)}{1atm} = 123L$$

Answer 53. ④ 54. ② 55. ④ 56. ② 57. ③ 58. ②

59 산소 농도의 증가에 대한 설명으로 틀린 것은?

① 연소속도가 빨라진다.
② 발화온도가 올라간다.
③ 화염온도가 올라간다.
④ 폭발력이 세어진다.

해설 산소농도 증가로 발화온도는 낮아진다.

60 다음 중 보관 시 유리를 사용할 수 없는 것은?

① HF
② C_6H_6
③ $NaHCO_3$
④ KBr

해설 불화수소(HF)는 유리를 녹인다.

Answer 59. ② 60. ①

가스기능사 2000제 문제은행

CBT 시험대비
▶ 2014년 1월 26일 시행

01 도로굴착공사에 의한 도시가스배관 손상 방지 기준으로 틀린 것은?
① 착공 전 도면에 표시된 가스배관과 기타 지장물 매설유무를 조사하여야 한다.
② 도로굴착자의 굴착공사로 인하여 노출된 배관길이가 10m 이상인 경우에는 점검통로 및 조명 시설을 하여야 한다.
③ 가스배관이 있을 것으로 예상되는 지점으로부터 2m 이내에서 줄파기를 할 때에는 안전관리전담자의 입회하에 시행하여야 한다.
④ 가스배관의 주의를 굴착하고자 할 때에는 가스배관의 좌우 1m 이내의 부분은 인력으로 굴착한다.

해설 지하 매설관 굴착공사시 노출배관길이 15m 이상일 때는 점검통로 및 조명시설을 갖출 것. 점검통로 폭은 80cm 이상, 가드레일은 0.9m 이상, 조명은 70Lux 이상일 것

02 도시가스 배관이 하천을 횡단하는 배관 주위의 흙이 사질토의 경우 방호구조물의 비중은?
① 배관 내유체의 비중 이상의 값
② 물의 비중 이상의 값
③ 토양의 비중 이상의 값
④ 공기의 비중 이상의 값

해설 하천 횡단시 가스배관 주위의 흙이 사질토인 경우 방호 구조물의 비중은 물의 비중 이상의 값일 것

03 액화석유가스 사용시설에서 LPG용기 집합설비의 저장능력이 얼마 이하일 때 용기, 용기밸브, 압력 조정기가 직사광선, 눈 또는 빗물에 노출되지 않도록 해야 하는가?
① 50kg 이하   ② 100kg 이하
③ 300kg 이하   ④ 500kg 이하

해설 LPG 사용 집합시설에서 100kg 이하일 때 용기 및 용기밸브 압력조정기가 눈, 비, 직사광선에 노출되지 않도록 할 것

04 아세틸렌 용기를 제조하고자 하는 자가 갖추어야 하는 설비가 아닌 것은?
① 원료혼합기   ② 건조로
③ 원료충전기   ④ 소결로

Answer 1. ② 2. ② 3. ② 4. ④

해설 › 아세틸렌 용기 제조자가 소결로는 갖추지 않아도 되는 설비임

해설 › 도시가스 정압시설과 배관망을 전산화 할 때 배관제조자는 해당되지 않는다.

05 가스의 연소한계에 대하여 가장 바르게 나타낸 것은?

① 착화온도의 상한과 하한
② 물질이 탈 수 있는 최저온도
③ 완전연소가 될 때의 산소공급 한계
④ 연소가 가능한 가스의 공기와의 혼합비율의 상한과 하한

해설 › 가스연소한계는 가스와 공기의 혼합비율이 연소가 가능한 상한과 하한의 범위를 말한다.

08 겨울철 LP 가스용기 표면에 성에가 생겨 가스가 잘 나오지 않을 경우 가스를 사용하기 위한 가장 적절한 조치는?

① 연탄불에 쪼인다.
② 용기를 힘차게 흔든다.
③ 열 습포를 사용한다.
④ 90℃ 정도의 물을 용기에 붓는다.

해설 › 동절기 LP가스가 기화되지 않을 때 40℃ 이하의 열습포를 사용한다.

06 LPG 사용시설에서 가스누출경보장치 검지부 설치높이 기준으로 옳은 것은?

① 지면에서 30cm 이내
② 지면에서 60cm 이내
③ 천장에서 30cm 이내
④ 천장에서 60cm 이내

해설 › LPG 누출검지기 설치 위치는 공기보다 무거운 가스이므로 지면에서 30cm 이내가 되도록 설치한다.

09 액화석유가스를 저장하기 위하여 지상 또는 지하에 고정 설치된 탱크로서 액화석유가스의 안전관리 및 사업법에서 정한 "소형저장탱크"는 그 저장능력이 얼마인 것을 말하는가?

① 1톤 미만 ② 3톤 미만
③ 5톤 미만 ④ 10톤 미만

해설 › LPG에서 소형저장탱크는 3톤 미만의(내용적 7000ℓ) 저장능력을 가진 탱크이다.

07 도시가스사업자는 가스공급시설을 효율적으로 관리하기 위하여 배관·정압기에 대하여 도시가스 배관망을 전산화하여야 한다. 이 때 전산관리 대상이 아닌 것은?

① 설치도면 ② 시방서
③ 시공자   ④ 배관제조자

10 차량에 고정된 탱크로 염소를 운반할 때 탱크의 최대 내용적은?

① 12000L ② 18000L
③ 20000L ④ 38000L

해설 › 차량에 고정된 탱크에서 독성인 염소가스 운반시 최대 내용적은 12000ℓ이다.

Answer 5. ④ 6. ① 7. ④ 8. ③ 9. ② 10. ①

11 굴착으로 인하여 도시가스배관이 65m가 노출되었을 경우 가스누출경보기의 설치 개수로 알맞은 것은?

① 1개 ② 2개
③ 3개 ④ 4개

해설 매설된 도시가스의 노출배관이 65m일 때 가스누출경보기는 20m 마다 1개 비율로 설치하여 4개가 설치되어야 한다.

12 도시가스 제조소 저장탱크의 방류둑에 대한 설명으로 틀린 것은?

① 지하에 묻은 저장탱크 내의 액화가스가 전부 유출된 경우에 그 액면이 지면보다 낮도록 된 구조는 방류둑을 설치한 것으로 본다.
② 방류둑의 용량은 저장탱크 저장능력의 90%에 상당하는 용적 이상이어야 한다.
③ 방류둑의 재료는 철근콘크리트, 금속, 흙, 철골·철근콘크리트 또는 이들을 혼합하여야한다.
④ 방류둑은 액밀한 것이어야 한다.

해설 도시가스제조소 저장탱크의 방류둑은 저장탱크용량의 상당용적 이상이 되도록 설치한다.

13 냉동기란 고압가스를 사용하여 냉동하기 위한 기기로서 냉동능력 산정기준에 따라 계산된 냉동능력 몇 톤 이상인 것을 말하는가?

① 1 ② 1.2
③ 2 ④ 3

해설 냉동기란 냉동능력 산정기준에 의해 계산된 냉동능력 3톤 이상인 것을 말한다.

14 에어졸 제조설비와 인화성 물질과의 최소 우회거리는?

① 3m 이상 ② 5m 이상
③ 8m 이상 ④ 10m 이상

해설 에어졸 제조설비와 인화성 물질의 이격거리는 8m 이상일 것

15 지상 배관은 안전을 확보하기 위해 그 배관의 외부에 다음의 항목들을 표기하여야 한다. 해당하지 않는 것은?

① 사용가스명
② 최고사용압력
③ 가스의 흐름방향
④ 공급회사명

해설 도시가스 지상배관 표기사항은 사용가스명, 최고사용압력, 가스흐름방향표시 등이다.

16 고압가스제조시설에서 가연성가스 가스설비 중 전기설비를 방폭구조로 하여야 하는 가스는?

① 암모니아
② 브롬화메탄
③ 수소
④ 공기 중에서 자기 발화하는 가스

해설 가스제조설비에서 전기설비를 방폭구조로 해야 하는 것은 수소가스이다.

Answer 11. ④ 12. ② 13. ④ 14. ③ 15. ④ 16. ③

17 용기종류별 부속품의 기호 중 아세틸렌을 충전하는 용기의 부속품 기호는?

① AT ② AG
③ AA ④ AB

해설 용기 부속품 기호
- PG : 압축가스
- AG : 아세틸렌가스
- LG : 액화가스
- LT : 저온 및 초저온 가스
- LPG : 액화석유가스

18 도시가스 배관을 노출하여 설치하고자 할 때 배관 손상방지를 위한 방호조치 기준으로 옳은 것은?

① 방호철판 두께는 최소 10mm 이상으로 한다.
② 방호철판의 크기는 1m 이상으로 한다.
③ 철근 콘크리트재 방호 구조물은 두께가 15cm 이상이어야 한다.
④ 철근 콘크리트재 방호 구조물은 높이가 1.5m 이상이어야 한다.

해설 도시가스 노출배관 방호기준에서 철판두께는 4mm 이상이고 구조물 높이는 1m 이상일 것

19 다음 중 누출시 다량의 물로 제독할 수 있는 가스는?

① 산화에틸렌 ② 염소
③ 일산화탄소 ④ 황화수소

해설
① 산화에틸렌 : 다량의 물
② 염소 : 소석회, 가성소다 수용액
④ 황화수소 : 가성소다수용액, 탄산소다수용액

20 시안화수소의 충전 시 사용되는 안정제가 아닌 것은?

① 암모니아 ② 황산
③ 염화칼슘 ④ 인산

해설 시안화수소(HCN)는 수분과 중합반응을 하므로 안정제는 강한 탈수작용이 있는 황산, 아황산, 인산, 인화칼슘 등이 사용된다.

21 가스계량기와 전기개폐기와의 최소 안전거리는?

① 15cm ② 30cm
③ 60cm ④ 80cm

해설 가스계량기와 전기 개폐기 이격거리 60cm

22 다음 중 공동주택 등에 도시가스를 공급하기 위한 것으로서 압력조정기의 설치가 가능한 경우는?

① 가스압력이 중압으로서 전체세대수가 100세대인 경우
② 가스압력이 중압으로서 전체세대수가 150세대인 경우
③ 가스압력이 저압으로서 전체세대수가 250세대인 경우
④ 가스압력이 저압으로서 전체세대수가 300세대인 경우

해설 공동주택 정압기 설치는 중압으로 100세대인 경우 설치한다.

Answer 17. ② 18. ② 19. ① 20. ③ 21. ③ 22. ①

23 다음 중 동일차량에 적재하여 운반할 수 없는 가스는?

① 산소와 질소
② 염소와 아세틸렌
③ 질소와 탄산가스
④ 탄산가스와 아세틸렌

해설 동일차량 적재운반 금지
염소와 아세틸렌, 암모니아 또는 수소

24 고압가스 배관의 설치기준 중 하천과 병행하여 매설하는 경우에 대한 설명으로 틀린 것은?

① 배관은 견고하고 내구력을 갖는 방호구조물 안에 설치한다.
② 배관의 외면으로부터 2.5m 이상의 매설심도를 유지한다.
③ 하상(河床, 하천의 바닥)을 포함한 하천구역에 하천과 병행하여 설치한다.
④ 배관손상으로 인한 가스누출 등 위급한 상황이 발생한 때에 그 배관에 유입되는 가스를 신속히 차단할 수 있는 장치를 설치한다.

해설 하천과 병행한 매설배관 설치시 하천과 병행해서 설치하지 않는다.

25 가스사용시설에서 원칙적으로 PE배관을 노출배관으로 사용할 수 있는 경우는?

① 지상배관과 연결하기 위하여 금속관을 사용하는 보호조치를 한 경우로서 지면에서 20cm 이하로 노출하여 시공하는 경우
② 지상배관과 연결하기 위하여 금속관을 사용하는 보호조치를 한 경우로서 지면에서 30cm 이하로 노출하여 시공하는 경우
③ 지상배관과 연결하기 위하여 금속관을 사용하는 보호조치를 한 경우로서 지면에서 50cm 이하로 노출하여 시공하는 경우
④ 지상배관과 연결하기 위하여 금속관을 사용하는 보호조치를 한 경우로서 지면에서 1m 이하로 노출하여 시공하는 경우

해설 지상배관과 연결하기 위한 PE관은 금속관으로 보호조치한 경우로서 지면에서 30cm 이하로 노출시공하는 경우에 해당된다.

26 가연물의 종류에 따른 화재의 구분이 잘못된 것은?

① A급 : 일반화재
② B급 : 유류화재
③ C급 : 전기화재
④ D급 : 식용유 화재

해설 D급 화재 : 금속화재

Answer 23. ② 24. ③ 25. ② 26. ④

27 정전기에 대한 설명 중 틀린 것은?

① 습도가 낮을수록 정전기를 축적하기 쉽다.
② 화학섬유로 된 의류는 흡수성이 높으므로 정전기가 대전하기 쉽다.
③ 액상의 LP가스는 전기 절연성이 높으므로 유동 시에는 대전하기 쉽다.
④ 재료 선택시 접촉 전위차를 적게 하여 정전기 발생을 줄인다.

해설 화학섬유는 흡습성이 낮으며 마찰시 정전기가 발생하기 쉽다.

28 비중이 공기보다 커서 바닥에 체류하는 가스로만 나열된 것은?

① 프로판, 염소, 포스겐
② 프로판, 수소, 아세틸렌
③ 염소, 암모니아, 아세틸렌
④ 염소, 포스겐, 암모니아

해설 각 가스 비중
- 프로판(C_3H_8) : $\frac{44}{29} = 1.52$
- 염소(CL_2) : $\frac{71}{29} = 2.45$
- 포스겐($COCL_2$) : $\frac{99}{29} = 3.41$
- 수소(H_2) : $\frac{2}{29} = 0.07$
- 아세틸렌(C_2H_2) : $\frac{26}{29} = 0.9$
- 암모니아(NH_3) : $\frac{17}{29} = 0.59$

29 아세틸렌을 용기에 충전시 미리 용기에 다공물질을 채우는데 이때 다공도의 기준은?

① 75% 이상 92% 미만
② 80% 이상 95% 미만
③ 95% 이상
④ 98% 이상

해설 아세틸렌 다공도 75% 이상 92% 미만

30 다음 중 폭발방지대책으로서 가장 거리가 먼 것은?

① 압력계 설치
② 정전기 제거를 위한 접지
③ 방폭성능 전기설비 설치
④ 폭발하한 이내로 불활성가스에 의한 희석

해설 장치 폭발 방지의 대책으로는 압력계 설치는 거리가 멀다.

31 재료에 인장과 압축하중을 오랜 시간 반복적으로 작용시키면 그 응력이 인장강도보가 작은 경우에도 파괴되는 현상은?

① 인성파괴
② 피로파괴
③ 취성파괴
④ 크리프파괴

해설 재료에 인장, 압축, 하중의 반복으로 파괴되는 현상을 피로파괴라고 한다.

Answer 27. ② 28. ① 29. ① 30. ① 31. ②

32 아세틸렌용기에 주로 사용되는 안전밸브의 종류는?

① 스프링식 ② 가용전식
③ 파열판식 ④ 압전식

해설 아세틸렌 용기의 안전밸브 형식은 가용전식으로 안전밸브의 작동온도 범위는 105±5℃ 범위이다.

33 다량의 메탄을 액화시키려면 어떤 액화사이클을 사용해야 하는가?

① 가스케이드 사이클
② 필립스 사이클
③ 캐피자 사이클
④ 클라우드 사이클

해설 메탄의 액화 비점이 −162℃로서 가스케이드 사이클이 사용된다.

34 저온 액체 저장설비에서 열의 침입요인으로 가장 거리가 먼 것은?

① 단열재를 직접 통한 열대류
② 외면으로부터의 열복사
③ 연결 파이프를 통한 열전도
④ 밸브 등에 의한 열전도

해설 저온장치에서의 열침입 원인
- 단열재를 넣은 공간에 남은 가스분자의 열전도
- 외면으로부터의 열복사
- 지지, 요크 등에 의한 열전도
- 밸브, 안전밸브 등에 의한 열전도
- 열복사, 분자 간의 열전도

35 LP가스 이송설비 중 압축기의 부속장치로서 토출 측과 흡압축을 전환시키며 액송과 가스 회수를 한 동작으로 할 수 있는 것은?

① 액트립
② 액가스분리기
③ 전자밸브
④ 사방밸브

해설 압축기를 이용해서 LPG 이송하는 경우 잔가스를 회수시에는 사방절환밸브가 쓰인다.

36 다음 중 고압배관용 탄소강 강관의 KS규격 기호는?

① SPPS ② SPHT
③ STS   ④ SPPH

해설
① SPPS : 압력배관용 탄소강관
② SPHT : 고온배관용 탄소강관
③ STS : 스텐레스강관
④ SPPH : 고압배관용 탄소강관

37 저온장치용 재료 선정에 있어서 가장 중요하게 고려해야 하는 사항은?

① 고온 취성에 의한 충격치의 증가
② 저온 취성에 의한 충격치의 감소
③ 고온 취성에 의한 충격치의 감소
④ 저온 취성에 의한 충격치의 증가

해설 저온장치 재료선정시 저온취성에 의한 충격치 감소를 가장 중요하게 고려해야 한다.

Answer 32. ② 33. ① 34. ① 35. ④ 36. ④ 37. ②

38 다음 가연성 가스검출기 중 가연성가스의 굴절률 차이를 이용하여 농도를 측정하는 것은?

① 열선형　　② 안전등형
③ 검지관형　④ 간섭계형

해설 가스 검출시 굴절률 차이를 이용해서 농도를 측정하는 것은 간섭계형이다.

39 다음 곡률 반지름(r)이 50mm일 때 90° 구부림 곡선 길이는 얼마인가?

① 48.75mm　② 58.75mm
③ 68.75mm　④ 78.5mm

해설 곡선길이 $= 2 \times \pi \times 50 \times \dfrac{90}{360} = 78.5\text{mm}$

40 다음 펌프 중 시동하기 전에 프라이밍이 필요한 펌프는?

① 기어펌프　② 원심펌프
③ 축류펌프　④ 왕복펌프

해설 시동전 플라이밍(마중물)이 필요한 펌프는 원심펌프이다.

41 강관의 녹을 방지하기 위해 페인트를 칠하기 전에 먼저 사용하는 도료는?

① 알루미늄 도료　② 산화철 도료
③ 합성수지 도료　④ 광명단 도료

해설 녹 방지를 위해 밑칠용으로 사용되는 것은 광명단이다. 광명단은 아마인유에 연단을 혼합한 것으로 하도용으로 사용된다.

42 "압축된 가스를 단열 팽창시키면 온도가 강하 한다"는 것은 무슨 효과라고 하는가?

① 단열효과
② 줄-톰슨효과
③ 정류효과
④ 팽윤효과

해설 줄-톰슨효과 : 압축가스를 단열팽창시키면 온도와 압력이 강하한다.

43 다음 중 저온 장치 재료로서 가장 우수한 것은?

① 13% 크롬강
② 9% 니켈강
③ 탄소강
④ 주철

해설 저온장치재료 : 9% 니켈강, 동 및 동합금, 18-8 스텐레스강

44 펌프의 회전수를 1000rpm에서 1200rpm으로 변화시키면 동력은 약 몇 배가 되는가?

① 1.3　　② 1.5
③ 1.7　　④ 2.0

해설
- 동력 : $\left(\dfrac{1200}{1000}\right)^3 = 1.7$배
- 양정 : $\left(\dfrac{1200}{1000}\right)^2 = 1.44$배
- 유량 : $\left(\dfrac{1200}{1000}\right)^1 = 1.2$배

Answer 38. ④　39. ④　40. ②　41. ④　42. ②　43. ②　44. ③

45 다음 중 왕복동 압축기의 특징이 아닌 것은?
① 압축하면 맥동이 생기기 쉽다.
② 기체의 비중에 관계없이 고압이 얻어진다.
③ 용량 조절의 폭이 넓다.
④ 비용적식 압축기이다.

해설 왕복동식 압축기는 피스톤을 왕복운동시켜서 압축되는 용적형으로 일정량의 가스가 압축되는 방식이다.

46 다음 각 가스의 성질에 대한 설명으로 옳은 것은?
① 질소는 안정한 가스로서 불활성가스라고도 하고, 고온에서도 금속과 화합하지 않는다.
② 염소는 반응성이 강한 가스로 강재에 대하여 상온에서도 무수(無水) 상태로 현저한 부식성을 갖는다.
③ 암모니아는 동을 부식하고 고온고압에서는 강재를 침식한다.
④ 산소는 액체 공기를 분류하여 제조하는 반응성이 강한 가스로 그 자신이 잘 연소한다.

해설 암모니아는 독성이며 가연성 가스로 동과 반응하여 착이온을 생성하고 고온고압의 조건에서는 강재에 질화작용과 취화작용이 동시에 발생한다.

47 어떤 액의 비중을 측정하였더니 2.5이었다. 이 액의 액주 6m의 압력은 몇 kg/cm²인가?
① 15kg/cm² ② 1.5kg/cm²
③ 0.15kg/cm² ④ 0.015kg/cm²

해설
$$P = r \times h$$
$P = 2.5 \text{g/cm}^3 \times (6\text{m} \times 100)\text{cm}$
$= 1500 \text{g/cm}^2 = 1.5 \text{kg/cm}^2$

48 100℃를 화씨온도로 단위 환산하면 몇 °F인가?
① 212 ② 234
③ 248 ④ 273

해설
$$°F = \frac{9}{5}°C + 32$$
$\therefore \left(\frac{9}{5} \times 100\right) + 32 = 212°F$

49 밀도의 단위로 옳은 것은?
① g/s² ② L/g
③ g/cm³ ④ lb/in²

해설 밀도 = g/cm³(단위부피당 질량)

50 수돗물의 살균과 섬유의 표백용으로 주로 사용되는 가스는?
① F_2 ② Cl_2
③ O_2 ④ CO_2

해설 염소는 상수도 소독 및 표백제로 사용된다.

Answer 45. ④ 46. ③ 47. ② 48. ① 49. ③ 50. ②

51 다음 중 1atm에 해당하지 않는 것은?
① 760mmHg
② 14.7psi
③ 29.92inHg
④ 1013kg/m²

해설 1atm = 760mmHg = 14.7psi = 29.92inHg
= 10332kg/m² = 10.33mH₂O

52 다음 중 액화석유가스의 일반적인 특성이 아닌 것은?
① 기화 및 액화가 용이하다.
② 공기보다 무겁다.
③ 액상의 액화석유가스는 물보다 무겁다.
④ 증발잠열이 크다.

해설 LPG의 특성은 기체는 공기보다 무겁고 물보다 가볍다.

53 다음 가스 1몰을 완전연소 시키고자 할 때 공기가 가장 적게 필요한 것은?
① 수소
② 메탄
③ 아세틸렌
④ 에탄

해설 각 가스의 완전연소식(산화반응)
$2H_2 + O_2 \rightarrow 2H_2O$
$CH_4 + 2O_2 \rightarrow CO_2 + 2H_2O$
$C_2H_2 + 2.5O_2 \rightarrow 2CO_2 + H_2O$
$C_2H_6 + 3.5O_2 \rightarrow 2CO_2 + 3H_2O$

54 다음 중 열에 대한 설명이 틀린 것은?
① 비열이 큰 물질은 열용량이 크다.
② 1cal는 약 4.2J이다.
③ 열은 고온에서 저온으로 흐른다.
④ 비열은 물보다 공기가 크다.

해설 비열은 어떤 물질 1kg을 1℃ 올리는데 필요한 열량으로 단위는 kcal/kg℃이다.
비열은 공기보다 물이 크다.
• 공기(정압비열) = 0.24kcal/kg℃
• 물 = 1kcal/kg℃

55 다음 중 무색, 무취의 가스가 아닌 것은?
① O_2
② N_2
③ CO_2
④ O_3

해설 오존(O_3)은 독성이 있으며 독특한 취기가 있는 파란색 기체이다.

56 불완전연소 현상의 원인으로 옳지 않은 것은?
① 가스압력에 비하여 공급 공기량이 부족할 때
② 환기가 불충분한 공간에 연소기가 설치되었을 때
③ 공기와의 접촉혼합이 불충분할 때
④ 불꽃의 온도가 증대되었을 때

해설 불꽃온도 증대시에는 완전연소에 가까워 온도도 상승하고 불완전 연소시에는 온도가 낮아진다.

Answer 51. ④ 52. ③ 53. ① 54. ④ 55. ④ 56. ④

57 무색의 복숭아 냄새가 나는 독성가스는?
① Cl_2 ② HCN
③ NH_3 ④ PH_3

해설 시안화수소는 복숭아 향기가 나는 독성이며 가연성가스이다.

58 다음 가스 중 기체밀도가 가장 적은 것은?
① 프로판 ② 메탄
③ 부탄   ④ 아세틸렌

해설 각 가스의 기체 밀도
① $C_3H_8 : 44g/22.4cm^3 = 1.96g/cm^3$
② $CH_4 : 16g/22.4cm^3 = 0.71g/cm^3$
③ $C_4H_{10} : 58g/22.4cm^3 = 2.59g/cm^3$
④ $C_2H_2 : 26g/22.4cm^3 = 1.16g/cm^3$

59 수소의 성질에 대한 설명 중 틀린 것은?
① 무색, 무미, 무취의 가연성 기체이다.
② 밀도가 아주 작아 확산속도가 빠르다.
③ 열전도율이 작다.
④ 높은 온도일 때에는 강재, 기타 금속재료라도 쉽게 투과한다.

해설 수소는 매우 가볍고 열전도율이 큰 기체이다.

60 액화천연가스(LNG)의 폭발성 및 인화성에 대한 설명으로 틀린 것은?
① 다른 지방족 탄화수소에 비해 연소속도가 느리다.
② 다른 지방족 탄화수소에 비해 최소 발화에너지가 낮다.
③ 다른 지방족 탄화수소에 비해 폭발하한 농도가 높다.
④ 전기저항이 작으며 유동 등에 의한 정전기 발생은 다른 가연성 탄화수소류보다 크다.

해설 액화천연가스의 주성분인 메탄은 최소발화온도가 615~682℃ 정도이고 연소범위는 5~15%로 폭발하한이 비교적 높다.

Answer 57. ② 58. ② 59. ③ 60. ②

2014년 4월 6일 시행

01 다음 중 가연성이면서 독성가스인 것은?
① NH_3
② H_2
③ CH_4
④ N_2

[해설] ① 암모니아(NH_3) : 독성, 가연성
② 수소(H_2) : 가연성
③ 메탄(CH_4) : 가연성
④ 질소(N_2) : 불연성

02 가연성 물질을 공기로 연소시키는 경우 공기 중의 산소농도를 높게 하면 연소속도와 발화온도는 어떻게 변하는가?
① 연소속도는 빠르게 되고, 발화온도는 높아진다.
② 연소속도는 빠르게 되고, 발화온도는 낮아진다.
③ 연소속도는 느리게 되고, 발화온도는 높아진다.
④ 연소속도는 느리게 되고, 발화온도는 낮아진다.

[해설] 연소시 산소농도를 높이면 연소속도는 빠르게 되고 발화점은 낮아진다.

03 고압가스 특정제조시설에서 긴급이송설비에 의하여 이송되는 가스를 안전하게 연소시킬 수 있는 장치는?
① 플레어스택
② 벤트스택
③ 인터록기구
④ 긴급차단장치

[해설] 가스설비에서 긴급히 폐기시켜야 되는 가스를 대기중에 안전하게 연소시켜서 배출하는 장치를 플레어스택이라고 한다.

04 도시가스로 천연가스를 사용하는 경우 가스 누출경보기의 검지부 설치위치로 가장 적합한 것은?
① 바닥에서 15cm 이내
② 바닥에서 30cm 이내
③ 천장에서 15cm 이내
④ 천장에서 30cm 이내

[해설] 도시가스 주성분은 메탄이다. 공기보다 가벼운 가스이므로 검지기 설치는 천장에서 30cm 이내에 설치한다.

Answer 1. ① 2. ② 3. ① 4. ④

05 다음 중 독성(LC₅₀)이 가장 강한 가스는?
① 염소   ② 시안화수소
③ 산화에틸렌   ④ 불소

해설 LC_{50}은 치사농도를 나타내는 지수로서 노출된 동물의 50%가 사망하는 농도이다.
① 염소 LC_{50} : 293ppm
② 시안화수소 LC_{50} : 140ppm
③ 산화에틸렌 LC_{50} : 2,900ppm
④ 불소 LC_{50} : 185ppm

06 LPG 저장탱크 지하 설치시 저장탱크실 상부 윗면으로부터 저장탱크 상부까지의 깊이는 얼마 이상으로 하여야 하는가?
① 0.6m   ② 0.8m
③ 1m   ④ 1.2m

해설 LPG 지하탱크와 콘크리트실 상부와 이격거리는 60cm 이상일 것

07 차량에 고정된 충전탱크는 그 온도를 항상 몇 ℃ 이하로 유지하여야 하는가?
① 20   ② 30
③ 40   ④ 50

해설 차량고정용 저장탱크의 유지온도는 40℃ 이하일 것

08 초저온용기나 저온용기의 부속품에 표시하는 기호는?
① AG   ② PG
③ LG   ④ LT

해설
- AG : 아세틸렌가스   • PG : 압축가스
- LG : 액화가스   • LT : 저온 및 초저온
- LPG : 액화석유가스

09 상용의 온도에서 사용압력이 1.2MPa인 고압가스 설비에 사용되는 배관의 재료로서 부적합한 것은?
① KS D 3562(압력배관용 탄소 강관)
② KS D 3570(고온 배관용 탄소 강관)
③ KS D 3507(배관용 탄소 강관)
④ KS D 3576(배관용 스테인리스 강관)

해설 배관용 탄소강관(SPP)은 사용온도 350℃ 이하 사용압력 0.1MPa 이하에서 사용된다.

10 도시가스 사용시설의 지상배관은 표면색상을 무슨 색으로 도색하여야 하는가?
① 황색   ② 적색
③ 회색   ④ 백색

해설 도시가스의 지상배관은 황색으로 도색한다.

11 액화석유가스 충전시설 중 충전설비는 그 외면으로부터 사업소 경계까지 몇 m 이상의 거리를 유지하여야 하는가?
① 5   ② 10
③ 15   ④ 24

해설 LPG충전소 충전설비와 사업소경계까지의 이격거리는 24m이다.

Answer 5. ② 6. ① 7. ③ 8. ④ 9. ③ 10. ① 11. ④

12 가스의 경우 폭굉(Detonation)의 연소속도는 약 몇 m/s 정도인가?
① 0.03 ~ 10 ② 10 ~ 50
③ 100 ~ 600 ④ 1000 ~ 3000

해설 폭굉연소속도 1000 ~ 3500m/s

13 의료용 가스용기의 도색구분이 틀린 것은?
① 산소 – 백색
② 액화탄산가스 – 회색
③ 질소 – 흑색
④ 에틸렌 – 갈색

해설 의료용기 도색
① 산소 – 백색 ② 액화탄산가스 – 회색
③ 질소 – 흑색 ④ 에틸렌 – 자색

14 다음 가스 중 위험도(H)가 가장 큰 것은?
① 프로판
② 일산화탄소
③ 아세틸렌
④ 암모니아

해설 각 가스 연소범위와 위험도
① 프로판 : 2.1 ~ 9.5% H = $\frac{9.5-2.1}{2.1}$ = 3.52
② 일산화탄소 : 12.5 ~ 74%
   H = $\frac{74-12.5}{12.5}$ = 4.92
③ 아세틸렌 : 2.5 ~ 81%
   H = $\frac{81-2.5}{2.5}$ = 31.4
④ 암모니아 : 15 ~ 28%
   H = $\frac{28-15}{15}$ = 0.87

15 용기의 안전점검 기준에 대한 설명으로 틀린 것은?
① 용기의 도색 및 표시 여부를 확인
② 용기의 내·외면을 점검
③ 재검사 기간의 도래 여부를 확인
④ 열 영향을 받은 용기는 재검사와 상관이 없이 새 용기로 교환

해설 용기의 안전점검기준에서 열영향의 과소에 따라서 정밀 안전검사 후 불합격된 경우 새 용기로 교환하게 된다.

16 다음 각 독성가스 누출시 사용하는 제독제로서 적합하지 않은 것은?
① 염소 : 탄산소다수용액
② 포스겐 : 소석회
③ 산화에틸렌 : 소석회
④ 황화수소 : 가성소다수용액

해설 산화에틸렌의 제독제는 다량의 물

17 에어졸 시험방법에서 불꽃길이 시험을 위해 채취한 시료의 온도 조건은?
① 24℃ 이상, 26℃ 미만
② 26℃ 이상, 30℃ 미만
③ 46℃ 이상, 50℃ 미만
④ 60℃ 이상, 66℃ 미만

해설 에어졸 불꽃길이 시험에서 시료의 온도는 24℃ 이상 26℃ 미만일 것

Answer 12. ④ 13. ④ 14. ③ 15. ④ 16. ③ 17. ①

18 교량에 도시가스 배관을 설치하는 경우 보호조치 등 설계·시공에 대한 설명으로 옳은 것은?

① 교량첨가 배관은 강관을 사용하며 기계적접합을 원칙으로 한다.
② 제 3자의 출입이 용이한 교량설치 배관의 경우 보행방지철조망 또는 방호철조망을 설치한다.
③ 지진발생시 등 비상 시 긴급차단을 목적으로 첨가배관의 길이가 200m 이상인 경우 교량 양단의 가까운 곳에 밸브를 설치토록 한다.
④ 교량첨가 배관에 가해지는 여러 하중에 대한 합성응력이 배관의 허용응력을 초과하도록 설계한다.

해설 교량설치 배관의 경우 관계자의 출입이 용이한 경우 보행방지철조망이나 방호철조망을 설치한다.

19 고압가스 저장실 등에 설치하는 경계책과 관련된 기준으로 틀린 것은?

① 저장설비·처리설비 등을 설치한 장소의 주위에는 높이 1.5m 이상의 철책 또는 철망 등의 경계표지를 설치하여야 한다.
② 건축물 내에 설치하였거나, 차량의 통행 등 조업시행이 현저히 곤란하여 위해 요인이 가중될 우려가 있는 경우에는 경계책 설치를 생략할 수 있다.
③ 경계책 주위에는 외부사람이 무단출입을 금하는 내용의 경계표지를 보기 쉬운 장소에 부착하여야 한다.
④ 경계책 안에는 불가피한 사유발생 등 어떠한 경우라도 화기, 발화 또는 인화하기 쉬운 물질을 휴대하고 들어가서는 아니 된다.

해설 가스저장실 등에 설치하는 경계책은 1.5m 높이 이상으로 관계자 외에 무단출입을 금지하기 위해서 설치한다.

20 독성가스 사용시설에서 처리설비의 저장능력이 45,000kg인 경우 제2종 보호시설까지 안전거리는 얼마 이상 유지하여야 하는가?

① 14m ② 16m
③ 18m ④ 20m

해설 독성가스 저장량 45000kg일 때 2종보호시설과 유지하여야 하는 거리는 20m이다.

Answer 18. ② 19. ④ 20. ④

21 아세틸렌의 성질에 대한 설명으로 틀린 것은?
① 색이 없고 불순물이 있을 경우 악취가 난다.
② 융점과 비점이 비슷하여 고체 아세틸렌은 융해하지 않고 승화한다.
③ 발열화합물이므로 대기 개방시 분해폭발할 우려가 있다.
④ 액체 아세틸렌보다 고체 아세틸렌이 안정하다.

해설) 아세틸렌은 가압충격에 의해서 분해폭발을 일으키게 되고 대기 중에 개방했을 때 분해폭발이 발생하지는 않는다.

22 고압가스용 이음매 없는 용기의 재검사시 내압시험 합격판정의 기준이 되는 영구증가율은?
① 0.1% 이하   ② 3% 이하
③ 5% 이하   ④ 10% 이하

해설) 가스용기 내압시험시 영구증가율은 10% 이하시 합격으로 한다.

23 프로판을 사용하고 있던 버너에 부탄을 사용하려고 한다. 프로판의 경우보다 약 몇 배의 공기가 필요한가?
① 1.2배   ② 1.3배
③ 1.5배   ④ 2.0배

해설)
• 프로판 연소식 : $C_3H_8 + 5O_2 = 3CO_2 + 4H_2O$
• 부탄 연소식 : $C_4H_{10} + 6.5O_2 = 4CO_2 + 5H_2O$
∴ $\frac{6.5}{5} = 1.3$배

24 가스의 연소에 대한 설명으로 틀린 것은?
① 인화점은 낮을수록 위험하다.
② 발화점은 낮을수록 위험하다.
③ 탄화수소에서 착화점은 탄소수가 많은 분자일수록 낮아진다.
④ 최소점화에너지는 가스의 표면장력에 의해 주로 결정된다.

해설) 가스연소에서 최소점화에너지는 가스연소범위에서 하한이 낮을수록 낮아진다.

25 아세틸렌의 취급방법에 대한 설명으로 가장 부적절한 것은?
① 저장소는 화기엄금을 명기한다.
② 가스 출구 동결 시 60℃ 이하의 온수로 녹인다.
③ 산소용기와 같이 저장하지 않는다.
④ 저장소는 통풍이 양호한 구조이어야 한다.

해설) 아세틸렌 가스출구 동결시 40℃ 이하의 열습포로 녹인다.

26 가스 폭발을 일으키는 영향 요소로 가장 거리가 먼 것은?
① 온도   ② 매개체
③ 조성   ④ 압력

해설) 가스폭발 영향요소(발화 발생요인) : 온도, 조성, 압력, 용기의 크기 형태

Answer 21. ③ 22. ④ 23. ② 24. ④ 25. ② 26. ②

27 어떤 도시가스의 웨버지수를 측정하였더니 36.52MJ/m³이었다. 품질검사기준에 의한 합격 여부는?

① 웨버지수 허용기준보다 높으므로 합격이다.
② 웨버지수 허용기준보다 낮으므로 합격이다.
③ 웨버지수 허용기준보다 높으므로 불합격이다.
④ 웨버지수 허용기준보다 낮으므로 불합격이다.

해설 도시가스 열량 10400kcal/m³
1kcal = 4.1868kJ
1000kJ = 1MJ
$\frac{(10400 \times 4.1868)}{1000}$ = 43.543MJ/m³
도시가스열량은 43.543MJ/m³이어야 하는데 36.52MJ/m³은 열량이 기준치보다 낮으므로 불합격이다.

28 300kg의 액화프레온12(R-12)가스를 내용적 50L 용기에 충전할 때 필요한 용기의 개수는? (C=0.86)

① 5개 ② 6개
③ 7개 ④ 8개

해설 $G = \frac{V}{C}$

$\frac{50\ell}{0.86}$ = 58.14kg

∴ 용기본수 = $\frac{300kg}{58.14kg}$ = 5.15본 = 6본

29 저장탱크에 의한 액화석유가스 사용시설에서 가스계량기는 화기와 몇 m 이상의 우회거리를 유지해야 하는가?

① 2m ② 3m
③ 5m ④ 8m

해설 LPG 계량기와 화기이격거리는 2m

30 가스사고가 발생하면 산업통상자원부령에서 정하는 바에 따라 관계기관에 가스사고를 통보해야 한다. 다음 중 사고통보내용이 아닌 것은?

① 통보자의 소속, 직위, 성명 및 연락처
② 사고원인자 인적사항
③ 사고발생 일시 및 장소
④ 시설현황 및 피해현황(인명 및 재산)

해설 가스사고 통보사항 중 사고원인자 인적사항은 통보내용에 해당되지 않는다.

31 가스크로마토그래피의 구성 요소가 아닌 것은?

① 광원
② 칼럼
③ 검출기
④ 기록계

해설 가스크로마토그래피 3대 구성요소 : 칼럼, 검출기, 기록계

Answer 27. ④ 28. ② 29. ① 30. ② 31. ①

32 도시가스공급시설에서 사용되는 안전제어장치와 관계가 없는 것은?

① 중화장치
② 압력안전장치
③ 가스누출검지경보장치
④ 긴급차단장치

해설 ▶ 도시가스 공급시설 안전제어장치 중에서 중화장치는 관계가 없다.

33 LPG나 액화가스와 같이 비점이 낮고 내압이 0.4~0.5MPa 이상인 액체에 주로 사용되는 펌프의 메카니컬 시일의 형식은?

① 더블시일형
② 인사이드시일형
③ 아웃사이드시일형
④ 밸런스시일형

해설 ▶ 밸런스시일형 : LPG나 액화가스처럼 비점이 낮고 내압이 4~5기압 이상인 액체에 사용되는 펌프의 메카니컬시일방식이다.

34 유량을 측정하는데 사용하는 계측기기가 아닌 것은?

① 피토관
② 오리피스
③ 벨로우즈
④ 벤투리

해설 ▶ 유량측정 계측기에서 벨로우즈는 해당되지 않는다.

35 기화기의 성능에 대한 설명으로 틀린 것은?

① 온수 가열방식은 그 온수의 온도가 90℃ 이하일 것
② 증기 가열방식은 그 증기의 온도가 120℃ 이하일 것
③ 압력계는 그 최고눈금이 상용압력의 1.5~2배일 것
④ 기화통 안의 가스액이 토출배관으로 흐르지 않도록 적합한 자동제어장치를 설치할 것

해설 ▶ 강제기화기에서 온수식은 80℃ 이하일 것, 증기식은 120℃ 이하일 것

36 고압장치의 재료로서 가장 적합하게 연결된 것은?

① 액화염소용기 – 화이트메탈
② 압축기의 베어링 – 13% 크롬강
③ LNG 탱크 – 9% 니켈강
④ 고온고압의 수소반응탑 – 탄소강

해설 ▶ LNG저장탱크는 -162℃의 초저온 액체가 접촉하므로 9% 니켈강이 적응성이 있다.

37 구조에 따라 외치식, 내치식, 편심로터리식 등이 있으며 베이퍼록 현상이 일어나기 쉬운 펌프는?

① 제트펌프   ② 기포펌프
③ 왕복펌프   ④ 기어펌프

해설 ▶ 기어펌프는 외치식, 내치식, 편심로터리식 등이 있으며 베이퍼록이 발생하기 쉽다.

Answer 32. ① 33. ④ 34. ③ 35. ① 36. ③ 37. ④

38 다음 중 터보(Turbo)형 펌프가 아닌 것은?
① 원심 펌프 ② 사류 펌프
③ 축류 펌프 ④ 플런저 펌프

해설 플런저 펌프는 왕복동식이다.

39 가스 액화 분리장치에서 냉동사이클과 액화 사이클을 응용한 장치는?
① 한냉발생장치 ② 정유분출장치
③ 정유흡수장치 ④ 분순물제거장치

해설 공기액화분리장치에서 냉동사이클과 액화사이클을 응용한 장치는 한냉발생장치이다.

40 저압가스 수송배관의 유량공식에 대한 설명으로 틀린 것은?
① 배관길이에 반비례한다.
② 가스비중에 비례한다.
③ 허용압력손실에 비례한다.
④ 관경에 의해 결정되는 계수에 비례한다.

해설 저압배관유량계산식에서

$$Q = K\sqrt{\frac{D^5 \cdot h}{S \cdot L}}$$

- Q : 가스유량(m^3/h)
- K : 유량계수
- D : 관 내경(cm)
- h : 허용압력손실(mmH2O)
- S : 가스비중
- L : 관길이(m)

∴ 위 식에서 저압배관의 가스유량은 가스비중에 반비례한다.

41 탄소강 중에 저온취성을 일으키는 원소로 옳은 것은?
① P
② S
③ Mo
④ Cu

해설 ① P : 저온취성
② S : 적열취성
③ Mo : 뜨임취성 방지, 내산화성 증가
④ Cu : 대기 중 내산화성 증가

42 가스의 연소방식이 아닌 것은?
① 적화식
② 세미분젠식
③ 분젠식
④ 원지식

해설 가스 연소방식 : 적화식, 분젠식, 세미분젠식, 전1차 공기방식

43 양정 90m, 유량이 90m^3/h인 송수 펌프의 소요동력은 약 몇 kW인가? (단, 펌프의 효율은 60%이다.)
① 30.6
② 36.8
③ 50.2
④ 56.8

해설 $$\frac{1000 \times 90 \times 90}{102 \times 0.6 \times 3600} = 36.8 \text{kW}$$

Answer 38. ④ 39. ① 40. ② 41. ① 42. ④ 43. ②

44 재료가 일정 온도 이상에서 응력이 작용할 때 시간이 경과함에 따라 변형이 증대되고 때로는 파괴되는 현상을 무엇이라 하는가?

① 피로
② 크리프
③ 에로숀
④ 탈탄

해설 크리프강도 : 재료에 일정하중이 작용할 때 시간이 경과함에 따라 변형이 증가되고 결국은 파괴되는 현상

45 LP가스 공급방식 중 강제기화방식의 특징에 대한 설명 중 틀린 것은?

① 기화량 가감이 용이하다.
② 공급가스의 조성이 일정하다.
③ 계량기를 설치하지 않아도 된다.
④ 한랭시에도 충분히 기화시킬 수 있다.

해설 강제기화방식 이점
• 공급가스의 조성이 일정하다.
• 기화량을 가감할 수 있다.
• 한랭시에도 충분히 기화할 수 있다.

46 다음 설명과 관계있는 법칙은?

> 열은 스스로 저온의 물체에서 고온의 물체로 이동하는 것은 불가능하다.

① 에너지 보존의 법칙
② 열역학 제2법칙
③ 평형 이동의 법칙
④ 보일-샤를의 법칙

해설 열역학 제2법칙 : 열은 스스로 저온체에서 고온체로 이동하는 것은 불가능하다.

47 산소(O_2)에 대한 설명 중 틀린 것은?

① 무색, 무취의 기체이며, 물에는 약간 녹는다.
② 가연성가스이나 그 자신은 연소하지 않는다.
③ 용기의 도색은 일반 공업용이 녹색, 의료용이 백색이다.
④ 저장용기는 무계목 용기를 사용한다.

해설 산소는 지연성가스로 그 자신은 연소하지 않는다.

48 다음 중 암모니아 건조제로 사용되는 것은?

① 진한 황산
② 할로겐 화합물
③ 소다석회
④ 황산동 수용액

해설 암모니아 건조제는 소다석회(CaO+NaOH)를 사용한다.

49 10L 용기에 들어있는 산소의 압력이 10MPa이었다. 이 기체를 20L 용기에 옮겨놓으면 압력은 몇 MPa로 변하는가?

① 2
② 5
③ 10
④ 20

해설
$P_1 V_1 = P_2 V_2$ (보일법칙, T=일정)
$10\text{MPa} \times 10\text{L} = P_2 \times 20\text{L}$
∴ $P_2 = 5\text{MPa}$

Answer 44. ② 45. ③ 46. ② 47. ② 48. ③ 49. ②

50 다음 [보기]와 같은 성질을 갖는 것은?

> **보기**
> - 공기보다 무거워 누출시 낮은 곳에 체류한다.
> - 기화 및 액화가 용이하며 발열량이 크다.
> - 증발잠열이 크기 때문에 냉매로도 이용된다.

① O_2
② CO
③ LPG
④ C_2H_4

해설 LPG 특성
- $C_3 \sim C_4$의 저급탄화수소로 구성되어 있다.
- 공기보다 무거워 낮은 곳에 체류한다.
- 기화 및 액화가 용이하며 발열량이 높다.
- 증발잠열이 커서 냉매로도 이용된다.

51 다음 압력 중 가장 높은 압력은?

① 1.5kg/cm^2
② $10H_2O$
③ 745mmHg
④ 0.6atm

해설
① 1.5kg/cm^2
② $10mH_2O \rightarrow \dfrac{10mH_2O}{10.33mH_2O} \times 1.0332\text{kg/cm}^2$
$= 1.0\text{kg/cm}^2$
③ $745\text{mmHg} \rightarrow \dfrac{745\text{mmHg}}{760\text{mmHg}} \times 1.0332\text{kg/cm}^2$
$= 1.01\text{kg/cm}^2$
④ $0.6\text{atm} \rightarrow \dfrac{0.6\text{atm}}{1\text{atm}} \times 1.0332\text{kg/cm}^2$
$= 0.62\text{kg/cm}^2$

52 다음 중 게이지압력을 옳게 표시한 것은?

① 게이지압력 = 절대압력 − 대기압
② 게이지압력 = 대기압 − 절대압력
③ 게이지압력 = 대기압 + 절대압력
④ 게이지압력 = 절대압력 + 진공압력

해설 게이지압력 = 절대압력 − 대기압

53 같은 조건일 때 액화시키기 가장 쉬운 가스는?

① 수소
② 암모니아
③ 아세틸렌
④ 네온

해설 비점
① 수소 : −252℃
② 암모니아 : −33.4℃
③ 아세틸렌 : −83.8℃
④ 네온 : −245.9℃

54 가스분석 시 이산화탄소의 흡수제로 사용되는 것은?

① KOH
② H_2SO_4
③ NH_4Cl
④ $CaCl_2$

해설 가스 분석시에 CO_2(이산화탄소) 흡수제로 KOH(수산화칼륨)를 사용한다.
$CO_2 + 2KOH \rightarrow K_2CO_3 + H_2O$

Answer 50. ③ 51. ① 52. ① 53. ② 54. ①

55 연소기 연소상태 시험에 사용되는 도시가스 중 역화하기 쉬운 가스는?

① 13A-1
② 13A-2
③ 13A-3
④ 13A-R

해설 역화하기 쉬운 가스는 13A-2로 "13"은 WI (웨버지수)를 100으로 나눠서 나타낸 값이고 "A"는 가스의 연소속도로
A는 늦음(39~40cm/s)
B는 중간(47~65cm/s)
C는 빠름(80cm/s)을 나타낸다.
"2"는 가스연소특성과 호환성을 나타내는 웨버지수(WI)와 연소속도(CP)에 의한 가스 호환성 그래프에서
1번 구역은 소화음, 2번 구역은 역화
3번 구역은 불완전연소, 4번 구역은 리프팅을 나타낸다.

56 나프타(Naphtha)의 가스화 효율이 좋으려면?

① 올레핀계 탄화수소 함량이 많을수록 좋다.
② 파라핀계 탄화수소 함량이 많을수록 좋다.
③ 나프텐계 탄화수소 함량이 많을수록 좋다.
④ 방향족계 탄화수소 함량이 많을수록 좋다.

해설 나프타 분해시 가스화 효율은 P, O, N, A에서 파라핀계(P) 함유량이 높을수록 좋다.

57 순수한 물 1kg을 1℃ 높이는데 필요한 열량을 무엇이라 하는가?

① 1kcal
② 1B.T.U
③ 1C.H.U
④ 1kJ

해설 1kcal : 물 1kg을 1℃ 올리는데 필요한 열량

58 기체의 성질을 나타내는 보일의 법칙(Boyleslaw)에서 일정한 값으로 가정한 인자는?

① 압력
② 온도
③ 부피
④ 비중

해설 보일의 법칙 : $P_1 V_1 = P_2 V_2 (T=일정)$ "T"는 온도를 나타냄

59 섭씨온도(℃)의 눈금과 일치하는 화씨온도(℉)는?

① 0
② -10
③ -30
④ -40

해설 섭씨온도와 일치하는 화씨온도는 -40℉이다.

60 다음 중 폭발범위가 가장 넓은 가스는?

① 암모니아
② 메탄
③ 황화수소
④ 일산화탄소

해설 폭발범위
① 암모니아 : 15~28%
② 메탄 : 5~15%
③ 황화수소 : 4.3~46%
④ 일산화탄소 : 12.5~75%

Answer 55. ② 56. ② 57. ① 58. ② 59. ④ 60. ④

가스기능사 2000제 문제은행

CBT 시험대비
▶ 2014년 7월 20일 시행

01 아세틸렌은 폭발 형태에 따라 크게 3가지로 분류된다. 이에 해당되지 않는 폭발은?

① 화합폭발
② 중합폭발
③ 산화폭발
④ 분해폭발

해설 아세틸렌 폭발종류
분해폭발, 산화폭발, 화합폭발

02 연소에 대한 일반적인 설명 중 옳지 않은 것은?

① 인화점이 낮을수록 위험성이 크다.
② 인화점보다 착화점의 온도가 낮다.
③ 발열량이 높을수록 착화온도는 낮아진다.
④ 가스의 온도가 높아지면 연소범위는 넓어진다.

해설
• 인화점 : 가연물질을 가열하여 증기발생시 점화원에 의해 점화되는 최저온도
• 착화점 : 가연물질을 점차 가열하여 온도상승으로 인하여 발화하는 온도로, 인화점보다 매우 높다.

03 일반도시가스사업 가스공급시설의 입상관 밸브는 분리가 가능한 것으로서 바닥으로부터 몇 m 범위에 설치하여야 하는가?

① 0.5 ~ 1m
② 1.2 ~ 1.5m
③ 1.6 ~ 2.0m
④ 2.5 ~ 3.0m

해설 입상관 밸브 설치 높이는 바닥에서 1.6 ~ 2m이다.

04 액화석유가스 사용시설을 변경하여 도시가스를 사용하기 위해서 실시하여야 하는 안전조치 중 잘못 설명한 것은?

① 일반도시가스사업자는 도시가스를 공급한 이후에 연소기 열량의 변경 사실을 확인하여야 한다.
② 액화석유가스의 배관 양단에 막음조치를 하고 호스는 철거하여 설치하려는 도시가스 배관과 구분되도록 한다.
③ 용기 및 부대설비가 액화석유가스 공급자의 소유인 경우에는 도시가스 공급 예정일까지 용기 등을 철거해 줄 것을 공급자에게 요청해야 한다.
④ 도시가스로 연료를 전환하기 전에 액화석유가스 안전공급계약을 해지하고 용기 등의 철거와 안전조치를 확인하여야 한다.

해설 도시가스를 공급하기 전에 연소기의 열량 변경사항을 확인하여야 한다.

Answer 1. ② 2. ② 3. ③ 4. ①

05 시안화수소(HCN)의 위험성에 대한 설명으로 틀린 것은?

① 인화온도가 아주 낮다.
② 오래된 시안화수소는 자체 폭발할 수 있다.
③ 용기에 충전한 후 60일을 초과하지 않아야 한다.
④ 호흡 시 흡입하면 위험하나 피부에 묻으면 아무 이상이 없다.

해설 시안화수소는 가연성이며 독성가스로 인화점이 -17.8℃이며 오래 저장된 것은 중합반응으로 폭발을 일으킬 수 있다. 호흡시에는 매우 위험하며 피부 접촉으로도 치명상을 입는다.

06 고정식 압축도시가스자동차 충전의 저장설비, 처리설비, 압축가스설비 외부에 설치하는 경계책의 설치기준으로 틀린 것은?

① 긴급차단장치를 설치할 경우는 설치하지 아니할 수 있다.
② 방호벽(철근콘크리트로 만든 것)을 설치하지 아니할 수 있다.
③ 처리설비 및 압축가스설비가 밀폐형 구조물 안에 설치된 경우는 설치하지 아니할 수 있다.
④ 저장설비 및 처리설비가 액확산방지시설 내에 설치된 경우는 설치하지 아니할 수 있다.

해설 C.N.G 충전설비에서 긴급차단장치설치와 상관없이 경계책을 설치하여야 한다.

07 다음 ( ) 안의 Ⓐ과 Ⓑ에 들어갈 명칭은?

아세틸렌을 용기에 충전하는 때에는 미리 용기에 다공물질을 고루 채워 다공도가 75% 이상, 92% 미만이 되도록 한 후 (Ⓐ) 또는 (Ⓑ)를(을) 고루 침윤시키고 충전하여야 한다.

① Ⓐ 아세톤, Ⓑ 알코올
② Ⓐ 아세톤, Ⓑ 물(H_2O)
③ Ⓐ 아세톤, Ⓑ 디메틸포름아미드
④ Ⓐ 아세톤, Ⓑ 물(H_2O)

해설 아세틸렌 용기 충전시 다공물질을 고루 채워 다공도가 75% 이상 92% 미만 되도록 한 후 용제인 (아세톤) 또는 (디메틸포름아미드)를 고루 침윤시킨 뒤 충전한다.

08 고압가스용 냉동기에 설치하는 안전장치의 구조에 대한 설명으로 틀린 것은?

① 고압차단장치는 그 설정압력이 눈으로 판별할 수 있는 것으로 한다.
② 고압차단장치는 원칙적으로 자동복귀방식으로 한다.
③ 안전밸브는 작동압력을 설정한 후 봉인될 수 있는 구조로 한다.
④ 안전밸브 각부의 가스통과 면적은 안전밸브의 구경면적 이상으로 한다.

해설 냉동기의 고압차단장치는 작동압력이 정상고압보다 $4kg/cm^2$ 정도 높다. 작동 후 복귀형태에 따라 자동복귀형과 수동복귀형이 있다.

Answer 5. ④ 6. ① 7. ③ 8. ②

09 공기 중에서 폭발하한치가 가장 낮은 것은?
① 시안화수소 ② 암모니아
③ 에틸렌   ④ 부탄

해설 ① 시안화수소 : 6~41%
② 암모니아 : 15~28%
③ 에틸렌 : 2.7~36%
④ 부탄 : 1.8~8.4%

10 도시가스사용시설 중 자연배기식 반밀폐식 보일러에서 배기톱의 옥상돌출부는 지붕면으로부터 수직거리로 몇 cm 이상으로 하여야 하는가?
① 30   ② 50
③ 90   ④ 100

해설 반밀폐식 보일러 배기톱의 옥상돌출부와 지붕면 수직거리는 100cm 이상으로 하여야 한다.

11 고압가스 제조설비에 설치하는 가스누출경보 및 자동차단장치에 대한 설명으로 틀린 것은?
① 계기실 내부에도 1개 이상 설치한다.
② 잡가스에는 경보하지 아니하는 것으로 한다.
③ 누출을 검지하여 그 농도를 지시함과 동시에 경보를 울리는 방식으로 한다.
④ 가연성 가스의 제조설비에 격막 갈바니 전지방식의 것을 설치한다.

해설 가스누설 검지경보장치는 접촉연소방식, 격막갈바니 전지방식, 반도체방식, 그 밖에 방식에 의하여 검지엘리먼트의 변화를 전기적 신호에 의해 이미 설정해 놓은 가스농도에서 자동적으로 경보하는 것일 것

12 고압가스 용기의 파열사고 원인으로서 가장 거리가 먼 내용은?
① 압축산소를 충전한 용기를 차량에 눕혀서 운반하였을 때
② 용기의 내압이 이상 상승하였을 때
③ 용기 재질의 불량으로 인하여 인장강도가 떨어질 때
④ 균열되었을 때

해설 용기파열사고 원인
• 용기의 재질 불량
• 내압의 이상 상승
• 용접용기의 용접상 결함
• 과충전
• 용기 내 폭발성 가스 혼입
• 충격 및 타격
• 검사의 태만, 기피
• 분해 반응

13 공기 중 폭발범위에 따른 위험도가 가장 큰 가스는?
① 암모니아
② 황화수소
③ 석탄가스
④ 이황화탄소

해설 위험도
① 암모니아 위험도(H) = $\frac{28-15}{15}$ = 0.87
② 황화수소 위험도(H) = $\frac{45-4.3}{4.3}$ = 9.47
③ 석탄가스 위험도(H) = $\frac{31-5.3}{5.3}$ = 4.85
④ 이황화탄소 위험도(H) = $\frac{50-1.3}{1.3}$ = 37.5

Answer 9. ④ 10. ④ 11. ④ 12. ① 13. ④

14 LP가스 충전설비의 작동 상황 점검주기로 옳은 것은?

① 1일 1회 이상
② 1주일 1회 이상
③ 1월 1회 이상
④ 1년 1회 이상

해설 LPG 충전설비 작동상황 점검은 매일 1회 이상 실시한다.

15 고압가스설비에 장치하는 압력계의 눈금은?

① 상용압력의 2.5배 이상, 3배 이하
② 상용압력의 2배 이상, 2.5배 이하
③ 상용압력의 1.5배 이상, 2배 이하
④ 상용압력의 1배 이상, 1.5배 이하

해설 가스설비에 사용되는 압력계는 상용압력의 1.5배 이상, 2배 이하의 압력범위를 설치한다.

16 도시가스공급시설의 공사계획 승인 및 신고 대상에 대한 설명으로 틀린 것은?

① 제조소 안에서 액화가스용저장탱크의 위치변경 공사는 공사계획 신고대상이다.
② 밸브기지의 위치변경 공사는 공사계획 신고대상이다.
③ 호칭지름이 50mm 이하인 저압의 공급관을 설치하는 공사는 공사계획 신고대상에서 제외한다.
④ 저압인 사용자공급관 50m를 변경하는 공사는 공사계획 신고대상이다.

해설 밸브기지 설치공사 및 위치변경공사는 공사계획의 승인대상이다.

17 공정과 설비의 공장형태 및 영향, 고장형태별 위험도 순위 등을 결정하는 안전성평가 기법은?

① 위험과 운전분석(HAZOP)
② 예비위험분석(PHA)
③ 결함수분석(FTA)
④ 이상 위험도 분석(FMECA)

해설
• 위험과 운전분석(HAZOP)
 공정의 위험을 정성적으로 평가하는 기법 TF팀 구성으로 플랜트 노드별로 구분해서 위험등급별로 HAZOP sheet 기록으로 노드별 위험등급을 여러 등급으로 분류한다.
• 예비 위험분석(PHA)
 시스템 위험분석하기 전에 예비적 작업으로 공정의 위험부분을 열거하고 그 사고 빈도와 심각성에 대해 토의결정하는 기법이다.
• 결함수 분석(FTA)
 정성평가로부터 인지된 사고의 시나리오를 톱과제로 해서 그 사고가 발생되는데 모든 영향인자를 귀납적 방법으로 tree를 작성해서 분석, 고장율 data를 적용해 인지된 사고 과제의 고장확률을 구하는 기법이다.

Answer 14. ① 15. ③ 16. ② 17. ④

18 다음은 이동식 압축도시가스 자동차충전시설을 점검한 내용이다. 이 중 기준에 부적합한 경우는?

① 이동충전차량과 가스배관구를 연결하는 호스의 길이가 6m이었다.
② 가스배관구 주위에는 가스배관구를 보호하기 위하여 높이 40cm, 두께 13cm인 철근 콘크리트 구조물이 설치되어 있었다.
③ 이동충전차량과 충전설비 사이 거리는 8m이었고, 이동충전차량과 충전설비 사이에 강판제 방호벽이 설치되어 있었다.
④ 충전설비 근처 및 충전설비에서 6m 떨어진 장소에 수동 긴급차단장치가 각각 설치되어 있었으며 눈에 잘 띄었다.

해설 C.N.G 충전설비에서 충전호스길이는 8m이다.

19 독성가스 저장시설의 제독 조치로써 옳지 않은 것은?

① 흡수 중화조치
② 흡착 제거조치
③ 이송설비로 대기 중에 배출
④ 연소조치

해설 독성가스의 제독조치로 대기중에 배출하는 방식은 적합하지 않다.

20 도시가스 배관의 지하매설시 사용하는 침상재료(Bedding)는 배관 하단에서 배관 상단 몇 cm까지 포설하는가?

① 10
② 20
③ 30
④ 50

해설 가스배관 매설시 침상재료로 사용하는 모래 부설은 배관 상단 30cm까지 한다.

21 시안화수소를 충전한 용기는 충전 후 몇 시간 정치한 뒤 가스의 누출검사를 해야 하는가?

① 6
② 12
③ 18
④ 24

해설 시안화수소는 충전 후에 24시간 정치한 뒤에 가스누출 여부검사를 한다.

22 폭발등급은 안전간격에 따라 구분한다. 폭발등급 1급이 아닌 것은?

① 일산화탄소
② 메탄
③ 암모니아
④ 수소

해설
• 폭발 1등급 : 안전간격 0.6mm 이상의 가스 일산화탄소, 메탄, 에탄, 프로판, 암모니아, 부탄 등
• 폭발 2등급 : 안전간격 0.6~0.4mm의 가스 에틸렌, 석탄가스
• 폭발 3등급 : 안전간격 0.4mm 이하의 가스 수소, 아세틸렌, 이황화탄소, 수성가스

Answer 18. ① 19. ③ 20. ③ 21. ④ 22. ④

23 염소(Cl_2)의 재해 방지용으로서 흡수제 및 제해제가 아닌 것은?

① 가성소다 수용액
② 소석회
③ 탄산소다 수용액
④ 물

해설 염소가스 제해재
- 가성소다 수용액
- 탄산소다 수용액
- 소석회

24 다음 굴착공사 중 굴착공사를 하기 전에 도시가스사업자와 협의를 하여야 하는 것은?

① 굴착공사 예정지역 범위에 묻혀 있는 도시가스배관의 길이가 110m인 굴착공사
② 굴착공사 예정지역 범위에 묻혀 있는 송유관의 길이가 200m인 굴착공사
③ 해당 굴착공사로 인하여 압력이 3.2kPa인 도시가스배관의 길이가 30m 노출될 것으로 예상되는 굴착공사
④ 해당 굴착공사로 인하여 압력이 0.8MPa인 도시가스배관의 길이가 8m 노출될 것으로 예상되는 굴착공사

해설 굴착공사 예정지역 범위에 묻혀있는 도시가스 배관길이가 100m 이상인 굴착공사는 협의대상이다.

25 건축물 내 도시가스 매설배관으로 부적합한 것은?

① 동관
② 강관
③ 스테인리스강
④ 가스용 금속플렉시블 호스

해설 매설가스관으로 사용되는 배관
- PLP 강관
- 스텐레스관 강관
- 동관
- 가스용 금속플렉시블관

26 고압가스안전관리법의 적용을 받는 가스는?

① 철도차량의 에어컨디셔너 안의 고압가스
② 냉동능력 3톤 미만인 냉동설비 안의 고압가스
③ 용접용 아세틸렌가스
④ 액화브롬화메탄 제조설비 외에 있는 액화브롬화메탄

해설 고법 적용범위의 가스는 용접용 아세틸렌가스이다.
적용범위에서 제외되는 고압가스
- 철도차량의 에어컨디셔너 안의 고압가스
- 등화용 아세틸렌 가스
- 냉동능력 3톤 미만의 냉동설비 안의 고압가스
- 액화브롬화메탄 제조설비 이외에 있는 액화브롬화메탄

Answer 23. ④ 24. ① 25. ② 26. ③

27 일반도시가스사업자의 가스공급시설 중 정압기의 분해 점검 주기의 기준은?

① 1년에 1회 이상
② 2년에 1회 이상
③ 3년에 1회 이상
④ 5년에 1회 이상

해설 도시가스 일반정압기 분해점검주기는 2년에 1회 이상으로 한다.

28 자동차용 압축천연가스 완속충전설비에서 실린더 내경이 100mm, 실린더의 행정이 200mm, 회전수가 100rpm일 때 처리능력(m^3/h)은 얼마인가?

① 9.42 ② 8.21
③ 7.05 ④ 6.15

해설 압축기 처리능력(m^3/h)

$$= \frac{\pi}{4}(0.1)^2 \times 0.2 \times 100 \text{rpm} \times 60 \text{min/h}$$
$$= 9.42 m^3/h$$

29 다음 중 가연성이면서 유독한 가스는?

① NH_3 ② H_2
③ CH_4 ④ N_2

해설 ① 암모니아(NH_3) 독성, 가연성
② 수소(H_2) 가연성
③ 메탄(CH_4) 가연성
④ 질소(N_2) 불연성

30 다음은 어떤 안전설비에 대한 설명인가?

> 설비가 잘못 조작되거나 정상적인 제조를 할 수 없는 경우 자동으로 원재료의 공급을 차단시키는 등 고압가스 제조설비 안의 제조를 제어하는 기능을 한다.

① 긴급이송설비
② 인터록기구
③ 안전밸브
④ 벤트스택

해설 인터록장치는 오조작방지 장치이다.

31 LPG를 탱크로리에서 저장탱크로 이송 시 작업을 중단해야 되는 경우가 아닌 것은?

① 과충전이 된 경우
② 충전기에서 자동차에 충전하고 있을 때
③ 작업 중 주위에 화재 발생 시
④ 누출이 생길 경우

해설 이충전 작업시 작업을 중단하여야 하는 경우
• 작업 중 주위 화재 발생시
• 가스누출 발생시
• 과충전시
• 압축기사용시 액압축이 발생되는 경우
• 펌프사용시 베이퍼록 현상이 심화되는 경우

Answer 27. ② 28. ① 29. ① 30. ② 31. ②

32 다음 배관재료 중 사용온도 350℃ 이하, 압력이 10MPa 이상의 고압관에 사용되는 것은?

① SPP
② SPPH
③ SPPW
④ SPPG

[해설] ① SPP(배관용 탄소강관) : 사용압력이 낮은 물, 기름, 가스관 사용
② SPPH(고압배관용 탄소강관) : 350℃ 이하 압력 10MPa 이상 사용
③ SPPW(수도용 아연도금 강관) : 정수두 100m 이하 급수관용

33 대형 저장탱크 내를 가는 스테인리스관으로 상하로 움직여 관내에서 분출하는 가스상태와 액체상태의 경계면을 찾아 액면을 측정하는 액면계로 옳은 것은?

① 슬립튜브식 액면계
② 유리관식 액면계
③ 클링커식 액면계
④ 플로트식 액면계

[해설] 슬립튜브 게이지는 상하로 조작해서 분출되는 가스상태에 따라서 액면을 측정하는 액면계의 종류이다.

34 내압이 0.4~0.5MPa 이상이고, LPG나 액화가스와 같이 낮은 비점의 액체일 때 사용되는 터보식 펌프의 메카니컬 시일 형식은?

① 더블 시일
② 아웃사이드 시
③ 밸런스 시일
④ 언밸런스 시일

[해설] 메카니컬 시일 중 밸런스시일 방식은 내압이 0.4~0.5MPa 이상으로 LPG나 액화가스 같이 비점이 낮은 액체에 사용하는 방식이다.

35 3단 토출압력이 2MPa·g이고, 압축비가 2인 4단 공기압축기에서 1단 흡입 압력은 약 몇 MPa·g인가? (단, 대기압은 0.1MPa로 한다.)

① 0.16MPa·g
② 0.26MPa·g
③ 0.36MPa·g
④ 0.46MPa·g

[해설]
- 1단 흡입압력
  0.525MPa·abs ÷ 2(압축비)
  $= 0.2625$MPa·abs $- 0.1$MPa $= 0.1625$MPa·g
- 2단 흡입압력
  1.05MPa·abs ÷ 2(압축비)
  $= 0.525$MPa·abs
- 3단 흡입압력
  2.1MPa·abs ÷ 2(압축비) $= 1.05$MPa·abs
- 3단 토출압력
  2MPa·g $+ 0.1$MPa $= 2.1$MPa·abs
- 4단 흡입압력 : 2.1MPa·abs
- 4단 토출압력
  2.1MPa·abs × 2(압축비) $= 4.2$MPa·abs
  확인검산
  압축비 $= 2$
  압축비 $= \sqrt[\text{단수}]{\dfrac{4\text{단 토출압력(절대)}}{1\text{단 흡입압력(절대)}}}$
  $= \sqrt[4]{\dfrac{4.2\text{MPa·abs(절대)}}{0.2625\text{MPa·abs(절대)}}} = 2$

Answer 32. ② 33. ① 34. ③ 35. ①

36 반복하중에 의해 재료의 저항력이 저하하는 현상을 무엇이라고 하는가?
① 교축   ② 크리프
③ 피로   ④ 응력

해설 피로한도
파괴강도보다 상당히 낮은 응력에서도 계속되는 반복하중에 의해서 재료의 저항력이 저하되어 재료가 파괴되는 현상이다.

37 가연성가스 검출기 중 탄광에서 발생하는 CH_4의 농도를 측정하는데 주로 사용되는 것은?
① 간섭계형   ② 안전등형
③ 열선형   ④ 반도체형

해설 탄광 내에서 메탄 농도를 측정하는 안전등형은 2중의 철망에 둘러싸인 석유램프의 일종으로 메탄가스 존재시 불꽃 길이와 형상의 변화로 검지한다.

38 저온액화가스 탱크에서 발생할 수 있는 열의 침입현상으로 가장 거리가 먼 것은?
① 연결된 배관을 통한 열전도
② 단열재를 충전한 공간에 남은 가스 분자의 열전도
③ 내면으로부터의 열전도
④ 외면의 열복사

해설 저온탱크 열 침입 현상
• 연결된 배관을 통한 열전도
• 지지, 요오크에서의 열전도
• 밸브 및 안전밸브 등에 의한 열전도
• 외면으로부터의 열 복사
• 단열재를 충전한 공간에 남은 가스의 분자에 의한 열전도

39 가연성가스를 냉매로 사용하는 냉동제조시설의 수액기에는 액면계를 설치한다. 다음 중 수액기의 액면계로 사용할 수 없는 것은?
① 환형유리관 액면계
② 차압식 액면계
③ 초음파식 액면계
④ 방사선식 액면계

해설 냉동장치에서 냉매 수액기에 설치하는 액면계로서 유리제인 환형 유리관식 액면계는 특성상 부적당하다.

40 LP가스 자동차충전소에서 사용하는 디스펜서(Dispenser)에 대하여 옳게 설명한 것은?
① LP가스 충전소에서 용기에 일정량의 LP가스를 충전하는 충전기기이다.
② LP가스 충전소에서 용기에 충전하는 가스용적을 계량하는 기기이다.
③ 압축기를 이용하여 탱크로리에서 저장탱크로 LP가스를 이송하는 장치이다.
④ 펌프를 이용하여 LP가스를 저장탱크로 이송할 때 사용하는 안전장치이다.

해설 디스펜서는 LPG 충전소에서 일정량의 LPG를 충전하는 충전기기이다.

Answer 36. ③   37. ②   38. ③   39. ①   40. ①

41 다음 중 왕복식 펌프에 해당하는 것은?
① 기어펌프 ② 베인펌프
③ 터빈펌프 ④ 플런저펌프

해설 왕복식펌프
- 피스톤펌프
- 플런저펌프

42 도시가스의 측정 사항에 있어서 반드시 측정하지 않아도 되는 것은?
① 농도 측정 ② 연소성 측정
③ 압력 측정 ④ 열량 측정

해설 도시가스 측정에서 열량이나 연소성, 압력, 유량 등은 측정이 필요하나 농도측정은 필요치 않다.

43 펌프의 실제 송출유량을 Q, 펌프 내부에서의 누설유량을 $0.6Q$, 임펠러 속을 지나는 유량을 $1.6Q$라 할 때 펌프의 체적효율(η_V)은?
① 37.5%
② 40%
③ 60%
④ 62.5%

해설 실제송출유량 : Q
누설유량 : $0.6Q$
임펠러통과유량 : $1.6Q$(실제송출유량 + 누설유량)
∴ 체적효율(η_V)
$= \dfrac{\text{실제송출유량}}{\text{임펠러 통과유량(실제송출유량+ 누설유량)}}$
$= \dfrac{1}{1.6} \times 100 = 62.5\%$

44 LP가스 공급방식 중 자연기화 방식의 특징에 대한 설명으로 틀린 것은?
① 기화능력이 좋아 대량 소비시에 적당하다.
② 가스 조성의 변화량이 크다.
③ 설비장소가 크게 된다.
④ 발열량의 변화량이 크다.

해설 자연기화방식은 외기의 온도의 영향으로 강제기화방식에 비해 기화능력이 떨어지고 대량 소비에 원활한 가스공급이 어렵다.

45 다음 [보기]에서 설명하는 정압기의 종류는?

보기
- unloading 형이다.
- 본체는 복좌밸브로 되어 있어 상부에 다이어프램을 가진다.
- 정특성은 아주 좋으나 안정성은 떨어진다.
- 다른 형식에 비하여 크기가 크다.

① 레이놀드 정압기
② 엠코 정압기
③ 피셔식 정압기
④ 엑셀 플로우식 정압기

해설 언로딩형으로 정특성은 뛰어나나 안정성이 현저히 떨어지는 것은 레이놀드 정압기의 특징이며 단점이다.

Answer 41. ④ 42. ① 43. ④ 44. ① 45. ①

46 도시가스 제조방식 중 촉매를 사용하여 사용온도 400~800℃에서 탄화수소와 수증기를 반응시켜 수소, 메탄, 일산화탄소, 탄산가스 등의 저급 탄화수소로 변환시키는 프로세스는?

① 열분해 프로세스
② 접촉분해 프로세스
③ 부분연소 프로세스
④ 수소화분해 프로세스

해설 접촉분해공정 : 탄화수소와 수증기를 400~800℃ 범위의 반응온도에서 촉매 존재하에 반응시켜서 메탄, 수소, 일산화탄소, 이산화탄소로 변환하는 공정이다. 수증기 개질공정, 스팀개질공정으로도 명칭한다.

47 수소의 공업적 용도가 아닌 것은?

① 수증기의 합성
② 경화유의 제조
③ 메탄올의 합성
④ 암모니아 합성

해설 수소의 공업적 용도
- 암모니아 합성원료
- 연료전지, 로켓연료
- 메탄올 합성원료
- 경화유 제조
- 인조보석, 석영글라스 제조

48 다음 각 온도의 단위환산 관계로서 틀린 것은?

① 0℃ = 273K
② 32°F = 492°R
③ °K = −273℃
④ °K = 460°R

해설 °R=°K×1.8, °K= $\dfrac{°R}{1.8}$

∴ $\dfrac{460}{1.8}$ = 255.56°K

255.56°K = 460℃

49 다음 중 저장소의 바닥부 환기에 가장 중점을 두어야 하는 가스는?

① 메탄
② 에틸렌
③ 아세틸렌
④ 부탄

해설 가스비중이 공기보다 무거워서 바닥에 체류하는 가스는 바닥부 환기에 중점을 두어야 한다.

① 메탄(CH_4) : $\dfrac{16}{29}$ = 0.55 : 공기보다 가볍다.

② 에틸렌(C_2H_4) : $\dfrac{28}{29}$ = 0.97 : 공기보다 가볍다.

③ 아세틸렌(C_2H_2) : $\dfrac{26}{29}$ = 0.9 : 공기보다 가볍다.

④ 부탄(C_4H_{10}) : $\dfrac{58}{29}$ = 2 : 공기보다 무겁다.

Answer 46. ② 47. ① 48. ④ 49. ④

50 고압가스의 성질에 따른 분류가 아닌 것은?

① 가연성 가스
② 액화 가스
③ 조연성 가스
④ 불연성 가스

해설
- 고압가스 성질에 따른 분류
  가연성, 조연성, 불연성
- 가스 상태에 따른 분류
  액화가스, 압축가스, 용해가스 등

51 압력이 일정할 때 기체의 절대온도와 체적은 어떤 관계가 있는가?

① 절대온도와 체적은 비례한다.
② 절대온도와 체적은 반비례한다.
③ 절대온도는 체적의 제곱에 비례한다.
④ 절대온도는 체적의 제곱에 반비례한다.

해설 기체에서 절대온도와 체적은 비례한다.
샤를의 법칙(압력일정)

$$\frac{V_1}{T_1} = \frac{V_2}{T_2} \text{(압력=일정)}$$

52 100J의 일의 양을 Cal 단위로 나타내면 약 얼마인가?

① 24
② 40
③ 240
④ 400

해설
1cal = 4.186J

$$\therefore 1\text{cal} = \frac{100J}{4.186J} = 23.889\text{cal}$$

53 표준상태에서 분자량이 44인 기체의 밀도는?

① 1.96g/L
② 1.96kg/L
③ 1.55g/L
④ 1.55kg/L

해설 아보가드로의 법칙 : 표준상태에서 모든 기체의 1mol은 22.4L이다.

$$\therefore \text{44g 분자량 기체 밀도는 } \frac{44g}{22.4L} = 1.96g/L$$

54 고압가스 종류별 발생 현상 또는 작용으로 틀린 것은?

① 수소-탈탄작용
② 염소-부식
③ 아세탈렌-아세틸라이드 생성
④ 암모니아-카르보닐 생성

해설 암모니아는 질화작용과 취화작용이 발생된다.
카르보닐은 일산화탄소에서 Ni, Fe, Co 등과 반응해서 발생된다.

55 정압비열(C_p)와 정적비열(C_v)의 관계를 나타내는 비열비(k)를 옳게 나타낸 것은?

① $k = \dfrac{C_p}{C_v}$

② $k = \dfrac{C_v}{C_p}$

③ $k < 1$

④ $k = C_v - C_p$

해설
$$k = \frac{C_p}{C_v} \text{(비열비)}$$
$k > 1$

Answer 50. ② 51. ① 52. ① 53. ① 54. ④ 55. ①

56 다음 중 수소(H_2)의 제조법이 아닌 것은?

① 공기액화 분리법
② 석유 분해법
③ 천연가스 분해법
④ 일산화탄소 전화법

해설 수소의 제법
- 수성가스법(석탄 또는 코크스의 가스화법)
- 석유분해법
- 천연가스 분해법
- 일산화탄소 전화법

57 수은주 760mmHg 압력은 수주로는 얼마가 되는가?

① 9.33mH_2O
② 10.33mH_2O
③ 11.33mH_2O
④ 12.33mH_2O

해설 760mmHg=10.33mH_2O

58 일산화탄소의 성질에 대한 설명 중 틀린 것은?

① 산화성이 강한 가스이다.
② 공기보다 약간 가벼우므로 수상치환으로 포집한다.
③ 개미산에 진한 황산을 작용시켜 만든다.
④ 혈액 속의 헤모글로빈과 반응하여 산소의 운반력을 저하시킨다.

해설 일산화탄소는 강한 환원성을 갖고 있어 각종 금속을 단체로 생성한다(금속 야금법에 사용).

$$HCOOH \xrightarrow{C-H_2SO_4} CO + H_2O$$

포름산 : formic acid
(개미산)

59 프로판의 완전연소 반응식으로 옳은 것은?

① $C_3H_8 + 4O_2 \rightarrow 3CO_2 + 2H_2O$
② $C_3H_8 + 5O_2 \rightarrow 3CO_2 + 4H_2O$
③ $C_3H_8 + 2O_2 \rightarrow 3CO + H_2O$
④ $C_3H_8 + O_2 \rightarrow CO_2 + H_2O$

해설 프로판 완전연소식
$C_3H_8 + 5O_2 \rightarrow 3CO_2 + 4H_2O$

60 다음 중 확산 속도가 가장 빠른 것은?

① O_2
② N_2
③ CH_4
④ CO_2

해설 분자량이 작은 것이 확산속도가 빠르다.
[각 가스 분자량]
- O_2 : 32
- N_2 : 28
- CH_4 : 16
- CO_2 : 44

Answer 56. ① 57. ② 58. ① 59. ② 60. ③

가스기능사 2000제 문제은행

CBT 시험대비
▶ 2014년 10월 11일 시행

---

01 다음 각 가스의 정의에 대한 설명으로 틀린 것은?

① 압축가스란 일정한 압력에 의하여 압축되어 있는 가스를 말한다.
② 액화가스란 가압·냉각 등의 방법에 의하여 액체상태로 되어 있는 것으로서 대기압에서의 끓는점이 40℃ 이하 또는 상용온도 이하인 것을 말한다.
③ 독성가스란 인체에 유해한 독성을 가진 가스로서 허용농도가 100만분의 3000 이하인 것을 말한다.
④ 가연성가스란 공기 중에서 연소하는 가스로서 폭발한계의 하한이 10% 이하인 것과 폭발한계의 상한과 하한의 차가 20% 이상인 것을 말한다.

해설 독성가스는 허용농도가 100만분의 200 이하인 가스를 말한다.

02 용기 신규검사에 합격된 용기 부속품 각인에서 초저온 용기나 저온용기의 부속품에 해당하는 기호는?

① LT
② PT
③ MT
④ UT

해설 용기부속품 각인
① LT : 초저온 및 저온용기
② PG : 압축가스
③ LG : 액화가스
④ AG : 아세틸렌가스

03 용기의 재검사 주기에 대한 기준으로 맞는 것은?

① 압력용기는 1년마다 재검사
② 저장탱크가 없는 곳에 설치한 기화기는 2년마다 재검사
③ 500L 이상 이음매 없는 용기는 5년마다 재검사
④ 용접용기로서 신규검사 후 15년 이상 20년 미만인 용기는 3년마다 재검사

해설 500L 이상 이음매없는 용기는 5년마다 재검사 실시한다.

Answer 1. ③ 2. ① 3. ③

04 가스사용시설인 가스보일러의 급·배기방식에 따른 구분으로 틀린 것은?

① 반밀폐형 자연배기식(CF)
② 반밀폐형 강제배기식(FE)
③ 밀폐형 자연배기식(RF)
④ 밀폐형 강제급배기식(FF)

해설
- 자연배기식(Conventional Flue) : 실내공기로 연소하고 연소가스는 자연 드래프트에 의해 옥외로 배출하는 방식으로 급기구가 반드시 필요하다. 그러므로 밀폐형 자연배기식 해당되지 않는다.
- 강제배기식(Forced Exhaust) : 연소에 필요한 공기는 실내에서 취하고 배기는 팬을 이용해서 옥외로 강제 배출하는 방식으로 급기구가 반드시 필요하다.
- 강제급배기방식(Forced Draft Balanced Flue) : 자체내장된 팬으로 강제적으로 급배기하는 방식이다.

05 도시가스 배관을 지상에 설치 시 검사 및 보수를 위하여 지면으로부터 몇 cm 이상의 거리를 유지하여야 하는가?

① 10cm   ② 15cm
③ 20cm   ④ 30cm

해설 도시가스 배관 지상 설치시 지면과 이격거리는 30cm 이상 유지할 것

06 차량에 고정된 산소용기 운반 차량에는 일반인이 쉽게 식별할 수 있도록 표시하여야 한다. 운반차량에 표시하여야 하는 것은?

① 위험고압가스, 회사명
② 위험고압가스, 전화번호
③ 화기엄금, 회사명
④ 화기엄금, 전화번호

해설 차량에 고정된 용기의 운반차량 표시에는 위험고압가스와 연락처 표기

07 LPG 충전·집단공급 저장시설의 공기에 의한 내압시험시 상용압력의 일정 압력 이상으로 승압한 후 단계적으로 승압시킬 때, 상용압력의 몇 % 씩 증가시켜 내압시험압력에 달하였을 때 이상이 없어야 하는가?

① 5%   ② 10%
③ 15%   ④ 20%

해설 LPG 공급·저장시설 내압시험시 상용압력의 50%까지 올린 후 단계적으로 상용압력의 10%씩 증가시켜 실시한다.

08 도시가스도매사업자가 제조소 내에 저장능력이 20만톤인 지상식 액화천연가스 저장탱크를 설치하고자 한다. 이때 처리능력이 30만m^3인 압축기와 얼마 이상의 거리를 유지하여야 하는가?

① 10m   ② 24m
③ 30m   ④ 50m

해설 액화천연가스 저장탱크와 처리능력 30만m^3인 압축기와의 이격거리는 30m 이상되도록 한다.

09 특정고압가스사용시설에서 독성가스 감압설비와 그 가스의 반응설비 간의 배관에 반드시 설치하여야 하는 설비는?

① 안전밸브   ② 역화방지장치
③ 중화장치   ④ 역류방지장치

해설 독성가스 감압설비와 반응설비간의 배관에는 역류방지장치를 설치할 것

Answer 4. ③ 5. ④ 6. ② 7. ② 8. ③ 9. ④

10 과압안전장치 형식에서 용전의 용융온도로서 옳은 것은? (단, 저압부에 사용하는 것은 제외한다.)
① 40℃ 이하　② 60℃ 이하
③ 75℃ 이하　④ 105℃ 이하

해설 과압안전장치 가용전식 안전밸브의 용융온도는 75℃ 이하일 것(단 암모니아는 제외)

11 차량에 고정된 탱크 중 독성가스는 내용적을 얼마 이하로 하여야 하는가?
① 12000L　② 15000L
③ 16000L　④ 18000L

해설 차량고정용 탱크 독성가스 내용적은 12000L 이하일 것(단, 암모니아는 제외)

12 다음 중 2중관으로 하여야 하는 가스가 아닌 것은?
① 일산화탄소　② 암모니아
③ 염화메탄　④ 염소

해설 2중관으로 하여야 하는 가스
염소, 포스겐, 염화메탄, 아황산가스, 시안화수소, 황화수소, 산화에틸렌, 암모니아

13 LPG 저장탱크에 설치하는 압력계는 상용압력 몇 배 범위의 최고눈금이 있는 것을 사용하여야 하는가?
① 1~1.5배　② 1.5~2배
③ 2~2.5배　④ 2.5~3배

해설 고압가스설비에 설치하는 압력계 눈금범위는 상용압력의 1.5배~2배의 압력범위일 것

14 암모니아 취급 시 피부에 닿았을 때 조치사항으로 가장 적당한 것은?
① 열습포로 감싸준다.
② 아연화 연고를 바른다.
③ 산으로 중화시키고 붕대로 감는다.
④ 다량의 물로 세척 후 붕산수를 바른다.

해설 암모니아는 물에 잘 녹기 때문에 다량의 물로 세척 후 붕산수를 바른다.

15 압축, 액화 등의 방법으로 처리할 수 있는 가스의 용적이 1일 100m^3 이상인 사업소에는 표준이 되는 압력계를 몇 개 이상 비치하여야 하는가?
① 1개　② 2개
③ 3개　④ 4개

해설 1일 처리능력 100m^3 이상인 사업소에는 표준압력계 2개 이상 비치할 것

16 압력조정기 출구에서 연소기 입구까지의 호스는 얼마 이상의 압력으로 기밀시험을 실시하는가?
① 2.3kPa　② 3.3kPa
③ 5.63kPa　④ 8.4kPa

해설 압력조정기 출구에서 연소기까지 호스의 기밀시험은 8.4kPa 이상으로 할 것

Answer　10. ③　11. ①　12. ①　13. ②　14. ④　15. ②　16. ④

17 가연성가스 및 독성가스의 충전용기보관실에 대한 안전거리 규정으로 옳은 것은?

① 충전용기 보관실 1m 이내에 발화성물질을 두지 말 것
② 충전용기 보관실 2m 이내에 인화성물질을 두지 말 것
③ 충전용기 보관실 5m 이내에 발화성물질을 두지 말 것
④ 충전용기 보관실 8m 이내에 인화성물질을 두지 말 것

해설 가연성가스 충전용기 보관실 2m 이내에 인화성 물질을 두지 않도록 할 것

18 액화염소가스 1375kg을 용량 50L인 용기에 충전하려면 몇 개의 용기가 필요한가? (단, 액화염소가스의 정수[C]는 0.8이다.)

① 20
② 22
③ 35
④ 37

해설
$$G = \frac{V}{C}$$
$V = 1375 \times 0.8 = 1100L$, $\frac{1100L}{50L} = 22$본

19 고압가스 품질검사에 대한 설명으로 틀린 것은?

① 품질검사 대상 가스는 산소, 아세틸렌, 수소이다.
② 품질검사는 안전관리책임자가 실시한다.
③ 산소는 동·암모니아 시약을 사용한 오르잣드법에 의한 시험결과 순도가 99.5% 이상이어야 한다.
④ 수소는 하이드로썰파이드 시약을 사용한 오르잣드법에 의한 시험결과 순도가 99.0% 이상이어야 한다.

해설 수소 품질검사
• 피로카롤 또는 하이드로설파이드 시약의 오르잣드법
• 순도 98.5%
• 35℃에서 11.8Mpa 이상일 것(충전압력)

20 저장탱크 방류둑 용량은 저장능력에 상당하는 용적 이상의 용적이어야 한다. 다만, 액화산소 저장탱크의 경우에는 저장능력 상당 용적의 몇 % 이상으로 할 수 있는가?

① 40
② 60
③ 80
④ 90

해설 액화산소의 방류둑 용량은 저장능력의 상당 용적의 60% 이상이어야 한다.

Answer 17. ② 18. ② 19. ④ 20. ②

21 도시가스 중압 배관을 매몰할 경우 다음 중 적당한 색상은?

① 회색   ② 청색
③ 녹색   ④ 적색

해설 도시가스 매설관 색상
• 중·고압배관 : 적색
• 저압배관 : 황색

22 가연성가스를 취급하는 장소에서 공구의 재질로 사용하였을 경우 불꽃이 발생할 가능성이 가장 큰 것은?

① 고무   ② 가죽
③ 알루미늄 합금   ④ 나무

해설 스파크 발생 가능성이 큰 재질로 알루미늄 합금이 높다.

23 고압가스 저장능력 산정기준에서 액화가스의 저장탱크 저장능력을 구하는 식은? (단, Q, W는 저장능력, P는 최고충전압력, V는 내용적, C는 가스종류에 따른 정수, d는 가스의 비중이다.)

① $W = 0.9dV$
② $Q = 10PV$
③ $W = \dfrac{V}{C}$
④ $Q = (10P+1)V$

해설 액화가스 저장탱크 내용적 계산식
$$W = 0.9dV$$

24 도시가스 공급시설의 안전조작에 필요한 조명등의 조도는 몇 럭스 이상이어야 하는가?

① 100   ② 150
③ 200   ④ 300

해설 가스 공급시설 방폭등의 조도는 150럭스 이상일 것

25 도시가스사업법에서 정한 특정가스사용시설에 해당하지 않는 것은?

① 제 1종 보호시설 내 월사용예정량 1,000m^3 이상인 가스사용시설
② 제 2종 보호시설 내 월사용예정량 2,000m^3 이상인 가스사용시설
③ 월사용예정량 2,000m^3 이하인 가스사용시설 중 많은 사람이 이용하는 시설로 시·도지사가 지정하는 시설
④ 전기사업법, 에너지이용합리화법에 의한 가스사용시설

해설 특정가스시설에서 제외되는 것은 전기사업법, 에너지이용합리화법에 의한 가스사용시설은 포함되지 않는다.

26 가연성 가스용 가스누출경보 및 자동차단장치의 경보농도설정치의 기준은?

① ±5% 이하   ② ±10% 이하
③ ±15% 이하   ④ ±25% 이하

해설 가연성가스 경보농도 설정치 기준은 ±25% 이하의 범위일 것

Answer 21. ④ 22. ③ 23. ① 24. ② 25. ④ 26. ④

27 액화가스를 충전하는 탱크는 그 내부에 액면요동을 방지하기 위하여 무엇을 설치하여야 하는가?

① 방파판 ② 안전밸브
③ 액면계 ④ 긴급차단장치

해설 액화가스탱크 내부 액면요동 방지장치로는 방파판을 설치한다.

28 고압가스 충전용 밸브를 가열할 때의 방법으로 가장 적당한 것은?

① 60℃ 이상의 더운물을 사용한다.
② 열습포를 사용한다.
③ 가스버너를 사용한다.
④ 복사열을 사용한다.

해설 충전밸브 동결 시 40℃ 이하의 열습포를 사용한다.

29 일반도시가스사업 정압기실에 설치되는 기계환기설비 중 배기구의 관경은 얼마 이상으로 하여야 하는가?

① 10cm
② 20cm
③ 30cm
④ 50cm

해설 정압기실 배기구의 관경은 100mm(10cm) 이상일 것

30 도시가스 공급시설을 제어하기 위한 기기를 설치한 계기실의 구조에 대한 설명으로 틀린 것은?

① 계기실의 구조는 내화구조로 한다.
② 내장재는 불연성 재료로 한다.
③ 창문은 망입(網入)유리 및 안전유리 등으로 한다.
④ 출입구는 1곳 이상에 설치하고 출입문은 방폭문으로 한다.

해설 출입구는 2곳 이상 설치하고 출입문은 방화문으로 한다.

31 가스미터의 설치장소로서 가장 부적당한 곳은?

① 통풍이 양호한 곳
② 전기공작물 주변의 직사광선이 비치는 곳
③ 가능한 한 배관의 길이가 짧고 꺾이지 않는 곳
④ 화기와 습기에서 멀리 떨어져 있고 청결하며 진동이 없는 곳

해설 전기설비와는 이격되어야 하며 직사광선 또는 빗물을 받을 우려가 있는 곳에는 격납상자내에 설치할 것

Answer 27. ① 28. ② 29. ① 30. ④ 31. ②

32 액주식 압력계에 사용되는 액체의 구비조건으로 틀린 것은?

① 화학적으로 안정되어야 한다.
② 모세관 현상이 없어야 한다.
③ 점도와 팽창계수가 작아야 한다.
④ 온도변화에 의한 밀도변화가 커야 한다.

해설) 액주식 압력계의 봉입액은 온도변화에 의한 밀도변화가 작아야 한다.

33 고압가스안전관리법령에 따라 고압가스 판매시설에서 갖추어야 할 계측설비가 바르게 짝지어진 것은?

① 압력계, 계량기
② 온도계, 계량기
③ 압력계, 온도계
④ 온도계, 가스분석계

해설) 가스판매시설에 구비하여야 할 계측기로는 압력계, 계량기

34 사용 압력이 2MPa, 관의 인장강도가 20kg/mm²일 때의 스케줄 번호(Sch No)는? (단, 안전율은 4로 한다.)

① 10 ② 20
③ 40 ④ 80

해설) 스케줄번호 $= 10 \times \dfrac{\text{사용압력}(kg/cm^2)}{\text{허용능력}(kg/mm^2)}$

$= 10 \times \dfrac{20kg/cm^2}{20/4} = 40$

$\left(\text{허용응력} = \dfrac{\text{인장강도}}{\text{안전율}}\right)$

35 부취제 주입용기를 가스압으로 밸런스시켜 중력에 의해서 부취제를 가스 흐름 중에 주입하는 방식은?

① 적하 주입방식
② 펌프 주입방식
③ 위크증발식 주입방식
④ 미터연결 바이패스 주입방식

해설) 부취제 주입설비에서 중력에 의해 주입하는 방식은 적하주입방식이다.

36 도시가스의 품질검사 시 가장 많이 사용되는 검사방법은?

① 원자흡광광도법
② 가스크로마토그래피법
③ 자외선, 적외선 흡수분광법
④ ICP법

해설) 품질검사에서 가스분석시 가스크로마토그래피(G.C)가 가장 널리 쓰인다.

Answer 32. ④ 33. ① 34. ③ 35. ① 36. ②

37 도시가스시설 중 입상관에 대한 설명으로 틀린 것은?

① 입상관이 화기가 있을 가능성이 있는 주위를 통과하여 불연재료로 차단조치를 하였다.
② 입상관의 밸브는 분리 가능한 것으로서 바닥으로부터 1.7m의 높이에 설치하였다.
③ 입상관의 밸브를 어린 아이들이 장난을 못하도록 3m의 높이에 설치하였다.
④ 입상관의 밸브 높이가 1m 이어서 보호상자 안에 설치하였다.

해설 입상관 밸브의 높이는 1.6m 이상, 2m 이하가 되도록 설치한다.

38 배관 속을 흐르는 액체의 속도를 급격히 변화시키면 물이 관벽을 치는 현상이 일어나는데 이런 현상을 무엇이라 하는가?

① 캐비테이션 현상
② 워터햄머링현상
③ 서징 현상
④ 맥동 현상

해설 배관 속 유체를 급격하게 개폐할 경우 심한 요동치는 현상이 발생하는데 워터햄머링 즉 수격작용이라고 한다.

39 연소기의 설치방법으로 틀린 것은?

① 환기가 잘 되지 않은 곳에는 가스 온수기를 설치하지 아니한다.
② 밀폐형 연소기는 급기구 및 배기통을 설치하여야 한다.
③ 배기통의 재료는 불연성 재료로 한다.
④ 개방형 연소기가 설치된 실내에는 환풍기를 설치한다.

해설 밀폐형 연소기는 외부에서 연소용 공기를 공급하고 배기가스 또한 외부로 배출하는 방식으로 F.F식이라고도 한다.(강제급배기방식)

40 오리피스 미터의 특징에 대한 설명으로 옳은 것은?

① 압력손실이 매우 작다.
② 침전물이 관벽에 부착되지 않는다.
③ 내구성이 좋다.
④ 제작이 간단하고 교환이 쉽다.

해설 오리피스 미터는 제작이 간단하고 교환이 쉬우나 압력손실이 매우 크고 침전물 퇴적의 우려가 있다.

Answer 37. ③ 38. ② 39. ② 40. ④

41 압력조정기의 종류에 따른 조정압력이 틀린 것은?

① 1단 감압식 저압조정기 : 2.3 ~ 3.3kPa
② 1단 감압식 준저압조정기 : 5 ~ 30kPa 이내에서 제조자가 설정한 기준압력의 ±20%
③ 2단 감압식 2차용 저압조정기 : 2.3 ~ 3.3kPa
④ 자동절체식 일체형 조압조정기 : 2.3 ~ 3.3kPa

해설) 압력조정기 조정압력범위
자동절체식 일체형 저압조정기 : 2.55 ~ 3.3kPa

42 용기의 내용적이 105L인 액화암모니아 용기에 충전할 수 있는 가스의 충전량은 약 몇 kg인가? (단, 액화암모니아의 가스정수 C값은 1.86이다.)

① 20.5
② 45.5
③ 56.5
④ 117.5

해설)
$$G = \frac{V}{C}$$

∴ $\frac{105L}{1.86} = 56.45kg$

43 증기 압축식 냉동기에서 냉매가 순환되는 경로로 옳은 것은?

① 압축기 → 증발기 → 응축기 → 팽창밸브
② 증발기 → 응축기 → 압축기 → 팽창밸브
③ 증발기 → 팽창밸브 → 응축기 → 압축기
④ 압축기 → 응축기 → 팽창밸브 → 증발기

해설) 증기 압축식 냉동기 순환경로

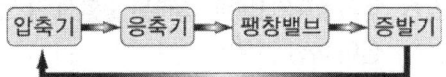

44 도시가스 정압기에 사용되는 정압기용 필터의 제조기술기준으로 옳은 것은?

① 내가스 성능시험의 질량변화율은 5 ~ 8%이다.
② 입, 출구 연결부는 플랜지식으로 한다.
③ 기밀시험은 최고사용압력 1.25배 이상의 수압으로 실시한다.
④ 내압시험은 최고사용압력 2배의 공기압으로 실시한다.

해설) 정압기 필터의 연결부는 플랜지 타입으로 한다.

Answer 41. ④ 42. ③ 43. ④ 44. ②

45 구조가 간단하고 고압, 고온 밀폐탱크의 압력까지 측정이 가능하여 가장 널리 사용되는 액면계는?

① 크린카식 액면계
② 벨로우즈식 액면계
③ 차압식 액면계
④ 부자식 액면계

해설 플루우트식(부자식) 액면계는 구조가 간단하고 고온, 고압의 밀폐식 탱크에 적합하다.

46 주기율표의 0족에 속하는 불활성 가스의 성질이 아닌 것은?

① 상온에서 기체이며, 단원자 분자이다.
② 다른 원소와 잘 화합한다.
③ 상온에서 무색, 무미, 무취의 기체이다.
④ 방전관에 넣어 방전시키면 특유의 색을 낸다.

해설 0족 기체(비활성)는 다른 원소와 잘 반응하지 않는 안정된 구조를 갖는다.

47 LPG 1L가 기화해서 약 250L의 가스가 된다면 10kg의 액화 LPG가 기화하면 가스 체적은 얼마나 되는가? (단, 액화 LPG의 비중은 0.5이다.)

① 1.25m³
② 5.0m³
③ 10.0m³
④ 25m³

해설 $\dfrac{10\text{kg}}{0.5\text{kg/L}} \times 250\text{L} = 5000\text{L} = 5\text{m}^3$

48 공급가스인 천연가스 비중이 0.6이라 할 때 45m 높이의 아파트 옥상까지 압력손실은 약 몇 mmH₂O인가?

① 18.0
② 23.3
③ 34.9
④ 27.0

해설 입상관 압력손실 = $1.29(1-S)h$

∴ $1.293(1-0.6)45\text{m} = 23.274\text{mmH}_2\text{O}$

49 시안화수소 충전에 대한 설명 중 틀린 것은?

① 용기에 충전하는 시안화수소는 순도가 98% 이상이어야 한다.
② 시안화수소를 충전한 용기는 충전 후 24시간 이상 정치한다.
③ 시안화수소는 충전 후 30일이 경과되기 전에 다른 용기에 옮겨 충전하여야 한다.
④ 시안화수소 충전용기는 1일 1회 이상 질산구리 벤젠 등의 시험지로 가스누출 검사를 한다.

해설 시안화수소는 충전 후 60일이 경과되기 전에 다른 용기로 옮겨서 충전한다(단, 순도 98% 이상으로 착색되지 않은 것은 제외한다.).

50 다음 중 절대압력을 정하는데 기준이 되는 것은?

① 게이지 압력
② 국소 대기압
③ 완전 진공
④ 표준 대기압

해설 절대압력은 완전진공을 기준으로 한다.

Answer 45. ④ 46. ② 47. ② 48. ② 49. ③ 50. ③

51 일산화탄소 전화법에 의해 얻고자 하는 가스는?
① 암모니아 ② 일산화탄소
③ 수소 ④ 수성가스

해설 일산화탄소 전화법
일산화탄소에 수증기를 반응시켜 철-크롬계 촉매와 함께 가열하여 수소를 얻는다.
$CO + H_2O \rightarrow CO_2 + H_2$

52 도시가스는 무색, 무취이기 때문에 누출 시 중독 및 사고를 미연에 방지하기 위하여 부취제를 첨가하는데 그 첨가비율의 용량이 얼마의 상태에서 냄새를 감지할 수 있어야 하는가?
① 0.1% ② 0.01%
③ 0.2% ④ 0.02%

해설 부취제 첨가농도는 공기 중 $\frac{1}{1000}$ 농도에서 감지하도록 한다.
$\frac{1}{1000} \times 100 = 0.1\%$

53 절대온도로 표시한 것 중 가장 거리가 먼 것은?
① $-273.15℃$
② $0°K$
③ $0°R$
④ $0°F$

해설 $0°K$(절대온도)= $-273℃$
∴ $-460°F = 0°R$

54 염소(Cl_2)에 대한 설명으로 틀린 것은?
① 황록색의 기체로 조연성이 있다.
② 강한 자극성의 취기가 있는 독성기체이다.
③ 수소와 염소의 등량 혼합기체를 염소폭명기라 한다.
④ 건조 상태의 상온에서 강재에 대하여 부식성을 갖는다.

해설 건조한 상태의 염소는 강재에 부식성이 없으므로 염소용기 재질로 탄소강을 사용한다.

55 '효율이 100%인 열기관은 제작이 불가능하다.'라고 표현되는 법칙은?
① 열역학 제0법칙
② 열역학 제1법칙
③ 열역학 제2법칙
④ 열역학 제3법칙

해설 열역학 제2법칙 : 클라시우스의 이론
자기 스스로 저온에서 고온으로 열을 전달할 수 없다. 또한 성능계수가 무한대인 냉동기는 제작할 수 없다. 즉 제2종 영구기관인 효율이 100%인 열기관은 제작이 불가능하다.

56 순수한 물의 증발 잠열은?
① 539kcal/kg
② 79.68kcal/kg
③ 639cal/kg
④ 80.68cal/kg

해설 100℃ 물 → 100℃ 수증기
증발잠열 : 539kcal/kg

Answer 51. ③ 52. ① 53. ④ 54. ④ 55. ③ 56. ①

57 게이지압력 1520mmHg는 절대압력으로 몇 기압인가?

① 0.33atm ② 3atm
③ 30atm   ④ 33atm

해설
절대압력 = 게이지압력 + 대기압
= 1520mmHg + 760mmHg
= 2280mmHg

∴ $\dfrac{2280\text{mmHg}}{760\text{mmHg}} \times 1\text{atm} = 3\text{atm}$

58 압력단위를 나타낸 것은?

① kg/cm^2 ② kL/m^2
③ $kcal/mm^2$ ④ kV/km^2

해설 압력 : 단위면적에 작용하는 힘(kg/cm^2)

59 A의 분자량은 B의 분자량의 2배이다. A와 B의 확산속도의 비는?

① $\sqrt{2} : 1$
② $4 : 1$
③ $1 : 4$
④ $1 : \sqrt{2}$

해설 그레엄의 기체의 확산속도 법칙
두 가지 기체가 퍼지는 확산속도는 그 기체의 밀도(분자량)의 제곱근에 반비례한다. 즉, 분자량이 큰 것이 확산속도가 느리다.

$$\dfrac{UB}{UA} = \sqrt{\dfrac{MA}{MB}}$$

$\dfrac{B}{A} = \sqrt{\dfrac{2}{1}}$ ∴ $1 : \sqrt{2}$

60 부탄(C_4H_{10})가스의 비중은?

① 0.55 ② 0.9
③ 1.5   ④ 2

해설
• 가스 비중(공기 = 1)
• 공기분자량 = 29
• 부탄분자량 = 58

∴ $\dfrac{58}{29} = 2$

Answer 57. ② 58. ① 59. ④ 60. ④

가스기능사 2000제 문제은행

CBT 시험대비
▶ 2015년 1월 25일 시행

01 메탄가스의 특성에 대한 설명으로 틀린 것은?
① 메탄은 프로판에 비해 연소에 필요한 산소량이 많다.
② 폭발한농도가 프로판보다 높다.
③ 무색·무취이다.
④ 폭발상한농도가 부탄보다 높다.

[해설] 메탄은 탄소가 1개로 프로판의 탄소 3개 보다 적어 연소시 산소 요구량이 2.5배 적다.
$CH_4 + 2O_2 \to CO_2 + 2H_2O$
$C_3H_8 + 5O_2 \to 3CO_2 + 4H_2O$
$\dfrac{프로판\ 연소시\ 산소량}{메탄\ 연소시\ 산소량} : \dfrac{5몰}{2몰} = 2.5배$

02 하버 - 보시법으로 암모니아 44g을 제조하려면 표준상태에서 수소는 약 몇 L가 필요한가?
① 22　　② 44
③ 87　　④ 100

[해설]
$N_2 + 3H_2 \to 2NH_3$
　　$(3 \times 22.4)L : 34g$
　　　　$xL : 44g$
$x = \left(\dfrac{44}{34}\right) \times (3 \times 22.4) = 86.96L$

03 섭씨온도로 측정할 때 상승된 온도가 5℃이었다. 이 때 화씨온도로 측정하면 상승온도는 몇 도인가?
① 7.5　　② 8.3
③ 9.0　　④ 41

[해설] $5 \times 1.8 = 9도$

04 다음 중 표준상태에서 가스상 탄화수소의 점도가 가장 높은 가스는?
① 에탄　　② 메탄
③ 부탄　　④ 프로판

[해설] 가스상 포화탄화수소의 점도는 탄소수가 적을수록 점도가 높다.
　[점도가 높은 순서]
　· CH_4(탄소수 1개)　· C_2H_6(탄소수 2개)
　· C_3H_8(탄소수 3개)　· C_4H_8(탄소수 4개)

05 SNG에 대한 설명으로 가장 적당한 것은?
① 액화석유가스
② 액화천연가스
③ 정유가스
④ 대체천연가스

[해설] SNG : 대체 천연가스, 합성 천연가스

Answer 1.④　2.③　3.③　4.②　5.④

06 암모니아의 성질에 대한 설명으로 옳지 않은 것은?

① 가스일 때 공기보다 무겁다.
② 물에 잘 녹는다.
③ 구리에 대하여 부식성이 강하다.
④ 자극성 냄새가 있다.

해설 암모니아(NH_3)는 분자량이 17로 공기 분자량 29보다 가볍다.
가스비중 = $\frac{17}{29}$ = 0.586배 가볍다.

07 액체는 무색 투명하고, 특유의 복숭아향을 가진 맹독성 가스는?

① 일산화탄소
② 포스겐
③ 시안화수소
④ 메탄

해설 시안화수소(HCN)는 복숭아 향기가 나는 독성가스이다.

08 도시가스의 원료인 메탄가스를 완전연소시켰다. 이 때 어떤 가스가 주로 발생되는가?

① 부탄
② 암모니아
③ 콜타르
④ 이산화탄소

해설 $CH_4 + 2O_2 \rightarrow CO_2 + 2H_2O$
메탄 연소시 CO_2와 H_2O가 생성된다.

09 어떤 물질의 고유의 양으로 측정하는 장소에 따라 변함이 없는 물리량은?

① 질량
② 중량
③ 부피
④ 밀도

해설 질량(kg_m)은 물질의 고유의 양으로 장소에 따라 달라지지는 않으나 중량은 중력장 하에서는 변하므로 중량(kg_f)으로 달리 표기한다.

10 다음 중 지연성 가스로만 구성되어 있는 것은?

① 일산화탄소, 수소
② 질소, 아르곤
③ 산소, 이산화질소
④ 석탄가스, 수성가스

해설 ① 일산화탄소, 수소 : 가연성가스
② 질소, 아르곤 : 불연성가스
③ 산소, 이산화질소 : 지연성가스(조연성)
④ 석탄가스, 수성가스 : 가연성가스

11 표준대기압 하에서 물 1kg의 온도를 1℃ 올리는데 필요 열량은 얼마인가?

① 0kcal
② 1kcal
③ 80kcal
④ 539kcal/kg·℃

해설 1kcal : 물 1kg을 1℃ 올리는데 필요한 열량

Answer 6. ① 7. ③ 8. ④ 9. ① 10. ③ 11. ②

12 고압가스판매자가 실시하는 용기의 안전점검 및 유지관리의 기준으로 틀린 것은?

① 용기 아랫부분의 부식상태를 확인할 것
② 완성검사 도래 여부를 확인할 것
③ 밸브의 그랜드너트가 고정핀으로 이탈방지를 위한 조치가 되어 있는지의 여부를 확인할 것
④ 용기캡이 씌워져 있거나 프로텍터가 부착되어 있는지의 여부를 확인할 것

해설 가스용기의 안전점검 및 유지관리에서는 사용 연한에 대한 재검사가 있고, 완성검사는 가스설비에 해당된다.

13 가연성가스의 제조설비 중 전기설비를 방폭성능을 가지는 구조로 갖추지 아니하여도 되는 가스는?

① 암모니아
② 염화메탄
③ 아크릴알데히드
④ 산화에틸렌

해설 암모니아, 브롬화메탄은 가연성가스이나 폭발하한이 높은 관계로 전기설비는 방폭성능 구조에서 제외된다.

14 수소의 특징에 대한 설명으로 옳은 것은?

① 조연성 기체이다.
② 폭발범위가 넓다.
③ 가스의 비중이 커서 확산이 느리다.
④ 저온에서 탄소와 수소취성을 일으킨다.

해설 수소는 가연성 기체로서 폭발범위가 4~75%로 넓고 고온고압 하에서 수소취성(탈탄작용)을 일으킨다.

15 다음 중 제1종 보호시설이 아닌 것은?

① 가설건축물이 아닌 사람을 수용하는 건축물로서 사실상 독립된 부분의 연면적이 1500m^2인 건축물
② 문화재보호법에 의하여 지정문화재로 지정된 건축물
③ 수용 능력이 100인(人) 이상인 공연장
④ 어린이집 및 어린이놀이시설

해설 [제1종 보호시설]
1) 학교, 유치원, 어린이집, 놀이방, 어린이놀이터, 학원, 병원(의원을 포함한다), 도서관, 청소년수련시설, 경로당, 시장, 공중목욕탕, 호텔, 여관, 극장, 교회 및 공회당
2) 사람을 수용하는 건축물(가설건축물은 제외한다)로서 사실상 독립된 부분의 연면적이 1천m^2 이상인 것
3) 예식장, 장례식장 및 전시장, 그 밖에 이와 유사한 시설로서 300명 이상 수용할 수 있는 건축물
4) 아동복지시설 또는 장애인복지시설로 20명 이상 수용할 수 있는 건축물
5) 문화재보호법에 따라 지정문화재로 지정된 건축물

[제2종 보호시설]
1) 주택
2) 사람을 수용하는 건축물(가설건축물 제외)로서 사실상 독립된 부분의 연면적이 100m^2 이상 1,000m^2 미만인 것

Answer 12. ② 13. ① 14. ② 15. ③

16 공기 중에서 폭발범위가 가장 좁은 것은?
① 메탄   ② 프로판
③ 수소   ④ 아세틸렌

해설 폭발범위
① 메탄 : 5~15%
② 프로판 : 2.1~9.5%
③ 수소 : 4~75%
④ 아세틸렌 : 2.5~81%

17 운반 책임자를 동승시키지 않고 운반하는 액화석유가스용 차량에서 고정된 탱크에 설치하여야 하는 장치는?
① 살수장치   ② 누설방지장치
③ 폭발방지장치   ④ 누설경보장치

해설 LPG 이송 탱크로리
LPG 운송차량에 고정된 탱크(LPG 탱크로리)에 설치하는 안전장치는 폭발방지장치, 긴급차단장치, 안전밸브 등이 있다.

18 용기에 의한 액화석유가스 저장소에서 실외 저장소 주위의 경계 울타리와 용기보관장소 사이에는 얼마 이상의 거리를 유지하여야 하는가?
① 2m   ② 8m
③ 15m   ④ 20m

해설
• LPG 저장소의 실외저장소 경계책과 용기보관장소 이격거리는 20m 이상 유지할 것
• 충전용기와 잔가스 용기 보관장소 1.5m 이상 간격을 이격할 것
• 용기 단위 집적량 30톤 초과하지 않을 것
• 파렛트에 집적된 용기 높이 0.5m 이하일 것
• 파렛트에 넣지 않은 용기는 2단 이하로 쌓을 것

19 일반도시가스사업의 가스공급시설 기준에서 배관을 지상에 설치할 경우 가스 배관의 표면 색상은?
① 흑색   ② 청색
③ 적색   ④ 황색

해설 일반도시가스 사업자 공급배관 지상 설치 시 황색으로 도색할 것

20 고압가스안전관리법상 독성가스는 공기 중에 일정량 이상 존재하는 경우 인체에 유해한 독성을 가진 가스로서 허용 농도(해당 가스를 성숙한 흰쥐 집단에게 대기 중에서 1시간 동안 계속하여 노출시킨 경우 14일 이내에 그 흰쥐의 2분의 1 이상이 죽게 되는 가스의 농도를 말한다.)가 얼마인 것을 말하는가?
① 100만 분의 2000 이하
② 100만 분의 3000 이하
③ 100만 분의 4000 이하
④ 100만 분의 5000 이하

해설 독성가스 허용농도(성숙한 흰 쥐 집단에서 대기 중에서 1시간 동안 계속 노출 후 14일 이내 1/2이 죽게 되는 농도)는 100만 분의 5000 이하일 것

21 오리피스 유량계는 어떤 형식의 유량계인가?
① 차압식
② 면적식
③ 용적식
④ 터빈식

해설 차압식 유량계 : 오리피스, 벤튜리, 플로노즐

Answer 16. ② 17. ③ 18. ④ 20. ④ 21. ①

22. 빙점 이하의 낮은 온도에서 사용되며 LPG 탱크, 저온에서도 인성이 감소되지 않는 화학 공업 배관 등에 주로 사용되는 관의 종류는?

① SPLT
② SPHT
③ SPPH
④ SPPS

해설 저온배관에 사용되는 배관의 기호 : SPLT

23. 1단 감압식 저압조정기의 조정압력(출구압력)은?

① 2.3 ~ 3.3kPa
② 5 ~ 30kPa
③ 32 ~ 83kPa
④ 57 ~ 83kPa

해설 1단 감압저압조정기 조정 압력범위 : 2.3 ~ 3.3kPa

24. 도시가스용 압력조정기에 대한 설명으로 옳은 것은?

① 유량성능은 제조자가 제시한 설정 압력의 ±10% 이내로 한다.
② 합격표시는 바깥지름이 5mm의 "K" 자 각인을 한다.
③ 입구측 연결배관 관경은 50A 이상의 배관에 연결되어 사용되는 조정기이다.
④ 최대 표시유량 300Nm³/h 이상인 사용처에 사용되는 조정기이다.

해설 압력조정기 합격표시는 바깥지름 5mm의 K자를 각인

25. 고압가스용 이음매 없는 용기에서 내력비란?

① 내력과 압궤강도의 비를 말한다.
② 내력과 파열강도의 비를 말한다.
③ 내력과 압축강도의 비를 말한다.
④ 내력과 인장강도의 비를 말한다.

해설 무계목 용기의 내력비는 내력과 인장강도의 비

26. 단위 체적당 물체의 질량은 무엇을 나타내는 것인가?

① 중량
② 비열
③ 비체적
④ 밀도

해설 밀도 : 단위 체적당 질량 : kg/m^3, g/L

27. 수소에 대한 설명으로 틀린 것은?

① 상온에서 자극성을 갖는 가연성 기체이다.
② 폭발범위는 공기 중에서 약 4 ~ 75%이다.
③ 염소와 반응하여 폭명기를 형성한다.
④ 고온·고압에서 강재 중 탄소와 반응하여 수소취성을 일으킨다.

해설 수소는 가연성 기체로 가볍고 확산이 매우 빠르나 자극성은 없다.

Answer 22. ① 23. ① 24. ② 25. ④ 26. ④ 27. ①

28 비중이 13.6인 수은은 76cm의 높이를 갖는다. 비중이 0.5인 알코올로 환산하면 그 수주는 몇 m인가?

① 20.67 ② 15.2
③ 13.6   ④ 5

해설 $\frac{13.6}{0.5} \times 0.76m = 20.672m$

29 기체연료의 연소 특성으로 틀린 것은?

① 소형 버너로 매연이 적고, 완전연소가 가능하다.
② 하나의 연료 공급원으로부터 다수의 연소로와 버너에 쉽게 공급된다.
③ 미세한 연소 조정이 어렵다.
④ 연소율의 가변범위가 넓다.

해설 기체연소는 확산연소나 예혼합연소이며, 특징은 완전연소로 연소율의 가변범위가 넓고, 미세 연소조정이 가능한 장점이 있다.

30 굴착으로 인하여 도시가스 배관이 65m가 노출되었을 경우 가스누출경보기의 설치 개수로 알맞은 것은?

① 1개 ② 2개
③ 3개 ④ 4개

해설 매설된 도시가스의 노출배관이 65m일 때 가스누출 경보기는 20m 마다 1개의 비율로 설치하므로 4개가 설치되어야 한다.

31 천연가스의 발열량이 10400kcal/Sm³이다. SI 단위인 MJ/Sm³으로 나타내면?

① 2.47
② 43.68
③ 2476
④ 43680

해설 10,400kcal/Sm³
1kcal=4.2kJ
10,400kcal/Sm³×4.2kJ/kcal=43680kJ/Sm³
=43.68MJ/Sm³

32 LPG 충전소에는 시설의 안전확보상 "충전 중 엔진 정지"를 주위의 보기 쉬운 곳에 설치해야 한다. 이 표지판의 바탕색과 문자색은?

① 흑색바탕에 백색글씨
② 흑색바탕에 황색글씨
③ 백색바탕에 흑색글씨
④ 황색바탕에 흑색글씨

해설 LPG 충전소의 "충전 중 엔진정지"는 황색바탕에 흑색 글씨. "화기엄금" 표지는 백색바탕에 적색 문자

Answer 28. ① 29. ③ 30. ④ 31. ② 32. ④

33 가스도매사업 제조소의 배관장치에 설치하는 경보장치가 울려야 하는 시기의 기준으로 잘못된 것은?

① 배관 안의 압력이 상용압력의 1.05배를 초과한 때
② 배관 안의 압력이 정상운전 때의 압력보다 15% 이상 강하한 경우 이를 검지한 때
③ 긴급차단밸브의 조작회로가 고장난 때 또는 긴급차단 밸브가 폐쇄된 때
④ 상용압력이 5MPa 이상인 경우에는 상용압력에 0.5MPa를 더한 압력을 초과한 때

해설 경보장치는 작동 기준
- 배관 내의 압력이 상용압력의 1.05배(상용압력이 4MPa 이상인 경우에는 상용압력에 0.2MPa를 더한 압력)를 초과한 때
- 배관내의 압력이 정상운전시의 압력보다 15% 이상 강하한 경우 이를 검지한 때
- 긴급차단밸브의 조작회로가 고장난 때 또는 긴급차단밸브가 폐쇄된 때

34 다음 중 상온에서 가스를 압축, 액화상태로 용기에 충전시키기가 가장 어려운 가스는?

① C_3H_8
② CH_4
③ Cl_2
④ CO_2

해설 각 가스의 비점을 보면 가장 낮은 것이 액화하기 어렵다.
① C_3H_8 : $-42.1℃$ ② CH_4 : $-162℃$
③ Cl_2 : $-34.1℃$ ④ CO_2 : $-78.5℃$

35 가스 운반 시 차량 비치 항목이 아닌 것은?

① 가스 표시 색상
② 가스 특성(온도와 압력과의 관계, 비중, 색깔, 냄새)
③ 인체에 대한 독성 유무
④ 화재, 폭발의 위험성 유무

해설 가스 운반차량에서 가스 색상 표시는 비치항목에 해당되지 않는다.

36 처리능력이 1일 35,000m³인 산소 처리설비로 전용공업지역이 아닌 지역일 경우 처리설비 외면과 사업소 밖에 있는 병원과는 몇 m 이상 안전거리를 유지하여야 하는가?

① 16m
② 17m
③ 18m
④ 20m

해설 산소 35,000m³ 처리설비와 제1종 보호시설인 병원과의 안전거리는 18m 이상

Answer 33. ④ 34. ② 35. ① 36. ③

37 용기에 의한 고압가스 판매시설의 충전용기 보관실 기준으로 옳지 않은 것은?

① 가연성가스 충전용기 보관실은 불연성 재료나 난연성의 재료를 사용한 가벼운 지붕을 설치한다.
② 공기보다 무거운 가연성가스의 용기보관실에는 가스누출검지경보장치를 설치한다.
③ 충전용기 보관실은 가연성가스가 새어나오지 못하도록 밀폐구조로 한다.
④ 용기보관실의 주변에는 화기 또는 인화성 물질이나 발화성 물질을 두지 않는다.

해설 가스 판매시설에서 충전 용기 보관실은 환기구를 설치하여 누설 가스가 체류하지 않도록 한다.

38 다음 중 연소의 3요소가 아닌 것은?

① 가연물　　② 산소공급원
③ 점화원　　④ 인화점

해설 연소의 3요소 : 가연물, 점화원, 산소공급원

39 액화 암모니아 10kg을 기화시키면 표준상태에서 약 몇 m^3의 기체로 되는가?

① 4　　② 5
③ 13　　④ 26

해설 아보가드로 법칙에 의하면 암모니아 1몰이 17kg이고 부피는 $22.4m^3$이다.

$$\left(\frac{10kg}{17kg}\right) \times 22.4m^3 = 13.17m^3$$

40 가연성가스 충전용기 보관실의 벽 재료의 기준은?

① 불연재료
② 난연재료
③ 가벼운 재료
④ 불연 또는 난연재료

해설 가연성가스 충전용기 보관실 벽은 불연성재료일 것

41 질소를 취급하는 금속재료에서 내질화성을 증대시키는 원소는?

① Ni
② Al
③ Cr
④ Ti

해설 고온고압의 질소와 금속재질에 함유된 Cr, Al, MO, Ti 등과 질화반응 시 내질화성 금속 원소로 Ni이 사용된다.

42 비점이 점차 낮은 냉매를 사용하여 저비점의 기체를 액화하는 사이클은?

① 클라우드 액화사이클
② 필립스 액화사이클
③ 캐스케이드 액화사이클
④ 캐피자 액화사이클

해설 캐스케이드 액화사이클은 비점이 낮은 냉매를 사용하여 점차 더 낮은 비점의 기체를 액화시키는 사이클이다.

Answer 37. ③ 38. ④ 39. ③ 40. ① 41. ① 42. ③

43 분말진공단열법에서 충진용 분말로 사용되지 않는 것은?

① 탄화규소 ② 펄라이트
③ 규조토   ④ 알루미늄 분말

해설 분말 진공 단열법의 충진용 분말제
펄라이트, 규조토, 알루미늄 분말

44 압축기에서 다단 압축을 하는 목적으로 틀린 것은?

① 소요 일량의 감소
② 이용 효율의 증대
③ 힘의 평형 향상
④ 토출온도 상승

해설 다단압축의 목적
• 소요 일량의 절약
• 이용효율의 증가
• 힘의 평형 양호
• 가스온도 상승 방지

45 다음 각 가스에 의한 부식현상 중 틀린 것은?

① 암모니아에 의한 강의 질화
② 황화수소에 의한 철의 부식
③ 일산화탄소에 의한 금속의 카르보닐화
④ 수소원자에 의한 강의 탈수소화

해설 고온고압 하에서 수소는 수소취성(탈탄작용)을 일으킨다.

46 초저온 저장탱크에 주로 사용되며, 차압에 의하여 측정하는 액면계는?

① 시창식   ② 햄프슨식
③ 부자식   ④ 회전 튜브식

해설 햄프슨식 액면계 : 액산등 초저온 저장탱크에서 차압에 의해 액면을 측정한다.

47 측정압력이 0.01~10kg/cm² 정도이고, 오차가 ±1~2% 정도이며 유체 내의 먼지 등의 영향이 적으나, 압력 변동에 적응하기 어렵고 주위 온도 오차에 의한 충분한 주의를 요하는 압력계는?

① 전기저항 압력계
② 벨로우즈(Bellows) 압력계
③ 부르동(bourdon)관 압력계
④ 피스톤 압력계

해설 벨로우즈 압력계 : 온도에 영향을 받으며, 급격한 압력변동에 적응력이 떨어진다. 측정대상 유체내 먼지의 영향은 적으나, 오차범위는 ±1~2% 정도이며 측정압력은 0.01~10kg/cm² 범위이다. 다이어프램식과 유사한 특성을 가진다.

48 유체가 5m/s의 속도로 흐를 때 이 유체의 속도수두는 약 몇 m인가? (단, 중력가속도는 9.8m/s²이다.)

① 0.98   ② 1.28
③ 12.2   ④ 14.1

해설 속도수두(m)

$$V = \frac{v^2}{2g_c} = \frac{5^2}{2 \times 9.8} = 1.275\text{m}$$

49 1000L의 액산 탱크에 액산을 넣어 방출밸브를 개방하여 12시간 방치하였더니 탱크 내의 액산이 4.8kg 방출되었다면 1시간당 탱크에 침입하는 열량은 약 몇 kcal인가? (단, 액산의 증발잠열은 60kcal/kg이다.)

① 12 ② 24
③ 70 ④ 150

해설
$$Q = \frac{4.8\text{kg} \times 60\text{kcal/kg}}{12\text{hr} \times 1\text{m}^3} = 24\text{kcal}$$

50 다음 중 아세틸렌과 치환반응을 하지 않는 것은?

① Cu ② Ag
③ Hg ④ Ar

해설 아세틸렌과 화합반응을 일으키는 원소 : Ag, Cu, Hg
아르곤(Ar)은 0족 기체인 불활성 기체로서 아세틸렌과 반응하지 않는다.(이 반응을 여기서 치환반응으로 용어를 사용함)

51 도시가스 사업자는 굴착공사 정보지원센터로부터 굴착 계획의 통보내용을 통지받은 때에는 얼마 이내에 매설된 배관이 있는지를 확인하고 그 결과를 굴착공사 정보지원센터에 통지하여야 하는가?

① 24시간 ② 36시간
③ 48시간 ④ 60시간

해설 도시가스사업자는 굴착계획통보내용을 통지받고 매설배관 확인 후 굴착공사 정보지원센터에 24시간 이내 통지할 것

52 도시가스 배관의 지름이 15mm인 배관에 대한 고정장치의 설치간격은 몇 m 이내마다 설치하여야 하는가?

① 1 ② 2
③ 3 ④ 4

해설 배관고정
- 관경 13mm 이하, 1m 마다 고정
- 관경 13mm 이상, 33mm 이하, 2m 마다 고정
- 관경 33mm 이상, 3m 마다 고정

53 독성가스인 암모니아의 저장탱크에는 그 가스의 용량이 그 저장탱크 내용적의 몇 %를 초과하지 않아야 하는가?

① 80% ② 85%
③ 90% ④ 95%

해설 저장탱크 내용적의 90% 초과하지 않도록 충전할 것

54 도시가스의 매설 배관에 설치하는 보호판은 누출가스가 지면으로 확산되도록 구멍을 뚫는데 그 간격의 기준으로 옳은 것은?

① 1m 이하 간격
② 2m 이하 간격
③ 3m 이하 간격
④ 5m 이하 간격

해설 보호판에는 누출가스의 확산을 위해서 직경 30mm 이상 50mm 이하의 구멍을 3m 이하의 간격으로 뚫는다.

Answer 49. ② 50. ④ 51. ① 52. ② 53. ③ 54. ③

55 가스도매사업의 가스공급시설 중 배관을 지하에 매설할 때의 기준으로 틀린 것은?

① 배관은 그 외면으로부터 수평거리로 건축물까지 1.0m 이상을 유지한다.
② 배관은 그 외면으로부터 지하의 다른 시설물과 0.3m 이상의 거리를 유지한다.
③ 배관을 산과 들에 매설할 때는 지표면으로부터 배관의 외면까지의 매설깊이를 1m 이상으로 한다.
④ 배관은 지반 동결로 손상을 받지 아니하는 깊이로 매설한다.

해설 매설배관과 건축물과의 수평거리는 1.5m 이상일 것

56 고압가스 용기 재료의 구비조건이 아닌 것은?

① 내식성, 내마모성을 가질 것
② 무겁고 충분한 강도를 가질 것
③ 용접성이 좋고 가공 중 결함이 생기지 않을 것
④ 저온 및 사용온도에 견디는 연성과 점성강도를 가질 것

해설 용기재료 구비조건 : 가볍고 충분한 강도를 가질 것

57 다음 중 고압가스 특정제조 허가의 대상이 아닌 것은?

① 석유정제시설에서 고압가스를 제조하는 것으로서 그 저장능력이 100톤 이상인 것
② 석유화학공업시설에서 고압가스를 제조하는 것으로서 그 처리능력이 1만 세제곱미터 이상인 것
③ 철강공업시설에서 고압가스를 제조하는 것으로서 그 처리능력이 1만 세제곱미터 이상인 것
④ 비료제조시설에서 고압가스를 제조하는 것으로서 그 저장능력이 100톤 이상인 것

해설 철강공업자의 가스제조 처리능력은 10만m^3 이상인 것이 특정제조 허가대상이 된다.

58 고압가스 저장의 시설에서 가연성가스 시설에 설치하는 유동방지 시설의 기준은?

① 높이 2m 이상의 내화성 벽으로 한다.
② 높이 1.5m 이상의 내화성 벽으로 한다.
③ 높이 2m 이상의 불연성 벽으로 한다.
④ 높이 1.5m 이상의 불연성 벽으로 한다.

해설 가연성가스 저장시설에서 유동방지시설은 높이 2m 이상의 내화벽으로 한다.
가스설비 등과 화기를 취급하는 장소와의 사이는 우회수평거리로 8m 액화석유가스 판매점의 경우에는 2m 이상일 것

Answer 55. ① 56. ② 57. ③ 58. ①

59 도시가스배관의 용어에 대한 설명으로 틀린 것은?

① 배관이란 본관, 공급관, 내관 또는 그 밖의 관을 말한다.
② 본관이란 도시가스제조사업소의 부지경계에서 정압기까지 이르는 배관을 말한다.
③ 사용자 공급관이란 공급관 중 정압기에서 가스사용자가 구분하여 소유하는 건축물의 외벽에 설치된 계량기까지 이르는 배관을 말한다.
④ 내관이란 가스사용자가 소유하거나 점유하고 있는 토지의 경계에서 연소기까지 이르는 배관을 말한다.

해설 [본관]
도시가스 제조사업소(액화천연가스의 인수기지를 포함한다)의 부지경계에서 정압기까지 이르는 배관
[공급관]
1) 공동주택, 오피스텔, 콘도미니엄, 그 밖에 안전관리를 위하여 지식경제부장관이 필요하다고 인정하여 정하는 건축물(이하 "공동주택등"이라 한다)에 가스를 공급하는 경우에는 정압기에서 가스사용자가 구분하여 소유하거나 점유하는 건축물 외벽에 설치하는 계량기의 전단밸브(계량기가 건축물의 내부에 설치된 경우에는 건축물의 외벽)까지 이르는 배관
2) 공동주택 등 외의 건축물 등에 가스를 공급하는 경우에는 정압기에서 가스사용자가 소유하거나 점유하고 있는 토지의 경계까지 이르는 배관
3) 가스도매사업의 경우에는 정압기에서 일반도시가스사업자의 가스공급시설이나 대량 수요자의 가스사용시설까지 이르는 배관

[사용자 공급관]
공급관 중 가스사용자가 소유하거나 점유하고 있는 토지의 경계에서 가스사용자가 구분하여 소유하거나 점유하는 건축물의 외벽에 설치된 계량기의 전단밸브(계량기가 건축물의 내부에 설치된 경우에는 건축물의 외벽)까지 이르는 배관
[내관]
가스사용자가 소유하거나 점유하고 있는 토지의 경계(공동주택의 경우로서 가스사용자가 구분하여 소유하거나 점유하는 건축물의 외벽에 계량기가 설치된 경우에는 그 계량기의 전단밸브, 계량기가 건축물의 내부에 설치된 경우에는 건축물의 외벽)에서 연소기에 이르는 배관

60 가연성가스와 동일차량에 적재하여 운반할 경우 충전용기의 밸브가 서로 마주보지 않도록 적재해야 할 가스는?

① 수소   ② 산소
③ 질소   ④ 아르곤

해설 용기 운반시 동일차량에 적재할 때 충전용기 밸브가 마주보지 않도록 적재해야 하는 가스는 가연성가스와 산소이다.

Answer 59. ③ 60. ②

가스기능사 2000제 문제은행

CBT 시험대비
▶ 2015년 4월 4일 시행

01 고압가스 충전용기는 항상 몇 ℃ 이하의 온도를 유지하여야 하는가?
① 10℃ ② 30℃
③ 40℃ ④ 50℃

해설 고압가스 용기는 40℃ 이하 보관할 것

02 액화석유가스 저장탱크 벽면의 국부적인 온도 상승에 따른 저장탱크의 파열을 방지하기 위하여 저장탱크 내벽에 설치하는 폭발방지장치의 재료로 맞는 것은?
① 다공성 철판
② 다공성 알루미늄판
③ 다공성 아연판
④ 오스테나이트계 스테인리스판

해설 저장탱크 폭발방지장치 재료는 다공성 알루미늄판을 사용한다.

03 최대 지름이 6m인 가연성 가스 저장탱크 2개가 서로 유지하여야 할 최소 거리는?
① 0.6m ② 1m
③ 2m   ④ 3m

해설 $\dfrac{6+6}{4} = 3m$

04 방호벽을 설치하지 않아도 되는 곳은?
① 아세틸렌가스 압축기와 충전장소 사이
② 판매소의 용기 보관실
③ 고압가스 저장설비와 사업소 안의 보호시설과의 사이
④ 아세틸렌가스 발생장치와 당해 가스충전용기 보관장소 사이

해설 방화벽 설치
- 아세틸렌가스 또는 10MPa 이상인 압축가스를 용기에 충전하는 경우에는 압축기와 그 충전장소 사이
- 압축기와 그 가스충전용기 보관장소 사이
- 충전장소와 그 가스충전용기의 보관장소 사이 및 충전장소와 그 충전용 주관밸브의 조작밸브 사이

05 다음 중 연소의 형태가 아닌 것은?
① 분해연소
② 확산연소
③ 증발연소
④ 물리연소

해설 연소형태에서 분해연소, 증발연소, 확산연소, 예혼합연소, 표면연소 등이 있으나 물리연소는 포함되지 않는다.

Answer 1. ③ 2. ② 3. ④ 4. ④ 5. ④

06 가스누출검지경보장치의 설치에 대한 설명으로 틀린 것은?

① 통풍이 잘 되는 곳에 설치한다.
② 가스의 누출을 신속하게 검지하고 경보하기에 충분한 개수 이상 설치한다.
③ 장치의 기능은 가스의 종류에 적절한 것으로 한다.
④ 가스가 체류할 우려가 있는 장소에 적절하게 설치한다.

해설 가스누출 검지경보장치의 검지부 설치 제외 장소
- 출입구의 부근 등으로 외부 기류가 통하는 장소
- 환기구 등 공기가 들어오는 곳으로부터 1.5m 이내의 장소
- 연소기의 폐가스 접촉이 쉬운 장소

07 신규검사 후 20년이 경과한 용접용기(액화석유가스용 용기는 제외한다)의 재검사 주기는?

① 3년 마다
② 2년 마다
③ 1년 마다
④ 6개월 마다

해설 20년 경과된 용접용기는 1년 마다 재검사를 받을 것

08 액화석유가스의 안전관리 및 사업법에서 정한 용어에 대한 설명으로 틀린 것은?

① 저장설비란 액화석유가스를 저장하기 위한 설비로서 각종 저장탱크 및 용기를 말한다.
② 저장탱크란 액화석유가스를 저장하기 위하여 지상 또는 지하에 고정 설치된 탱크로서 그 저장능력이 3톤 이상인 탱크를 말한다.
③ 용기 집합설비란 2개 이상의 용기를 집합하여 액화석유가스를 저장하기 위한 설비를 말한다.
④ 충전용기란 액화석유가스 충전질량의 90% 이상이 충전되어 있는 상태의 용기를 말한다.

해설 충전용기는 액화석유가스 충전질량이 $\frac{1}{2}$ 이상 충전되어 있는 상태의 용기를 말한다.

09 도시가스 사용시설에서 안전을 확보하기 위하여 최고사용압력의 1.1배 또는 얼마의 압력 중 높은 압력으로 실시하는 기밀시험에 이상이 없어야 하는가?

① 5.4kPa
② 6.4kPa
③ 7.4kPa
④ 8.4kPa

해설 도시가스 사용시설 기밀시험 압력은 최고사용압력의 1.1배 또는 8.4kPa의 압력 중 높은 압력으로 실시할 것

Answer 6. ① 7. ③ 8. ④ 9. ④

10 충전용기 등을 적재한 차량의 운반 개시 전 용기 적재상태의 점검내용이 아닌 것은?

① 차량의 적재중량 확인
② 용기의 고정상태 확인
③ 용기 보호캡의 부착유무 확인
④ 운반계획서 확인

해설) 충전 용기 운반 전 적재상태 점검 내용에서 가스명칭, 성질 및 이동 중 주의사항 기재서면을 휴대하여야 하고 운반계획서는 해당없다.

11 방류둑의 내측 및 그 외면으로부터 몇 m 이내에 그 저장탱크의 부속설비 외의 것을 설치하지 못하도록 되어 있는가?

① 3m ② 5m
③ 8m ④ 10m

해설) 방류둑 내측 및 그 외면으로부터 10m 이내에 저장탱크의 부속설비 외의 것을 설치하지 않을 것

12 가스의 성질에 대하여 옳은 것으로만 나열된 것은?

㉠ 일산화탄소는 가연성이다.
㉡ 산소는 조연성이다.
㉢ 질소는 가연성도 조연성도 아니다.
㉣ 아르곤은 공기 중에 함유되어 있는 가스로서 가연성이다.

① ㉠, ㉡, ㉣   ② ㉠, ㉡, ㉢
③ ㉡, ㉢, ㉣   ④ ㉠, ㉢, ㉣

해설) ㉠ 일산화탄소 : 가연성
㉡ 산소 : 조연성
㉢ 질소 : 불연성
㉣ 아르곤 : 불연성

13 고압가스 일반제조시설 중 에어졸의 제조 기준에 대한 설명으로 틀린 것은?

① 에어졸의 분사제는 독성가스를 사용하지 않는다.
② 35℃에서 그 용기의 내압이 0.8MPa 이하로 한다.
③ 에어졸 제조설비는 화기 또는 인화성 물질과 5m 이상의 우회거리를 유지한다.
④ 내용적이 30cm³ 이상인 용기는 에어졸의 제조에 재사용하지 아니한다.

해설) 에어졸 제조기준
• 에어졸 분사제는 독성가스가 아닐 것
• 35℃에서 내압이 0.8MPa 이하 용량은 용기 내용적의 90% 이하일 것
• 내용적 30cm³ 이상인 용기는 에어졸 제조에 사용된 일이 없는 것일 것
• 에어졸 제조설비 및 에어졸 충전용기 저장소는 화기 또는 인화성 물질과 8m 이상의 우회거리 유지할 것

14 도시가스 사용시설에서 PE배관은 온도가 몇 ℃ 이상이 되는 장소에 설치하지 아니 하는가?

① 25℃ ② 30℃
③ 40℃ ④ 60℃

해설) 도시가스에서 PE관은 40℃ 이상이 되는 장소에 설치하지 아니할 것

Answer 10. ④ 11. ④ 12. ② 13. ③ 14. ③

15 용기에 의한 고압가스 운반기준으로 틀린 것은?

① 3000kg의 액화 조연성 가스를 차량에 적재하여 운반할 때는 운반책임자가 동승하여야 한다.
② 허용농도가 200ppm인 액화 독성가스 1000kg을 차량에 적재하여 운반할 때는 운반책임자가 동승하여야 한다.
③ 충전용기와 위험물안전관리법에서 정하는 위험물과는 동일차량에 적재하여 운반할 수 없다.
④ 300m³의 압축 가연성 가스를 차량에 적재하여 운반할 때에는 운전자가 운반책임자의 자격을 가진 경우에는 자격이 없는 사람을 동승시킬 수 있다.

해설 고압가스 운반 책임자 동승
- 압축가스 : 조연성 600m³ 이상시
  가연성 300m³ 이상시
  독 성 100m³ 이상시
- 액화가스 : 조연성 6ton 이상시
  가연성 3ton 이상시
  독 성 1ton 이상시

16 0종 장소에는 원칙적으로 어떤 방폭구조의 것으로 하여야 하는가?

① 내압방폭구조
② 본질안전방폭구조
③ 특수방폭구조
④ 안전증방폭구조

해설 0종 장소
상용의 상태에서 가연성 가스의 농도가 연속해서 폭발한계 이상으로 되는 장소에서 방폭구조는 본질안전 방폭구조로 한다.

17 공기와 혼합된 가스가 압력이 높아지면 폭발범위가 좁아지는 가스는?

① 메탄
② 프로판
③ 일산화탄소
④ 아세틸렌

해설 가연성 가스는 압력이 높아지면 대체적으로 폭발범위가 넓어지나 일산화탄소는 좁아진다.

18 아세틸렌(C_2H_2)에 대한 설명으로 틀린 것은?

① 폭발범위는 수소보다 넓다.
② 공기보다 무겁고 황색의 가스이다.
③ 공기와 혼합되지 않아도 폭발하는 수가 있다.
④ 구리, 은, 수은 및 그 합금과 폭발성 화합물을 만든다.

해설 아세틸렌은 분자량 26으로 공기 평균분자량 29보다 가볍고 색깔은 없다.

Answer 15. ① 16. ② 17. ③ 18. ②

19 지하에 매설된 도시가스 배관의 전기방식 기준으로 틀린 것은?

① 전기방식 전류가 흐르는 상태에서 토양 중에 있는 배관 등의 방식 전위 상한 값은 포화황산동 기준전극으로 −0.85V 이하일 것
② 전기방식 전류가 흐르는 상태에서 자연전위와의 전위 변화가 최소한 300mV 이하일 것
③ 배관에 대한 전위 측정은 가능한 배관 가까운 위치에서 실시할 것
④ 전기 방식 시설의 관대지전위 등을 2년에 1회 이상 점검할 것

[해설]
- 배관의 방식전위 상한값 : −0.85V 이하일 것 (포화 황산동 기준 전극)
- 배관의 방식전위 하한값 : −2.5V 이상일 것 (포화 황산동 기준 전극)
- 전기방식 전류가 흐르는 상태에서 자연전위와의 전위변화는 최소한 300mV 이하일 것
- 관대지 전위는 1년 1회 이상 점검할 것

20 천연가스 지하매설 배관의 퍼지용으로 주로 사용되는 가스는?

① N_2
② Cl_2
③ H_2
④ O_2

[해설] 천연가스 배관 퍼지용으로는 불활성 가스인 N_2 (질소)를 사용한다.

21 고압가스설비에 설치하는 압력계의 최고눈금에 대한 측정범위의 기준으로 옳은 것은?

① 상용압력의 1.0배 이상 1.2배 이하
② 상용압력의 1.2배 이상 1.5배 이하
③ 상용압력의 1.5배 이상 2.0배 이하
④ 상용압력의 2.0배 이상 3.0배 이하

[해설] 고압가스 설비에 설치하는 압력계는 상용압력의 1.5~2배의 최고 눈금범위를 갖는 압력계를 설치한다.

22 상용압력 15MPa, 배관내경 15mm, 재료의 인장강도 480N/mm², 관내면 부식여유 1mm, 안전율 4, 외경과 내경의 비가 1.2 미만인 경우 배관의 두께는?

① 2mm
② 3mm
③ 4mm
④ 5mm

[해설] 외경과 내경의 비가 1.2 미만인 배관 두께 계산식

$$t(m/m) = \frac{P \times D}{\left(2 \times \frac{f}{S}\right) - P} + C$$

여기서, t : 배관의 두께(mm)
P : 상용압력(MPa)
D : 내경에서 부식여유에 상당하는 부분을 뺀 수치(mm)
f : 재료의 인장강도(N/mm²)
S : 안전율
C : 부식여유수치(mm)

$\therefore \dfrac{15 \times (15-1)}{\left(2 \times \dfrac{480}{4}\right) - 15} + 1 = 1.933 ≒ 2mm$

Answer 19. ④ 20. ① 21. ③ 22. ①

23 정압기의 기능을 모두 옳게 나열한 것은?

① 감압기능
② 정압기능
③ 감압기능, 정압기능
④ 감압기능, 정압기능, 폐쇄기능

해설 정압기의 기능
- 감압기능
- 정압기능
- 차단(폐쇄)기능

24 고압식 액화분리 장치의 작동 개요에 대한 설명이 아닌 것은?

① 원료공기는 여과기를 통하여 압축기로 흡입하여 약 $150 \sim 200 kg/cm^2$ 으로 압축시킨다.
② 압축기를 빠져나온 원료공기는 열교환기에서 약간 냉각되고 건조기에서 수분이 제거된다.
③ 압축공기는 수세정탑을 거쳐 축냉기로 송입되어 원료공기와 불순 질소류가 서로 교환된다.
④ 액체공기는 상부 정류탑에서 약 0.5atm 정도의 압력으로 정류된다.

해설 저압식 액화분리장치에서 압축된 공기는 수세정탑을 거쳐 축냉기로 송입되어 원료공기와 불순질소류가 서로 열교환되는 시스템이다.

25 압축기에 사용하는 윤활유 선택시 주의사항으로 틀린 것은?

① 인화점이 높을 것
② 잔류탄소의 양이 적을 것
③ 점도가 적당하고 항유화성 적을 것
④ 사용가스와 화학반응을 일으키지 않을 것

해설 압축기 윤활유 구비 조건
- 화학적으로 안정되고 사용가스와 반응하지 않을 것
- 인화점이 높고 응고점이 낮을 것
- 점도가 적당하고 항유화성이 클 것
- 수분 및 산 등의 불순물이 적을 것
- 열 안정성이 좋아 쉽게 열분해되지 않을 것
- 정제도가 높아 잔류 탄소가 적을 것

26 금속재료의 저온에서의 성질에 대한 설명으로 거리가 먼 것은?

① 강은 암모니아 냉동기용 재료로서 적당하다.
② 탄소강은 저온도가 될수록 인장강도가 감소한다.
③ 구리는 액화분리장치용 금속재료로서 적당하다.
④ 18-8 스테인리스강은 우수한 저온장치용 재료이다.

해설 탄소강은 저온도에서 취성이 커지고 인장강도 감소와는 거리가 있다.

Answer 23. ④ 24. ③ 25. ③ 26. ②

27 압력배관용 탄소강관의 사용압력 범위로 가장 적당한 것은?

① 1 ~ 2MPa ② 1 ~ 10MPa
③ 10 ~ 20MPa ④ 10 ~ 50MPa

해설 압력배관용 탄소강관(SPPS)은 350℃ 이하에서 사용되며 사용압력범위는 1 ~ 10MPa이다.

28 수소불꽃을 이용하여 탄화수소의 누출을 검지할 수 있는 가스누출검지기는?

① FID ② OMD
③ 접촉연소식 ④ 반도체식

해설 FID : 수소 불꽃 이온화 검출기

29 부유피스톤형 압력계에서 실린더 지름이 0.02m이고 추와 피스톤의 무게가 20000g일 때 이 압력계에 접속된 부르동관의 압력계 눈금이 7kg/cm²를 나타내었다. 이 부르동관의 압력계의 오차는 약 몇 %인가?

① 5 ② 10
③ 15 ④ 20

해설
게이지 압력(kg/cm²)
$= \dfrac{\text{추와 피스톤의 무게(kg)}}{\text{실린더 단면적(cm²)}}$

$\dfrac{20\text{kg}}{\dfrac{\pi}{4}(2)^2 \text{cm}^2} = 6.369 \text{kg/cm}^2$

오차 : $\dfrac{7-6.369}{6.369} \times 100 = 9.9\%$

30 부취제를 외기로 분출하거나 부취설비로부터 부취제가 흘러나오는 경우 냄새를 감소시키는 방법으로 가장 거리가 먼 것은?

① 연소법
② 수동조절
③ 화학적 산화처리
④ 활성탄에 의한 흡착

해설 부취제 누출시 제거법
- 연소법
- 활성탄에 의한 흡착
- 화학적 산화처리

31 산화에틸렌 취급시 주로 사용되는 제독제는?

① 가성소다 수용액
② 탄산소다 수용액
③ 소석회 수용액
④ 물

해설 산화에틸렌 제독제로는 다량의 물을 사용한다.

32 산소압축기의 내부 윤활유제로 주로 사용되는 것은?

① 석유
② 물
③ 유지
④ 황산

해설 산소압축기 윤활유 : 물 또는 10% 이하의 묽은 글리세린수 사용

Answer 27. ② 28. ① 29. ② 30. ② 31. ④ 32. ②

33 공기 중으로 누출시 냄새로 쉽게 알 수 있는 가스로만 나열된 것은?

① Cl_2, NH_3
② CO, Ar
③ C_2H_2, CO
④ O_2, Cl_2

해설 누출시 쉽게 알 수 있다(자극성취기). : Cl_2, NH_3
누출시 쉽게 알 수 없다. : CO, Ar, C_2H_2, O_2

34 일반 액화석유가스 압력 조정기에 표시하는 사항이 아닌 것은?

① 제조자명이나 그 약호
② 제조번호나 로트번호
③ 입구압력(기호 : P, 단위 : MPa)
④ 검사 연월일

해설 LPG 조정기 표시사항
- 품명 및 제조자명
- 약호 및 제조번호 롯드번호
- 품질보증기간
- 입구압력 및 조정압력
- 용량
- 가스의 흐름 방향(화살표)
- 핸들의 조임 및 풀림 방향

35 가스용기의 취급 및 주의사항에 대한 설명으로 틀린 것은?

① 충전시 용기는 용기 재검사 기간이 지나지 않았는지 확인한다.
② LPG 용기나 밸브를 가열할 때는 뜨거운 물(40℃ 이상)을 사용한다.
③ 충전한 후에는 용기 밸브의 누출여부를 확인한다.
④ 용기 내에 잔류물이 있을 때에는 잔류물을 제거하고 충전한다.

해설 LPG 용기 취급시 밸브가 얼었거나 동결되었을 때 열습포나 뜨거운 물을 사용시 그 온도는 40℃ 이하일 것

36 다음 각 폭발의 종류와 그 관계로서 맞지 않은 것은?

① 화학폭발 : 화약의 폭발
② 압력폭발 : 보일러의 폭발
③ 촉매폭발 : C_2H_2의 폭발
④ 중합의 폭발 : HCN의 폭발

해설 $H_2 + Cl_2 \xrightarrow{촉매(직사광선)} 2HCl$
염소폭명기에서 직사광선은 촉매역할을 하므로 촉매폭발에 해당된다.

37 용기 신규검사에 합격된 용기 부속품기호 중 압축가스를 충전하는 용기 부속품의 기호는?

① AG
② PG
③ LG
④ LT

해설
- PG : 압축가스
- AG : 아세틸렌
- LG : 액화가스
- LT : 초저온 및 저온가스

Answer 33. ① 34. ④ 35. ② 36. ③ 37. ②

38 일반도시가스 사업자가 설치하는 가스공급 시설 중 정압기의 설치에 대한 설명으로 틀린 것은?

① 건축물 내부에 설치된 도시가스 사업자의 정압기로서 가스누출경보기와 연동하여 작동하는 기계환기설비를 설치하고 1일 1회 이상 안전점검을 실시하는 경우에는 건축물 내부에 설치할 수 있다.
② 정압기에 설치되는 가스방출관의 방출구는 주위에 불 등이 없는 안전한 위치로서 지면으로부터 3m 이상의 높이에 설치하여야 하며 전기시설물과의 접촉으로 사고의 우려가 있는 장소에서는 5m 이상의 높이로 설치한다.
③ 정압기에 설치하는 가스차단장치는 정압기의 입구 및 출구에 설치한다.
④ 정압기는 2년에 1회 이상 분해점검을 실시하고 필터는 가스공급 개시 후 1월 이내 및 가스 공급 개시 후 매년 1회 이상 분해점검을 실시한다.

해설 정압기 방출구조
지상에서 5m 이상, 단 전기시설물과의 접촉 등의 사고가 우려되는 장소에서는 3m 이상으로 할 것

39 충전용 주관의 압력계는 정기적으로 표준압력계로 그 기능을 검사하여야 한다. 다음 중 검사의 기준으로 옳은 것은?

① 매월 1회 이상
② 3개월에 1회 이상
③ 6개월에 1회 이상
④ 1년에 1회 이상

해설 충전용 주관 압력계는 매월 1회 이상 표준압력계로 검사할 것
기타 압력계는 3개월에 1회 이상 검사할 것

40 백금-백금로듐 열전대 온도계의 온도측정 범위로 옳은 것은?

① -180~350℃
② -20~80℃
③ 0~1700℃
④ 300~2000℃

해설 열전대 온도계 측정온도
- 철-콘스탄탄 : -20~800℃
- 크로멜-알루멜 : -20~1200℃
- 구리-콘스탄탄 : -200~350℃
- 백금-백금로듐 : 0~1600℃

41 다음 중 가장 높은 온도는?

① -35℃   ② -45℃
③ 213°K   ④ 450°R

해설 ③ 213°K = 213 - 273 = -60℃
④ 450°R = $\frac{450}{1.8}$ = 250°K
250°K - 273°K = -23℃

Answer 38. ② 39. ① 40. ③ 41. ④

42 현열에 대한 가장 적절한 설명은?

① 물질의 상태 변화 없이 온도가 변할 때 필요한 열이다.
② 물질이 온도 변화 없이 상태가 변할 때 필요한 열이다.
③ 물질이 상태, 온도 모두 변할 때 필요한 열이다.
④ 물질이 온도 변화 없이 압력이 변할 때 필요한 열이다.

해설
- 현열 : 물질의 상태 변화없이 온도가 변화하는데 필요한 열
- 잠열 : 온도의 변화없이 물질의 상태가 바뀌는데 필요한 열

43 수소(H_2)에 대한 설명으로 옳은 것은?

① 3중 수소는 방사능을 갖는다.
② 밀도가 크다.
③ 금속재료를 취화시키지 않는다.
④ 열전달율이 아주 작다.

해설 수소 특징
- 밀도가 작고 열전도도가 매우 크다.
- 고온고압하에서 강재 기타 금속재료를 취화시킨다.
- 열전달율이 매우 크다.
- 3중 수소는 방사선을 띤다.

44 샤를의 법칙에서 기체의 압력이 일정할 때 모든 기체의 부피는 온도가 1℃ 상승함에 따라 0℃ 때의 부피보다 어떻게 되는가?

① 22.4배씩 증가한다.
② 22.4배씩 감소한다.
③ 1/273씩 증가한다.
④ 1/273씩 감소한다.

해설 샤를 법칙은 기체의 온도와 부피관계에서 온도가 1℃ 상승함에 따라 부피가 $\frac{1}{273}$씩 증가한다.

45 다음 화합물 중 탄소의 함유율이 가장 많은 것은?

① CO_2
② CH_4
③ C_2H_4
④ CO

해설 탄소함유율
- CO_2 : $\frac{12}{44} \times 100 = 27.3\%$
- CH_4 : $\frac{12}{16} \times 100 = 75\%$
- C_2H_4 : $\frac{24}{28} \times 100 = 85.7\%$
- CO : $\frac{12}{28} \times 100 = 42.9\%$

Answer 42. ① 43. ① 44. ③ 45. ③

46 다음에 설명하는 열역학 법칙은?

> 어떤 물체의 외부에서 일정량의 열을 가하면 물체는 이 열량의 일부분을 소비하여 외부에 대하여 일을 하고 남은 부분은 전부 내부에너지로 내부에 저장되고 그 사이에 소비된 열을 일과 같다.

① 열역학 제0법칙
② 열역학 제1법칙
③ 열역학 제2법칙
④ 열역학 제3법칙

해설
- 열역학 제0법칙(열평형의 법칙) : 온도가 서로 다른 물체들이 접촉시 고온체는 온도가 내려가고 저온체는 온도가 올라가서 결국 두 물체 온도가 평형을 이룬다. 이를 열역학 0법칙이라고 한다.
- 열역학 제1법칙(에너지 보존의 법칙) : 에너지보존법칙으로 일과 열은 서로 교환할 수 있는데 그때 열량과 일량의 관계는 일정하다.

$$W = JQ \qquad \therefore Q = \frac{1}{J}WQ = AW$$

- W : 일량[kg·m]
- Q : 열량[kcal]
- J : 열의 일당량(427[kg·m/kcal])
- A : 일의 열당량($\frac{1}{427}$[kcal/kg·m])

- 열역학 제2법칙(에너지 흐름의 법칙) : 에너지 변환의 방향성을 표시한 것으로 하나의 경험 법칙이다. 열이 높은 곳에서 낮은 곳으로 이동한 방향을 표시한다. 즉, 열은 스스로 저온의 물체에서 고온의 물체로 이동하는 것은 불가능하다는 것이 열역학 제2법칙이다.
  - Clausius : 열은 그 자신의 힘만으로는 다른 물체에 아무런 변화를 주지 않고 저온체에서 고온체로 흐를 수 없다.
  - Kelvin-Plauk : 사이클로 작동하면서 열원으로부터 받은 열량을 전부 열로 변환시키며 다른 곳에서 어떠한 변화도 남기지 않는 사이클을 이루는 기관(효율 100% 기관) 즉, 제2종 영구기관은 불가능하다.
- 열역학 제3법칙 : 어떠한 이상적인 방법으로도 어떤 계를 절대온도 0도에 이르게 할 수 없다.

47 다음 가스 중 가장 무거운 것은?

① 메탄
② 프로판
③ 암모니아
④ 헬륨

해설
- 메탄(CH_4) : $\frac{16}{29} = 0.55$배
- 프로판(C_3H_8) : $\frac{44}{29} = 1.52$배
- 암모니아(NH_3) : $\frac{17}{29} = 0.59$배
- 헬륨(He) : $\frac{4}{29} = 0.14$배

48 대기압 하에서 0℃ 기체의 부피가 500mL였다. 이 기체의 부피가 2배될 때의 온도는 몇 ℃인가? (단, 압력은 일정하다.)

① -100
② 32
③ 273
④ 500

해설 샤를의 법칙(P = 일정)

$$\frac{500ml}{0℃ + 273} = \frac{(500 \times 2배)ml}{T_2}$$

$$\therefore T_2 = \frac{(500 \times 2배) \times (273 + 0℃)}{500} = 546°K$$

$$\therefore 546 - 273 = 273℃$$

Answer 46. ② 47. ② 48. ③

49 다음 중 불연성 가스는?

① CO_2 ② C_3H_6
③ C_2H_2 ④ C_2H_4

해설 • 불연성 가스 : CO_2(이산화탄소)
• 가연성 가스 : C_3H_6(프로필렌), C_2H_2(아세틸렌), C_2H_4(에틸렌)

50 일산화탄소와 염소가 반응하였을 때 주로 생성되는 것은?

① 포스겐
② 카르보닐
③ 포스핀
④ 사염화탄소

해설 $\underset{\text{일산화탄소}}{CO} + \underset{\text{염소}}{Cl_2} \xrightarrow{\text{활성탄}} \underset{\text{포스겐}}{COCl_2}$

51 황화수소의 주된 용도는?

① 도료
② 냉매
③ 형광물질 원료
④ 합성고무

해설 황화수소(H_2S) 용도
• 환원제로 쓰인다.
• 금속정련, 형광물질 원료(ZnS, CdS) 제조
• 정성분석에 이용된다.
• 공업약품, 의약품 제조원료

52 고압가스 매설배관에 실시하는 전기방식 중 외부 전원법의 장점이 아닌 것은?

① 과방식의 염려가 없다.
② 전압 전류의 조정이 용이하다.
③ 전식에 대해서도 방식이 가능하다.
④ 전극의 소모가 적어서 관리가 용이하다.

해설 외부 전원법 단점
• 초기 설치비 투자가 크다.
• 과방식의 우려가 있다.
• 전원이 없는 경우, 전지, 충전기 등을 필요로 한다.

53 1단감압식 저압조정기의 성능에서 조정기 최대 폐쇄압력은?

① 2.5kPa 이하
② 3.5kPa 이하
③ 4.5kPa 이하
③ 5.5kPa 이하

해설 1단 감압 저압조정기
최대폐쇄압력 : 3.5kPa 이하

Answer 49. ① 50. ① 51. ③ 52. ① 53. ②

54 저비점 액체용 펌프 사용상의 주의사항으로 틀린 것은?

① 밸브와 펌프사이에 기화가스를 방출할 수 있는 안전밸브를 설치한다.
② 펌프의 흡입 토출관에는 신축조인트를 장치한다.
③ 펌프는 가급적 저장용기로부터 멀리 설치한다.
④ 운전개시 전에는 펌프를 청정하여 건조한 다음 펌프를 충분히 예냉한다.

해설 펌프 설치시 저장용기 흡수면 가까이 설치하여 흡입양정을 짧게 한다.

55 정압기의 분해점검 및 고장에 대비하여 예비정압기를 설치하여야 한다. 다음 중 예비정압기를 설치하여야 한다. 다음 중 예비정압기를 설치하지 않아도 되는 경우는?

① 캐비닛형 구조의 정압기실에 설치된 경우
② 바이패스관이 설치되어 있는 경우
③ 단독 사용자에게 가스를 공급하는 경우
④ 공동 사용자에게 가스를 공급하는 경우

해설 예비정압기 설치는 단독 사용자의 가스 공급 설비에는 설치하지 않아도 된다.

56 공기에 의한 전열은 어느 압력까지 내려가면 급히 압력에 비례하여 적어지는 성질을 이용하는 저온장치에 사용되는 진공단열법은?

① 고진공단열법
② 분말진공단열법
③ 다층진공단열법
④ 자연진공단열법

해설 진공단열법은 열전달매체인 공기를 제거하여 단열하는 방법으로 압력이 10^{-3} torr 정도 낮아지면 공기 전열이 급격히 저하한다.

57 다음 보기에서 압력이 높은 순서대로 나열된 것은?

> ㉠ 100atm
> ㉡ 2kg/mm²
> ㉢ 15m 수은주

① ㉠ > ㉡ > ㉢
② ㉡ > ㉢ > ㉠
③ ㉢ > ㉠ > ㉡
④ ㉡ > ㉠ > ㉢

해설
㉠ $\frac{100atm}{1atm} \times 1.033 kg/cm^2 = 103.3 kg/cm^2$

㉡ $2kg/mm^2 \times \frac{10mm^2}{1^2 cm^2} = 200 kg/cm^2$

㉢ $\frac{15mHg}{0.76mHg} \times 1.033 kg/cm^2 = 20.39 kg/cm^2$

Answer 54. ③ 55. ③ 56. ① 57. ④

58 산소에 대한 설명으로 옳은 것은?

① 안전밸브는 파열판식을 주로 사용한다.
② 용기는 탄소강으로 된 용접용기이다.
③ 의료용 용기는 녹색으로 도색한다.
④ 압축기 내부 윤활유는 양질의 광유를 사용한다.

해설
- 산소용기는 탄소강으로 이음매없는 용기이다.
- 의료용 용기는 백색, 공업용 용기는 녹색으로 도색한다.
- 산소압축기 윤활유는 물 또는 10% 이하의 묽은 글리세린수를 사용한다.

59 에틸렌(C_2H_4)이 수소와 반응할 때 일으키는 반응은?

① 환원반응
② 분해반응
③ 제거반응
④ 첨가반응

해설 에틸렌과 수소반응은 첨가반응(부가반응)이다.

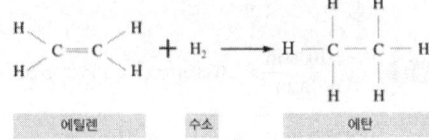

에틸렌   수소   에탄

60 비열에 대한 설명 중 틀린 것은?

① 단위는 kcal/kg℃이다.
② 비열비는 항상 1보다 크다.
③ 정적비열은 정압비열보다 크다.
④ 물의 비열은 얼음의 비열보다 크다.

해설 비열은 어떤 물질 1kg을 1℃ 올리는데 필요한 열량으로 단위는 kcal/kg℃

- 비열비 = $\dfrac{C_p}{C_v} > 1$, 즉, 정압비열(C_p)은 정적비열(C_v) 보다 항상 크다.
- 물의 비열 : 1kcal/kg℃
- 얼음의 비열 : 0.5kcal/kg℃

Answer 58. ① 59. ④ 60. ③

가스기능사 2000제 문제은행

2015년 7월 19일 시행

01 액화산소 저장탱크의 저장능력이 $1000m^3$일 때 방류둑의 용량은 얼마 이상으로 설치하여야 하는가?

① $400m^3$ ② $500m^3$
③ $600m^3$ ④ $1000m^3$

해설 액화산소의 방류둑 용량은 저장능력의 60%에 상당하는 용량으로 한다.
$1000m^3 \times 0.6 = 600m^3$

02 당해 설비 내의 압력이 상용압력을 초과 할 경우 즉시 상용압력 이하로 되돌릴 수 있는 안전장치의 종류에 해당하지 않는 것은?

① 안전밸브 ② 감압밸브
③ 바이패스밸브 ④ 파열판

해설 상용압력 이하로 되돌릴 수 있는 안전장치
- 릴리프 밸브
- 바이패스 밸브
- 안전밸브(스프링식, 파열판식, 가용전식, 중추식)

03 일반 도시가스 배관을 지하에 매설하는 경우에는 표지판을 설치해야 하는데 몇 m 간격으로 1개 이상 설치하는가?

① 100m ② 200m
③ 500m ④ 1000m

※ 위 출제문제는 제조소 및 공급소 밖의 배관이라고 명확히 표시해주어야만 하는 문제임.

해설 2개의 거리 구별 할 것
- 가스 코드집 참고(KGS FS551 2015) P57
일반도시가스사업 제조소 및 공급소 밖의 배관의 시설·기술·검사·정밀안전진단 기준 2.10.3.3.3 표지판의 설치기준은 다음과 같다.
 (1) 도시가스배관을 시가지 외의 도로·산지·농지 또는 하천부지·철도부지 내에 매설하는 경우에는 표지판을 설치한다. 이때 하천부지·철도 부지를 횡단하여 배관을 매설하는 경우에는 양편에 표지판을 설치한다. 〈개정 12.1.5〉
 (2) 표지판은 배관을 따라 <u>200m</u> 간격으로 1개 이상으로 설치하되, 교통 등의 장애가 없는 장소를 선택해 일반인이 쉽게 볼 수 있도록 설치한다. 〈개정 12.12.28〉
 (3) 표지판의 가로치수는 200mm, 세로치수는 150mm 이상의 직사각형으로 하고, 황색바탕에 검정색 글씨로 2.10.3.3.4(3) 표지판의 치수 및 표기방법 보기와 같이 도시가스 배관임을 알리는 뜻과 연락처 등을 표기한다.
- 가스 코드집 참고(KGS FP5512015) P45
일반도시가스사업 제조소 및 공급소의 시설·기술·검사 기준 2.5.10.3.3 표지판 설치
 (1) 도시가스배관을 시가지 외의 도로·산지·농지 또는 철도부지에 매설하는 경우에는 표지판을 설치한다.
 (2) 표지판은 배관을 따라 <u>500m</u> 간격으로 하나 이상 설치하되, 교통 등의 장애가 없는 장소를 선택하여 일반인이 쉽게 볼 수 있도록 설치한다.
 (3) 표지판의 가로 치수는 200mm, 세로 치수는 150mm 이상의 직사각형으로 하고, 황색바탕에 검정색 글씨로 (5)의 보기와 같이 도시가스 배관임을 알리는 뜻과 연락처 등을 표기한다.

Answer 1. ③ 2. ② 3. ②

04 도시가스 보일러 중 전용 보일러실에 반드시 설치하여야 하는 것은?

① 밀폐식 보일러
② 옥외에 설치하는 가스 보일러
③ 반밀폐형 자연배기식 보일러
④ 전용급기통을 부착시키는 구조로 검사에 합격한 강제 배기식 보일러

해설 반밀폐식(FE) 보일러는 반드시 전용 보일러실에 설치할 것

05 산소압축기의 내부 윤활제로 적당한 것은?

① 광유   ② 유지류
③ 물   ④ 황산

해설 산소 압축기 내부 윤활유는 물 또는 10% 이하의 묽은 글리세린수 사용

06 고압가스 용기제조 시설 기준에 대한 설명으로 옳은 것은?

① 용접용기 동판의 최대두께와 최소두께와의 차이는 평균두께의 5% 이하로 한다.
② 초저온 용기는 고압배관용 탄소강관으로 제조한다.
③ 아세틸렌 용기에 충전하는 다공물질은 다공도가 75% 이상 92% 미만으로 한다.
④ 용접용기에는 그 용기의 부속품을 보호하기 위하여 프로텍터 또는 캡을 고정식 또는 체인식으로 부착한다.

해설
- 가스용기 두께 공차는 최대두께와 최소두께와의 차이가 ±20% 이내일 것
- 저온 장치용 재료에는 동 및 동합금, 알루미늄, 오스테나이트계 스텐레스강 등이 사용된다.
- 아세틸렌 용기 내 다공질물은 75% 이상 92% 미만일 것

07 도시가스 배관 이음부와 전기점멸기, 전기접속기와는 몇 cm 이상의 거리를 유지해야 하는가?

① 10cm   ② 15cm
③ 30cm   ④ 40cm

※ 위 출제문제는 도시가스 사용시설이라고 명확히 표시를 해주어야만 하는 문제임.

해설 도시가스 사용시설
- KGS FU5512015 도시가스 사용시설
  - 전기계량기 및 전기개폐기 : 60cm 이상
  - 전기점멸기 및 전기접속기 : 15cm 이상 <개정13.12.18>
  - 절연전선 : 10cm 이상
  - 절연조치를 하지 않은 전선 및 단열조치를 하지 않은 굴뚝(배기통을 포함한다. 다만, 밀폐형 강제급배기식 보일러(FF식보일러)의 2중구조의 배기통은 '단열조치가 된 굴뚝'으로 보아 제외한다) : 15cm 이상
- KGS FS5512015 일반도시가스사업 공급시설
  (3) 배관의 이음매와의 유지거리
  - 배관의 이음매(용접이음매를 제외한다)와 전기계량기 및 전기개폐기와의 거리는 60cm 이상
  - 전기점멸기 및 전기접속기와의 거리는 30cm 이상
  - 절연전선과의 거리는 10cm 이상
  - 절연조치를 하지 아니한 전선 및 단열조치를 하지 않은 굴뚝(배기통을 포함한다)과의 거리는 15cm 이상의 거리를 유지한다.

Answer 4. ③ 5. ③ 6. ③ 7. ②

08 용기 종류별 부속품의 기호표시로서 틀린 것은?

① AG : 아세틸렌가스를 충전하는 용기의 부속품
② PG : 압축가스를 충전하는 용기의 부속품
③ LG : 액화석유가스를 충전하는 용기의 부속품
④ LT : 초저온용기 및 저온용기의 부속품

해설
- AG : 아세틸렌 용기 부속품
- PG : 압축가스 용기 부속품
- LG : 액화가스 용기 부속품
- LT : 초저온 용기 및 저온 용기 부속품
- LPG : 액화석유가스 용기 부속품

09 독성가스 제독작업에 필요한 보호구의 보관에 대한 설명으로 틀린 것은?

① 독성가스가 누출할 우려가 있는 장소에 가까우면서 관리하기 쉬운 장소에 보관한다.
② 긴급시 독성가스에 접하고 반출할 수 있는 장소에 보관한다.
③ 정화통 등의 소모품은 정기적 또는 사용 후에 점검하여 교환 및 보충한다.
④ 항상 청결하고 그 기능이 양호한 장소에 보관한다.

해설 보호구의 보관 및 장착훈련
㉠ 보관장소
독성가스가 누설될 우려가 있는 장소에 가까우면서 관리하기가 쉽고 긴급시 독성가스에 접하지 아니하고 반출할 수 있는 장소에 보관한다.
㉡ 보관방법
항상 청결하고 그 기능이 양호한 상태로 보관할 것이며 정화통 등의 소모품은 정기적 또는 사용 후에 점검한다.
㉢ 장착훈련
작업원에 대하여 3월마다 1회 이상 사용훈련을 실시하고 사용방법을 숙지시킨다.

10 일반 공업용 용기 도색의 기준으로 틀린 것은?

① 액화염소 – 갈색
② 액화암모니아 – 백색
③ 아세틸렌 – 황색
④ 수소 – 회색

해설 공업용 수소 용기의 도색은 주황색

11 압축 또는 액화 그 밖의 방법으로 처리 할 수 있는 가스의 용적이 1일 100m³ 이상인 사업소는 압력계를 몇 개 이상 비치하도록 되어 있는가?

① 1 ② 2
③ 3 ④ 4

해설 1일 처리하는 가스용적이 100m³ 이상인 사업소는 표준이 되는 압력계를 2개 이상 비치할 것

Answer 8. ③ 9. ② 10. ④ 11. ②

12 고압가스의 충전용기는 항상 몇 ℃ 이하의 온도를 유지하여야 하는가?

① 15
② 20
③ 30
④ 40

해설 가스 충전용기는 반드시 40℃ 이하의 온도를 유지할 것

13 암모니아 200kg을 내용적 50L 용기에 충전할 경우 필요한 용기의 개수는? (충전정수 1.86)

① 4개
② 6개
③ 8개
④ 12개

해설
$$G = \frac{V}{C}$$

$\frac{50L}{1.86} = 26.88kg$

$\frac{200kg}{26.88kg} = 7.44본 ≒ 8본으로 한다.$

14 가스도매사업자 가스공급시설의 시설기준 및 기술기준에 의한 배관의 해저 설치의 기준에 대한 설명으로 틀린 것은?

① 배관은 원칙적으로 다른 배관과 교차하지 않는다.
② 두 개 이상의 배관을 동시에 설치하는 경우에는 배관이 서로 접촉하지 아니하도록 필요한 조치를 한다.
③ 배관이 부양하거나 이동할 우려가 있는 경우에는 이를 방지하기 위한 조치를 한다.
④ 배관은 원칙적으로 다른 배관과 20m 이상의 수평거리를 유지한다.

해설 가스배관의 해저 설치시 다른 배관과 이격거리는 30m 이상 유지할 것

15 도시가스 제조시설의 플레어스택 기준에 적합하지 않은 것은?

① 스택에서 방출된 가스가 지상에서 폭발 한계에 도달하지 아니하도록 할 것
② 연소능력은 긴급이송설비로 이송되는 가스를 안전하게 연소시킬 수 있을 것
③ 스택에서 발생하는 최대열량에 장시간 견딜 수 있는 재료 및 구조로 되어 있을 것
④ 폭발을 방지하기 위한 조처가 되어 있을 것

해설 플레어스택은 긴급이송설비에 의해 이송되는 가스를 대기 중으로 연소시켜서 방출하는 장치로 그 설치 높이는 바로 밑의 지표면에 미치는 복사열이 4000kcal/m² · h 이하가 되도록 설치한다.

Answer 12. ④ 13. ③ 14. ④ 15. ①

16 초저온 용기에 대한 정의로 옳은 것은?

① 임계온도가 50℃ 이하인 액화가스를 충전하기 위한 용기
② 강판과 동판으로 제조된 용기
③ −50℃ 이하인 액화가스를 충전하기 위한 용기로서 용기 내의 가스온도가 상용의 온도를 초과하지 않도록 한 용기
④ 단열재로 피복하여 용기 내의 가스온도 가상용의 온도를 초과하지 않도록 조치된 용기

해설 초저온 용기 : 임계온도가 −50℃ 이하인 액화가스를 충전하기 위한 용기로서 용기 내의 가스온도가 상용의 온도를 초과하지 않도록 한 용기이다.

17 독성가스 제독제로 물을 사용하는 가스는?

① 염소
② 포스겐
③ 황화수소
④ 산화에틸렌

해설
- 염소 : 가성소다 수용액, 탄산소다 수용액, 소석회
- 포스겐 : 가성소다 수용액, 소석회
- 황화수소 : 가성소다 수용액, 탄산소다 수용액
- 산화에틸렌 : 물

18 특정설비 중 압력용기의 재검사 주기는?

① 3년 마다
② 4년 마다
③ 5년 마다
④ 10년 마다

해설 특정설비 중 압력용기의 재검사기간은 4년마다 검사한다.
별표22(개정 2015.4.9 : 용기 및 특정설비의 재검사기간)

19 아세틸렌 제조설비의 방호벽 설치기준으로 틀린 것은?

① 압축기와 충전용 주관밸브 조작밸브 사이
② 압축기와 가스충전용기 보관장소 사이
③ 충전장소와 가스충전용기 보관장소 사이
④ 충전장소와 충전용 주관밸브 조작 밸브사이

해설 아세틸렌 제조설비의 방호벽 설치 기준
- 아세틸렌 압축기와 충전장소 사이
- 아세틸렌 압축기와 충전용기 보관장소 사이
- 아세틸렌 충전장소와 충전용 주관밸브 조작장소 사이

Answer 16. ③ 17. ④ 18. ② 19. ①

20 용기 파열사고의 원인으로 가장 거리가 먼 것은?
① 용기의 내압력 부족
② 용기 내의 규정압력의 초과
③ 용기 내 폭발성 혼합가스에 의한 발화
④ 안전밸브의 작동

해설 용기파열 사고 원인
- 용기의 내압력 부족
- 용기의 재질 불량
- 용접상의 결함
- 용기 내 이상 압력 상승
- 용기 내 폭발성 혼합가스의 혼입으로 인한 폭발

21 액화가스의 이송펌프에서 발생하는 캐비테이션 현상을 방지하기 위한 대책으로서 틀린 것은?
① 흡입배관을 크게 한다.
② 펌프의 회전수를 크게 한다.
③ 펌프의 설치위치를 낮게 한다.
④ 펌프의 흡입구 부근을 냉각한다.

해설 액화가스 이송펌프의 캐비테이션 방지법
- 흡입관경을 크게 한다.
- 펌프의 흡입양정을 작게 하기 위해서 설치위치를 낮춘다.
- 펌프의 회전수를 낮춘다.
- 펌프의 흡입관을 냉각한다.

22 다음 중 대표적인 차압식 유량계는?
① 오리피스미터 ② 로터미터
③ 마노미터   ④ 습식가스미터

해설 차압식 유량계
- 오리피스 유량계 · 벤투리 유량계

23 공기액화 분리기 내의 CO_2를 제거하기 위해 NaOH 수용액을 사용한다. 1.0kg의 CO_2를 제거하기 위해서는 약 몇 kg의 NaOH를 가해야 하는가?
① 0.9   ② 1.8
③ 3.0   ④ 3.8

해설 공기 액화분리기 내 CO_2 제거 시 NaOH 반응식
$2NaOH + CO_2 \rightarrow Na_2CO_3 + H_2O$
80kg : 44kg
x : 1kg
$\therefore x = \dfrac{80}{44} = 1.8kg$

24 왕복동 압축기 용량조정 방법 중 단계적으로 조절하는 방법에 해당하지 않는 것은?
① 회전수를 변경하는 방법
② 흡입 주밸브를 폐쇄하는 방법
③ 타임드밸브 제어에 의한 방법
④ 클리어런스밸브에 의해 용접효율을 낮추는 방법

해설 왕복동 압축기 용량조정 방법
- 회전수를 변경하는 방법
- 흡입 주밸브를 폐쇄하는 방법
- 타임드밸브 제어에 의한 방법
- 바이패스 밸브에 의한 압축가스를 흡입측으로 되돌리는 방법

Answer 20. ④ 21. ② 22. ① 23. ② 24. ④

25 LP가스에 공기를 희석시키는 목적이 아닌 것은?

① 발열량 조절
② 연소효율 증대
③ 누설시 손실 감소
④ 재액화 촉진

해설 공기혼합가스(Air dilute gas) 목적
- 재액화 방지
- 발열량 조절
- 누설시 손실감소
- 연소 효율의 증대

26 다음 중 정압기의 부속설비가 아닌 것은?

① 불순물 제거 장치
② 이상 압력 상승방지 장치
③ 검사용 맨홀
④ 압력기록장치

해설 검사용 맨홀은 저장탱크 등에 필요하며 정압기에는 해당없다.

27 금속재료 중 저온 재료로 적당하지 않은 것은?

① 탄소강
② 황동
③ 9% 니켈강
④ 18-8 스테인레스강

해설 저온에 적합한 금속재료
- 9% 니켈강
- 오스테나이트계 스텐레스강(18-8 스텐레스강)
- 구리 합금강
- 알루미늄 합금강

28 다음 중 터보압축기에서 주로 발생할 수 있는 현상은?

① 수격작용(water hammer)
② 베이퍼 록(vapor lock)
③ 서징(surging)
④ 캐비테이션(cavitation)

해설 터보압축기에서 발생하는 현상으로는 서징 현상이 있다. 서징은 토출측에서 주기적으로 운동, 양정, 토출량이 규칙 바르게 변동하는 현상으로 송출압력과 송출유량 사이에 주기적인 변동이 일어나는 현상을 말한다.

29 파이프 커터로 강관을 절단하여 거스러미(burr)가 생긴다. 이것을 제거하는 공구는?

① 파이프 벤더
② 파이프 렌치
③ 파이프 바이스
④ 파이프 리머

해설 강관 거스러미(burr) 제거에는 리머가 사용된다.

30 고속 회전하는 임펠러의 원심력에 의해 속도에너지를 압력에너지로 바꾸어 압축하는 형식으로 유량이 크고 설치면적이 적게 차지하는 압축기의 종류는?

① 왕복식
② 터보식
③ 회전식
④ 흡수식

해설 터보압축기는 임펠러 회전에 의한 원심력으로 속도에너지를 압력에너지로 변화시켜 압축하는 형식이다. 유량이 많고 연속 송출하는 특징이 있으며 설치면적이 적다.

Answer 25. ④ 26. ③ 27. ① 28. ③ 29. ④ 30. ②

31 액화석유가스의 안전관리 및 사업에 규정된 용어의 정의에 대한 설명으로 틀린 것은?

① 저장설비라 함은 액화석유가스를 저장하기 위한 설비로서 저장탱크, 마운드형 저장탱크 소형저장탱크 및 용기를 말한다.
② 자동차에 고정된 탱크라 함은 액화석유 가스의 수송, 운반을 위하여 자동차에 고정설치 된 탱크를 말한다.
③ 소형저장탱크라 함은 액화석유가스를 저장하기 위하여 지상 또는 지하에 고정 설치된 탱크로서 그 저장능력이 3톤 미만인 탱크를 말한다.
④ 가스설비라 함은 저장설비 외의 설비로서 액화석유가스가 통하는 설비(배관을 포함한다)와 그 부속설비를 말한다.

해설 가스설비라 함은 가스저장설비 외의 설비로서 가스가 통하는 설비(배관을 포함한다)와 그 부속설비를 말한다.

32 1%에 해당하는 ppm의 값은?

① 10^2ppm   ② 10^3ppm
③ 10^4ppm   ④ 10^5ppm

해설 1%에 해당하는 ppm
ppm(part per million) 즉 백만분의 1을 말한다.

$$\frac{X}{100만} \times 100 = 1\%$$

∴ $X = 10^4$ PPm

33 가스배관의 시공 신뢰성을 높이는 일환으로 실시하는 비파괴검사 방법 중 내부 선원법, 이중벽이중상법 등을 이용하는 방법은?

① 초음파탐상시험
② 자분탐상시험
③ 방사선투과시험
④ 침투탐상시험

해설 방사선 투과시험은 내부 선원법, 이중벽이중상법 등이 있다.

34 차량에 고정된 저장탱크로 염소를 운반할 때 용기의 내용적(L)은 얼마 이하가 되어야 하는가?

① 10000
② 12000
③ 15000
④ 18000

해설 독성인 염소가스 운반시 차량에 고정된 탱크의 내용적은 12000L 미만일 것

35 일산화탄소와 공기의 혼합가스는 압력이 높아지면 폭발범위는 어떻게 되는가?

① 변함없다.
② 좁아진다.
③ 넓어진다.
④ 일정치 않다.

해설 일산화탄소는 압력이 높아지면 폭발범위가 좁아지는 특성이 있다.

Answer 31. ④ 32. ③ 33. ③ 34. ② 35. ②

36 도시가스 배관을 폭 8m 이상의 도로에서 지하에 매설시 지표면으로부터 배관의 외면까지의 매설깊이의 기준은?

① 0.6m 이상　② 1.0m 이상
③ 1.2m 이상　④ 1.5m 이상

해설 8m 이상의 도로에서 도시가스배관 매설시 깊이는 1.2m 이상일 것

37 도시가스 시설의 설치공사 또는 변경공사를 하는 때에 이루어지는 주요공정시공감리 대상은?

① 도시가스사업자 외의 가스공급시설 설치자의 배관 설치공사
② 가스도매사업자의 가스공급시설 설치공사
③ 일반도시가스사업자의 정압기 설치공사
④ 일반도시가스사업자의 제조소 설치공사

해설 도시가스사업자가 아닌자, 즉 도시가스 사업자 외의 가스공급 시설설치자의 배관 설치공사는 시공감리 대상이다.

38 고압가스 공급자의 안전점검 항목이 아닌 것은?

① 충전용기의 설치위치
② 충전용기의 운반방법 및 상태
③ 충전용기와 화기와의 거리
④ 독성가스의 경우 흡수장치, 제해장치 및 보호구 등에 대한 적합여부

해설 공급자의 안전점검기준(제16조제3항 관련)
가. 충전용기의 설치 위치
나. 충전용기와 화기와의 거리
다. 충전용기 및 배관의 설치상태
라. 충전용기, 충전용기로부터 압력조정기·호스 및 가스사용기기에 이르는 각 접속부와 배관 또는 호스의 가스 누출 여부 및 그 가스의 적합 여부
마. 독성가스의 경우 흡수장치·제해장치 및 보호구 등에 대한 적합 여부
바. 역화방지장치의 설치여부(용접 또는 용단 작업용으로 액화석유가스를 사용하는 시설에 산소를 공급하는 자에 한정한다)
사. 시설기준에의 적합 여부(정기점검만을 말한다)

39 액화석유가스 판매업소의 충전용기 보관실에 강제 통풍장치 설치시 통풍능력의 기준은?

① 바닥면적 $1m^2$당 $0.5m^3$/분 이상
② 바닥면적 $1m^2$당 $1.0m^3$/분 이상
③ 바닥면적 $1m^2$당 $1.5m^3$/분 이상
④ 바닥면적 $1m^2$당 $2.0m^3$/분 이상

해설 LPG 판매소 충전용기 보관실 강제통풍장치 설치시 통풍능력은 바닥면적 $1m^2$당 $0.5m^3$/분 이상일 것

Answer 36. ③　37. ①　38. ②　39. ①

40 다음 중 동일 차량에 적재하여 운반할 수 없는 경우는?

① 산소와 질소
② 질소와 탄산가스
③ 탄산가스와 아세틸렌
④ 염소와 아세틸렌

해설 동일차량 적재금지 : 염소와 아세틸렌·암모니아 또는 수소

41 다음 중 아세틸렌의 발생방식이 아닌 것은?

① 주수식 : 카바이드에 물을 넣는 방법
② 투입식 : 물에 카바이드를 넣는 방법
③ 접촉식 : 물과 카바이드를 소량씩 접촉시키는 방법
④ 가열식 : 카바이드를 가열하는 방법

해설 아세틸렌 발생방식
㉠ 주수식 ㉡ 침지식 ㉢ 투입식

42 이상기체의 등온과정에서 압력이 증가하면 엔탈피(H)는?

① 증가한다.
② 감소한다.
③ 일정하다.
④ 증가하다가 감소한다.

해설 이상기체 등온 과정에서 압력 상승시 엔탈피는 일정하게 유지된다.

43 1kW의 열량을 환산한 것으로 옳은 것은?

① 536kcal/h
② 632kcal/h
③ 720kcal/h
④ 860kcal/h

해설 1kW → kcal

$$1kW = 102kg \cdot m/sec$$
$$kcal = 427kg \cdot m$$
$$= 102 \times 1kcal/427kg \cdot m \times 3600sec/h$$
$$= 859.95kcal/h$$

44 섭씨온도와 화씨온도가 같은 것은?

① $-40℃$
② $32℉$
③ $273℃$
④ $45℉$

해설 섭씨온도와 화씨온도가 같은 온도

$$-40℃ = -40℉$$
$$\left(-40℃ \times \frac{9}{5}\right) + 32 = -40℉$$

45 다음 중 1기압(1atm)과 같지 않은 것은?

① 760mmHg
② 0.987bar
③ $10.332mH_2O$
④ 101.3kPa

해설
$$1atm = 760mmHg = 10.332mH_2O$$
$$= 101.3kPa = 1.01315bar$$

Answer 40. ④ 41. ④ 42. ③ 43. ④ 44. ① 45. ②

46 어떤 기구가 1atm 30℃에서 10000L의 헬륨으로 채워져 있다. 이 기구가 압력이 0.6atm이고 온도가 −20℃인 고도까지 올라갔을 때 부피는 약 몇 L가 되는가?

① 10000　② 12000
③ 14000　④ 16000

해설 1atm → 0.6atm
30℃ → −20℃
10000L → ?L

보일-샤를의 법칙에서

$$\frac{P_1 V_1}{T_1} = \frac{P_2 V_2}{T_2}$$

$$\frac{1 \times 10000}{30+273} = \frac{0.6 \times V_2}{-20+273}$$

∴ $V_2 = 13916.39 ≒ 14000L$

47 다음 중 ℃의 절대온도 단위는?

① K　② °R
③ °F　④ ℃

해설 절대온도
- ℃의 절대온도 : K
- °F의 절대온도 : °R

48 이상기체를 정적 하에서 가열하면 압력과 온도의 변화는?

① 압력 증가, 온도 일정
② 압력 일정, 온도 일정
③ 압력 증가, 온도 상승
④ 압력 일정, 온도 상승

해설 이상기체를 정적(부피를 일정하게) 하에서 가열하면 압력과 온도는 상승한다.

49 산소의 물리적인 성질에 대한 설명으로 틀린 것은?

① 산소는 약 −183℃에서 액화한다.
② 액체산소는 청색으로 비중이 약 1.13이다.
③ 무색, 무취의 기체이며 물에는 약간 녹는다.
④ 강력한 조연성 가스이므로 자신이 연소한다.

해설 산소의 물성
- 조연성이다.
- 무색, 무취의 기체로 물에 약간 녹는다.
- 비점은 −183℃이며 액체산소는 담청색을 띤다.

50 도시가의 주원료인 메탄(CH_4)의 비점은 약 얼마인가?

① −50℃　② −82℃
③ −120℃　④ −162℃

해설 CH_4 비점은 −162℃

51 가스홀더의 압력을 이용하여 가스를 공급하며 가스 제조공장과 공급지역이 가깝거나 공급 면적이 좁을 때 적당한 가스 공급 방법은?

① 저압공급방식
② 중앙공급방식
③ 고압공급방식
④ 초고압공급방식

해설 가스 공급시 공급지역이 좁고 가까운 거리이며 가스홀더의 압력으로 공급되는 것은 저압방식이다.

Answer　46. ③　47. ①　48. ③　49. ④　50. ④　51. ①

52 가스 종류에 따른 용기의 재질로서 부적합한 것은?

① LPG : 탄소강
② 암모니아 : 동
③ 수소 : 크롬강
④ 염소 : 탄소강

해설 암모니아 용기 재료는 탄소강이 사용된다.

53 오르자트법으로 시료가스를 분석할 때의 성분 분석 순서로서 옳은 것은?

① $CO_2 \rightarrow O_2 \rightarrow CO$
② $CO \rightarrow CO_2 \rightarrow O_2$
③ $O_2 \rightarrow CO \rightarrow CO_2$
④ $O_2 \rightarrow CO_2 \rightarrow CO$

해설 흡수분석법 분석순서
- 오르자트법 : $CO_2 - O_2 - CO$
- 게겔법 : $CO_2 - C_2H_2 - C_2H_4 - O_2 - CO$
- 헴펠법 : $CO_2 - C_mH_n - O_2 - CO$

54 수소염 이온화식(FID) 가스 검출기에 대한 설명으로 틀린 것은?

① 감도가 우수하다.
② CO_2, NO_2는 검출할 수 없다.
③ 연소하는 동안 시료가 파괴된다.
④ 무기화합물의 가스검지에 적합하다.

해설 FID(수소불꽃이온화검출기) 특징
- 감도가 좋아 미량분석에 쓰인다.
- 완전 산화된 CO_2는 검출이 어렵다.
- 공기-수소 화염으로 시료를 연소시켜 이온을 검출하는 원리로 무기화합물은 분석에는 적합하지 않다.

55 다음 [보기]와 관련 있는 분석방법은?

[보기]
㉠ 쌍극자 모멘트의 알짜변화
㉡ 진동 짝지움
㉢ Nernst 백열등
㉣ Fourier 변환분광계

① 질량분석법
② 흡광광도법
③ 적외선 분광분석법
④ 킬레이트 적정법

해설 적외선분광분석법 : 쌍극자 모멘트의 알짜변화를 일으킬 진동에 의해서 적외선을 이용한 분석법이다.(2원자분자 가스는 분석이 어렵다.)

56 표준상태에서 1000L의 체적을 갖는 가스상태의 부탄은 약 몇 kg인가?

① 2.6
② 3.1
③ 5.5
④ 6.1

해설 아보가드로의 법칙 : 표준상태에서 모든 기체 1몰은 22.4L의 부피를 갖는다.

1000L 부탄의 몰수 = $\frac{1000L}{22.4L}$ = 44.64g-mol

부탄(C_4H_{10})의 분자량 = $\frac{58g}{1몰}$

∴ 44.64g-mol × 58g/1mol = 2589.12g ≒ 2.6kg

Answer 52. ② 53. ① 54. ④ 55. ③ 56. ①

57 다음 중 일반 기체상수(R)의 단위는?

① kg·m/kmol·K
② kg·m/kcal·K
③ kg·m/m³·K
④ kcal/kg·℃

해설 기체상수(R)의 단위
- L·atm/mol·K
- L·mmHg/mol·K
- ft³psi/lb-mol·°R
- J/mol·K
- cal/mol·K
- BTU/lb-mol·°R
- kg·m/kmol·K

58 열역학 제1법칙에 대한 설명이 아닌 것은?

① 에너지 보존의 법칙이라고 한다.
② 열은 항상 고온에서 저온으로 흐른다.
③ 열과 일은 일정한 관계로 서로 상호 교환한다.
④ 제1종 영구기관이 영구적으로 일하는 것은 불가능하다는 것을 알려준다.

해설 열역학 제1법칙
- 에너지 보존의 법칙이다.
- 열과 일은 상호 교환될 수 있다.
- 에너지 공급 없이 지속되는 제1종 영구기관은 존재하지 않는다.

59 표준상태 가스 1m³를 완전연소시키기 위하여 필요한 최소한의 공기를 이론 공기량이라고 한다. 다음 이론 공기량으로 적합한 것은? (단, 공기 중에 산소는 21% 존재한다.)

① 메탄 : 9.5배
② 메탄 : 12.5배
③ 프로판 : 15배
④ 프로판 : 30배

해설 가스의 완전 연소식에서 이론 공기량 구하는 법

$CH_4 + 2O_2 \rightarrow CO_2 + 2H_2O$
$22.4m^3 : 2 \times 22.4m^3$
$1 : x$
∴ 이론산소량 $x = 2m^3$
∴ 이론공기량 $= \dfrac{2}{0.21} = 9.52m^3$

$C_3H_8 + 5O_2 \rightarrow 3CO_2 + 4H_2O$
$22.4m^3 : 5 \times 22.4m^3$
$1 : x$
∴ 이론산소량 $x = 5m^3$
∴ 이론공기량 $= \dfrac{5}{0.21} = 23.81m^3$

60 다음 중 액화가 가장 어려운 가스는?

① H_2 ② He
③ N_2 ④ CH_4

해설 가스의 비점이 낮을수록 액화가 어렵다.
- H_2 : -253℃
- He : -269℃
- N_2 : -196℃
- CH_4 : -162℃

Answer 57. ① 58. ② 59. ① 60. ②

가스기능사 2000제 문제은행

CBT 시험대비
▶ 2015년 10월 10일 시행

01 인화온도가 약 -30°C이고 발화온도가 매우 낮아 전구 표면이나 증기 파이프 등의 열에 의해 발화할 수 있는 가스는?

① CS_2
② C_2H_2
③ C_2H_4
④ C_3H_8

해설 이황화탄소는 착화온도가 낮아 전구표면이나, 수증기 파이프 등의 접촉에 의해서도 발화된다.

02 발열량이 9500kcal/m³이고 가스비중이 0.65인(공기1) 가스의 웨버지수는 약 얼마인가?

① 6175
② 9500
③ 11780
④ 14615

해설
$$WI = \frac{Hg}{\sqrt{d}}$$

∴ $\frac{9500}{\sqrt{0.65}} = 11783.299$

03 고압가스 제조허가의 종류가 아닌 것은?

① 고압가스 특수제조
② 고압가스 일반제조
③ 고압가스 충전
④ 냉동 제조

해설 고압가스 제조허가 종류에서 고압가스 특수제조는 해당되지 않는다.

04 아세틸렌 용기에 대한 다공물질 충전검사 적합판정기준은?

① 다공물질은 용기 벽을 따라서 용기 안지름의 1/200 또는 1mm를 초과하는 틈이 없는 것으로 한다.
② 다공물질은 용기 벽을 따라서 용기 안지름의 1/200 또는 3mm를 초과하는 틈이 없는 것으로 한다.
③ 다공물질은 용기 벽을 따라서 용기 안지름의 1/100 또는 5mm를 초과하는 틈이 없는 것으로 한다.
④ 다공물질은 용기 벽을 따라서 용기 안지름의 1/100 또는 10mm를 초과하는 틈이 없는 것으로 한다.

해설 아세틸렌용기 다공물질 충전검사 합격 판정은 용기 벽을 따라 용기 안지름의 1/200 또는 3mm를 초과하는 틈이 없어야 한다.

Answer 1. ① 2. ③ 3. ① 4. ②

05 비등액체팽창증기폭발(BLEVE)이 일어날 가능성이 가장 낮은 곳은?
① LPG 저장탱크
② LNG 저장탱크
③ 액화가스 탱크로리
④ 천연가스 지구정압기

해설 블레이브(BLEV)는 가연성인 액체상태의 가스를 저장하는 탱크에서 화재 시에 발생하는 현상으로 천연가스 지구 정압기에서는 발생되지 않는다.

06 가스누출자동차단장치의 구성요소에 해당하지 않는 것은?
① 지시부
② 검지부
③ 차단부
④ 제어부

해설 가스누출자동차단 장치는 검지부, 제어부, 차단부로 구성된다.

07 다음 가스의 용기보관실 중 그 가스가 누출된 때에 체류하지 않도록 통풍구를 갖추고, 통풍이 잘되지 않는 곳에는 강제환기시설을 설치하여야 하는 곳은?
① 질소 저장소
② 탄산가스 저장소
③ 헬륨 저장소
④ 부탄 저장소

해설 공기보다 무겁고 가연성인 부탄가스는 누출 시에 체류하지 않도록 통풍구를 갖추고 통풍이 잘되지 않는 곳은 강제통풍장치를 설치하여야 한다.

08 고압가스안전관리법의 적용을 받는 고압가스의 종류 및 범위로서 틀린 것은?
① 상용의 온도에서 압력이 1MPa 이상이 되는 압축가스
② 섭씨 35도의 온도에서 압력이 0Pa을 초과하는 아세틸렌가스
③ 상용의 온도에서 압력이 0.2MPa 이상이 되는 액화가스
④ 섭씨 35도의 온도에서 압력이 0Pa을 초과하는 액화가스 중 액화시안화수소

해설 아세틸렌 가스는 35℃ 조건이 아니라 상용의 온도에서 0Pa을 초과하는 것은 고압가스 안전관리법의 적용을 받는다.

Answer 5. ④ 6. ① 7. ④ 8. ②

09 LP가스 저장탱크 지하에 설치하는 기준에 대한 설명으로 틀린 것은?

① 저장탱크실 상부 윗면으로부터 저장탱크 상부까지의 깊이는 1m 이상으로 한다.
② 저장탱크 주위 빈 공간에는 세립분을 함유하지 않는 것으로서 손으로 만졌을 때 물이 손에서 흘러내리지 않는 상태의 모래를 채운다.
③ 저장탱크를 2개 이상 인접하여 설치하는 경우에는 상호간에 1m 이상의 거리를 유지한다.
④ 저장탱크실은 천장, 벽 및 바닥의 두께가 각각 30cm 이상의 방수조치를 한 철근콘크리트구조로 한다.

해설 LP가스 지하저장탱크 설치시 탱크 상부에서 지면까지의 거리는 60cm 이상이어야 하고 콘크리트 실의 두께는 30cm 이상의 벽체이어야 하므로 탱크와 실간의 간격은 30cm 정도이다.

10 다음 중 사용신고를 하여야 하는 특정고압가스에 해당하지 않는 것은?

① 게르만   ② 삼불화질소
③ 사불화규소   ④ 오불화붕소

해설 특정고압가스 사용신고
압축모노실란, 압축디보레인, 액화알진, 포스핀, 세렌화수소, 게르만, 디실란, 오불화비소, 오불화인, 삼불화인, 삼불화질소, 삼불화붕소, 사불화유황, 사불화규소, 액화염소, 액화암모니아 등

11 플레어스택에 대한 설명으로 틀린 것은?

① 플레어스택에서 발생하는 복사열이 다른 제조시설에 나쁜 영향을 미치지 아니하도록 안전한 높이 및 위치에 설치한다.
② 플레어스택에서 발생하는 최대열량에 장시간 견딜 수 있는 재료 및 구조로 되어 있는 것으로 한다.
③ 파이롯트버너를 항상 점화하여 두는 등 플레어스택에 관련된 폭발을 방지하기 위한 조치가 되어 있는 것으로 한다.
④ 특수반응설비 또는 이와 유사한 고압가스설비마다 설치한다.

해설 플레어스택은 긴급이송설비에 의해 이송되는 가스를 연소시켜 대기로 안전하게 방출하는 설비로서 모든 가스설비에 설치하지 않는다.

Answer 9. ① 10. ④ 11. ④

12 초저온용기의 단열성능시험에서 침입열량 산식은 다음과 같이 구해진다. 여기서 "q"가 의미하는 것은?

$$Q = \frac{W \cdot q}{H \cdot \Delta t \cdot V}$$

① 침입열량
② 측정시간
③ 기화된 가스량
④ 시험용 가스의 기화잠열

해설 초저온용기 단열성능시험에서 침입열량의 측정 산식

$$Q = \frac{W \cdot q}{H \cdot \Delta t \cdot v}$$

여기서,
Q : 침입열량(kcal/h · ℃ · l)
W : 측정 중 기화 가스량(kg)
H : 측정시간(hr)
Δt : 시험용 저온액화가스의 비점과 외기와의 온도차(℃)
v : 용기 내용적(l)
q : 시험용 액화가스의 기화잠열(kcal/kg)

13 고압가스용 저장탱크 및 압력용기 제조시설에 대하여 실시하는 내압검사에서 압력용기 등의 재질이 주철인 경우 내압시험압력의 기준은?

① 설계압력의 1.2배의 압력
② 설계압력의 1.5배의 압력
③ 설계압력의 2배의 압력
④ 설계압력의 3배의 압력

해설 가스 저장탱크, 압력용기 등의 재질이 주철인 경우 내압시험압력의 기준은 설계압력의 2배의 압력으로 실시한다.

14 가스도매사업시설에서 배관 지하매설의 설치기준으로 옳은 것은?

① 산과 들 이외의 지역에서 배관의 매설깊이는 1.5m 이상
② 산과 들에서의 배관의 매설깊이는 1m 이상
③ 배관은 그 외면으로부터 수평거리로 건축물까지 1.2m 이상 거리 유지
④ 배관은 그 외면으로부터 지하의 다른 시설물과 1.2m 이상 거리 유지

해설 가스도매사업 시설에서 지하 매설시 산과 들에서의 매설 심도는 1m 이상일 것

15 일반도시가스의 배관을 철도부지 밑에 매설할 경우 배관의 외면과 지표면과의 거리는 몇 m 이상으로 하여야 하는가?

① 1.0m　② 1.2m
③ 1.3m　④ 1.5m

해설 일반 도시가스 배관을 철도부지 밑에 매설시 깊이는 1.2m 이상일 것

16 도시가스 배관의 매설심도를 확보할 수 없거나 타시설물과 이격거리를 유지하지 못하는 경우 등에는 보호관을 설치한다. 압력이 중압배관일 경우 보호관의 두께 기준은?

① 3mm　② 4mm
③ 5mm　④ 6mm

해설 도시가스 중압배관의 지하 설치시 매설심도의 유지가 어려운 경우에 사용되는 보호관의 두께는 4mm 이상일 것

Answer 12. ④　13. ③　14. ②　15. ②　16. ②

17 자연발화의 열의 발생 속도에 대한 설명으로 틀린 것은?

① 발열량이 큰 쪽이 일어나기 쉽다.
② 표면적이 적을수록 일어나기 쉽다.
③ 초기 온도가 높은 쪽이 일어나기 쉽다.
④ 촉매 물질이 존재하면 반응 속도가 빨라진다.

해설 표면적이 클수록 쉽다.

18 가연성가스의 지상저장 탱크의 경우 외부에 바르는 도료의 색깔을 무엇인가?

① 청색
② 녹색
③ 은백색
④ 검정색

해설 가연성 가스 옥외저장탱크 도색은 은백색일 것

19 산화에틸렌 충전용기에는 질소 또는 탄산가스를 충전하는데 그 내부가스 압력의 기준으로 옳은 것은?

① 상온에서 0.2MPa 이상
② 35℃에서 0.2MPa 이상
③ 40℃에서 0.4MPa 이상
④ 45℃에서 0.4MPa 이상

해설 산화에틸렌 충전용기에 봉입하는 질소 또는 탄산가스는 45℃에서 0.4MPa 이상일 것

20 다음 중 보일러 중독사고의 주원인이 되는 가스는?

① 이산화탄소   ② 일산화탄소
③ 질소   ④ 염소

해설 보일러 중독사고는 미연소된 일산화탄소(CO)가 원인이다.

21 연소에 필요한 공기를 전부 2차 공기로 취하며 불꽃 길이가 같고 온도가 가장 낮은 연소방식은?

① 분젠식
② 세미분젠식
③ 적화식
④ 전 1차 공기식

해설 2차 공기로 연소하는 방식은 적화식으로 온도 상승에 제한적이다.

22 압축천연가스 자동차 충전소에 설치하는 압축가스설비의 설계압력이 25MPa인 경우 이 설비에 설치하는 압력계의 지시눈금은?

① 최소 25.0MPa까지 지시할 수 있는 것
② 최소 27.5MPa까지 지시할 수 있는 것
③ 최소 37.5MPa까지 지시할 수 있는 것
④ 최소 50.0MPa까지 지시할 수 있는 것

해설 압축천연가스 자동차 충전소 가스설비 설계압력이 25MPa일 때 압력계 최소 눈금범위는 1.5 ~ 2배 범위이다.
25MPa × (1.5 ~ 2배) = 37.5 ~ 50MPa
∴ 최소압력이 37.5MPa이 된다.

Answer 17. ② 18. ③ 19. ④ 20. ② 21. ③ 22. ③

23 저온, 고압의 액화석유가스 저장 탱크가 있다. 이 탱크를 퍼지하여 수리 점검 작업할 때에 대한 설명으로 옳지 않은 것은?

① 공기로 재치환하여 산소 농도가 최소 18%인지 확인한다.
② 질소가스로 충분히 퍼지하여 가연성 가스의 농도가 폭발하한계의 1/4 이하가 될 때까지 치환을 계속한다.
③ 단시간에 고온으로 가열하면 탱크가 손상될 우려가 있으므로 국부가열이 되지 않게 한다.
④ 가스는 공기보다 가벼우므로 상부 맨홀을 열어 자연적으로 퍼지가 되도록 한다.

해설 액화석유가스는 C_3에서 C_4의 저급탄화수소로 구성된 포화탄화수소로 공기보다 무겁다.

24 공개액화분리장치에는 다음 중 어떤 가스 때문에 가연성 물질을 단열재로 사용할 수 없는가?

① 질소
② 수소
③ 산소
④ 아르곤

해설 공기액화분리장치의 단열재는 산소 때문에 가연성이 아닌 것에 한한다.

25 도시가스사용시설의 정압기실에 설치된 가스 누출경보기의 점검주기는?

① 1일 1회 이상
② 1주일 1회 이상
③ 2주일 1회 이상
④ 1개월 1회 이상

해설 도시가스 정압기실 누출경보기는 1주일에 1회 이상 점검할 것

26 도시가스 공급 시설이 아닌 것은?

① 압축기
② 홀더
③ 정압기
④ 용기

해설 도시가스 공급시설은 압축기, 정압기, 홀더 등이 해당된다.

27 저압식 공기액화 분리장치의 정류탑 하부의 압력은 어느 정도인가?

① 1기압
② 5기압
③ 10기압
④ 20기압

해설 저압식 공기액화 분리기 정류탑 하부의 송입 압력은 5기압 정도이다.

Answer 23. ④ 24. ③ 25. ② 26. ④ 27. ②

28 액주식 압력계에 대한 설명으로 틀린 것은?

① 경사관식은 정도가 좋다.
② 단관식은 차압계로도 사용된다.
③ 링 밸런스식은 저압가스의 압력측정에 적당하다.
④ U자관은 메니스커스의 영향을 받지 않는다.

해설 액주식 압력계(마노미터)는 U자관은 메니스커스의 영향을 받게 된다.

> **메니스커스(Meniscus)**
> 모세관 중의 액체표면은 기상에 대해 곡면이 된다. 이것을 메니스커스라고 한다. 액체가 고체면을 적실 때에는 ⊔이 되고 적시지 않을 때에는 ⊓이 된다.

29 액화산소, LNG 등에 일반적으로 사용될 수 있는 재질이 아닌 것은?

① Al 및 Al 합금
② Cu 및 Cu 합금
③ 고장력 주철강
④ 18-8 스테인리스강

해설 액화산소(비점 : -183℃) LNG(비점 -162℃) 등의 초저온에 사용되는 재질로서 고장력 주철관은 적합하지 않다.

30 암모니아 용기의 재료로 주로 사용되는 것은?

① 동 ② 알루미늄합금
③ 동합금 ④ 탄소강

해설 암모니아 용기재질은 탄소강이 사용된다.

31 LPG 자동차에 고정된 용기충전시설에서 저장탱크의 물분무장치는 최대 수량을 몇 분 이상 연속해서 방사할 수 있는 수원에 접속되어 있도록 하여야 하는가?

① 20분 ② 30분
③ 40분 ④ 60분

해설 LPG 용기 충전시설에서 저장탱크의 물분무장치의 수원은 30분 이상 연속 방사할 수 있을 것

32 용기의 설계단계 검사 항목이 아닌 것은?

① 단열성능
② 내압성능
③ 작동성능
④ 용접부의 기계적 성능

해설 용기 설계 단계 검사
단열성능시험, 내압성능시험, 용접부의 기계적 성능시험 등

33 액화석유가스가 공기 중에 얼마의 비율로 혼합되었을 때 그 사실을 알 수 있도록 냄새가 나는 물질을 섞어 용기에 충전하여야 하는가?

① $\frac{1}{1,000}$ ② $\frac{1}{10,000}$
③ $\frac{1}{100,000}$ ④ $\frac{1}{1,000,000}$

해설 부취제 농도는 $\frac{1}{1,000}$

Answer 28. ④ 29. ③ 30. ④ 31. ② 32. ③ 33. ①

34 도시가스사용시설에서 도시가스 배관의 표시등에 대한 기준으로 틀린 것은?

① 지하에 매설하는 배관은 그 외부에 사용 가스명, 최고사용압력, 가스의 흐름방향을 표기한다.
② 지상배관은 부식방지 도장 후 황색으로 도색한다.
③ 지하매설배관은 최고사용압력이 저압인 배관은 황색으로 한다.
④ 지하매설배관은 최고사용압력이 중압 이상인 배관은 적색으로 한다.

해설> 도시가스 배관 표시 등에 관한 기준은 입상관일 때에 사용가스명, 최고사용압력, 가스흐름 방향을 표시한다.

35 특정고압가스 사용시설에서 용기의 안전조치 방법으로 틀린 것은?

① 고압가스의 충전용기는 항상 40℃ 이하를 유지하도록 한다.
② 고압가스의 충전용기 밸브는 서서히 개폐한다.
③ 고압가스의 충전용기 밸브 또는 배관을 가열할 때에는 열습포나 40℃ 이하의 더운 물을 사용한다.
④ 고압가스의 충전용기를 사용한 후에는 밸브를 열어 둔다.

해설> 가스용기를 사용한 후에는 반드시 밸브를 잠가둘 것

36 액화가스를 충전하는 차량에 고정된 탱크는 그 내부에 액면요동을 방지하기 위하여 액면요동방지조치를 하여야 한다. 다음 중 액면요동방지조치로 올바른 것은?

① 방파판   ② 액면계
③ 온도계   ④ 스톱밸브

해설> 액화가스 운반차량인 탱크로리 내에는 액면의 요동을 방지하기 위해서 방파판을 설치한다.

37 암모니아 충전용기로서 내용적이 1000L 이하인 것은 부식여유 두께의 수치가 (A) mm이고, 염소 충전용기로서 내용적이 1000L 초과하는 것은 부식여유 두께의 수치가 (B)mm이다. A와 B에 알맞은 부식여유치는?

① A:1, B:3   ② A:2, B:3
③ A:1, B:5   ④ A:2, B:5

해설> 용기의 부식여유 수치
• 암모니아 1000ℓ 이하일 때 1mm
　　　　　1000ℓ 이상일 때 2mm
• 염소 1000ℓ 이하일 때 3mm
　　　 1000ℓ 이상일 때 5mm

38 아르곤(Ar) 가스 충전용기의 도색은 어떤 색상으로 하여야 하는가?

① 백색   ② 녹색
③ 갈색   ④ 회색

해설> Ar(아르곤) 용기 도색은 회색

Answer 34. ① 35. ④ 36. ① 37. ③ 38. ④

39 인체용 에어졸 제품의 용기에 기재하여야 할 사항으로 틀린 것은?

① 불 속에 버리지 말 것
② 가능한 한 인체에서 10cm 이상 떨어져서 사용할 것
③ 온도가 40℃ 이상되는 장소에 보관하지 말 것
④ 특정부위에 계속하여 장시간 사용하지 말 것

해설 인체용 에어졸은 가능한 한 인체에서 20cm 이상 떨어져서 사용할 것

40 지하에 매몰하는 도시가스 배관의 재료로 사용할 수 없는 것은?

① 가스용 폴리에틸렌관
② 압력 배관용 탄소강관
③ 압축식 폴리에틸렌 피복강관
④ 분말융착식 폴리에틸렌 피복강관

해설 지하 매설용 가스관 재료로 압력 배관용 탄소강관은 적합하지 않다.

41 황화수소에 대한 설명으로 틀린 것은?

① 무색이다.
② 유독하다.
③ 냄새가 없다.
④ 인화성이 아주 강하다.

해설 황화수소(H_2S)는 계란 썩는 냄새의 강한 취기가 있는 유독한 가스이다.

42 표준상태에서 산소의 밀도(g/L)는?

① 0.7   ② 1.43
③ 2.72 ④ 2.88

해설 표준상태에서 산소 밀도(g/L)
$= \dfrac{32g}{22.4\ell} = 1.43 g/\ell$

43 다음 중 가장 낮은 압력은?

① 1atm   ② 1kg/cm^2
③ 10.33mH$_2$O ④ 1MPa

해설
$1atm = 1.033 kg/cm^2 = 10.33 mH_2O$
$= 101.3 kPa (0.1 MPa)$

44 시안화수소를 충전한 용기는 충전 후 얼마를 정치해야 하는가?

① 4시간   ② 8시간
③ 16시간 ④ 24시간

해설 시안화수소(HCN)은 충전 후 24시간 정치할 것

45 메탄(CH_4)의 공기 중 폭발범위 값에 가장 가까운 것은?

① 5~15.4%
② 3.2~12.5%
③ 2.4~9.5%
④ 1.9~8.4%

해설 $CH_4 : 5~15\%$

Answer 39. ② 40. ② 41. ③ 42. ② 43. ② 44. ④ 45. ①

46 다음 가스 중 비중이 가장 적은 것은?
① CO
② C₃H₈
③ Cl₂
④ NH₃

해설 각 가스의 비중(공기=1)
- $CO : \frac{28}{29} = 0.96$
- $C_3H_8 : \frac{44}{29} = 1.52$
- $Cl_2 : \frac{71}{29} = 2.45$
- $NH_3 : \frac{17}{29} = 0.59$

47 포스겐의 화학식은?
① COCl₂
② COCl₃
③ PH₂
④ PH₃

해설 포스겐 : COCl₂

48 표준상태에서 부탄가스의 비중은 약 얼마인가? (단, 부탄의 분자량은 58이다.)
① 1.6
② 1.8
③ 2.0
④ 2.2

해설 부탄(C_4H_{10})의 비중 = $\frac{58}{29} = 2$

49 다음 중 헨리의 법칙에 잘 적용되지 않은 가스는?
① 암모니아
② 수소
③ 산소
④ 이산화탄소

해설 헨리의 법칙
일정한 온도에서 질소와 산소와 같이 물에 많이 녹지 않는 기체의 용해도는 그 기체의 압력에 정비례한다. 이것을 헨리의 법칙이라 한다. 그러나 암모니아나 염화수소 같이 물에 극히 많이 녹는 기체는 해당되지 않는다.

50 아세틸렌(C₂H₂)에 대한 설명 중 틀린 것은?
① 공기보다 무거워 낮은 곳에 체류한다.
② 카바이트(CaC₂)에 물을 넣어 제조한다.
③ 공기 중 폭발범위는 약 2.5~81%이다.
④ 흡열화합물이므로 압축하면 폭발을 일으킬 수 있다.

해설 아세틸렌(C₂H₂)은 공기보다 가볍다.
$\frac{26}{29} = 0.897$

51 이동식 부탄연소기의 용기 연결방법에 따른 분류가 아닌 것은?
① 용기이탈식
② 분리식
③ 카세트식
④ 직결식

해설 이동식 부탄 연소기 연결 방법 : 분리식, 직결식, 카세트식

Answer 46. ④ 47. ① 48. ③ 49. ① 50. ① 51. ①

52 저온장치에서 열의 침입 원인으로 가장 거리가 먼 것은?

① 내면으로부터의 열전도
② 연결 배관 등에 의한 열전도
③ 지지 요크 등에 의한 열전도
④ 단열재를 넣은 공간에 남은 가스의 분자 열전도

해설 저온장치 열침입 원인
- 연결 배관 등에 의한 열전도
- 지지요크 등에 의한 열전도
- 단열재를 넣은 공간에 남은 가스 분자의 열전도
- 밸브·안전밸브 등에 의한 열전도
- 외면으로부터의 열복사

53 고압가스 제조설비에서 정전기의 발생 또는 대전 방지에 대한 설명으로 옳은 것은?

① 가연성가스 제조설비의 탑류, 벤트스택 등은 단독으로 접지한다.
② 제조장치 등에 본딩용 접속선은 단면적이 $5.5mm^2$ 미만의 단선을 사용한다.
③ 대전 방지를 위하여 기계 및 장치에 절연재료를 사용한다.
④ 접지 저항치 총합이 100Ω 이하의 경우에는 정전기 제거 조치가 필요하다.

해설 가연성 가스 제조설비의 정전기 제거 장치에서 제조설비의 탑류, 벤트스택 등은 단독으로 접지 장치를 설치한다.

54 저장탱크 내부의 압력이 외부의 압력보다 낮아져 그 탱크가 파괴되는 것을 방지하기 위한 설비와 관계없는 것은?

① 압력계
② 진공안전밸브
③ 압력경보설비
④ 벤트스택

해설 가스 저장탱크 내부 압력이 외부의 압력보다 낮아져서 탱크가 파괴되는 것을 방지하는 장치로서 벤트스택은 해당되지 않는다. 벤트스택은 가연성 및 독성가스를 폐기할 때 방출되는 가스를 중화 조치 또는 희석시켜 배출하는 설비이다.

55 LP가스 저압배관 공사를 완료하여 기밀시험을 하기 위해 공기압을 $1000mmH_2O$로 하였다. 이 때 관지름 25mm, 길이 30m로 할 경우 배관의 전체 부피는 약 몇 L인가?

① 5.7L
② 12.7L
③ 14.7L
④ 23.7L

해설 배관부피 $= \frac{\pi}{4}(0.025)^2 \times 30 \times 1000 kg/m^2 = 14.7$

∵ $1000mmH_2O = 1000kg/m^2$

$1atm = 10.33 \times 1000mmH_2O = 10330kg/m^2$

Answer 52. ① 53. ① 54. ④ 55. ③

56 이상기체의 정압비열(C_p)과 정적비열(C_v)에 대한 설명 중 틀린 것은? (단, k는 비열비이고, R은 이상기체 상수이다.)

① 정적비열과 R의 합은 정압비열이다.

② 비열비(k)는 $\dfrac{C_p}{C_v}$로 표현된다.

③ 정적비열은 $\dfrac{R}{k-1}$로 표현된다.

④ 정압비열은 $\dfrac{k-1}{k}$으로 표현된다.

해설
- 비열비(k) = $\dfrac{C_p}{C_v} > 1$
- $C_p - C_v = A \cdot R$
- $\therefore C_p = \dfrac{k}{k-1} A \cdot R$
- $C_v = \dfrac{1}{k-1} A \cdot R$

여기서, C_p : 정압비열(kcal/kg℃)
C_v : 정적비열(kcal/kg℃)
k : 비열비
A : 일의 열당량($\dfrac{1}{427}$ kcal/kg·m)
R : 가스정수($\dfrac{848}{M}$ kg·m/kg·k)
M : 기체분자량

57 부탄가스의 주된 용도가 아닌 것은?

① 산화에틸렌 제조
② 자동차 연료
③ 라이터 연료
④ 에어졸 제조

해설 산화에틸렌 제조는 에틸렌을 은(Ag)을 촉매로 산화시켜 제조하는 에틸렌 접촉기상 산화법으로 제조한다.
$C_2H_4 + \dfrac{1}{2}O_2 \xrightarrow{Ag} C_2H_4O$

58 LNG의 주성분은?

① 메탄   ② 에탄
③ 프로판 ④ 부탄

해설 LNG 주성분 CH_4(메탄)

59 부양기구의 수소 대체용으로 사용되는 가스는?

① 아르곤   ② 헬륨
③ 질소   ④ 공기

해설 부양기구에 사용되는 가스는 공기보다 가벼운 He(헬륨) 사용

60 착화원이 있을 때 가연성 액체나 고체의 표면에 연소하한계 농도의 가연성 혼합기가 형성되는 최저온도는?

① 인화온도   ② 임계온도
③ 발화온도   ④ 포화온도

해설
- 인화점 : 점화원이 있는 상태에서 온도상승으로 점화되는 최저온도
- 착화온도(발화온도) : 점화원 없이 온도상승으로 점화되는 최저온도

Answer 56. ④ 57. ① 58. ① 59. ② 60. ①

가스기능사 2000제 문제은행

CBT 시험대비
▶ 2016년 1월 24일 시행

01 도시가스배관에 설치하는 희생양극법에 의한 전위측정용 터미널은 몇 m 이내의 간격으로 하여야 하는가?

① 200m
② 300m
③ 500m
④ 600m

해설 희생양극법 전위측정용 터미널은 300m의 간격으로 설치한다.
외부전원법은 500m이다.

02 저장탱크에 의한 액화석유가스 저장소에서 지상에 노출된 배관을 차량 등으로부터 보호하기 위하여 설치하는 방호철판의 두께는 얼마 이상으로 하여야 하는가?

① 2mm
② 3mm
③ 4mm
④ 5mm

해설 LP가스 지상 노출배관의 방호철판 두께는 4mm 이상으로 하고 방호파이프로 설치하는 경우는 호칭지름 50A 이상으로 한다.

03 특정고압가스 사용시설에서 취급하는 용기의 안전조치 사항으로 틀린 것은?

① 고압가스 충전용기는 항상 40℃ 이하를 유지한다.
② 고압가스 충전용기의 밸브는 서서히 개폐하고 밸브 또는 배관을 가열하는 때에는 열습포나 40℃ 이하의 더운 물을 이용한다.
③ 고압가스 충전용기를 사용한 후에는 폭발을 방지하기 위하여 밸브를 열어 둔다.
④ 용기보관실에 충전용기를 보관하는 경우에는 넘어짐 등으로 충격 및 밸브 등의 손상을 방지하는 조치를 한다.

해설 가스 충전용기를 사용 후에는 빈 용기의 밸브는 반드시 잠가두어야 한다.

Answer 1. ② 2. ③ 3. ③

04 액화석유가스 자동차에 고정된 용기충전시설에 설치하는 긴급차단장치에 접속하는 배관에 대하여 어떠한 조치를 하도록 되어 있는가?

① 워터햄머가 발생하지 않도록 조치
② 긴급차단에 따른 정전기 등이 발생하지 않도록 하는 조치
③ 체크밸브를 설치하여 과량 공급이 되지 않도록 조치
④ 바이패스 배관을 설치하여 차단성능을 향상시키는 조치

[해설] LP가스 충전시설의 긴급차단장치의 접속배관에는 수격작용(워터햄머)이 발생하지 않도록 조치하여야 한다.

05 도시가스 배관 굴착작업시 배관의 보호를 위하여 배관 주위 얼마 이내에는 인력으로 굴착하여야 하는가?

① 0.3m   ② 0.6m
③ 1m   ④ 1.5m

[해설] 지하 매설 배관의 주위 1m 이내일 때는 인력으로 터파기를 하여야 한다.

06 자연환기설비 설치시 LP가스의 용기 보관실 바닥 면적이 3m²이라면 통풍구의 크기는 몇 cm² 이상으로 하도록 되어 있는가? (단, 철망 등이 부착되어 있지 않은 것으로 간주한다.)

① 500   ② 700
③ 900   ④ 1100

[해설] LPG 용기보관실의 자연환기 통풍구의 크기는 바닥면적 1m² 당 300cm²의 크기 비율로 할 것

$$3m^2 \times \left(\frac{300cm^2}{1m^2 \text{당}}\right) = 900cm^2$$

07 고속도로 휴게소에서 액화석유가스 저장 능력이 얼마를 초과하는 경우에 소형 저장탱크를 설치하여야 하는가?

① 300kg   ② 500kg
③ 1000kg ④ 3000kg

[해설] 고속도로 휴게소의 LPG 저장능력이 500kg 이상 초과하면 소형저장탱크를 설치할 것

08 특정고압가스 사용시설의 시설기준 및 기술기준으로 틀린 것은?

① 가연성가스의 사용설비에는 정전기 제거 설비를 설치한다.
② 지하에 매설하는 배관에는 전기부식 방지 조치를 한다.
③ 독성가스의 저장설비에는 가스가 누출된 때 이를 흡수 또는 중화할 수 있는 장치를 설치한다.
④ 산소를 사용하는 밸브에는 밸브가 잘 동작 할 수 있는 석유류 및 유지를 주유하여 사용한다.

[해설] 산소는 강력한 산화성이 있으므로 산소 밸브에는 유지류 및 석유류가 접촉되지 않도록 한다.

Answer 4. ① 5. ③ 6. ③ 7. ② 8. ④

09 고압가스 용기를 취급 또는 보관할 때의 기준으로 옳은 것은?

① 충전용기와 잔가스 용기는 각각 구분하여 용기 보관장소에 놓는다.
② 용기는 항상 60℃ 이하의 온도를 유지한다.
③ 충전용기는 통풍이 잘 되고 직사광선을 받을 수 있는 따스한 곳에 둔다.
④ 용기 보관장소의 주위 5m 이내에는 화기 인화성 물질을 두지 아니한다.

해설 용기 보관시 취급 주의 사항
- 충전용기와 잔가스 용기는 각각 구분하여 보관할 것
- 가스용기는 40℃ 이하의 온도를 유지 할 것
- 충전용기는 통풍이 잘 되고 직사광선을 받지 않도록 할 것
- 용기 보관장소 주위 2m 이내에는 화기 및 인화성 물질을 두지 않을 것

10 허용농도가 100만 분의 200 이하인 독성가스 용기 중 내용적이 얼마 미만인 충전용기를 운반하는 차량의 적재함에 대하여 밀폐된 구조로 하여야 하는가?

① 500L
② 1000L
③ 2000L
④ 3000L

해설 허용농도 200ppm 이하의 독성가스 용기의 내용적 1000L 미만인 충전용기의 운반차량의 적재함은 밀폐된 구조로 할 것

11 상용압력이 10MPa인 고압설비의 안전밸브 작동압력은 얼마인가?

① 10MPa ② 12MPa
③ 15MPa ④ 20MPa

해설 고압가스 설비의 안전밸브 작동압력

$$10\text{MPa} \times 1.5\text{배} \times \left(\frac{8}{10}\right) = 12\text{MPa}$$

12 방폭전기 기기 구조별 표시방법 중 "e"의 표시는?

① 안전증방폭구조
② 내압방폭구조
③ 유입방폭구조
④ 압력방폭구조

해설 방폭전기기기 구조별 표시
- e : 안전증 방폭구조
- d : 내압 방폭구조
- o : 유입 방폭구조
- p : 압력 방폭구조
- s : 특수 방폭구조
- ia 또는 ib : 본질안전 방폭구조

13 다음 중 가연성이면서 독성가스는?

① $CHCLF_2$ ② HCL
③ C_2H_2 ④ HCN

해설
- $CHClF_2$(프레온-22) : 불연성
- HCl(염화수소) : 독성
- C_2H_2(아세틸렌) : 가연성
- HCN(시안화수소) : 독성, 가연성

Answer 9. ① 10. ② 11. ② 12. ① 13. ④

14 고압가스안전관리법의 적용범위에서 제외되는 고압가스가 아닌 것은?

① 35℃의 온도에서 게이지 압력이 4.9MPa 이하인 유니트형 공기압축장치 안의 압축공기
② 15℃의 온도에서 압력이 0Pa을 초과하는 아세틸렌가스
③ 내연기관의 시동, 타이어의 공기 충전 리벳팅, 착암 또는 토목공사에 사용되는 압축장치 안의 고압가스
④ 냉동능력이 3톤 미만인 냉동설비 안의 고압가스

해설 고압가스 안전관리법의 적용범위에서 제외되는 것은 등화용 아세틸렌이다.
15℃의 온도에서 압력이 0Pa을 초과하는 아세틸렌가스는 법의 적용을 받는다.

15 액화석유가스 집단공급 시설에서 가스설비의 상용압력이 1MPa일 때 이 설비의 내압시험압력은 몇 MPa로 하는가?

① 1
② 1.25
③ 1.5
④ 2.0

해설 LP가스 공급설비의 내압시험압력은 상용압력×1.5배이다.
1MPa×1.5배=1.5MPa

16 독성가스 충전용기를 차량에 적재할 때의 기준에 대한 설명으로 틀린 것은?

① 운반차량에 세워서 운반한다.
② 차량의 적재함을 초과하여 적재하지 아니한다.
③ 차량의 최대적재량을 초과하여 적재하지 아니한다.

해설 ④ 충전용기는 2단 이상으로 겹쳐 쌓아 용기가 서로 이격되지 않도록 한다.
독성가스를 차량에 적재하여 운반시 용기는 세워서 운반하고 2단으로 겹쳐 쌓아서 운반하지는 않는다.

17 고압가스 특정제조시설에서 선임하여야 하는 안전관리원의 선임 인원 기준은?

① 1명 이상　② 2명 이상
③ 3명 이상　④ 5명 이상

해설 고압가스 특정제조시설에서 안전관리원 선임 인원은 2명 이상이고 안전관리 책임자는 1명이다.

18 LPG 충전자가 설치하는 용기의 안전점검 기준에서 내용적 얼마 이하의 용기에 대하여 "실내보관 금지" 표시 여부를 확인하여야 하는가?

① 15L　② 20L
③ 30L　④ 50L

해설 LPG 용기의 실내보관 금지표시는 15L 이하의 용기이다.

Answer　14. ②　15. ③　16. ④　17. ②　18. ①

19 액화석유가스 사용시설의 연소기 설치방법으로 옳지 않은 것은?

① 밀폐형 연소기는 급기구, 배기통과 벽과의 사이에 배기가스가 실내로 들어 올 수 없게 한다.
② 반밀폐형 연소기는 급기구의 배기통을 설치한다.
③ 개방형 연소기를 설치한 실에는 환풍기 또는 환기구를 설치한다.
④ 배기통이 가연성 물질로 된 벽을 통과시에는 금속 등 불연성 재료로 단열조치를 한다.

해설 LPG 사용시설 연소기 설치시 배기통이 가연성 물질의 벽이나 천장 등을 통과시에는 금속외의 불연성재료로 단열조치를 한다.

20 아세틸렌가스 또는 압력이 9.8MPa 이상인 압축가스를 용기에 충전하는 경우 방호벽을 설치하지 않아도 되는 곳은?

① 압축기와 충전장소 사이
② 압축가스 충전장소와 그 가스충전용기 보관장소 사이
③ 압축기와 그 가스충전용기 보관장소 사이
④ 압축가스 운반차량과 충전용기 사이

해설 방호벽 설치위치
- 아세틸렌압축기 또는 $100kg/cm^2$ 이상인 압축기와 충전장소 사이
- 충전용기보관소 사이
- 충전장소와 용기 보관장소 사이
- 충전장소와 충전용 주관밸브 사이

21 차량에 고정된 고압가스탱크를 운행할 경우에 휴대하여야 할 서류가 아닌 것은?

① 차량 등록증
② 탱크 테이블(용량 환산표)
③ 고압가스 이동 계획서
④ 탱크 제조 시방서

해설 고압가스 탱크 운반차량에 휴대하여야 할 서류
- 고압가스 이동계획서
- 고압가스 관련 자격증(양성교육 및 정기교육 이수증)
- 운전면허증
- 탱크 테이블(용량 환산표)
- 차량운행일지
- 차량등록증
- 그밖에 필요한 서류

22 고압가스 제조설비에서 기밀시험용으로 사용할 수 없는 것은?

① 산소
② 질소
③ 공기
④ 탄산가스

해설 가스시설 기밀시험용 가스는 질소, 탄산가스, 공기 등으로 한다.
산소는 폭발우려가 있으므로 사용을 금지한다.

Answer 19. ④ 20. ④ 21. ④ 22. ①

23 고압가스의 용어에 대한 설명으로 틀린 것은?

① 액화가스란 가압, 냉각 등의 방법에 의하여 액체상태로 되어 있는 것으로서 대기압에서의 끓는점이 섭씨 40도 이하 또는 상용의 온도 이하인 것을 말한다.
② 독성가스란 공기 중에 일정량이 존재하는 경우 인체에 유해한 독성을 가진 가스로서 허용농도가 100만 분의 2000 이하인 가스를 말한다.
③ 초저온저장탱크라 함은 섭씨 영하 50도 이하인 액화가스를 저장하기 위한 저장탱크로서 단열재로 씌우거나 냉동설비로 냉각하는 등의 방법으로 저장탱크내의 가스온도가 상용의 온도를 초과하지 아니하도록 한 것을 말한다.
④ 가연성가스라 함은 공기 중에서 연소하는 가스로서 폭발한계의 하한이 10% 이하인 것과 폭발한계의 상한과 하한의 차가 20% 이상인 것을 말한다.

해설 독성가스는 인체에 유해한 독성을 가진 가스로서 허용농도가 100만 분의 200 이하(200ppm)인 가스를 말한다.

24 도시가스에 대한 설명 중 틀린 것은?

① 국내에서 공급하는 대부분의 도시가스는 메탄을 주성분으로 하는 천연가스이다.
② 도시가스는 주로 배관을 통하여 수요가에게 공급한다.
③ 도시가스 원료로 LPG를 사용할 수 있다.
④ 도시가스는 공기와 혼합만되면 폭발한다.

해설 도시가스 공기혼합의 공급 목적
• 액화 방지   • 발열량 조절
• 누설시 손실감소   • 연소효율의 증대

25 액화석유가스의 용기보관소 시설기준으로 틀린 것은?

① 용기보관실은 사무실과 구분하여 동일부지에 설치한다.
② 저장설비는 용기 집합식으로 한다.
③ 용기보관실은 불연재료를 사용한다.
④ 용기보관실 창의 유리는 망입유리 또는 안전유리로 한다.

해설 LPG용기 보관소 시설기준 및 기술기준
• 용기보관실은 사무실과 구분하여 동일 부지 내에 구분하여 설치하되 용기보관실의 면적은 $19m^2$ 사무실은 $9m^2$ 이상으로 할 것
• 용기보관실의 벽은 방호벽 기준에 적합하고 불연재료 또는 난연성재료를 사용한 가벼운 지붕을 설치할 것
• 용기보관실 창의 유리는 망입유리 또는 안전유리로 한다.
• 용기는 2단으로 쌓지 않도록 한다. 단 내용적 30L 미만의 용접용기는 2단으로 쌓을 수 있다.

Answer 23. ② 24. ④ 25. ②

26 일반도시가스 공급시설에 설치하는 정압기의 분해점검 주기는?

① 1년에 1회 이상
② 2년에 1회 이상
③ 3년에 1회 이상
④ 1주일에 1회 이상

해설 일반도시가스 공급시설의 정압기 분해점검은 2년에 1회 이상 실시한다.

27 액화석유가스 자동차에 고정된 용기충전시설에 게시한 "화기엄금"이라 표시한 게시판의 색상은?

① 황색바탕에 흑색글씨
② 흑색바탕에 황색글씨
③ 백색바탕에 적색글씨
④ 적색바탕에 백색글씨

해설 LPG 자동차 충전시설의 화기엄금 표시 게시판 색상은 백색바탕에 적색 글씨로 한다.

28 가스제조시설에 설치하는 방호벽의 규격으로 옳은 것은?

① 박강판벽으로 두께 3.2mm 이상 높이 3m 이상
② 후강판벽으로 두께 10mm 이상 높이 3m 이상
③ 철근콘크리트벽으로 두께 12cm 이상 높이 2m 이상
④ 철근콘크리트 블록 벽으로 두께 20cm 이상 높이 2m 이상

해설 방호벽 기준
- 박강판 벽으로 두께 3.2mm 이상 높이 2m 이상
- 후강판 벽으로 두께 6mm 이상 높이 2m 이상
- 철근콘크리트 벽으로 두께 12cm 이상 높이 2m 이상
- 철근콘크리트 블록벽으로 두께 15cm 이상 높이 2m 이상

29 도시가스배관에는 도시가스를 사용하는 배관임을 명확하게 식별할 수 있도록 표시를 한다. 다음 중 그 표시방법에 대한 설명으로 옳은 것은?

① 지상에 설치하는 배관 외부에는 사용 가스명, 최고사용 압력 및 가스의 흐름방향을 표시한다.
② 매설배관의 표면색상은 최고사용압력이 저압인 경우에는 녹색으로 도색한다.
③ 매설배관의 표면색상은 최고사용압력이 중압인 경우에는 황색으로 도색한다.
④ 지상배관의 표면색상은 백색으로 도색한다. 다만 흑색으로 2중띠를 표시한 경우 백색으로 하지 않아도 된다.

해설 도시가스 배관 표시방법
- 지상배관 외부에는 사용가스명, 최고사용압력, 가스흐름방향 등을 표시한다.
- 매설 배관 중고압 : 적색, 저압 : 황색
- 지상배관은 지상 1m 높이에 황색으로 2중띠를 표시하여 가스배관임을 표시하고 도색은 자유롭게 한다.

Answer 26. ② 27. ③ 28. ③ 29. ①

30 다음 가스중 독성(LC₅₀)이 가장 강한 것은?
① 암모니아
② 디메틸아민
③ 브롬화메탄
④ 아크릴로니트릴

해설 LC₅₀은 치사농도를 나타내는 지수로서 노출된 동물의 50%가 사망하는 농도이다.
- 암모니아 : LC50 : 7338
- 디메틸아민 : LC50 : 11100
- 브롬화메탄 : LC50 : 850
- 아크릴로니트릴 : LC50 : 666

31 암모니아를 사용하는 고온 고압가스장치의 재료로 가장 적당한 것은?
① 동
② PVC 코팅강
③ 알루미늄합금
④ 18-8스테인리스강

해설 고온고압의 암모니아가스의 장치재료로는 18-8 스텐레스강이 적합하다.

32 다단왕복동압축기의 중간단의 토출 온도가 상승하는 주된 원인이 아닌 것은?
① 압축비 감소
② 토출밸브 불량에 의한 역류
③ 흡입밸브 불량에 의한 고온가스 흡입
④ 전단쿨러 불량에 의한 고온가스 흡입

해설 중간단의 토출가스온도의 상승원인
- 전단의 냉각기 불량으로 인한 고온가스 흡입
- 토출밸브 불량에 의한 압축가스의 역류
- 흡입밸브 불량에 의한 고온가스의 흡입
- 압축비 상승으로 인한 온도 상승

33 오스테나이트계 스테인리스강에 대한 설명으로 틀린 것은?
① Fe, Cr, Ni 합금이다.
② 내식성이 우수하다.
③ 강한 자성을 갖는다.
④ 18-8 스테인리스강이 대표적이다.

해설 오스테나이트계 스텐레스강은 18-8 스텐레스강의 대표적으로 니켈과 크롬의 합금강이며 자성을 띠지 않는다.

34 LP가스 사용시의 주의사항으로 틀린 것은?
① 용기밸브, 콕 등은 신속하게 열 것
② 연소기구 주위에 가연물을 두지말 것
③ 가스 누출 유무를 냄새 등으로 확인할 것
④ 고무호스의 노화, 갈라짐 등은 항상 점검할 것

해설 LPG 사용시 주의사항
- 연소기 주위에 가연물을 두지말 것
- 호스의 노화, 갈라짐 등을 항상 점검을 할 것
- 가스 누출 유무를 취기로 확인할 것
- 용기 밸브 콕 등은 서서히 열 것

Answer 30. ④ 31. ④ 32. ① 33. ③ 34. ①

35 오리피스 유량계의 특징에 대한 설명으로 옳은 것은?

① 내구성이 좋다.
② 저압, 저유량에 적당하다.
③ 유체의 압력손실이 크다.
④ 협소한 장소에는 설치가 어렵다.

해설 오리피스 유량계의 특징
- 구조가 간단하여 제작이나 장착이 용이하다.
- 좁은 장소에 설치가 가능하다.
- 유량계수의 신뢰도가 크나 유체의 압력손실이 크다.
- 베르누이 정리를 이용한 차압식 유량계이다.
- 침전물의 생성 우려가 있다.

36 원심펌프 양정과 회전속도의 관계는?
(N_1 : 처음 회전수 N_2 : 변화된 회전수)

① $\dfrac{N_2}{N_1}$

② $\left(\dfrac{N_2}{N_1}\right)^2$

③ $\left(\dfrac{N_2}{N_1}\right)^3$

④ $\left(\dfrac{N_2}{N_1}\right)^5$

해설 펌프의 회전수 변경시
- 유량 = $\left(\dfrac{변경\ 회전수}{처음\ 회전수}\right)^1$
- 양정 = $\left(\dfrac{변경\ 회전수}{처음\ 회전수}\right)^2$
- 동력 = $\left(\dfrac{변경\ 회전수}{처음\ 회전수}\right)^3$

37 가스보일러의 본체에 표시된 가스소비량이 100,000kal/h이고 버너에 표시된 가스소비량이 120,000kal/h일 때 도시가스 소비량 산정은 얼마를 기준으로 하는가?

① 100,000kal/h   ② 105,000kal/h
③ 110,000kal/h   ④ 120,000kal/h

해설 가스소비량 산정에서 버너는 보일러 본체에 부착되어진 것으로서 보일러 본체의 소비량으로 산정한다.

38 다음 다공도를 측정할 때 사용되는 식은?
(V : 다공물질의 용적 E : 아세톤 침윤 잔용적)

① 다공도 = $\dfrac{V}{V-E}$

② 다공도 = $\dfrac{(V-E)\times 100}{V}$

③ 다공도 = $(V+E)\times V$

④ 다공도 = $\dfrac{(V+E)\times V}{100}$

해설 다공도계산식(%)

$= \dfrac{다공물질의\ 용적 - 아세톤침윤\ 잔용적}{다공물질의\ 용적} \times 100$

39 공기액화분리장치의 부산물로 얻어지는 아르곤가스는 불활성가스이다. 아르곤의 원자가는?

① 0   ② 1
③ 3   ④ 8

해설 아르곤은 주기율표상 0족 기체로 원자가는 0이다.

Answer 35. ③ 36. ② 37. ① 38. ② 39. ①

40 공기액화분리장치의 내부를 세척하고자 할 때 세정액으로 가장 적당한 것은?

① 염산(HCL)
② 가성소다(NaOH)
③ 사염화탄소(CCL₄)
④ 탄산나트륨(Na₂CO₃)

해설 공기 액화 분리장치의 유지류 세정제로는 CCL₄(사염화탄소)가 사용된다.

41 조정압력이 2.8kPa인 액화석유가스 압력조정기의 안전장치 작동표준압력은?

① 5.0kPa
② 6.0kPa
③ 7.0kPa
④ 8.0kPa

해설 압력조정기의 안전장치 작동압력
- 작동표준압력 : 7kpa
- 작동개시압력 : 5.6 ~ 8.4kpa
- 작동정지압력 : 5.04 ~ 8.4kpa

42 수은을 이용한 U자관 압력계에서 액주 높이(h) 600mm 대기압(P_1)은 1kg/cm²일 때 P_2는 약 몇 kg/cm²인가?

① 0.22
② 0.92
③ 1.82
④ 9.16

해설
$$P_2 = \left(\frac{600\text{mmHg}}{760\text{mmHg}} \times 1.033\text{kg/cm}^2\right) + 1\text{kg/cm}^2$$
$$= 1.82\text{kg/cm}^2$$

43 로터미터는 어떤 형식의 유량계인가?

① 차압식
② 터빈식
③ 회전식
④ 면적식

해설 로터미터는 면적식 유량계에 속한다.

44 가스 유량 2.03kg/h, 관의 내경 1.61cm, 길이 20m의 직관에서의 압력손실은 약 몇 mm 수주인가? (단, 온도 15℃에서 비중 1.58, 밀도 2.04kg/m³, 유량계수 0.436 이다.)

① 11.4
② 14.0
③ 15.2
④ 17.5

해설 압력손실
$$H = \left(\frac{Q^2 \cdot S \cdot L}{K^2 \cdot D^5}\right)$$
$$= \frac{(0.995)^2 \times 1.58 \times 20}{(0.4362)^2 \times (1.61)^5} = 15.21$$

H : 압력손실(mmH2O)
Q : $\frac{2.03\text{kg/h}}{2.04\text{kg/m}^3} = 0.995\text{m}^3/\text{h}$
S : 비중
L : 관길이(m)
K : 유량계수
D : 관내경(cm)

Answer 40. ③ 41. ③ 42. ③ 43. ④ 44. ③

45 LP가스의 자동교체식 조정기 설치시 장점에 대한 설명 중 틀린 것은?

① 도관의 압력손실을 작게 해야 한다.
② 용기 숫자가 수동식 보다 적어도 된다.
③ 용기교환주기의 폭을 넓힐 수 있다.
④ 잔액이 거의 없어질 때까지 소비가 가능하다.

해설 자동교체식 조정기 설치시 이점
- 용기의 교환주기의 폭을 넓힐 수 있다.
- 잔액이 거의 없어질 때까지 소비된다.
- 전체용기 수량이 수동교체식의 경우 보다 작아도 된다.
- 자동절체식 분리형을 사용할 경우 1단 감압식에 비해 압력손실을 크게 해도 된다.

46 다음 중 1MPa과 같은 것은?

① $10N/cm^2$ ② $100N/cm^2$
③ $1000N/cm^2$ ④ $10000N/cm^2$

해설
$1Pa = 1N/m^2$
$1MPa = 1,000,000Pa$
$= 1,000,000N/m^2$
$= 100N/cm^2$
$\therefore 1MPa = 100N/cm^2$

47 대기압 하에서 다음 각 물질별 온도를 바르게 나타낸 것은?

① 물의 동결점 : $-273K$
② 질소 비등점 : $-183℃$
③ 물의 동결점 : $32F$
④ 산소 비등점 : $-196℃$

해설
- 질소비점 : $-196℃$
- 산소비점 : $-183℃$
- 물의 동결점 : $32℉$ 또는 $273K$

48 진공도 200mmHg는 절대압력으로 약 몇 kg/cm abs인가?

① 0.76   ② 0.80
② 0.94   ④ 1.03

해설
$$\left(1 - \frac{200}{760}\right) \times 1.0332 kg/cm^2 = 0.76 kg/cm^2$$

49 랭킨온도가 420R일 경우 섭씨온도로 환산한 값으로 옳은 것은?

① $-30℃$ ② $-40℃$
③ $-50℃$ ④ $-60℃$

해설
$420R - 460 = -40℉$
$\frac{5}{9} \times (-40℉) - 32 = -39.99℃$

50 임계온도에 대한 설명으로 옳은 것은?

① 기체를 액화할 수 있는 절대온도
② 기체를 액화할 수 있는 평균온도
③ 기체를 액화할 수 있는 최저의 온도
④ 기체를 액화할 수 있는 최고의 온도

해설
- 임계온도 : 기체를 액화시킬 수 있는 최고의 온도
- 임계압력 : 기체를 액화시킬 수 있는 최저의 압력

Answer 45. ① 46. ② 47. ③ 48. ① 49. ② 50. ④

51 LNG의 특징에 대한 설명 중 틀린 것은?
① 냉열을 이용할 수 있다.
② 천연에서 산출한 천연가스를 약 $-162℃$까지 냉각하여 액화시킨 것이다.
③ LNG는 도시가스 발전용 이외의 일반 공업용으로도 사용된다.
④ LNG로부터 기화한 가스는 부탄이 주성분이다.

해설 LNG 주성분은 메탄(CH_4)이다.

52 포화온도에 대하여 가장 잘 나타낸 것은?
① 액체가 증발하기 시작할 때의 온도
② 액체가 증발현상 없이 기체로 변하기 시작 할 때의 온도
③ 액체가 증발하여 어떤 용기 안이 증기로 꽉차 있을 때의 온도
④ 액체와 증기가 공존할 때 그 압력에 상당한 일정한 값의 온도

해설 포화온도 : 액체와 증기가 공존할 때 그 압력에 상당하는 일정 값의 온도를 말한다.

53 도시가스의 제조공정이 아닌 것은?
① 열분해공정
② 접촉분해공정
③ 수소화분해공정
④ 상압증류공정

해설 도시가스 제조 공정
• 열분해 공정
• 접촉분해(수증기 개질) 공정
• 부분연소 공정
• 수소화분해 공정
• 대체천연가스 공정(합성천연가스 공정)

54 다음 각 가스의 특성에 대한 설명으로 틀린 것은?
① 수소는 고온, 고압에서 탄소강과 반응하여 수소취성을 일으킨다.
② 산소는 공기액화분리장치를 통해 제조하며 질소와 분리시 비등점차를 이용한다.
③ 일산화탄소는 담황색의 무취 기체로 허용농도는 TLV-TWA기준으로 50ppm이다.
④ 암모니아는 붉은 리트머스를 푸르게 변화시키는 성질을 이용하여 검출할 수 있다.

해설 일산화탄소는 무색, 무취의 기체로 가연성이며 독성가스로 50ppm이다.
철, 니켈, 코발트와 반응해서 금속카아보닐을 생성한다.

55 다음 중 압력단위로 사용하지 않는 것은?
① kg/cm^2
② Pa
③ mmH_2O
④ kg/m^3

해설 압력의 단위

$1atm = 1.033 kg/cm^2 = 101.3 \times 10^3 Pa$
$= 10.33 \times 10^3 mmH_2O$

Answer 51. ④ 52. ④ 53. ④ 54. ③ 55. ④

56 다음 중 엔트로피의 단위는?

① kcal/h
② kcal/kg
③ kcal/kg·m
④ kcal/kg·K

해설 엔트로피 : kcal / kg·K
엔탈피 : kcal / kg

57 다음 중 압축가스에 속하는 것은?

① 산소
② 염소
③ 탄산가스
④ 암모니아

해설 산소는 비점이 $-183℃$로 매우 낮기 때문에 일반적으로 이음매없는 용기에 기체상태로 압축해서 고압의 압축가스로 취급되어진다. 액체 산소는 초저온 용기에 충전하여 액화가스로 취급되어진다.
염소, 탄산가스, 암모니아는 액화가스로 취급된다.

58 불꽃의 끝이 적황색으로 연소하는 현상을 의미하는 것은?

① 리프트
② 옐로우팁
③ 캐비테이션
④ 워터햄머

해설 옐로우 팁(황염) : 연료의 산화반응시 완전연소 되지 않은 상태에서 화염의 선단이 적황색을 띠게 된다.

59 20℃의 물 50kg을 90℃로 올리기 위해 LPG를 사용하였다면 이 때 필요한 LPG의 양은 몇 kg인가? (LPG 발열량은 10000kal/kg이고 열효율은 50%이다.)

① 0.5
② 0.6
③ 0.7
④ 0.8

해설
$$\frac{50kg \times 1kal/kg℃ \times (90-20℃)}{10000kal/kg \times 0.5 \times 연료량}$$

연료량 = 0.7kg

60 암모니아에 대한 설명 중 틀린 것은?

① 물에 잘 녹는다.
② 무색, 무취의 가스이다.
③ 비료의 제조에 이용된다.
④ 암모니아가 분해하면 질소와 수소가 된다.

해설 암모니아 특성
• 무색의 자극성 취기를 띠는 가스이다.
• 물에 잘 녹는다.
• 독성이며 가연성이다.
• 증발잠열이 커서 냉매로 쓰인다.(증발잠열 313kal/L)
• 비료 및 의약품 제조 등에 쓰인다.

Answer 56. ④ 57. ① 58. ② 59. ③ 60. ②

가스기능사 2000제 문제은행

CBT 시험대비
▶ 2016년 4월 2일 시행

01 다음 중 전기설비 방폭구조 종류가 아닌 것은?
① 접지방폭구조
② 유입방폭구조
③ 압력방폭구조
④ 안전증방폭구조

해설 방폭구조의 종류
- 유입 방폭구조
- 압력 방폭구조
- 안전증 방폭구조
- 내압 방폭구조
- 특수 방폭구조
- 본질안전 방폭구조

02 다음 중 특정고압가스에 해당되지 않는 것은?
① 이산화탄소
② 수소
③ 산소
④ 천연가스

해설
- 특정고압가스 : 수소, 산소, 천연가스, 아세틸렌, 액화암모니아, 액화염소, 포스핀, 셀렌화수소, 게르만, 디실란, 오불화비소, 오불화인, 삼불화인, 삼불화질소, 삼불화붕소, 사불화유황 사불화규소, 압축모노실란, 압축디보레인, 액화알진
- 특수고압가스 : 디보레인, 알진, 실란, 포스핀, 셀렌화수소, 게르만, 디실란

03 내부 용적이 25000L인 액화산소의 저장탱크의 저장능력은 얼마인가? (비중 1.14)
① 21930kg
② 24780kg
③ 25650kg
④ 28500kg

해설
액화산소 저장능력 계산식
$W = 0.9 \times d \times v$
$= 0.9 \times 1.14 \times 25000$
$= 25,650 Kg$

04 배관의 설치 방법으로 산소 또는 천연메탄을 수송하기 위한 배관과 이에 접속하는 압축기와의 사이에 반드시 설치하여야 하는 것은?
① 방파판
② 솔레노이드
③ 수취기
④ 안전밸브

해설 산소, 천연메탄 수송배관과 압축기 사이의 배관에는 드레인세퍼레이터(수취기)를 설치한다.

Answer 1. ① 2. ① 3. ③ 4. ③

05 공정에 존재하는 위험요소와 비록 위험하지는 않더라도 공정의 효율을 떨어뜨릴 수 있는 운전상의 문제를 파악하기 위한 안전성 평가 기법은?

① 안전성 검토(Safety Review) 기법
② 예비위험성 평가 (Preliminary Hazard Analysis) 기법
③ 사고예상 질문(What If Analysis) 기법
④ 위험과 운전분석(HAZOP) 기법

해설 안정성 평가기법
- 안전성 검토(Safety Review)
2~3명의 기술자가 준비한 공정에 관한 여러 가지 정보 또는 공정을 직접 돌아보며 토론을 통하여 공정 중에 숨어있는 위험성을 찾아내는 기법으로 HAZOP에 비하여 덜 형식적인 기법이다.
이 기술은 주로 운전 중인 공장에 적용되며 파일럿 플랜트나 연구실, 저장설비, 지원설비 등에도 적용될 수 있다.
- 예비 위험성 분석(PHA, Preliminary Hazard Analysis)
시스템의 위험분석을 하기 전에 예비적인 작업으로, 공정의 위험부분을 열거하고 그 사고 빈도와 심각성에 대해 토의하여 결정하는 기법을 말한다.
- 위험 및 운전성 검토(HAZOP, Hazard and Operability)
Hazard and Operability의 약자로 공정의 위험을 정성적으로 평가하는 기법이다. 주로 Task Force 팀으로 구성되어, HAZOP Manager, 공정, 기계, 계장, 설계, 운전담당자, 간사 등에 의해 주로 실시되고, 기본설계, 상세설계, 운전 중, Decommissioning시에도 사용되며, 방법은 플랜트를 노드(node, 탑조류)별로 구분하고 키워드 항목별로 키워드의 고저에 따라 safety guard 및 위험등급별로 HAZOP Sheet에 기록하여 각 노드별 위험등급을 여러 등급으로 나누는 방법으로 한다.

06 다음 특정설비 중 재검사 대상인 것은?

① 역화방지장치
② 차량에 고정된 탱크
③ 독성가스 배관용 밸브
④ 자동차용 가스 자동 주입기

해설
- 특정설비
저장탱크, 차량에 고정된 탱크, 안전밸브, 긴급차단장치, 기화장치, 자동차용 가스자동주입기, 역화방지장치, 압력용기, 독성가스 배관용 밸브
- 특정설비 재검사 대상
 - 차량에 고정된 탱크
 - 저장탱크
 - 안전밸브 및 긴급차단장치
 - 기화장치
 - 압력용기

07 독성가스외의 고압가스 충전 용기를 차량에 적재하여 운반할 때 부착하는 경계표지에 대한 내용으로 옳은 것은?

① 적색글씨로 "위험 고압가스"라고 표시
② 황색글씨로 "위험 고압가스"라고 표시
③ 적색글씨로 "주의 고압가스"라고 표시
④ 황색글씨로 "주의 고압가스"라고 표시

해설 고압가스 충전용기 운반차량 경계표지
황색바탕에 적색글씨로 위험 고압가스 표시

Answer 5. ④ 6. ② 7. ①

08 LP 가스설비를 수리할 때 내부의 LP가스를 질소 또는 물로 치환하고, 치환에 사용된 가스나 액체를 공기로 재치환하여야 하는데, 이 때 공기에 의한 재치환 결과가 산소 농도 측정기로 측정하여 산소 농도가 얼마의 범위 내에 있을 때까지 공기로 재치환하여야 하는가?

① 4~6% ② 7~11%
③ 12~16% ④ 18~22%

해설 LP가스 설비 내 공기 치환시 산소농도는 18~22% 이하일 것

09 고압가스 특정제조시설 중 도로 밑에 매설하는 배관의 기준에 대한 설명으로 틀린 것은?

① 시가지의 도로 밑에 배관을 설치하는 경우에는 보호판을 배관의 정상부로부터 30cm 이상 떨어진 그 배관의 직상부에 설치한다.
② 배관은 그 외면으로부터 도로의 경계와 수평거리로 1m 이상을 유지한다.
③ 배관은 원칙적으로 자동차 등의 하중의 영향이 적은 곳에 매설한다.
④ 배관은 그 외면으로부터 도로 밑의 다른 시설물과 60cm 이상의 거리를 유지한다.

해설 매설배관과 타시설물과의 이격거리는 0.3m 이상일 것

10 공기보다 비중이 가벼운 도시가스의 공급시설로서 공급시설이 지하에 설치된 경우의 통풍구조의 기준으로 틀린 것은?

① 통풍구조는 환기구를 2방향 이상 분산하여 설치한다.
② 배기구는 천장면으로 부터 30cm 이내에 설치한다.
③ 흡입구 및 배기구의 관경은 500mm 이상으로 하되, 통풍이 양호하도록 한다.
④ 배기가스 방출구는 지면에서 3m 이상의 높이에 설치하되, 화기가 없는 안전한 장소에 설치한다.

해설 지하에 설치된 도시가스 공급설비의 흡입구 및 배기구의 관경은 100mm 이상일 것

11 다음 중 폭발한계의 범위가 가장 좁은 것은?

① 프로판
② 암모니아
③ 수소
④ 아세틸렌

해설 각 가스의 폭발 범위
• 프로판 : 2.1~9.5%
• 암모니아 : 15~28%
• 수소 : 4~75%
• 아세틸렌 : 2.5~81%

Answer 8. ④ 9. ④ 10. ③ 11. ①

12 도시가스 사용시설에서 정한 액화가스란 상용의 온도 또는 섭씨 35도의 온도에서 압력이 얼마 이상이 되는 것을 말하는가?

① 0.1MPa
② 0.2MPa
③ 0.5MPa
④ 1MPa

해설 도시가스 사용시설의 액화가스란 압력이 0.2MPa 이상(상용의 온도 또는 35℃의 온도에서)

13 염소가스 저장탱크의 과충전 방지장치는 가스 충전량이 저장탱크 내용적의 몇 %를 초과할 때 가스충전이 되지 않도록 동작하는가?

① 60%
② 80%
③ 90%
④ 95%

해설 액화가스 과충전방지 장치는 충전시 내용적이 90% 이상 초과되지 않도록 작동한다.

14 도시가스사고의 사고 유형이 아닌 것은?

① 시설 부식
② 시설 부적합
③ 보호포 설치
④ 연결부 이완

해설 도시가스 매설배관에서 보호포 설치는 사고 발생유형과는 관계가 없다.

15 가연성가스 저온저장탱크 내부의 압력이 외부의 압력보다 낮아져 저장탱크가 파괴되는 것을 방지하기 위한 조치로서 갖추어야 할 설비가 아닌 것은?

① 압력계
② 압력 경보설비
③ 정전기 제거설비
④ 진공 안전밸브

해설 초저온 또는 저온저장탱크에서 외부 압력보다 낮아져서 탱크가 파괴되는 것을 방지하는 장치는 진공안전밸브이며 압력경보설비나 압력계 또한 포함된다. 정전기 제거설비는 해당이 없다.

16 일반 도시가스 배관 중 중압 이하의 배관과 고압배관을 매설하는 경우 서로간의 거리를 몇 m 이상을 유지해야 하는가?

① 1
② 2
③ 3
④ 5

해설 중압배관과 고압배관 매설시 이격거리는 2m 이상일 것

17 초저온 용기의 단열 성능시험용 저온 액화가스가 아닌 것은?

① 액화아르곤
② 액화산소
③ 액화공기
④ 액화질소

해설 초저온 용기 단열성능시험가스
• 액화 질소(−196℃)
• 액화 산소(−183℃)
• 액화 알곤(−186℃)

Answer 12. ② 13. ③ 14. ③ 15. ③ 16. ② 17. ③

18 고압가스 판매소의 시설기준에 대한 설명으로 틀린 것은?

① 충전용기의 보관실은 불연재료를 사용한다.
② 가연성가스·산소 및 독성가스의 저장실은 각각 구분하여 설치한다.
③ 용기보관실 및 사무실은 부지를 구분하여 설치한다.
④ 산소, 독성가스 또는 가연성가스를 보관하는 용기보관실의 면적은 각 고압가스별로 $10m^2$ 이상으로 한다.

해설 가스판매소 시설기준에서 용기보관실과 사무실은 부지를 구분해서 설치하지 않는다.

19 운전 중인 액화석유가스 충전설비의 작동상황에 대하여 주기적으로 점검하여야 한다. 점검주기는?

① 1일에 1회 이상
② 1주일에 1회 이상
③ 3월에 1회 이상
④ 6월에 1회 이상

해설 LPG 충전설비 작동상황은 점검은 1일 1회 이상 한다.

20 재검사용기 및 특정설비의 파기방법으로 틀린 것은?

① 잔 가스를 전부 제거한 후 절단한다.
② 절단 등의 방법으로 파기하여 원형으로 가공할 수 없도록 한다.
③ 파기 시에는 검사 장소에서 검사원 입회하에 사용자가 실시할 수 있다.
④ 파기 물품은 검사 신청인이 인수시한 내에 인수하지 아니한 때도 검사인이 임의로 매각 처분하면 안된다.

해설 파기된 용기 및 특정설비 물품은 인수시한 내에 인수치 않으면 검사기관으로 하여금 임의로 매각처분하게 한다.

21 도시가스배관이 굴착으로 20m 이상이 노출되어 누출가스가 체류하기 쉬운 장소일 때 가스누출경보기는 몇 m 마다 설치해야 하는가?

① 5   ② 10
③ 20   ④ 30

해설 도시가스 매설배관 노출시 누출경보기는 20m 마다 설치할 것

22 시안화수소의 중합폭발을 방지할 수 있는 안정제로 옳은 것은?

① 수증기, 질소
② 수증기, 탄산가스
③ 질소, 탄산가스
④ 아황산가스, 황산

해설 시안화수소 안정제 : 황산, 아황산

Answer 18. ③ 19. ① 20. ④ 21. ③ 22. ②

23 고압가스 용접용기 동체의 내경은 약 몇 mm인가?

- 동체두께 : 2mm
- 최고충전압력 : 2.5MPa
- 인장강도 : 480N/mm^2
- 부식여유 : 0
- 용접효율 : 1

① 194mm   ② 294mm
③ 660mm   ④ 760mm

해설 용접용기 동체 내경

동판 $t = \left(\dfrac{P \cdot D}{200Sn} - 1.2P\right) + C$

$D = 200Sn - 1.2P \times \dfrac{t}{P}$

$(C = 0)$

$D = \left\{200 \times \left(\dfrac{480}{9.8 \times 4}\right) \text{kg/mm}^2\right\}$
$\quad - \{1.2 \times (2.5 \times 10 \text{kg/cm}^2)\}$
$\quad \times \dfrac{2}{(2.5 \times 10 \text{kg/cm}^2)}$
$= 193.5 \text{mm}$

t : 동체두께(mm)
P : 최고충전압력(kg/cm^2)
D : 동체내경(mm)
S : 안전율 $= \left(\dfrac{\text{인장강도}}{4}\right)$

즉, 안전율은 $\dfrac{480 \text{N/mm}^2}{9.8 \times 4} = 12.245$

η : 용접효율
C : 부식여유

24 고압가스관련법에서 사용되는 용어의 정의에 대한 설명 중 틀린 것은?

① 가연성가스라 함은 공기 중에서 연소하는 가스로서 폭발한계의 하한이 10% 이하인 것과 폭발한계의 상한과 하한의 차가 20% 이상인 것을 말한다.
② 독성가스라 함은 인체에 유해한 독성을 가진 가스로서 허용농도가 100만 분의 100 이하인 것을 말한다.
③ 액화가스라 함은 가압·냉각 등의 방법에 의하여 액체 상태로 되어 있는 것으로서 대기압에서의 비점이 섭씨 40도 이하 또는 상용의 온도 이하인 것을 말한다.
④ 초저온저장탱크라 함은 섭씨 영하 50도 이하의 저장탱크로서 단열재로 피복하거나 냉동설비로 냉각하는 등의 방법으로 저장탱크 내의 가스온도가 상용의 온도를 초과하지 아니하도록 한 것을 말한다.

해설 독성가스라 함은 허용농도 100만 분의 200 이하인 것을 말한다.

Answer 23. ① 24. ②

25 다음 고압가스 압축작업 중 작업을 즉시 중단해야 하는 경우인 것은?

① 산소 중의 아세틸렌, 에틸렌 및 수소의 용량합계가 전체 용량의 2% 이상인 것
② 아세틸렌 중의 산소용량이 전체 용량의 1% 이하의 것
③ 산소 중의 가연성가스(아세틸렌, 에틸렌 및 수소를 제외한다)의 용량이 전체 용량의 2% 이하의 것
④ 시안화수소 중의 산소용량이 전체 용량의 2% 이상의 것

해설 고압가스 혼합 압축금지
- 가연성가스 중의 산소 농도가 4% 이상 시
- 산소중의 가연성가스 농도가 4% 이상 시
- 수소, 에틸렌, 아세틸렌 중의 산소농도가 2% 이상 시
- 산소 중의 수소, 에틸렌, 아세틸렌 의 농도가 2% 이상 시

26 다음 중 가스사고를 분류하는 일반적인 방법이 아닌 것은?

① 원인에 따른 분류
② 사용처에 따른 분류
③ 사고형태에 따른 분류
④ 사용자의 연령에 따른 분류

해설 사고분류 방법에서 사용자 연령에 따른 분류는 하지 않는다.

27 고압가스 저장시설에 설치하는 방류둑에는 계단, 사다리 또는 토사를 높이 쌓아올림 등에 의한 출입구를 둘레 몇 m 마다 1개 이상을 두어야 하는가?

① 30
② 50
③ 75
④ 100

해설 방류둑 둘레 길이는 50m 마다 계단 또는 사다리를 설치한다.

28 LPG 용기 및 저장탱크에 주로 사용되는 안전밸브의 형식은?

① 가용전식
② 파열판식
③ 중추식
④ 스프링식

해설 LPG용기나 저장탱크에 사용되는 안전밸브는 스프링식이 사용된다.

29 가스 충전용기 운반 시 동일 차량에 적재할 수 없는 것은?

① 염소와 아세틸렌
② 질소와 아세틸렌
③ 프로판과 아세틸렌
④ 염소와 산소

해설 염소와 아세틸렌, 암모니아 또는 수소는 동일 차량에 적재 금지 할 것

Answer 25. ① 26. ④ 27. ② 28. ④ 29. ①

30 다음 괄호 안에 들어갈 수 있는 경우로 옳지 않은 것은?

> 액화천연가스의 저장설비와 처리설비는 그 외면으로부터 사업소 경계까지 일정규모 이상의 안전거리를 유지하여야 한다. 이 때 사업소 경계가 ( )의 경우에는 이들의 반대편 끝을 경계로 보고 있다.

① 산
② 호수
③ 하천
④ 바다

해설 액화천연가스의 저장설비와 처리설비는 그 외면으로부터 사업소경계까지 일정 규모 이상의 안전거리를 유지하여야 한다.
이때 사업소 경계가 (산)의 경우에는 이들 반대편 끝을 경계로 보고 있다.

31 비중이 0.5인 LPG를 제조하는 공장에서 1일 10만L를 생산하여 24시간 정치 후 모두 산업현장으로 보낸다. 이 회사에서 생산하는 LPG를 저장하려면 저장용량이 5톤은 저장탱크 몇 개를 설치해야 하는가?

① 2   ② 5
③ 7   ④ 10

해설
$0.5 kg/L \times 100,000L = 50,000 kg$

용기 본수는 $\dfrac{50,000 kg}{(5 \times 1000 kg)} = 10$개

32 고압용기나 탱크 및 라인(line) 등의 퍼지(perge)용으로 주로 쓰이는 기체는?

① 산소
② 수소
③ 산화질소
④ 질소

해설 가스배관 및 탱크의 퍼지가스는 질소를 사용한다.

33 고압가스 제조소의 작업원은 얼마의 기간 이내에 1회 이상 보호구의 사용훈련을 받아 사용방법을 숙지하여야 하는가?

① 1개월   ② 3개월
③ 6개월   ④ 12개월

해설 가스제조소의 안전장치 및 보호구 장착 사용 훈련은 3개월에 1회 이상 실시한다.

34 LPG 기화장치의 작동원리에 따른 구분으로 저온의 액화가스를 조정기를 통하여 감압한 후 열교환기에서 강제기화시켜 공급하는 방식은?

① 해수가열 방식
② 가온감압 방식
③ 감압가열 방식
④ 중간 매체 방식

해설 LPG 기화기에서 감압시켜서 기화하는 방식을 감압가열 방식이다.

Answer 30. ① 31. ④ 32. ④ 33. ② 34. ③

35 도시가스사업법령에서는 도시가스를 압력에 따라 고압, 중압 및 저압으로 구분하고 있다. 중압의 범위로 옳은 것은? (액화가스가 기화되고 다른 물질과 혼합되지 않은 경우로 가정)

① 0.1MPa 이상 1MPa 미만
② 0.2MPa 이상 1MPa 미만
③ 0.1MPa 이상 0.2MPa 미만
④ 0.01MPa 이상 0.2MPa 미만

해설 도시가스 압력 범위
- 고압 : 1MPa 이상의 압력
- 중압 : 0.1MPa 이상 1MPa 미만의 압력
- 저압 : 0.1MPa 미만의 압력

36 가연성가스 누출검지 경보장치의 경보농도는 얼마인가?

① 폭발하한계 이하
② LC50 기준농도 이하
③ 폭발하한계 1/4 이하
④ TLV-TWA 기준농도 이하

해설 가연성 가스의 검지농도는 폭발하한계의 1/4 농도에서 작동되도록 한다.

37 내용적 47L인 LP가스 용기의 최대 충전량은 몇 kg인가? (단, LP가스 정수는 2.35)

① 20   ② 42
③ 50   ④ 110

해설
$$G = \frac{V}{C} = \frac{47}{2.35} = 20\text{kg}$$

38 부식성유체나 고점도 유체 및 소량의 유체 측정에 가장 적합한 유량계는?

① 차압식 유량계
② 면적식 유량계
③ 용적식 유량계
④ 유속식 유량계

해설 면적식 유량계는 부식성 유체나 고점도 유체 측정에 유리하다.

39 LP가스 이송설비 중 압축기에 의한 이송 방식에 대한 설명으로 틀린 것은?

① 베이퍼록 현상이 없다.
② 잔가스 회수가 용이하다.
③ 펌프에 비해 이송시간이 짧다.
④ 저온에서 부탄가스가 재액화되지 않는다.

해설 LPG 이송압축기 장단점
- 잔가스 회수가 가능하다.
- 이·충전 작업시간이 짧다.
- 베이퍼록의 현상이 없다.
- 윤활유 혼입으로 드레인의 원인이 된다.
- 부탄 이송시 저온에서 재액화의 문제점이 있다.

Answer 35. ① 36. ③ 37. ① 38. ② 39. ④

40 공기, 질소, 산소 및 헬륨 등과 같이 임계온도가 낮은 기체를 액화하는 액화사이클의 종류가 아닌 것은?

① 구데 공기 액화사이클
② 린데 공기 액화사이클
③ 필립스 공기 액화사이클
④ 가스케이드식 공기 액화사이클

해설 공기 액화 사이클
- 린데 공기 액화 사이클
- 필립스 공기 액화 사이클
- 클루우드 공기 액화 사이클
- 카피자 공기액화 사이클
- 가스케이드식 공기 액화 사이클(다원 액화 사이클)

41 다기능 가스안전계량기에 대한 설명으로 틀린 것은?

① 사용자가 쉽게 조작할 수 있는 테스트차단기능이 있는 것으로 한다.
② 통상의 사용 상태에서 빗물, 먼지 등이 침입할 수 없는 구조로 한다.
③ 차단밸브가 작동한 후에는 복원조작을 하지 아니하는 한 열리지 않는 구조로 한다.
④ 복원을 위한 버튼이나 레버 등은 조작을 쉽게 실시할 수 있는 위치에 있는 것으로 한다.

해설 다기능 가스안전계량기 구조 특징
- 통상의 사용 상태에서 빗물, 먼지 등이 침입할 수 없는 구조 일 것
- 차단밸브가 작동한 후에는 복원조작을 하지 않는 한 열리지 않는 구조일 것
- 복원을 위한 버튼 또는 레버 등은 가스계량기의 정면에서 용이하게 확인할 수 있고 또한 복원조작을 용이하게 실시할 수 있는 위치에 있을 것
- 사용자가 용이하게 조작 할 수 없는 테스트 차단기능(제어부로 부터의 신호에 의해 차단하는 것에 한함)이 있을 것
- 가스에 접하는 부분 및 가스에 닿는 부분이 있는 부분의 충전부는 방폭성능을 가지는 구조일 것

42 계측기기의 구비조건으로 틀린 것은?

① 설비비 및 유지비가 적게 들 것
② 원거리 지시 및 기록이 가능할 것
③ 구조가 간단하고 정도(精度)가 낮을 것
④ 설치장소 및 주위조건에 대한 내구성이 클 것

해설 계측기는 구조는 간단하고 정도(정밀도)는 높아야 한다.

43 압축기에서 두압이란?

① 흡입압력이다.
② 증발기 내의 압력이다.
③ 피스톤 상부의 압력이다.
④ 크랭크케이스 내의 압력이다.

해설 압축기에서 두압은 실린더 내 피스톤 상부의 압력을 말한다.

Answer 40. ① 41. ① 42. ③ 43. ③

44 반밀폐식 보일러의 급·배기설비에 대한 설명으로 틀린 것은?

① 배기통의 끝은 옥외로 뽑아낸다.
② 배기통의 굴곡수는 5개 이하로 한다.
③ 배기통의 가로 길이는 5m 이하로서 될 수 있는 한 짧게 한다.
④ 배기통의 입상높이는 원칙적으로 10m 이하로 한다.

[해설] 보일러 급·배기설비에서 배기통의 굴곡수는 4개소 이하로 한다.

45 흡입압력이 대기압과 같으며 최종압력이 15kgf/cm²·g인 4단공기압축기의 압축비는 약 얼마인가? (단, 대기압은 1kgf/cm²로 한다.)

① 2   ② 4
③ 8   ④ 16

[해설] 압축비 = $\sqrt[4]{\dfrac{15+1}{1}} = 2$

46 순수한 것은 안정하나 소량의 수분이나 알칼리성 물질을 함유하면 중합이 촉진되고 독성이 매우 강한 가스는?

① 염소
② 포스겐
③ 황화수소
④ 시안화수소

[해설] 시안화수소는 독성이며 가연성 가스로 수분이나 알카리성 물질과 중합반응을 한다.

47 다음 중 비점이 가장 높은 가스는?

① 수소
② 산소
③ 아세틸렌
④ 프로판

[해설] 각 가스의 비점
- 수소 : -252℃
- 산소 : -183℃
- 아세틸렌 : -83.8℃
- 프로판 : -42.1℃

48 단위질량인 물질의 온도를 단위온도차 만큼 올리는데 필요한 열량을 무엇이라고 하는가?

① 일률   ② 비열
③ 비중   ④ 엔트로피

[해설] 어떤 물질 1Kg을 1℃ 올리는데 필요한 열량을 비열이라고 한다.
단위는 kal/kg℃이다.

49 LNG의 성질에 대한 설명 중 틀린 것은?

① LNG가 액화되면 체적이 약 1/600로 줄어든다.
② 무독, 무공해의 청정가스로 발열량이 약 9500kcal/m³ 정도이다.
③ 메탄을 주성분으로 하며 에탄, 프로판 등이 포함되어 있다.
④ LNG는 기체상태에서는 공기보다 가벼우나 액체 상태에서는 물보다 무겁다.

[해설] LNG는 메탄이 주성분으로 기체는 공기보다 가볍고 액체는 물보다 가볍다.

Answer 44. ② 45. ① 46. ④ 47. ④ 48. ② 49. ④

50 압력에 대한 설명 중 틀린 것은?

① 게이지압력은 절대압력에 대기압을 더한 압력이다.
② 압력이란 단위 면적당 작용하는 힘의 세기를 말한다.
③ $1.0332kg/cm^2$의 대기압을 표준대기압이라고 한다.
④ 대기압은 수은주를 76cm 만큼의 높이로 밀어 올릴 수 있는 힘이다.

해설 게이지 압력은 대기압을 0으로 하여 게이지가 측정한 압력
게이지 압력 = 절대압력 − 대기압력

51 프로판 완전연소시 주로 생성되는 물질은?

① CO_2, H_2　　② CO_2, H_2O
③ C_2H_4, H_2O　④ C_4H_{10}, CO

해설 프로판 완전 연소 반응식
$C_3H_8 + 5O_2 \rightarrow \underline{3CO_2 + 4H_2O}$
　　　　　　　　연소 생성물

52 요소비료 제조 시 주로 사용되는 가스는?

① 염화수소
② 질소
③ 일산화탄소
④ 암모니아

해설 요소비료 : $(NH_2)_2CO$
암모니아와 이산화탄소를 반응시켜 요소를 생성한다.
$2NH_3 + CO_2 \rightarrow NH_4COONH_2$
$NH_4COONH_2 \rightarrow (NH_2)_2CO + H_2O$

53 수분이 존재할 때 일반 강재를 부식시키는 가스는?

① 황화수소
② 수소
③ 일산화탄소
④ 질소

해설 황화수소(H_2S)는 습기를 함유한 상태에서는 금과 백금외의 모든 금속과 작용해서 황화물을 생성한다.

54 폭발위험에 대한 설명 중 틀린 것은?

① 폭발범위의 하한값이 낮을수록 폭발위험은 커진다.
② 폭발범위의 상한값과 하한값의 차가 작을수록 폭발위험은 커진다.
③ 프로판보다 부탄의 폭발범위 하한값이 낮다.
④ 프로판보다 부탄의 폭발범위 상한값이 낮다.

해설 폭발범위의 상한과 하한의 차가 클수록 폭발위험도는 커진다.

55 액체가 기체로 변하기 위해 필요한 열은?

① 융해열
② 응축열
③ 승화열
④ 기화열

해설 액체가 기체로 상태 변화할 때 필요한 열은 기화열이다.

Answer 50. ① 51. ② 52. ④ 53. ① 54. ② 55. ④

56 부탄 1Nm³을 완전연소 시키는데 필요한 이론공기량은 약 몇 Nm³인가? (공기 중 산소 농도 21v%)

① 5　　② 6.5
③ 23.8　　④ 31

해설 부탄의 산화 연소 반응식

$$C_4H_{10} + 6.5O_2 \rightarrow 4CO_2 + 5H_2O$$
$$22.4m^3 : 22.4 \times 6.5m^3$$
$$1m^3 : X\ m^3$$

$$\therefore X = \frac{6.5 \times 22.4 \times 1}{22.4} = 6.5m^3$$

이론공기량 $= \frac{6.5}{0.21} = 30.95m^3$

57 온도 410°F을 절대온도로 나타내면?

① 273K　　② 483K
③ 512K　　④ 612K

해설
410°F → K
$\left[\frac{5}{9} \times (410-32)\right] + 273 = 483K$

다른 풀이법 : $\frac{(410°F + 460R)}{1.8} = 483.3K$

58 도시가스에 사용되는 부취제 중 DMS의 냄새는?

① 석탄가스 냄새
② 마늘 냄새
③ 양파 썩는 냄새
④ 암모니아 냄새

해설 부취제 취기
• DMS : 마늘 냄새
• THT : 석탄가스 냄새
• TBM : 양파 썩는 냄새

59 다음에서 설명하는 기체와 관련된 법칙은?

> 기체의 종류에 관계없이 모든 기체 1몰은 표준상태(0℃, 1기압)에서 22.4L의 부피를 차지한다.

① 보일의 법칙
② 헨리의 법칙
③ 아보가드로의 법칙
④ 아르키메데스의 법칙

해설 아보가드로의 법칙
모든 기체 1몰은 표준상태에서 22.4L의 부피를 갖는다.

60 내용적 47L인 용기에 C_3H_8 15kg이 충전되어 있을 때 용기 내 안전공간은 약 몇 %인가? (단, C_3H_8의 액 밀도는 0.5kg/L이다.)

① 20　　② 25.2
③ 36.2　　④ 40.1

해설
$$\frac{15kg}{0.5kg/L} = 30L$$

액체 30L가 차지하는 부피
$\left(\frac{30L}{47L}\right) \times 100 = 63.38\%$
$100\% - 63.38\% = 36.17\%$가 안전 공간임

가스기능사 2000제 문제은행

CBT 시험대비
2016년 7월 10일 시행

01 가스보일러의 안전사항에 대한 설명으로 틀린 것은?

① 가동 중 연소상태, 화염유무를 수시로 확인한다.
② 가동 중지 후 노내 잔류가스를 충분히 배출한다.
③ 수면계 수위는 적정한가 자주 확인한다.
④ 점화전 연료가스를 노내에 충분히 공급 하여 착화를 원활하게 한다.

해설 가스보일러에 점화전 연료가스가 공급되면 점화시 폭발 위험성이 대단히 높다.

02 고압가스 충전용기를 운반할 때 운반책임자를 동승시키지 않아도 되는 경우는?

① 가연성 압축가스 – 300m³
② 조연성 액화가스 – 5000kg
③ 독성 압축가스(허용농도가 100만분의 200 초과, 100만분의 5000 이하) – 100m³
④ 독성 액화가스(허용농도가 100만분의 200 초과, 100만분의 5000 이하) – 1000kg

해설 가스운반시 운반책임자 동승

구분	압축가스	액화가스
조연성 가스	600m³ 이상	6000Kg 이상
가연성 가스	300m³ 이상	3000Kg 이상
독성가스	100m³ 이상	1000Kg 이상

03 액화독성가스의 운반질량이 1000kg 미만 이동시 휴대해야할 소석회는 몇 kg 이상이어야 하는가?

① 20kg
② 30kg
③ 40kg
④ 50kg

해설 1000Kg 미만의 액화 독성가스(염소, 염화수소, 포스겐, 아황산가스 등) 운반시 소석회는 20Kg 이상일 것.
1000Kg 이상인 경우는 40Kg 이상일 것.

Answer 1. ④ 2. ② 3. ①

04 LP GAS 사용시 주의사항에 대한 설명으로 틀린 것은?

① 중간 밸브 개폐는 서서히 한다.
② 사용시 조정기 압력은 적당히 조절한다.
③ 완전연소되도록 공기조절기를 조절한다.
④ 연소기는 급배기가 충분히 행해지는 장소에 설치하여 사용하도록 한다.

해설 LP가스 조정기는 사용압력을 임의 조정하지 못하도록 조정기 분해는 금지 되어 있다.

05 독성가스 용기를 운반할 때에는 보호구를 갖추어야 한다. 비치하여야 하는 기준은?

① 종류별로 1개 이상
② 종류별로 2개 이상
③ 종류별로 3개 이상
④ 그 차량의 승무원수에 상당한 수량

해설 독성가스 운반시 보호구는 승차 인원에 상당하는 수량으로 확보 하여야 한다.

06 다음 각 가스의 품질검사 합격 기준으로 옳은 것은?

① 수소 : 99.0% 이상
② 산소 : 98.5% 이상
③ 아세틸렌 : 98.0% 이상
④ 모든 가스 : 99.5% 이상

해설 가스 품질검사 순도
• 수소 : 98.5% 이상
• 산소 : 99.5% 이상
• 아세틸렌 : 98% 이상

07 도시가스 사용시설에서 배관의 이음부와 절연전선과의 이격거리는 몇 cm 이상으로 하여야 하는가?

① 10   ② 15
③ 30   ④ 60

해설 도시가스 배관 이음부와 절연전선은 10cm이상 이격 할 것

08 흡수식 냉동설비의 냉동능력 정의로 옳은 것은?

① 발생기를 가열하는 1시간의 입열량 3천 320kcal를 1일의 냉동능력 1톤으로 본다.
② 발생기를 가열하는 1시간의 입열량 6천 640kcal를 1일의 냉동능력 1톤으로 본다.
③ 발생기를 가열하는 24시간 입열량 3천 320kcal를 1일의 냉동능력 1톤으로 본다.
④ 발생기를 가열하는 24시간 입열량 6천 640kcal를 1일의 냉동능력 1톤으로 본다.

해설 흡수식 냉동기의 냉동능력은 발생기를 가열하는 1시간의 입열량 6640Kcal를 1일 냉동능력 1톤으로 본다.

Answer 4. ② 5. ④ 6. ③ 7. ① 8. ②

09 도시가스 도매사업의 가스공급시설 기준에 대한 설명으로 옳은 것은?

① 고압의 가스공급시설은 안전구획 안에 설치하고 그 안전구역의 면적은 1만m^2 미만으로 한다.
② 안전구역 안의 고압인 가스공급시설은 그 외면으로부터 다른 안전구역 안에 있는 고압인 가스공급시설의 외면까지 20m 이상의 거리를 유지한다.
③ 액화천연가스 저장탱크는 그 외면으로부터 처리능력이 20만m^3 이상인 압축기까지 30m 이상의 거리를 유지한다.
④ 두 개 이상의 제조소가 인접하여 있는 경우의 가스공급시설은 그 외면으로부터 그 제조소와 다른 제조소의 경계까지 10m 이상의 거리를 유지한다.

해설 가스도매사업의 제조소 및 공급시설의 기준
- 고압의 가스공급시설은 안전구획 안에 설치하고 그 안전구역의 면적은 2만m^2 미만일 것
- 안전구역 안의 고압인 가스공급시설은 그 외면으로부터 다른 안전구역 안에 있는 고압인 가스공급시설의 외면까지는 30m 이상의 거리를 유지 할 것
- 두 개 이상의 제조소가 인접하여 있는 경우의 가스공급시설은 그 외면으로 부터 그 제조소와 다른 제조소의 경계까지 20m 이상의 거리를 유지 할 것

10 다음 [보기]의 독성가스 중 독성(LC_{50})이 가장 강한 것과 가장 약한 것을 바르게 나열한 것은?

[보기]
㉠ 염화수소 ㉡ 암모니아
㉢ 황화수소 ㉣ 일산화탄소

① ㉠, ㉡ ② ㉢, ㉡
③ ㉠, ㉣ ④ ㉢, ㉣

해설 독성가스의 LC_{50}
LC_{50}은 치사농도를 나타내는 지수로서 노출된 동물의 50%가 사망하는 농도이다.
염화수소 LC_{50} : 3120
암모니아 LC_{50} : 7338
황화수소 LC_{50} : 444
일산화탄소 LC_{50} : 3760

11 가스 공급시설의 임시사용 기준 항목이 아닌 것은?

① 공급의 이익 여부
② 도시가스의 공급이 가능한지의 여부
③ 가스공급시설을 사용할 때 안전을 해칠 우려가 있는지 여부
④ 도시가스의 수급상태를 고려할 때 해당지역에 도시가스의 공급이 필요한지의 여부

해설 가스 공급시설의 임시사용 기준 항목
- 공급시 안전에 대한 우려
- 공급가능 여부
- 수급지역 공급이 필요한지의 여부

Answer 9. ③ 10. ② 11. ①

12 20kg LPG용기의 내용적은 몇 L인가?

① 8.51   ② 20
③ 42.3   ④ 47

해설
$$20Kg = \frac{V}{2.35}$$
$$V = 20 \times 2.35$$
$$= 47L$$

13 고압가스배관의 설치기준 중 하천과 병행하여 매설하는 경우로서 적합하지 않은 것은?

① 배관은 견고하고 내구력을 갖는 방호구조물 안에 설치한다.
② 매설심도는 배관의 외면으로부터 1.5m 이상 유지한다.
③ 설치지역은 하상(河床, 하천의 바닥)이 아닌 곳으로 한다.
④ 배관손상으로 인한 가스누출 등 위급한 상황이 발생한 때에 그 배관에 유입되는 가스를 신속히 차단할 수 있는 장치를 설치한다.

해설 가스배관을 하천과 병행 매설시 심도는 배관 외면으로부터 2.5m 이상 유지할 것

14 가연성 가스의 발화점이 낮아지는 경우가 아닌 것은?

① 압력이 높을수록
② 산소 농도가 높을수록
③ 탄화수소의 탄소수가 많을수록
④ 화학적으로 발열량이 낮을수록

해설 가연성가스의 발화점이 낮아지는 경우
• 압력이 높을수록
• 발열량이 높을수록
• 산소 농도가 높을수록
• 화학적 활성도가 클수록
• 산소와 친화력이 클수록

15 고압가스 특정제조시설에서 배관을 해저에 설치하는 경우의 기준으로 틀린 것은?

① 배관은 해저면 밑에 매설한다.
② 배관은 원칙적으로 다른 배관과 교차하지 아니하여야 한다.
③ 배관은 원칙적으로 다른 배관과 수평거리로 30m 이상을 유지하여야 한다.
④ 배관의 입상부에는 방호시설물을 설치하지 아니한다.

해설 해저에 배관 설치 시
• 배관 입상부에는 보호시설물을 설치 할 것
• 배관은 매설 할 것
• 배관은 원칙적으로 다른 배관과 교차 하지 아니 할 것
• 배관은 다른 배관과 수평거리로 30m 이상을 유지 할 것

16 가연성가스의 폭발등급 및 이에 대응하는 본질안전방폭구조의 폭발등급 분류시 사용하는 최소점화전류비는 어느 가스의 최소점화전류를 기준으로 하는가?

① 메탄   ② 프로판
③ 수소   ④ 아세틸렌

해설 가스폭발등급 분류시 사용하는 최소점화 전류비는 메탄을 기준으로 한다.

Answer 12. ④ 13. ② 14. ④ 15. ④ 16. ①

17 공기액화 분리장치의 폭발원인이 아닌 것은?

① 액체공기 중의 아르곤의 혼입
② 공기 취입구로부터 아세틸렌 혼입
③ 공기 중의 질소화합물(NO, NO_2)의 혼입
④ 압축기용 윤활유 분해에 따른 탄화수소 생성

해설 공기액화분리장치의 폭발원인으로 해당되지 않는 것은 액체공기 중 아르곤의 혼입은 해당되지 않는다.
아르곤(Ar)은 주기율표상 0족에 속하는 안정된 구조를 가지며 공기 중에는 약 1% 정도 함유되어 있고 잘 반응하지 않는 특성으로 용접시 보호용 가스와 전구용 봉입가스로 사용되며 발광시 적색을 띠게 된다.

18 고압가스 특정제조시설에서 플레어스택의 설치기준으로 틀린 것은?

① 파이롯트버너를 항상 점화하여 두는 등 플레어스택에 관련된 폭발을 방지하기 위한 조치가 되어 있는 것으로 한다.
② 긴급이송설비로 이송되는 가스를 대기로 방출할 수 있는 것으로 한다.
③ 플레어스택에서 발생하는 복사열이 다른 제조시설에 나쁜 영향을 미치지 아니하도록 안전한 높이 및 위치에 설치한다.
④ 플레어스택에서 발생하는 최대열량에 장시간 견딜 수 있는 재료 및 구조로 되어 있는 것으로 한다.

해설 플레어스택은 폐기하여야 할 가연성 가스의 대기 방출시 연소시켜서 안전하게 방출하는 장치이다.

19 수소의 성질에 대한 설명 중 옳지 않은 것은?

① 열전도도가 적다.
② 열에 대하여 안정하다.
③ 고온에서 철과 반응한다.
④ 확산속도가 빠른 무취의 기체이다.

해설 수소의 특성
• 열전도가 대단히 크고 열에 대해서 안정하다.
• 기체 비중이 작고 확산속도가 빠르다.

20 고압가스 특정제조시설 중 비가연성 가스의 저장탱크는 몇 m^3 이상일 경우에 지진영향에 대한 안전한 구조로 설계하여야 하는가?

① 300   ② 500
③ 1000 ④ 2000

해설 특정제조시설에서 불연성가스의 내진설계는 저장능력 $1000m^3$ 이상일 경우 해당 된다.

21 고압가스를 취급 하는 자가 용기 안전 점검시 하지 않아도 되는 것은?

① 도색 표시 확인
② 재검사 기간 확인
③ 프로텍터의 변형 여부 확인
④ 밸브의 개폐조작이 쉬운 핸들 부착 여부 확인

해설 가스용기 안전점검 시 프로텍터의 변형여부 확인이 아니고 부착여부를 확인 할 것
별표14) 제 2, 5조 관련

Answer 17. ① 18. ② 19. ① 20. ③ 21. ③

22 용기종류별 부속품 기호로 틀린 것은?

① AG : 아세틸렌가스를 충전하는 용기의 부속품
② LPG : 액화석유가스를 충전하는 용기의 부속품
③ TL : 초저온용기 및 저온용기의 부속품
④ PG : 압축가스를 충전하는 용기의 부속품

해설 용기 종류별 부속품 기호
- AG : 아세틸렌 용기 부속품
- LPG : 액화석유가스 용기 부속품
- PG : 압축가스 용기 부속품
- LT : 저온및 초저온용기 부속품
- LG : 액화가스 용기 부속품

23 0°C에서 10L의 밀폐된 용기 속에 32g의 산소가 들어있다. 온도를 150°C로 가열하면 압력은 약 얼마가 되는가?

① 0.11atm
② 3.47atm
③ 34.7atm
④ 111atm

$$PV = \frac{W}{M} RT$$

$$P = \frac{\left(\frac{32}{32}\right) \times 0.082 \times (150 + 273)}{10L}$$

$$= 3.468 \text{atm}$$

24 폭발범위에 대한 설명으로 옳은 것은?

① 공기 중의 폭발범위는 산소 중의 폭발범위보다 넓다.
② 공기 중 아세틸렌가스의 폭발범위는 약 4~71%이다.
③ 한계산소 농도치 이하에서는 폭발성 혼합가스 가 생성된다.
④ 고온 고압일 때 폭발범위는 대부분 넓어진다.

해설 폭발범위는 산소농도가 높거나 고온 고압 조건에서는 대부분 넓어진다.

25 폭발범위의 상한값이 가장 낮은 가스는?

① 암모니아   ② 프로판
③ 메탄   ④ 일산화탄소

해설 폭발범위
- 암모니아 : 15~28%
- 프로판 : 2.1~9.5%
- 메탄 : 5~15%
- 일산화탄소 : 12.5~74%

26 압축기 최종단에 설치된 고압가스 냉동제조 시설의 안전밸브는 얼마나 작동 압력을 조정하여야 하는가?

① 3개월에 1회 이상
② 6개월에 1회 이상
③ 1년에 1회 이상
④ 2년에 1회 이상

해설 냉동장치의 압축기 최종단에 설치된 안전밸브의 작동압력 조정은 1년에 1회 이상 하여야 한다.

Answer 22. ③ 23. ② 24. ④ 25. ② 26. ③

27 도시가스 매설배관의 주위에 파일박기 작업 시 손상방지를 위하여 유지하여야 할 최소 거리는?

① 30cm
② 50cm
③ 1m
④ 2m

해설 매설된 도시가스 배관 주위의 파일박기 작업 시 배관과 최소 유지거리는 30cm 이상이어야 한다.

28 염소에 다음 가스를 혼합하였을 때 가장 위험할 수 있는 가스는?

① 일산화탄소
② 수소
③ 이산화탄소
④ 산소

해설 염소와 수소의 반응시 염소폭명기를 형성한다
[염소폭명기]
촉매 : 직사일광
$H_2 + Cl_2 \rightarrow 2HCl$

29 액화석유가스판매시설에 설치되는 용기보관실에 대한 시설기준으로 틀린 것은?

① 용기보관실에는 가스가 누출될 경우 이를 신 속히 검지하여 효과적으로 대응할 수 있도록 하기 위하여 반드시 일체형 가스누출경보기를 설치한다.
② 용기보관실에 설치되는 전기설비는 누출된 가스의 점화원이 되는 것을 방지하기 위하여 반드시 방폭구조로 한다.
③ 용기보관실에는 누출된 가스가 머물지 않도록 하기위하여 그 용기보관실의 구조에 따라 환기구를 갖추고 환기가 잘되지 아니하는 곳에는 강제통풍시설을 설치한다.
④ 용기보관실에는 용기가 넘어지는 것을 방지하기 위하여 적절한 조치를 마련한다.

해설 LP가스 판매시설의 용기보관실 시설기준에서 가스누출검지기는 일체형이 아닌 분리형을 설치하여야 한다.

Answer 27. ① 28. ② 29. ①

30 압축도시가스 이동식 충전차량 충전시설에서 가스누출 검지경보장치의 설치위치가 아닌 것은?

① 펌프 주변
② 압축설비 주변
③ 압축가스설비 주변
④ 개별 충전설비본체 외부

해설 C.N.G 충전시설의 가스누출검지경보장치의 설치 위치
검지경보장치는 다음 장소에 설치한다.
• 압축설비 주변
• 압축가스설비 주변
• 개별 충전설비 본체 내부
• 밀폐형 피트 내부에 설치된 배관접속(용접 접속을 제외한다)부 주위
• 펌프 주변

검지경보장치는 설치 갯수
• 압축설비 주변 또는 충전설비 내부에는 1개 이상
• 압축가스설비 주변에는 2개
• 배관 접속부 마다 10m 이내에 1개
• 펌프 주변에는 1개 이상

31 고압가스 배관재료로 사용되는 동관의 특징에 대한 설명으로 틀린 것은?

① 가공성이 좋다.
② 열전도율이 적다.
③ 시공이 용이하다.
④ 내식성이 크다.

해설 동관은 가공성 및 시공성이 좋다.
가볍고 내식성이 크며 열전도율도 좋다(난방 코일에 유리함).

32 수소를 취급하는 고온, 고압 장치용 재료로서 사용할 수 있는 것은?

① 탄소강, 니켈강
② 탄소강, 망간강
③ 탄소강, 18-8 스테인리스강
④ 18-8 스테인리스강, 크롬-바나듐강

해설 고온고압의 수소가스 장치용 재료로는 18-8 스텐레스강이나 크롬-바나듐강이 좋다.

33 정압기를 평가 및 선정할 경우 고려해야 할 특성이 아닌 것은?

① 정특성
② 동특성
③ 유량특성
④ 압력특성

해설 정압기 특성
• 동특성
• 정특성
• 유량특성

34 피토관을 사용하기에 적당한 유속은?

① 0.001 m/s 이상
② 0.1 m/s 이상
③ 1 m/s 이상
④ 5 m/s 이상

해설 피토관의 적정 유속 범위는 5m/s 이상이다.

Answer 30. ④ 31. ② 32. ④ 33. ④ 34. ④

35 나사압축기에서 숫로터의 직경 150mm, 로터 길이 100mm, 회전수가 350rpm 이라고 할 때 이론적 토출량은 약 몇 m³/min 인가? (단, 로터 형상에 의한 계수[Cv]는 0.476)

① 0.11
② 0.21
③ 0.37
④ 0.47

해설 나사압축기 토출량

$$0.476 \times 0.152^2 \times 0.1 \times 350 = 0.374 \text{m}^3/\text{min}$$

36 자동절체식 일체형 저압조정기의 조정압력은?

① 2.30 ~ 3.30kPa
② 2.55 ~ 3.30kPa
③ 57 ~ 83kPa
④ 5 ~ 30kPa 이내에서 제조자가 설정한 기준압력의 ±20%

해설 자동절체식 일체형 저압조정기의 조정압력범위는 2.55~3.3kPa이다.

37 다음 중 단별 최대 압축비를 가질 수 있는 압축기는?

① 원심식　　② 왕복식
③ 축류식　　④ 회전식

해설 왕복식 압축기는 1단으로 최대 압축비를 낼 수 있다.

38 압력변화에 의한 탄성변위를 이용한 탄성압력계에 해당되지 않는 것은?

① 플로트식 압력계
② 부르동관식 압력계
③ 벨로즈식 압력계
④ 다이어프램식 압력계

해설 탄성변위를 이용하여 압력을 측정하는 대표적 압력계는 브르돈관식이 있고 그밖에 벨로우즈식, 다이어프램식 등이 있다.

39 아세틸렌의 정성시험에 사용되는 시약은?

① 질산은
② 구리암모니아
③ 염산
④ 피로카롤

해설 아세틸렌 정성시험에 사용되는 시약은 질산은($AgNO_3$)시약이 사용된다.

40 가스누출을 감지하고 차단하는 가스누출자동차단기의 구성요소가 아닌 것은?

① 제어부
② 중앙통제부
③ 검지부
④ 차단부

해설 가스누출자동차단기는 검지부 제어부 차단부로 구성되어진다.

Answer 35. ③　36. ②　37. ②　38. ①　39. ①　40. ②

41 액면측정 장치가 아닌 것은?

① 임펠러식 액면계
② 유리관식 액면계
③ 부자식 액면계
④ 퍼지식 액면계

해설 액면측정장치는 유리관식, 플루트식(부자식) 퍼지식(로타리식, 슬립튜브식 : 가스분출방식) 등이 있다.

42 터보압축기의 구성이 아닌 것은?

① 임펠러   ② 피스톤
③ 디퓨저   ④ 증속기어장치

해설 터보압축기 구성
임펠러, 디퓨져, 가이드베인, 증속기어장치

43 액화석유가스 소형저장탱크가 외경 1000mm, 길이 2000mm, 충전상수 0.03125, 온도보정계수 2.15일 때의 자연 기화능력 (kg/h)은 얼마인가?

① 11.2   ② 13.2
③ 15.2   ④ 17.2

해설 LPG 소형 저장탱크의 자연기화 능력 계산

$$PVC = \frac{D \cdot L \cdot K \cdot T(\text{Kcal/h})}{12,000(\text{Kcal/kg})}$$

여기에서
PVC : 저장탱크의 프로판 자연기화량(kg/h)
D : 외경(mm)
L : 길이(mm)
K : 충전량에 대한 상수
T : 외부 온도에 대한 보정계수

자연기화량
$$= \frac{1000 \cdot 2000 \cdot 0.03125 \cdot 2.15(\text{Kcal/h})}{12,000(\text{Kcal/kg})}$$
$$= 11.1979 \text{kg/h}$$

44 수소(H_2)가스 분석방법으로 가장 적당한 것은?

① 파라듐관 연소법
② 헴펠법
③ 황산바륨 침전법
④ 흡광광도법

해설 수소분석법으로 연소분석법중 분별연소법에서 파라듐관법 및 산화구리법이 있다.

45 원심식 압축기 중 터보형의 날개출구각도에 해당하는 것은?

① 90°보다 작다.
② 90°이다.
③ 90°보다 크다.
④ 평행이다.

해설 원심식 압축기 날개 출구 각도
• 터보형 : 임펠러 출구각이 90도 보다 작을 때
• 레이디얼형 : 임펠러 출구각이 90도 일 때
• 다익형 : 임펠러 출구각이 90도 보다 클 때

Answer 41. ① 42. ② 43. ① 44. ① 45. ①

46 25℃의 물 10kg을 대기압 하에서 비등시켜 모두 기화시키는데 약 몇 kcal의 열이 필요한가? (단, 물의 증발잠열은 540kcal/kg이다.)

① 750 ② 5400
③ 6150 ④ 7100

해설 25℃ 물 10Kg을 기화 시킬 때의 열량

(1) $10 \times 1 \times (100-25) = 750$ Kcal
(2) $10 \times 540 = 5400$ Kcal
(1) + (2) = 6150 Kcal

47 프레온(Freon)의 성질에 대한 설명으로 틀린 것은?

① 불연성이다.
② 무색, 무취이다.
③ 증발잠열이 적다.
④ 가압에 의해 액화되기 쉽다.

해설 프레온은 증발잠열이 커서 냉동기의 냉매가스로 쓰인다.

48 LP가스의 제법으로서 가장 거리가 먼 것은?

① 원유를 정제하여 부산물로 생산
② 석유정제공정에서 부산물로 생산
③ 석탄을 건류하여 부산물로 생산
④ 나프타 분해공정에서 부산물로 생산

해설 석탄 건류가스는 S.N.G 즉 합성천연가스나 대체천연가스를 제조한다.

49 C_3H_8 비중이 1.5라고 할 때 20m 높이 옥상까지의 압력손실은 약 몇 mmH_2O인가?

① 12.9 ② 16.9
③ 19.4 ④ 21.4

해설 $H = 1.293 (1.5-1) \times 20 = 12.93 mmH_2O$

50 압력에 대한 설명으로 틀린 것은?

① 수주 280cm는 $0.28kg/cm^2$와 같다.
② $1kg/mm^2$은 수은주 760mm와 같다.
③ $160kg/mm^2$은 $16000kg/cm^2$에 해당한다.
④ 1atm이란 $1cm^2$당 1.033kg의 무게와 같다.

해설 $760mmHg = 1.0332kg/cm^2$ (= 1atm)

51 다음에서 설명하는 법칙은?

"같은 온도(T)와 압력(P)에서 같은 부피(V)의 기체는 같은 분자수를 가진다."

① Dalton의 법칙
② Henry의 법칙
③ Avogadro의 법칙
④ Hess의 법칙

해설 아보가드로(Avogadro)의 법칙은 같은 온도 압력하에서 같은 부피의 기체는 같은 분자수를 가진다.
즉 모든 기체 1몰은 표준상태(0℃ 1기압)에서 22.4L의 부피를 가지며 6.02×10^{23}개의 분자수(아보가드로의 수)를 가진다.

Answer 46. ③ 47. ③ 48. ③ 49. ① 50. ② 51. ③

52 실제기체가 이상기체의 상태식을 만족시키는 경우는?

① 압력과 온도가 높을 때
② 압력과 온도가 낮을 때
③ 압력이 높고 온도가 낮을 때
④ 압력이 낮고 온도가 높을 때

해설 실제기체가 이상기체에 가까운 특성을 갖게 되려면 압력은 낮고 온도가 높게 되면 이상기체상태식에 적합한 특성을 띠게 된다.

53 다음 중 가연성 가스가 아닌 것은?

① 일산화탄소
② 질소
③ 에탄
④ 에틸렌

해설
- 일산화탄소 : 가연성
- 에탄 : 가연성
- 에틸렌 : 가연성
- 질소 : 불연성

54 다음 중 가장 낮은 온도는?

① $-40°F$　　② $430°R$
③ $-50°C$　　④ $240K$

해설
$-40°F = -40°C$
$430R = -34.4°C$
$240K = -33°C$

55 아세틸렌가스 폭발의 종류로서 가장 거리가 먼 것은?

① 중합폭발
② 산화폭발
③ 분해폭발
④ 화합폭발

해설 아세틸렌폭발종류
- 산화폭발
- 분해폭발
- 화합폭발

56 다음 중 유리병에 보관해서는 안되는 가스는?

① O_2　　② Cl_2
③ HF　　④ Xe

해설 불화수소(HF)는 유리를 녹이는 성질이 있어서 유리병에 보관하지 않아야한다.

57 나프타의 성상과 가스화에 미치는 영향 중 PONA값의 각 의미에 대하여 잘못 나타낸 것은?

① P : 파라핀계 탄화수소
② O : 올레핀계 탄화수소
③ N : 나프텐계 탄화수소
④ A : 지방족 탄화수소

해설
① P : 파라핀계탄화수소
② O : 올레핀계탄화수소
③ N : 나프텐계탄화수소
④ A : 방향족계탄화수소

Answer 52. ④　53. ②　54. ③　55. ①　56. ③　57. ④

58 도시가스 제조시 사용되는 부취제 중 T.H.T 의 냄새는?

① 마늘 냄새
② 양파 썩는 냄새
③ 석탄가스 냄새
④ 암모니아 냄새

해설 부취제
- THT : 석탄가스 냄새
- DMS : 마늘 냄새
- TBM : 양파 썩는 냄새

59 황화수소에 대한 설명으로 틀린 것은?

① 무색의 기체로서 유독하다.
② 공기 중에서 연소가 잘 된다.
③ 산화하면 주로 황산이 생성된다.
④ 형광물질 원료의 제조 시 사용된다.

해설 황화수소(H_2S)는 산화하면 유독한 아황산 가스를 생성한다.
황화수소 산화반응식
$2H_2S + 3O_2 \rightarrow 2H_2O + 2SO_2$

60 가스의 연소와 관련하여 공기 중에서 점화원 없이 연소하기 시작하는 최저 온도를 무엇이라 하는가?

① 인화점   ② 발화점
③ 끓는점   ④ 융해점

해설 점화원 없이 온도상승으로 연소하는 온도를 착화점 또는 발화점이라고 한다.
[참고]
- 인화점 : 점화원이 있는 상태에서 온도 상승으로 연소하는 온도를 인화점이라고 한다.

Answer 58. ③ 59. ③ 60. ②

가스기능사 2000제 문제은행
CBT 시험대비
CTB 5회 기출복원 문제

• 기출복원 문제란?
2016년 5회부터 반영되는 CBT시행에 따라 저자께서 수검자들의 도움으로 최대한 유형에 가깝게 복원한 문제입니다. 앞으로도 높은 적중률을 위해 노력하겠습니다.

01 아세틸렌이 은, 수은과 반응하여 폭발성의 금속 아세틸라이드를 형성하여 폭발하는 형태는?
① 분해폭발
② 화합폭발
③ 산화폭발
④ 압력폭발

해설
1. 분해 폭발 : $C_2H_2 \rightarrow 2C + H_2 + 54.2(kcal)$
2. 화합 폭발 : Cu, Hg, Ag 등 금속과 화합 시 폭발성 물질인 아세틸라이드를 생성
    ㉠ $C_2H_2 + 2Cu \rightarrow Cu_2C_2$(동아세틸라이드) $+ H_2$
    ㉡ $C_2H_2 + 2Hg \rightarrow Hg_2C_2$(수은아세틸라이드) $+ H_2$
    ㉢ $C_2H_2 + 2Ag \rightarrow Ag_2C_2$(은아세틸라이드) $+ H_2$
3. 산화폭발 : $2C_2H_2 + 5O_2 \rightarrow 4CO_2 + 2H_2O + 301.5(Kcal)$

02 가스의 정상연소 속도를 가장 옳게 나타낸 것은?
① 0.03~10m/s
② 30~100m/s
③ 350~500m/s
④ 1000~3500m/s

해설
• 정상연소시 : 0.03~10m/s
• 폭굉시 : 1000~3500m/s

03 다음 중 동일차량에 적재하여 운반할 수 없는 경우는?
① 산소와 질소
② 질소와 탄산가스
③ 탄산가스와 아세틸렌
④ 염소와 아세틸렌

해설
1. 염소 : 조연성가스
2. 아세틸렌 : 가연성가스

04 LPG를 수송할 때의 주의사항으로 틀린 것은?
① 운전 중이나 정차 중에도 허가된 장소를 제외하고는 담배를 피워서는 안 된다.
② 운전자는 운전기술 외에 LPG의 취급 및 소화기 사용 등에 관한 지식을 가져야 한다.
③ 누출됨을 알았을 때는 가까운 경찰서, 소방서까지 직접 운행하여 알린다.
④ 주차할 때는 안전한 장소에 주차하며, 운반책임자와 운전자는 동시에 차량에서 이탈하지 않는다.

해설 LPG 수송시 누출을 감지하면 즉시 안전한 장소에 정차한 뒤 안전한 조치를 취한다.

Answer 1. ② 2. ① 3. ④ 4. ③

05 다음 중 아세틸렌 및 합성용 가스의 제조에 사용되는 반응장치는?
① 부분연소식 반응기
② 탑식 반응기
③ 유동층식 접촉반응기
④ 내부 연소식 반응기

해설 아세틸렌 합성가스 제조에는 내부 연소식 반응기가 사용된다.

06 가스의 연소와 관련하여 공기 중에서 점화원 없이 연소하기 시작하는 최저온도를 무엇이라 하는가?
① 인화점
② 발화점
③ 끓는점
④ 융해점

해설
1. 발화점(착화점) : 점화원 없이 가열하여 연소하는 온도를 말한다.
2. 인화점 : 점화원이 있는 상태에서 가열하여 연소하는 온도를 말한다.

07 물체의 상태변화 없이 온도변화만 일으키는데 필요한 열량을 무엇이라고 하는가?
① 현열
② 잠열
③ 열용량
④ 대사량

해설
• 상태의 변화 없이 온도변화에 필요한 열량은 현열이라고 한다.
• 온도의 변화 없이 상태변화에 필요한 열량은 잠열이라고 한다.

08 저온장치 진공 단열법에 해당되지 않는 것은?
① 고진공 단열법
② 격막 진공 단열법
③ 분말 진공 단열법
④ 다층 진공 단열법

해설 진공단열법 : 고진공 단열법, 분말진공 단열법, 다층진공 단열법

09 원심펌프로 직렬로 연결하여 운전할 때 양정과 유량의 변화는?
① 양정 : 일정, 유량 : 일정
② 양정 : 증가, 유량 : 변화
③ 양정 : 증가, 유량 : 일정
④ 양정 : 일정, 유량 : 증가

해설 펌프직렬 설치 : 유량은 일정, 양정은 증가한다.

10 빙점 이하의 낮은 온도에서 사용되며 LPG 탱크, 저온에서도 인성이 감소되지 않는 화학공업 배관 등에 주로 사용되는 관의 종류는?
① SPLT
② SPHT
③ SPPH
④ SPPS

해설
SPLT - 저온배관용 강관
SPHT - 고온배관용 탄소강관
SPPH - 고압배관용 탄소강관
SPPS - 압력배관용 탄소강관

Answer 5. ④ 6. ② 7. ① 8. ② 9. ③ 10. ①

11 손잡이를 돌리면 원통형의 폐지 밸브가 상하로 올라가고 내려가서 밸브의 개폐를 함으로써 폐쇄가 양호하고 유량조절이 용이한 밸브는?

① 플러그 밸브
② 게이트밸브
③ 글로브 밸브
④ 볼 밸브

해설 유량조절이 가능한 밸브는 글로브 밸브

12 압축도시가스자동차 충전의 냄새첨가장치에서 냄새가 나는 물질의 공기 중 혼합비율은 얼마인가?

① 공기 중 혼합비율이 용량의 10분의 1
② 공기 중 혼합비율이 용량의 100분의 1
③ 공기 중 혼합비율이 용량의 1000분의 1
④ 공기 중 혼합비율이 용량의 10000분의 1

해설 부취제 농도는 공기 중 $\frac{1}{1000}$ 농도일 것

13 다음 중 아세틸렌의 폭발과 관계가 없는 것은?

① 산화폭발
② 중합폭발
③ 분해폭발
④ 화합폭발

해설 아세틸렌 폭발
산화폭발, 분해폭발, 화합폭발

14 용기 종류별 부속품의 기호 중 압축가스를 충전하는 용기밸브의 기호는?

① PG
② LG
③ AG
④ LT

해설 ① PG – 압축가스
② LG – 액화가스
③ AG – 아세틸렌
④ LT – 초저온용기 및 저온용기

15 다음 중 제1종 보호시설이 아닌 것은?

① 학교
② 여관
③ 주택
④ 시장

해설 주택은 제2종 보호시설

16 다음 배관재료 중 사용온도 350℃ 이하, 압력이 10MPa 이상의 고압관에 사용되는 것은?

① SPP
② SPPH
③ SPPW
④ SPPG

해설 SPPH(고압배관용 탄소강관) : 사용온도 350℃ 이하, 압력이 10MPa 이상 고압에 사용됨

17 가스 분석법 중 연소 분석법에 해당되지 않는 것은?

① 완만 연소법
② 분별 연소법
③ 폭발법
④ 크로마토그래피법

해설 크로마토그래피법은 기기분석에 해당된다.

Answer 11. ③ 12. ③ 13. ② 14. ① 15. ③ 16. ② 17. ④

18 아세틸렌에 대한 설명 중 틀린 것은?
① 액체 아세틸렌은 비교적 안정하다.
② 접촉적으로 수소화하면 에틸렌, 에탄이 된다.
③ 압축하면 탄소와 수소로 자기분해 한다.
④ 구리 등의 금속과 화합시 금속아세틸라이드를 생성한다.

해설 액체 아세틸렌은 불안정하나 고체 아세틸렌은 비교적 안정하다. 또한 고체 아세틸렌은 비점과 융점이 근접하므로 승화성 특성을 갖는다.

19 도시가스 누출 시 폭발사고를 예방하기 위하여 냄새가 나는 물질인 부취제를 혼합시킨다. 이때 부취제의 공기 중 혼합비율의 용량은?
① 1/1000 ② 1/2000
③ 1/3000 ④ 1/5000

해설 도시가스 부취제의 공기 중 혼합비율은 1/1000이다.

20 자동차 용기 충전시설에 게시한 "화기엄금"이라 표시한 게시판의 색상은?
① 황색바탕에 흑색문자
② 백색바탕에 적색문자
③ 흑색바탕에 황색문자
④ 적색바탕에 백색문자

해설 충전소의 화기엄금 표지는 백색바탕에 적색문자 충전 중 엔진정지는 황색바탕에 흑색문자

21 가스 공급시설의 임시사용 기준 항목이 아닌 것은?
① 도시가스 공급이 가능한지의 여부
② 도시가스의 수급상태를 고려할 때 해당지역에 도시가스의 공급이 필요한지의 여부
③ 공급의 이익 여부
④ 가스공급시설을 사용할 때 안전을 해칠 우려가 있는지의 여부

해설 가스공급시설의 임시 사용기준
1. 가스공급이 가능한지의 여부
2. 공급시설 사용시 안전의 우려가 없는지 여부
3. 가스의 수급상태를 고려해서 해당지역에 공급이 필요한지의 여부

22 충전 용기를 차량에 적재하여 운반시 차량의 앞뒤 보기 쉬운 곳에 표시하는 경계표시의 글씨 색깔 및 내용으로 적합한 것은?
① 노랑 글씨 – 위험고압가스
② 붉은 글씨 – 위험고압가스
③ 노랑 글씨 – 주의고압가스
④ 붉은 글씨 – 주의고압가스

해설 가스 운반차량 경계표시 적색으로 "위험 고압가스"

Answer 18. ① 19. ① 20. ② 21. ③ 22. ②

23 아세틸렌의 특징에 대한 설명으로 옳은 것은?

① 압축 시 산화 폭발한다.
② 고체 아세틸렌은 융해하지 않고 승화한다.
③ 금과는 폭발성 화합물을 생성한다.
④ 액체 아세틸렌은 안정하다.

해설 고체 아세틸렌은 승화성을 갖는다. 또한 아세틸렌은 기체상 보다 액상이 안정되고 액상보다는 고체상이 안정성을 띤다.

24 다음 중 고압가스관련설비가 아닌 것은?

① 일반 압축가스 배관용 밸브
② 자동차용 압축천연가스 완속충전설비
③ 액화석유가스용 용기잔류가스회수장치
④ 안전밸브, 긴급차단장치, 역화방지장치

해설 고압가스 관련설비
1. 안전밸브, 긴급차단장치, 역화방지장치
2. 기화장치
3. 압력용기
4. 자동차용 가스자동주입장치
5. 냉동설비(일체형 냉동기 제외)를 구성하는 압축기, 응축기, 증발기 및 압력용기(이하 냉동용 특정설비라 한다.)
6. 특정고압가스용 실린더 캐비넷
7. 자동차용 압축천연가스 완속 충전설비(처리능력이 시간당 18.5.세제곱미터 미만인 충전 설비를 말한다.)
8. 액화석유가스용 용기잔류가스회수장치

25 LP가스를 자동차용 연료로 사용할 때의 특징에 대한 설명 중 틀린 것은?

① 완전연소가 쉽다.
② 배기가스에 독성이 적다.
③ 기관의 부식 및 마모가 적다.
④ 시동이나 급가속이 용이하다.

해설 LPG연료 차량은 급가속이 어렵다.

26 부탄가스용 연소기의 명판에 기재할 사항이 아닌 것은?

① 연소기명
② 제조자의 형식호칭
③ 연소기 재질
④ 제조(로트)번호

해설 연소기의 명판에 연소기 재질은 표시하지 않는다.

27 시안화수소의 중합폭발을 방지할 수 있는 안정제로 옳은 것은?

① 수증기, 질소
② 수증기, 탄산가스
③ 질소, 탄산가스
④ 아황산가스, 황산

해설 시안화수소 중합폭발 방지 안정제 : 황산, 아황산가스

Answer 23. ② 24. ① 25. ④ 26. ③ 27. ④

28 압력에 대한 설명으로 옳은 것은?
① 절대압력 = 게이지압력 + 대기압이다.
② 절대압력 = 대기압 + 진공압이다.
③ 대기압은 진공압보다 낮다.
④ 1atm은 1033.2kg/m²

해설) 절대압력 = 게이지압력 + 대기압
절대압력 = 대기압력 − 진공압력

29 액화석유가스 용기충전시설의 저장탱크에 폭발방지장치를 의무적으로 설치하여야 하는 경우는?
① 상업지역에 저장능력 15톤 저장탱크를 지상에 설치하는 경우
② 녹지지역에 저장능력 20톤 저장탱크를 지상에 설치하는 경우
③ 주거지역에 저장능력 5톤 저장탱크를 지상에 설치하는 경우
④ 녹지지역에 저장능력 30톤을 저장탱크를 지상에 설치하는 경우

해설) LPG충전시설 저장탱크 폭발방지 장치는 주거지역 또는 상업지역의 10ton 이상의 저장탱크를 지상설치 시 반드시 설치해야 한다.

30 산소용기의 최고 충전압력이 15MPa일때 이 용기의 내압시험압력은 얼마인가?
① 15MPa ② 20MPa
③ 22.5MPa ④ 25MPa

해설) 산소용기 $TP = FP \times \dfrac{5}{3}$ 배
∴ $15 \times \dfrac{5}{3} = 25MPa$

31 수소와 산소 또는 공기와의 혼합기체에 점화하면 급격히 화합하여 폭발하므로 위험하다. 이 혼합기체를 무엇이라고 하는가?
① 염소 폭명기 ② 수소 폭명기
③ 산소 폭명기 ④ 공기 폭명기

해설) 수소와 산소의 폭발적 반응, 수소 폭명기 :
$2H_2 + O_2 - 2H_2O$

32 아세틸렌 용기를 제조하고자 하는 자가 갖추어야 하는 설비가 아닌 것은?
① 원료혼합기 ② 건조로
③ 원료충전기 ④ 소결로

해설) 아세틸렌 용기 제조자가 소결로는 갖추지 않아도 되는 설비임

33 도시가스사업자는 가스공급시설을 효율적으로 관리하기 위하여 배관·정압기에 대하여 도시가스 배관망을 전산화하여야 한다. 이 때 전산관리 대상이 아닌 것은?
① 설치도면 ② 시방서
③ 시공자 ④ 배관제조자

해설) 도시가스 정압시설과 배관망을 전산화 할 때 배관제조자는 해당되지 않는다.

Answer 28. ① 29. ① 30. ④ 31. ② 32. ④ 33. ④

34 가연성 물질을 공기로 연소시키는 경우 공기 중의 산소농도를 높게 하면 연소속도와 발화온도는 어떻게 변하는가?

① 연소속도는 빠르게 되고, 발화온도는 높아진다.
② 연소속도는 빠르게 되고, 발화온도는 낮아진다.
③ 연소속도는 느리게 되고, 발화온도는 높아진다.
④ 연소속도는 느리게 되고, 발화온도는 낮아진다.

해설) 연소시 산소농도를 높이면 연소속도는 빠르게 되고 발화점은 낮아진다.

35 의료용 가스용기의 도색구분이 틀린 것은?

① 산소 – 백색
② 액화탄산가스 – 회색
③ 질소 – 흑색
④ 에틸렌 – 갈색

해설) 의료용기 도색
산소 – 백색
액화탄산가스 – 회색
질소 – 흑색
에틸렌 – 자색

36 LPG를 탱크로리에서 저장탱크로 이송 시 작업을 중단해야 되는 경우가 아닌 것은?

① 과충전이 된 경우
② 충전기에서 자동차에 충전하고 있을 때
③ 작업 중 주위에 화재 발생시
④ 누출이 생길 경우

해설) 이충전 작업시 작업을 중단하여야 하는 경우
• 작업 중 주위 화재 발생시
• 가스 누출 발생시
• 과충전시
• 압축기 사용시 액압축이 발생되는 경우
• 펌프 사용시 베이퍼록 현상이 심화되는 경우

37 수소에 대한 설명으로 틀린 것은?

① 상온에서 자극성을 갖는 가연성 기체이다.
② 폭발범위는 공기 중에서 약 4~75%이다.
③ 염소와 반응하여 폭명기를 형성한다.
④ 고온·고압에서 강재 중 탄소와 반응하여 수소취성을 일으킨다.

해설) 수소는 가연성 기체로 가볍고 확산이 매우 빠르나 자극성은 없다.

Answer 34. ② 35. ④ 36. ② 37. ①

38 다음에 설명하는 열역학 법칙은?

> 어떤 물체의 외부에서 일정량의 열을 가하면 물체는 이 열량의 일부분을 소비하여 외부에 대하여 일을 하고 남은 부분은 전부 내부에너지로 내부에 저장되고 그 사이에 소비된 열은 일과 같다.

① 열역학 제0법칙
② 열역학 제1법칙
③ 열역학 제2법칙
④ 열역학 제3법칙

해설
- 열역학 제0법칙(열평형의 법칙) : 온도가 서로 다른 물체들이 접촉시 고온체는 온도가 내려가고 저온체는 온도가 올라가서 결국 두 물체 온도가 평형을 이룬다. 이를 열역학 0법칙이라고 한다.
- 열역학 제1법칙(에너지 보존의 법칙) : 에너지보존법칙으로 일과 열은 서로 교환할 수 있는데 그때 열량과 일량의 관계는 일정하다.

$$W = JQ \quad \therefore Q = \frac{1}{J}WQ = AW$$

여기서, W : 일량[kg·m]
 Q : 열량[kcal]
 J : 열의 일당량(427[kg·m/kcal])
 A : 일의 열당량($\frac{1}{427}$[kcal/kg·m])

- 열역학 제2법칙(에너지 흐름의 법칙) : 에너지 변환의 방향성을 표시한 것으로 하나의 경험 법칙이다. 열이 높은 곳에서 낮은 곳으로 이동한 방향을 표시한다. 즉, 열은 스스로 저온의 물체에서 고온의 물체로 이동하는 것은 불가능하다는 것이 열역학 제2법칙이다.

- Clausius : 열은 그 자신의 힘만으로는 다른 물체에 아무런 변화를 주지 않고 저온체에서 고온체로 흐를 수 없다.
- Kelvin-Plauk : 사이클로 작동하면서 열원으로부터 받은 열량을 전부 열로 변환시키며 다른 곳에서 어떠한 변화도 남기지 않는 사이클을 이루는 기관(효율 100% 기관) 즉, 제2종 영구기관은 불가능하다.
- 열역학 제3법칙 : 어떠한 이상적인 방법으로도 어떤 계를 절대온도 0도에 이르게 할 수 없다.

39 일반도시가스의 배관을 철도부지 밑에 매설할 경우 배관의 외면과 지표면과의 거리는 몇 m 이상으로 하여야 하는가?

① 1.0m
② 1.2m
③ 1.3m
④ 1.5m

해설 일반 도시가스 배관을 철도부지 밑에 매설시 깊이는 1.2m 이상일 것

40 다음 가스 중 위험도가 가장 큰 것은?

① 프로판
② 일산화탄소
③ 아세틸렌
④ 암모니아

해설
- 프로판 : 2.1~9.5%
- 일산화탄소 : 12.5~74%
- 아세틸렌 : 2.5~81%
- 암모니아 : 15~28%

폭발범위가 넓으면 위험도가 크다.

Answer 38. ② 39. ② 40. ③

41 산소의 일반적인 특징에 대한 설명으로 틀린 것은?

① 수소와 반응하여 격렬하게 폭발한다.
② 유지류와 접촉시 폭발의 위험이 있다.
③ 공기 중에서 무성 방전시키면 과산화수소(H_2O_2)가 발생한다.
④ 산소의 분압이 높아지면 폭굉범위가 넓어진다.

해설 ▶ 산소는 무성방전 시키면 오존(O_3)이 생성된다.

42 다음 정압기 중 고차압이 될수록 특성이 좋아지는 것은?

① Reynolds식   ② axial flow식
③ Fisher식   ④ KRF식

43 산화에틸렌에 대한 설명으로 틀린 것은?

① 산화에틸렌의 저장탱크에는 그 저장탱크 내용적의 90%를 초과하는 것을 방지하는 과충전 방지조치를 한다.
② 산화에틸렌 제조설비에는 그 설비로부터 독성가스가 누출될 경우 그 독성가스로 인한 중독을 방지하기 위하여 제독설비를 설치한다.
③ 산화에틸렌 저장탱크는 45℃에서 그 내부 가스의 압력이 0.4MPa 이상이 되도록 탄산가스를 충전한다.
④ 산화에틸렌을 충전한 용기는 충전 후 24시간 정치하고 용기에 충전 연월일을 명기한 표지를 붙인다.

해설 ▶ 용기에 충전 연월일을 명기한 표지를 부착하지 않는다.

44 염소가스 저장탱크의 과충전 방지장치는 가스 충전량이 저장탱크 내용적의 몇 %를 초과할 때 가스충전이 되지 않도록 동작하는가?

① 60%   ② 70%
③ 80%   ④ 90%

해설 ▶ 저장탱크의 과충전 방지장치는 내용적 90% 초과시 작동되도록 설정한다.

45 연소 시 공기비가 클 경우 나타나는 연소현상으로 틀린 것은?

① 연소가스 온도저하
② 배기가스량 증가
③ 불완전연소 발생
④ 연료소모 증가

해설 ▶ 연소에서 불완전 연소 현상은 공기부족 시에 나타나는 현상이다.

46 윤활유 선택시 유의할 사항에 대한 설명 중 틀린 것은?

① 사용 기체와 화학반응을 일으키지 않을 것
② 점도가 적당할 것
③ 인화점이 낮을 것
④ 전기 전열 내력이 클 것

해설 ▶ 압축기 윤활유는 고온에서 사용되므로 인화점은 높을 것

Answer 41. ③ 42. ② 43. ④ 44. ④ 45. ③ 46. ③

47 2단 감압조정기 사용시의 장점에 대한 설명으로 가장 거리가 먼 것은?
① 공급 압력이 안정하다.
② 용기 교환주기의 폭을 넓힐 수 있다.
③ 중간 배관이 가늘어도 된다.
④ 입상에 의한 압력손실을 보정할 수 있다.

해설 자동절체식에서는 용기교환 주기의 폭을 넓힐 수 있다.

48 공기 중에서의 폭발범위가 가장 넓은 가스는?
① 황화수소
② 암모니아
③ 산화에틸렌
④ 프로판

해설 폭발 범위
• 황화수소 : 4.3~45.5%
• 암모니아 : 15~28%
• 산화에틸렌 : 3~80%
• 프로판 : 2.1~9.5%

49 프로판 가스의 위험도(H)는 약 얼마인가?
① 2.2
② 3.5
③ 9.5
④ 17.7

해설 프로판 위험도
폭발 범위 2.1~9.5%
$$H = \frac{U-L}{L} = \frac{9.5-2.1}{2.1} = 3.5$$

50 가스 액화 사이클 중 비점이 점차 낮은 냉매를 사용하여 저비점의 기체를 액화하는 사이클로서 다원 액화 사이클이라고도 하는 것은?
① 클라우드식 공기액화 사이클
② 캐피자식 공기액화 사이클
③ 필립스의 공기액화 사이클
④ 가스케이드식 공기액화 사이클

해설 가스케이드(다원 액화 사이클) 액화 사이클 : 가스 액화 사이클에서 비점이 점차 낮은 냉매를 사용하는 액화 사이클

51 다음 중 실측식 가스미터가 아닌 것은?
① 루트식
② 로터리 피스톤식
③ 습식
④ 터빈식

해설 • 실측식 가스미터 : 막식, 회전자식(루트미터, 로터리 피스톤식 미터), 습식 가스미터
• 추량식 가스미터 : 터빈식, 벤튜리식, 오리피스식, 와류유량계

52 충전용기 보관실의 온도는 항상 몇 ℃ 이하를 유지하여야 하는가?
① 40℃
② 45℃
③ 50℃
④ 55℃

해설 용기 보관실 온도는 40℃ 이하를 유지할 것

Answer 47. ② 48. ③ 49. ② 50. ④ 51. ④ 52. ①

53 고압가스(산소, 아세틸렌, 수소)의 품질검사 주기의 기준은?

① 1월 1회 이상
② 1주 1회 이상
③ 3일 1회 이상
④ 1일 1회 이상

해설 가스 품질검사는 1일 1회 이상할 것

54 방류둑에는 계단, 사다리 또는 토사를 높이 쌓아올림 등에 의한 출입구를 둘레 몇 m마다 1개 이상을 두어야 하는가?

① 30
② 50
③ 75
④ 100

해설 방류둑 둘레 50m 마다 계단이나 사다리에 설치할 것

55 도시가스 정압기의 특성으로 유량이 증가된 에 따라 가스가 송출될 때 출구측 배관(밸브 등)의 마찰로 인하여 압력이 약간 저하되는 상태를 무엇이라 하는가?

① 히스테리시스(Hysteresis) 효과
② 록업(Lock-up) 효과
③ 충돌(Impingement) 효과
④ 형상(Body-Configuration) 효과

해설 정압기에서 출구 측 형상에 의한 마찰 손실로 압력이 저하되는 현상을 히스테리시스효과라고 한다. 2차압력 변동범위 허용한계는 ±5%(온도차 포함) 이내이고 최대진동속도는 0.4cm/s 이다.

56 가연성가스 또는 독성가스의 제조시설에서 자동으로 원재료의 공급을 차단시키는 등 제조설비 안의 제조를 제어할 수 있는 장치를 무엇이라고 하는가?

① 인터록기구
② 벤트스택
③ 플레어스택
④ 가스누출검지경보장치

해설 가스설비 오조작 방지장치 : 인터록 장치

57 조정기를 사용하여 공급가스를 감압하는 2단 감압방법의 장점이 아닌 것은?

① 공급압력이 안정하다.
② 중간배관이 가늘어도 된다.
③ 각 연소기구에 알맞은 압력으로 공급이 가능하다.
④ 장치가 간단하다.

해설 ① 공급압력이 안정하다.
② 중간배관이 가늘어도 된다.
③ 각 연소기구에 알맞은 압력으로 공급이 가능하다.
④ 배관 입상에 의한 압력강하를 보정할 수 있다.

58 로터미터는 어떤 형식의 유량계인가?

① 차압식
② 터빈식
③ 회전식
④ 면적식

해설 로터미터는 면적식 유량계이다.

Answer 53. ④ 54. ② 55. ① 56. ① 57. ④ 58. ④

59 허용농도가 100만 분의 200 이하인 독성 가스 용기 운반차량은 몇 km 이상의 거리를 운행할 때 중간에 충분한 휴식을 취한 후 운행하여야 하는가?

① 100km   ② 200km
③ 300km   ④ 400km

해설 가스 운송차량은 200km 운행시 마다 충분한 휴식을 취할 것

60 다음 중 저온장치의 가스 액화 사이클이 아닌 것은?

① 린데식 사이클
② 클라우드식 사이클
③ 필립스식 사이클
④ 카자레식 사이클

해설 가스 액화사이클 종류
① 린데식
② 클라우드식
③ 필립스식
④ 캐피자식
⑤ 가스케이드식(다원액화사이클)

카자레식은 암모니아 합성법이다.

Answer 59. ②   60. ④

CBT 시험대비
가스기능사 2000제 문제은행

초 판　　인쇄 | 2017년 1월 5일
초 판　　발행 | 2017년 1월 10일
초 판 2쇄 발행 | 2021년 2월 25일

저 자 | 김영석
발행인 | 조규백
발행처 | **도서출판 구민사**
　　　　(07293) 서울특별시 영등포구 문래북로 116, 604호(문래동3가 46, 트리플렉스)
전화 (02) 701-7421(~2)
팩스 (02) 3273-9642
홈페이지 www.kuhminsa.co.kr

신고번호 | 제2012-000055호 (1980년 2월 4일)
I S B N | 979-11-5813-369-6　13500

값 16,000원

※ 낙장 및 파본은 구입하신 서점에서 바꿔드립니다.
※ 본서를 허락없이 부분 또는 전부를 무단복제, 게재행위는 저작권법에 저촉됩니다.